工业和信息化普通高等教育“十三五”规划教材
21世纪高等学校规划教材

U0324502

线性代数

孙蕾 田春红 ◎ 主编
孙艳波 刚蕾 蔡剑 ◎ 副主编

人民邮电出版社
北京

图书在版编目（CIP）数据

线性代数 / 孙蕾，田春红 主编. -- 北京 : 人民邮电出版社，2016.8(2021.8重印)
21世纪高等学校规划教材
ISBN 978-7-115-42595-9

Ⅰ. ①线… Ⅱ. ①孙… ②田… Ⅲ. ①线性代数—高等学校—教材 Ⅳ. ①O151.2

中国版本图书馆CIP数据核字(2016)第164600号

内 容 提 要

本书主要是为应用型本科非数学专业学生编写的。全书共 8 章，内容包括行列式、矩阵、向量空间、线性方程组、方阵的特征值与特征向量、实二次型、线性空间与线性变换、线性代数在数学建模中的应用。书后附有部分习题的参考答案。

本书适合作为应用型本科非数学专业“线性代数”课程的教材，也可供自学者学习参考。

◆ 主　　编　孙　蕾　田春红
副 主 编　孙艳波　刚　蕾　蔡　剑
责任编辑　张孟玮
责任印制　彭志环

◆ 人民邮电出版社出版发行　　北京市丰台区成寿寺路 11 号
邮编 100164　　电子邮件 315@ptpress.com.cn
网址 http://www.ptpress.com.cn
固安县铭成印刷有限公司印刷

◆ 开本：787×1092　1/16
印张：13.75　　2016 年 8 月第 1 版
字数：359 千字　　2021 年 8 月河北第 11 次印刷

定价：34.00 元

读者服务热线：(010) 81055256　印装质量热线：(010) 81055316
反盗版热线：(010) 81055315

前 言 Preface

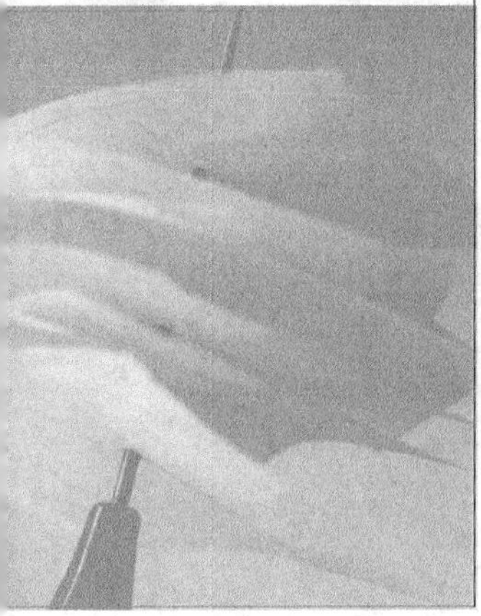

当前，应用型本科院校大多定位于培养创新应用型人才，但在教学时往往照搬传统成熟的线性代数教材，导致基础课教育偏离了应用型人才的培养目标。因此，通过基础课程改革对学生实践能力与创新能力的培养，提升办学质量，逐步形成应用型本科的办学特色已成为当务之急。正是在这一形势下，我们在总结多年本科线性代数教学经验、探索此类院校本科线性代数教学发展动向、分析同类教材发展趋势的基础上，编写了这套适合应用型本科院校本科生层次各专业使用的教材。

考虑到应用型本科院校仍然有很多同学需要考研，本书的前 6 章涵盖了工学、经济学硕士研究生入学考试有关线性代数的所有内容，而第 7 章是线性代数的重要组成部分。本书的前 6 章内容适合于 40 学时左右的“线性代数”课程教学，能够满足应用型本科院校非数学专业“线性代数教学基础要求”。本书具有以下特色。

（1）考虑到本课程内容抽象、课程教学一般安排在前三个学期及学生的学习能力，本书在组织内容时注重取材合适，要求恰当，内容阐述循序渐进且简单易懂，富有启发性；对某些比较难以掌握的概念与方法都做了必要的说明，便于学生自学，使学生能够掌握线性代数的基本理论与基本方法。

（2）为了加深读者对概念的理解，培养其逻辑推理能力，书中对于比较简单的定理尽量给出证明，这有助于读者对这些定理的掌握和运用；对于某些证明过程复杂的定理和性质，书中省略了其证明过程；少数定理的证明加了“*”号，读者只要记住定理的结论、弄清楚含义即可。对于一些线性代数中难度较大且超出教学基本要求的内容和题目也标注了“*”号。

（3）本书突出了线性代数的应用性，在全书前 6 章的最后一节和第 8 章给出了线性代数相关理论和方法的应用，有助于帮助读者了解一些实际问题的求解过程，提高用数学的方法分析、解决实际问题的能力。

（4）书中对前 7 章都进行了小结，提出了需要掌握的基本概念、公式和结论，以及需要加强练习的内容；前 7 章都配有相应的习题，大部分习题在书后有答案或提示，希望通过练习有助于读者巩固和熟练掌握所学知识。

全书共包括 8 章内容，分别为行列式、矩阵、向量空间、线性方程组、方阵的特征值与特征向量、实二次型、线性空间与线性变换、线性代数在数学建模中的应用。其中第 1 章、第 8 章由孙艳波编写，第 2 章由蔡剑编写，第 3 章、第 4 章由田春红编写，第 5 章、第 6 章由孙蕾编写，第 7 章由刚蕾编写。全书由孙蕾统稿。

本书的编写采纳了同行们提出的一些宝贵的意见和建议，在此向他们表示衷心的感谢。

我们编写的教材是对“线性代数”课程教学改革的一种探索。虽然编者付出了很多努力，但不足之处仍在所难免。不当之处敬请读者予以批评指正。

编者

2016 年 5 月

目 录 Contents

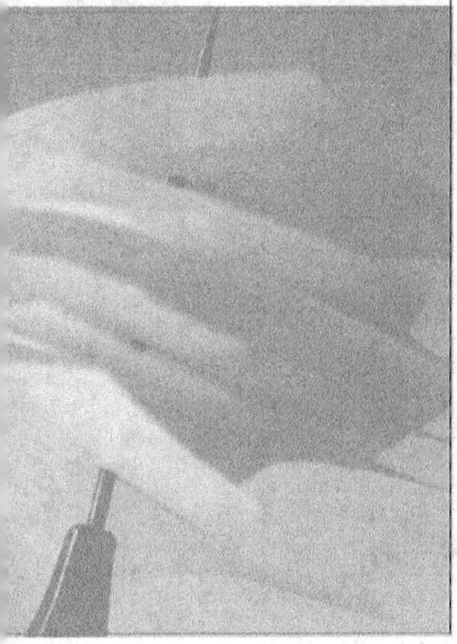

行列式 第1章

在生产实践中，一些变量之间的关系可以直接地或近似地表示为线性函数，因此研究线性函数是非常重要的. 线性代数主要是研究线性函数，在线性代数中线性方程组是一个基础部分，也是一个重要部分. 研究线性方程组首先需要了解行列式这个重要工具. 行列式是人们从解线性方程组的需要中建立起来的. 1750 年，瑞士数学家克拉默（Cramer）写了一篇文章，他使用行列式构造 xOy 平面上的某些曲线方程组，而且给出了著名的用行列式解线性方程组的克拉默法则. 1812 年，法国数学家柯西（Cauchy）发表了一篇关于应用行列式计算多面体体积的文章. 柯西的文章引起了人们对行列式的极大兴趣，许多数学家投入研究，持续大约 100 年的时间，基本上形成了完整的行列式理论.

行列式在数学本身或其他学科分支（如物理、力学等）上都有广泛的应用.

在本章中，我们首先介绍 n 阶行列式的定义、性质及计算，最后是著名的克拉默法则.

1.1 排列与逆序

为引出 n 阶行列式的定义，首先介绍有关排列与逆序的概念.

1.1.1 排列

定义 1.1.1 由自然数 $1,2,\cdots,n$ 组成的一个有序数组称为一个 n 阶**排列**，记为 $(j_1 j_2 \cdots j_n)$. 所有 n 阶排列的总数是 $n!$ 个.

例如，由自然数 1，2，3 组成的一个有序数组（2 1 3）为一个三阶排列，所有的三阶排列有 3! 个，即（1 2 3），（1 3 2），（2 1 3），（2 3 1），（3 1 2），（3 2 1）.

又如，由 1，2，3，4 组成的一个有序数组（2 4 3 1）是一个四阶排列，所有的四阶排列有 4! 个，即 24 个不同排列.

1.1.2 逆序

定义 1.1.2 在一个排列中，任取一对数，如果较大的数排在较小的数之前，就称这对数构成一个**逆序**，一个排列中包含的逆序总数称为这个排列的**逆序数**，记为 $\sigma(j_1 j_2 \cdots j_n)$（或 $\tau(j_1 j_2 \cdots j_n)$）.

例如，在三阶排列（2 1 3）中构成逆序的数对有 2 和 1，因此这个三阶排列的逆序数为 1，即 $\sigma(2\,1\,3)=1$.

又如，四阶排列（2 4 3 1）中构成逆序的数对有 2 和 1，4 和 3，4 和 1，3 和 1，因此 $\sigma(2\,4\,3\,1)=4$.

一个排列，若各数是按由小到大的自然顺序排列，这种排列称为**自然排列**. $(1\,2\cdots n)$ 称为 n 阶自然排列. 显然自然排列的逆序数为零.

定义 1.1.3 逆序数是偶数的排列称为**偶排列**，逆序数是奇数的排列称为**奇排列**.

例如，自然排列 $(1\,2\cdots n)$ 的逆序数为 0，因此为偶排列，（2 1 3）的逆序数为 1，因此为奇排列.

例 1 确定五阶排列（4 5 3 2 1）的逆序数，并指出排列的奇偶性.

解 $\sigma(4\,5\,3\,2\,1)=3+3+2+1=9$，故排列（4 5 3 2 1）为奇排列.

例 2 计算 $\sigma(n\ (n-1)\cdots 2\,1)$.

解 $\sigma(n\ (n-1)\cdots 2\,1)=(n-1)+(n-2)+\cdots+2+1+0=\dfrac{n(n-1)}{2}$.

1.1.3 对换

定义 1.1.4 在一个 n 阶排列中，任意对换两个元素的位置，其余元素不动，称为该排列的一个**对换**.

对换对排列的奇偶性是会产生影响的. 如 $\sigma(2\,4\,3\,1)=4$，（2 4 3 1）是偶排列，现对换 2 和 1 的位置，得 $\sigma(1\,4\,3\,2)=3$，$(1\,4\,3\,2)$是奇排列. 事实上，我们有如下定理.

定理 1.1.1 对换必改变排列的奇偶性.

***证** （1）相邻位置元素的对换（称为邻换）. 设

$$(\cdots j_i j_{i+1}\cdots)\xrightarrow{(j_i,j_{i+1})}(\cdots j_{i+1}j_i\cdots),$$

如果 j_i和j_{i+1} 在原排列中构成一个逆序，则邻换后就构成一个顺序，反之，如果 j_i和j_{i+1} 在原排列中构成一个顺序，则邻换后就构成一个逆序，因此邻换前后两个排列的逆序数差 1，而其余元素的逆序数没有发生变化，所以改变了排列的奇偶性.

（2）任意位置元素的对换. 设

$$(\cdots j_i j_{i+1}\cdots j_{i+m} j_{i+m+1}\cdots)\xrightarrow{(j_i,j_{i+m+1})}(\cdots j_{i+m+1}j_{i+1}\cdots j_{i+m}j_i\cdots),$$

该对换可分解成：先作 m 次邻换，即

$$(\cdots j_i j_{i+1}\cdots j_{i+m} j_{i+m+1}\cdots)\to(\cdots j_{i+1}\cdots j_{i+m}j_i j_{i+m+1}\cdots),$$

再作 $m+1$ 次邻换，即

$$(\cdots j_{i+1}\cdots j_{i+m}j_i j_{i+m+1}\cdots)\to(\cdots j_{i+m+1}j_{i+1}\cdots j_{i+m}j_i\cdots),$$

该过程共进行了 $2m+1$ 次邻换，由（1）的结论，两个排列的奇偶性改变了.

证毕.

推论 1.1.1 在所有 n 阶排列（$n\geqslant 2$）中，奇排列和偶排列各占一半.

只要将 $n!$ 个 n 阶排列一一列出，对每个排列中的第一个和第二个元素作一个对换，这时我们得到的仍然是原来的 $n!$ 个 n 阶排列，然而每个排列的奇偶性都发生了改变. 因此奇偶排列的个数应当是相同的.

***推论 1.1.2** 任何一个 n 阶排列都可通过若干次对换变成自然排列，且所作对换次数的奇偶性与这个排列的奇偶性相同.

因为一个 n 阶排列可通过若干次对换变成自然排列，并且所作对换的次数就是排列奇偶性变化的次数，而自然排列是偶排列，因此结论成立.

1.2 行列式的定义

首先我们考虑用消元法求解二元一次方程组和三元一次方程组，从中引出二阶和三阶行列式的定义. 然后把这些定义推广，得到 n 阶行列式的定义.

1.2.1 二阶行列式

考察二元线性方程组：

$$\begin{cases} a_{11}x_1 + a_{12}x_2 = b_1, \\ a_{21}x_1 + a_{22}x_2 = b_2, \end{cases} \tag{1.2.1}$$

其中 b_1,b_2 是常数，$a_{11},a_{12},a_{21},a_{22}$ 是未知量的系数，可简单记为 $a_{ij}(i,j=1,2)$． a_{ij} 有两个下标 i,j． a_{ij} 为第 i 个方程第 j 个未知量 x_j 的系数. 例如 a_{21} 就是第二个方程中第一个未知量 x_1 的系数. 这里的线性是指方程组中未知量 x_j 的次数都是一次的.

现在采用消元法求解方程组（1.2.1），为了消去 x_2，用 a_{22} 乘第一个方程，a_{12} 乘第二个方程，得

$$\begin{cases} a_{11}a_{22}x_1 + a_{12}a_{22}x_2 = b_1a_{22}, \\ a_{12}a_{21}x_1 + a_{12}a_{22}x_2 = a_{12}b_2. \end{cases}$$

然后两方程相减，得到只含有 x_1 的方程

$$(a_{11}a_{22} - a_{12}a_{21})x_1 = b_1a_{22} - a_{12}b_2 . \tag{1.2.2}$$

为了消去 x_1，用 a_{21} 乘第一个方程，a_{11} 乘第二个方程，得

$$\begin{cases} a_{11}a_{21}x_1 + a_{12}a_{21}x_2 = b_1a_{21}, \\ a_{11}a_{21}x_1 + a_{11}a_{22}x_2 = a_{11}b_2. \end{cases}$$

然后两方程相减，得到只含有 x_2 的方程

$$(a_{11}a_{22} - a_{12}a_{21})x_2 = a_{11}b_2 - b_1a_{21} . \tag{1.2.3}$$

由式（1.2.2）和式（1.2.3）可知，若

$$D = a_{11}a_{22} - a_{12}a_{21} \neq 0 ,$$

则方程组（1.2.1）有唯一解

$$x_1 = \frac{b_1a_{22} - a_{12}b_2}{a_{11}a_{22} - a_{12}a_{21}},\ x_2 = \frac{a_{11}b_2 - b_1a_{21}}{a_{11}a_{22} - a_{12}a_{21}} . \tag{1.2.4}$$

由式（1.2.4）给出的 x_1 与 x_2 的表达式，分母都是 D，它仅依赖于方程组（1.2.1）的 4 个系数. 为了便于记住 D 的表达式，我们引进二阶行列式的概念.

定义 1.2.1 把

$$\begin{vmatrix} a_{11} & a_{12} \\ a_{21} & a_{22} \end{vmatrix} = a_{11}a_{22} - a_{12}a_{21}$$

称为二阶行列式.

它含有两行，两列. 横写的称为行，竖写的称为列. 行列式中的数 $a_{ij}(i,j=1,2)$ 称为行列式的元素，i 表示 a_{ij} 所在的行数，j 表示 a_{ij} 所在的列数. a_{ij} 表示位于行列式第 i 行第 j 列的元素. 例如，a_{12} 表示位于行列式第 1 行第 2 列的元素.

二阶行列式表示一个数，其值为 2！项的代数和：一个是在从左上角到右下角的对角线（又称为行列式的主对角线）上的两个元素的乘积，取正号；另一个是从右上角到左下角的对角线上的两个元素的乘积，取负号. 例如

$$\begin{vmatrix} 1 & 2 \\ -3 & 5 \end{vmatrix} = 1\times 5 - 2\times(-3) = 11,$$

其中 $a_{11}=1, a_{12}=2, a_{21}=-3, a_{22}=5$. 又如

$$\begin{vmatrix} x+y & x \\ x & x-y \end{vmatrix} = (x+y)\times(x-y) - x\times x = -y^2,$$

其中 $a_{11}=x+y, a_{12}=x, a_{21}=x, a_{22}=x-y$.

根据定义 1.2.1，我们容易得知式（1.2.4）中两个分子可以分别写成

$$b_1a_{22}-a_{12}b_2 = \begin{vmatrix} b_1 & a_{12} \\ b_2 & a_{22} \end{vmatrix}，\ a_{11}b_2 - b_1a_{21} = \begin{vmatrix} a_{11} & b_1 \\ a_{21} & b_2 \end{vmatrix}.$$

如果我们记

$$D = \begin{vmatrix} a_{11} & a_{12} \\ a_{21} & a_{22} \end{vmatrix}，\ D_1 = \begin{vmatrix} b_1 & a_{12} \\ b_2 & a_{22} \end{vmatrix}，\ D_2 = \begin{vmatrix} a_{11} & b_1 \\ a_{21} & b_2 \end{vmatrix},$$

那么当 $D\neq 0$ 时，方程组（1.2.1）有唯一解，而且这唯一解可以表示为

$$x_1 = \frac{D_1}{D} = \frac{\begin{vmatrix} b_1 & a_{12} \\ b_2 & a_{22} \end{vmatrix}}{\begin{vmatrix} a_{11} & a_{12} \\ a_{21} & a_{22} \end{vmatrix}},\quad x_2 = \frac{D_2}{D} = \frac{\begin{vmatrix} a_{11} & b_1 \\ a_{21} & b_2 \end{vmatrix}}{\begin{vmatrix} a_{11} & a_{12} \\ a_{21} & a_{22} \end{vmatrix}}.$$

其中 D 是由方程组（1.2.1）的系数确定的二阶行列式，与右端常数项无关，故称 D 为方程组（1.2.1）的系数行列式.

D_1 是把 D 中的第一列（x_1 的系数）a_{11}, a_{12} 换成常数项 b_1, b_2，D_2 是把 D 中的第二列（x_2 的系数）a_{21}, a_{22} 换成常数项 b_1, b_2. 这样求解二元一次方程组就归结为求三个二阶行列式的值. 像这样用行列式来表示解的形式简便且容易记忆.

例 1 计算行列式

$$D = \begin{vmatrix} \sin\theta & \cos\theta \\ -\cos\theta & \sin\theta \end{vmatrix}.$$

解 $\begin{vmatrix} \sin\theta & \cos\theta \\ -\cos\theta & \sin\theta \end{vmatrix} = \sin^2\theta - (-\cos^2\theta) = 1.$

例 2 用行列式解线性方程组

$$\begin{cases} 2x_1 + 4x_2 = 1, \\ 3x_1 + 5x_2 = 2. \end{cases}$$

解 因为系数行列式

$$D = \begin{vmatrix} 2 & 4 \\ 3 & 5 \end{vmatrix} = -2 \neq 0,$$

所以方程组有唯一解. 又

$$D_1 = \begin{vmatrix} 1 & 4 \\ 2 & 5 \end{vmatrix} = -3，\ D_2 = \begin{vmatrix} 2 & 1 \\ 3 & 2 \end{vmatrix} = 1,$$

所以方程组的唯一解是

$$x_1=\frac{D_1}{D}=\frac{3}{2},\quad x_2=\frac{D_2}{D}=-\frac{1}{2}.$$

1.2.2 三阶行列式

对于含有三个未知量 x_1,x_2,x_3 的线性方程组

$$\begin{cases}a_{11}x_1+a_{12}x_2+a_{13}x_3=b_1,\\ a_{21}x_1+a_{22}x_2+a_{23}x_3=b_2,\\ a_{31}x_1+a_{32}x_2+a_{33}x_3=b_3,\end{cases}\tag{1.2.5}$$

也可以用消元法求解. 为了求得 x_1，需要消去 x_2 和 x_3. 消元过程可以分两步进行.

第一步从方程组（1.2.5）的前两个方程和后两个方程中消去 x_3，得到含有 x_1 和 x_2 的线性方程组，即

$$\begin{cases}(a_{11}a_{23}-a_{13}a_{21})x_1+(a_{12}a_{23}-a_{13}a_{22})x_2=b_1a_{23}-a_{13}b_2,\\ (a_{21}a_{33}-a_{23}a_{31})x_1+(a_{22}a_{33}-a_{23}a_{32})x_2=b_2a_{33}-a_{23}b_3.\end{cases}$$

第二步再消去 x_2，得到

$$\begin{aligned}&(a_{11}a_{22}a_{33}-a_{11}a_{32}a_{23}+a_{21}a_{32}a_{13}-a_{21}a_{12}a_{33}+a_{31}a_{12}a_{23}-a_{31}a_{22}a_{13})x_1\\ &=b_1a_{22}a_{33}-b_1a_{32}a_{23}+b_2a_{32}a_{13}-b_2a_{12}a_{33}+b_3a_{12}a_{23}-b_3a_{22}a_{13}.\end{aligned}$$

若 x_1 的系数不为零，则得到

$$x_1=\frac{D_1}{D},$$

其中

$$\begin{aligned}D&=a_{11}a_{22}a_{33}-a_{11}a_{32}a_{23}+a_{21}a_{32}a_{13}-a_{21}a_{12}a_{33}+a_{31}a_{12}a_{23}-a_{31}a_{22}a_{13}\\ &=\begin{vmatrix}a_{11}&a_{12}&a_{13}\\ a_{21}&a_{22}&a_{23}\\ a_{31}&a_{32}&a_{33}\end{vmatrix}\neq 0,\end{aligned}$$

$$D_1=b_1a_{22}a_{33}-b_1a_{32}a_{23}+b_2a_{32}a_{13}-b_2a_{12}a_{33}+b_3a_{12}a_{23}-b_3a_{22}a_{13}=\begin{vmatrix}b_1&a_{12}&a_{13}\\ b_2&a_{22}&a_{23}\\ b_3&a_{32}&a_{33}\end{vmatrix}.$$

同理可得

$$x_2=\frac{D_2}{D},\ x_3=\frac{D_3}{D},$$

其中

$$D_2=\begin{vmatrix}a_{11}&b_1&a_{13}\\ a_{21}&b_2&a_{23}\\ a_{31}&b_3&a_{33}\end{vmatrix},\quad D_3=\begin{vmatrix}a_{11}&a_{12}&b_1\\ a_{21}&a_{22}&b_2\\ a_{31}&a_{32}&b_3\end{vmatrix}.$$

与解二元线性方程组一样，称 D 为方程组（1.2.5）的系数行列式，D_1,D_2,D_3 分别是用常数列来替换 D 中的第一列、第二列、第三列的系数得到的. 这样我们得到了三阶行列式.

定义 1.2.2 把

$$\begin{vmatrix}a_{11}&a_{12}&a_{13}\\ a_{21}&a_{22}&a_{23}\\ a_{31}&a_{32}&a_{33}\end{vmatrix}=a_{11}a_{22}a_{33}+a_{12}a_{23}a_{31}+a_{13}a_{21}a_{32}-a_{13}a_{22}a_{31}-a_{12}a_{21}a_{33}-a_{11}a_{23}a_{32}\tag{1.2.6}$$

称为三阶行列式.

三阶行列式的值是 3！项的代数和，每一项都是取自不同行、不同列的三个元素的乘积再附上正负号，三项附正号，三项附负号.

我们可以用**对角线法则**来记忆三阶行列式中每一项及前面的正、负号. 如图 1.2.1 所示，其中各实线连接的三个元素的乘积前面带有正号，各虚线连接的三个元素的乘积前面带有负号.

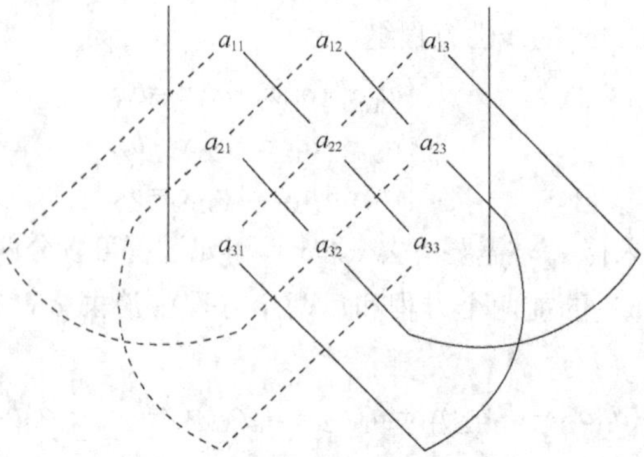

图 1.2.1

例 3 利用三阶行列式定义计算出行列式的值

$$D=\begin{vmatrix}-2 & 1 & 2\\ 2 & 3 & 0\\ 0 & 5 & 1\end{vmatrix}.$$

解 由三阶行列式的定义得

$$\begin{aligned}D&=(-2)\times3\times1+1\times0\times0+2\times2\times5\\&\quad-2\times3\times0-1\times2\times1-(-2)\times0\times5\\&=12.\end{aligned}$$

由三阶行列式的定义可看出，每一项都可表示成

$$a_{1j_1}a_{2j_2}a_{3j_3}, \tag{1.2.7}$$

其中行标形成了一个三阶自然排列（1 2 3），列标形成了一个三阶排列 $(j_1j_2j_3)$. 再看每一项前面所带的符号与该列标所成排列的奇偶性的关系. 在式（1.2.6）中，第一、二、三项列标所形成的排列分别为（1 2 3），（2 3 1），（3 1 2），它们都是偶排列，这三项前面都带正号；第四、五、六项列标所形成的排列恰相反，都是奇排列，前面都是负号. 于是式（1.2.7）中的项 $a_{1j_1}a_{2j_2}a_{3j_3}$ 应带符号 $(-1)^{\sigma(j_1j_2j_3)}$.

因此式（1.2.6）又可写成

$$\begin{vmatrix}a_{11} & a_{12} & a_{13}\\ a_{21} & a_{22} & a_{23}\\ a_{31} & a_{32} & a_{33}\end{vmatrix}=\sum_{(j_1j_2j_3)}(-1)^{\sigma(j_1j_2j_3)}a_{1j_1}a_{2j_2}a_{3j_3},$$

其中 $\sum\limits_{(j_1j_2j_3)}$ 表示列标形成的三阶排列 $(j_1j_2j_3)$ 要取遍所有的三阶排列求和.

同样地，二阶行列式也可写成

$$\begin{vmatrix}a_{11} & a_{12}\\ a_{21} & a_{22}\end{vmatrix}=\sum_{(j_1j_2)}(-1)^{\sigma(j_1j_2)}a_{1j_1}a_{2j_2}.$$

这样，二阶、三阶行列式的定义形式已一致了. 推广二阶、三阶行列式的定义形式，可以给出 n 阶行列式的定义.

1.2.3 n阶行列式

定义 1.2.3 由 n^2 个数组成 n 行 n 列的 n 阶行列式定义为

$$\begin{vmatrix} a_{11} & a_{12} & \cdots & a_{1n} \\ a_{21} & a_{22} & \cdots & a_{2n} \\ \vdots & \vdots & & \vdots \\ a_{n1} & a_{n2} & \cdots & a_{nn} \end{vmatrix} = \sum_{(j_1 j_2 \cdots j_n)} (-1)^{\sigma(j_1 j_2 \cdots j_n)} a_{1j_1} a_{2j_2} \cdots a_{nj_n},$$

其中 $\sum\limits_{(j_1 j_2 \cdots j_n)}$ 表示列标形成的 n 阶排列 $(j_1 j_2 \cdots j_n)$ 要取遍所有的 n 阶排列求和，共有 $n!$ 项.

特别地，约定一阶行列式为 $|a_{11}| = a_{11}$.

综上所述，n 阶行列式定义的代数和具有以下三项特点.

（1）有 $n!$ 项相加，其最后结果是一个数值；

（2）每项有 n 个数相乘，而每个数取自不同行不同列；

（3）每项的符号由列标排列 $(j_1 j_2 \cdots j_n)$ 的奇偶性决定，即符号是 $(-1)^{\sigma(j_1 j_2 \cdots j_n)}$，且在 $n!$ 项中，一半符号为正，一半符号为负.

例 4 计算行列式

$$\begin{vmatrix} a_{11} & 0 & \cdots & 0 \\ a_{21} & a_{22} & \cdots & 0 \\ \vdots & \vdots & \ddots & \vdots \\ a_{n1} & a_{n2} & \cdots & a_{nn} \end{vmatrix}.$$

这种主对角线（从左上角到右下角的一条对角线）上方的元素全为零的行列式称为**下三角行列式**.

解 只需把 $n!$ 项中不为零的项找出来，求代数和即可. 根据定义 1.2.3，从第一行开始，只有取 $j_1 = 1$ 的项 $a_{11} a_{2j_2} \cdots a_{nj_n}$ 可能不为零，再取第二行元素，根据不同列的要求，只有取 $j_2 = 2$ 的项 $a_{11} a_{22} \cdots a_{nj_n}$ 可能不为零，依次往下类推得

$$\begin{vmatrix} a_{11} & 0 & \cdots & 0 \\ a_{21} & a_{22} & \cdots & 0 \\ \vdots & \vdots & \ddots & \vdots \\ a_{n1} & a_{n2} & \cdots & a_{nn} \end{vmatrix} = (-1)^{\sigma(12\cdots n)} a_{11} a_{22} \cdots a_{nn} = \prod_{i=1}^{n} a_{ii},$$

即下三角行列式的值等于主对角线元素的乘积.

类似地，上三角行列式和对角行列式也有同样的结论：

$$\begin{vmatrix} a_{11} & a_{12} & \cdots & a_{1n} \\ 0 & a_{22} & \cdots & a_{2n} \\ \vdots & \vdots & \ddots & \vdots \\ 0 & 0 & \cdots & a_{nn} \end{vmatrix} = \prod_{i=1}^{n} a_{ii}, \quad \begin{vmatrix} a_{11} & 0 & \cdots & 0 \\ 0 & a_{22} & \cdots & 0 \\ \vdots & \vdots & \ddots & \vdots \\ 0 & 0 & \cdots & a_{nn} \end{vmatrix} = \prod_{i=1}^{n} a_{ii}.$$

显然，若下（上）三角或对角行列式的主对角上的元素有零元素，则该行列式的值为零.

例如，$\begin{vmatrix} 5 & 0 & 0 & 0 \\ 3 & -2 & 0 & 0 \\ 0 & 4 & -1 & 0 \\ 2 & 1 & 3 & 1 \end{vmatrix} = 5 \times (-2) \times (-1) \times 1 = 10$.

又如，$\begin{vmatrix} 3 & -2 & 0 & 1 \\ 0 & 4 & -1 & 2 \\ 0 & 0 & 0 & 5 \\ 0 & 0 & 0 & -1 \end{vmatrix} = 3\times 4\times 0\times(-1) = 0$.

例 5 计算n阶反对角行列式

$$D = \begin{vmatrix} 0 & 0 & \cdots & 0 & d_1 \\ 0 & 0 & \cdots & d_2 & 0 \\ \vdots & \vdots & & \vdots & \vdots \\ 0 & d_{n-1} & \cdots & 0 & 0 \\ d_n & 0 & \cdots & 0 & 0 \end{vmatrix}.$$

解 只需把$n!$项中不为零的项找出来，求代数和即可. 根据定义 1.2.3，从第一行开始，只有取$j_1 = n$的项$a_{1n}a_{2j_2}\cdots a_{nj_n}$可能不为零，再取第二行元素，根据不同列的要求，只有取$j_2 = n-1$的项$a_{1n}a_{2,n-1}\cdots a_{nj_n}$可能不为零，依次往下类推只剩下一项可能不为零：$a_{1n}a_{2,n-1}\cdots a_{n1} = d_1d_2\cdots d_n$，其前边的符号为$(-1)^{\sigma(n(n-1)\cdots 21)}$，即

$$D = (-1)^{\frac{n(n-1)}{2}} d_1d_2\cdots d_n.$$

类似地，反上三角行列式和反下三角行列式也有同样的结论成立：

$$\begin{vmatrix} a_{11} & a_{12} & \cdots & a_{1,n-1} & a_{1n} \\ a_{21} & a_{22} & \cdots & a_{2,n-1} & 0 \\ \vdots & \vdots & & \vdots & \vdots \\ a_{n-1,1} & a_{n-1,2} & \cdots & 0 & 0 \\ a_{n1} & 0 & \cdots & 0 & 0 \end{vmatrix} = (-1)^{\frac{n(n-1)}{2}} a_{1n}a_{2,n-1}\cdots a_{n-1,2}a_{n1},$$

$$\begin{vmatrix} 0 & 0 & \cdots & 0 & a_{1n} \\ 0 & 0 & \cdots & a_{2,n-1} & a_{2n} \\ \vdots & \vdots & & \vdots & \vdots \\ 0 & a_{n-1,2} & \cdots & a_{n-1,n-1} & a_{n-1,n} \\ a_{n1} & a_{n2} & \cdots & a_{n,n-1} & a_{nn} \end{vmatrix} = (-1)^{\frac{n(n-1)}{2}} a_{1n}a_{2,n-1}\cdots a_{n-1,2}a_{n1}.$$

1.3 行列式的性质

因为n阶行列式是$n!$项求和，而且每一项都是n个数的乘积，当n比较大时，利用行列式定义进行计算，计算量会非常大，例如，$10! = 3628800$. 所以对于阶数较大的行列式很难直接用定义去求它的值，这时利用行列式的性质可以有效地解决行列式的求值问题. 下面我们来研究行列式的性质.

设n阶行列式

$$D = \begin{vmatrix} a_{11} & a_{12} & \cdots & a_{1n} \\ a_{21} & a_{22} & \cdots & a_{2n} \\ \vdots & \vdots & & \vdots \\ a_{n1} & a_{n2} & \cdots & a_{nn} \end{vmatrix},$$

将其行与列互换得

$$D^{\mathrm{T}}=\begin{vmatrix} a_{11} & a_{21} & \cdots & a_{n1} \\ a_{12} & a_{22} & \cdots & a_{n2} \\ \vdots & \vdots & & \vdots \\ a_{1n} & a_{2n} & \cdots & a_{nn} \end{vmatrix},$$

称行列式 D^{T} 为 D 的**转置行列式**.

1.3.1 二阶、三阶行列式的性质

性质 1.3.1 行列式的行与列互换，行列式值不变.

根据三阶行列式的定义，可得行列式与它的转置行列式的值，比较即得证.

例如，设

$$D=\begin{vmatrix} -2 & 1 & 2 \\ 2 & 3 & 0 \\ 0 & 5 & 1 \end{vmatrix},$$

则它的转置行列式为

$$D^{\mathrm{T}}=\begin{vmatrix} -2 & 2 & 0 \\ 1 & 3 & 5 \\ 2 & 0 & 1 \end{vmatrix},$$

利用定义 1.2.2 可算出 $D=D^{\mathrm{T}}=12$.

由性质 1.3.1 可知，在行列式中行与列所处的地位相同，因此凡是对行成立的性质对列也成立，反之亦然.

性质 1.3.2 行列式任意两行（列）互换后行列式反号.

证 设 $D=\begin{vmatrix} a_{11} & a_{12} & a_{13} \\ a_{21} & a_{22} & a_{23} \\ a_{31} & a_{32} & a_{33} \end{vmatrix}$，不妨设行列式的第一行与第二行互换，则得到新的行列式

$$\begin{aligned}\begin{vmatrix} a_{21} & a_{22} & a_{23} \\ a_{11} & a_{12} & a_{13} \\ a_{31} & a_{32} & a_{33} \end{vmatrix} &= a_{21}a_{12}a_{33}+a_{22}a_{13}a_{31}+a_{23}a_{11}a_{32}-a_{23}a_{12}a_{31}-a_{22}a_{11}a_{33}-a_{21}a_{13}a_{32} \\ &= -(a_{11}a_{22}a_{33}+a_{12}a_{23}a_{31}+a_{13}a_{21}a_{32}-a_{13}a_{22}a_{31}-a_{12}a_{21}a_{33}-a_{11}a_{23}a_{32}) \\ &= -\begin{vmatrix} a_{11} & a_{12} & a_{13} \\ a_{21} & a_{22} & a_{23} \\ a_{31} & a_{32} & a_{33} \end{vmatrix}.\end{aligned}$$

证毕.

为了运算方便，我们以 $r_i \leftrightarrow r_j$ 表示行列式中的第 i 行与第 j 行互换，以 $c_i \leftrightarrow c_j$ 表示行列式第 i 列与第 j 列互换. 在计算时要注意每互换一次则变一次正负号.

例如，$\begin{vmatrix} -2 & 1 & 2 \\ 2 & 3 & 0 \\ 0 & 5 & 1 \end{vmatrix}=(-6)+0+20-0-2-0=12$，交换第一行和第二行的元素，则 $\begin{vmatrix} 2 & 3 & 0 \\ -2 & 1 & 2 \\ 0 & 5 & 1 \end{vmatrix}=$

$2+0+0-0-(-6)-20=-12$，即

$$\begin{vmatrix} -2 & 1 & 2 \\ 2 & 3 & 0 \\ 0 & 5 & 1 \end{vmatrix} = -\begin{vmatrix} 2 & 3 & 0 \\ -2 & 1 & 2 \\ 0 & 5 & 1 \end{vmatrix}.$$

推论 1.3.1 行列式中有两行（列）对应元素相同，则这个行列式值等于零.

证 不妨设行列式 D 中第一行与第二行对应元素相同，把这两行对换后得到行列式 D_1，由性质 1.3.2 得 $D_1=-D$. 又因为两行元素相同，所以 $D_1=D$，由此可得 $D=-D,\ \ 2D=0$，即 $D=0$.

证毕.

例如，$\begin{vmatrix} -2 & 1 & 2 \\ 2 & 3 & 0 \\ 2 & 3 & 0 \end{vmatrix} = 0+0+12-12-0-0=0$.

性质 1.3.3 若行列式中某行（列）的所有元素有公因子 k，则 k 可以提到行列式外面.

证 不妨设三阶行列式 D 中第二行的所有元素有公因子 k，即

$$D=\begin{vmatrix} a_{11} & a_{12} & a_{13} \\ ka_{21} & ka_{22} & ka_{23} \\ a_{31} & a_{32} & a_{33} \end{vmatrix},$$

由行列式的定义可得其值为

$$\begin{aligned} D &= a_{11}ka_{22}a_{33}+a_{12}ka_{23}a_{31}+a_{13}ka_{21}a_{32}-a_{13}ka_{22}a_{31}-a_{12}ka_{21}a_{33}-a_{11}ka_{23}a_{32} \\ &= k(a_{11}a_{22}a_{33}+a_{12}a_{23}a_{31}+a_{13}a_{21}a_{32}-a_{13}a_{22}a_{31}-a_{12}a_{21}a_{33}-a_{11}a_{23}a_{32}) \\ &= k\begin{vmatrix} a_{11} & a_{12} & a_{13} \\ a_{21} & a_{22} & a_{23} \\ a_{31} & a_{32} & a_{33} \end{vmatrix}. \end{aligned}$$

证毕.

例如，$\begin{vmatrix} -2 & 1 & 2 \\ 6 & 9 & 0 \\ 0 & 5 & 1 \end{vmatrix} = \begin{vmatrix} -2 & 1 & 2 \\ 3\times 2 & 3\times 3 & 3\times 0 \\ 0 & 5 & 1 \end{vmatrix} = 3\times\begin{vmatrix} -2 & 1 & 2 \\ 2 & 3 & 0 \\ 0 & 5 & 1 \end{vmatrix} = 3\times 12 = 36$.

推论 1.3.2 如果行列式有一行（列）元素全为零，那么此行列式的值为零.

证略.

推论 1.3.3 如果行列式中某两行（列）对应元素成比例，那么这个行列式的值为零.

利用性质 1.3.3 及推论 1.3.1 即可得证.

例如，$\begin{vmatrix} -2 & 1 & 2 \\ -4 & 2 & 4 \\ 0 & 5 & 1 \end{vmatrix} = (-4)+0+(-40)-0-(-4)-(-40)=0$，其中第二行元素是第一行元素的 2 倍.

例 1 计算行列式

$$\begin{vmatrix} 2 & 5 & 5 \\ 6 & 4 & 10 \\ 3 & 6 & 15 \end{vmatrix}.$$

解 可以先根据行列式的性质 1.3.3，把各行、各列的公因子提到行列式符号外，再利用定义即可得到其值.

$$\begin{vmatrix} 2 & 5 & 5 \\ 6 & 4 & 10 \\ 3 & 6 & 15 \end{vmatrix} = 2\times 3\times \begin{vmatrix} 2 & 5 & 5 \\ 3 & 2 & 5 \\ 1 & 2 & 5 \end{vmatrix} = 2\times 3\times 5\times \begin{vmatrix} 2 & 5 & 1 \\ 3 & 2 & 1 \\ 1 & 2 & 1 \end{vmatrix}$$

$$= 30\times(4+5+6-2-15-4) = 30\times(-6) = -180 .$$

性质 1.3.4 如果行列式的某行（列）的各个元素是两项之和，那么这个行列式等于两个行列式的和，即若

$$D = \begin{vmatrix} a_{11} & a_{12} & a_{13} \\ a_{21} & a_{22} & a_{23} \\ a_{31}+b_{31} & a_{32}+b_{32} & a_{33}+b_{33} \end{vmatrix},$$

则

$$D = \begin{vmatrix} a_{11} & a_{12} & a_{13} \\ a_{21} & a_{22} & a_{23} \\ a_{31} & a_{32} & a_{33} \end{vmatrix} + \begin{vmatrix} a_{11} & a_{12} & a_{13} \\ a_{21} & a_{22} & a_{23} \\ b_{31} & b_{32} & b_{33} \end{vmatrix} .$$

由三阶行列式的定义即可证得.

例如，$\begin{vmatrix} -2 & 1 & 2 \\ 2 & 3 & 0 \\ 1 & 6 & 2 \end{vmatrix} = \begin{vmatrix} -2 & 1 & 2 \\ 2 & 3 & 0 \\ 0+1 & 5+1 & 1+1 \end{vmatrix} = \begin{vmatrix} -2 & 1 & 2 \\ 2 & 3 & 0 \\ 0 & 5 & 1 \end{vmatrix} + \begin{vmatrix} -2 & 1 & 2 \\ 2 & 3 & 0 \\ 1 & 1 & 1 \end{vmatrix} = 12+(-10) = 2$.

如果行列式中每一个元素都是两个数的和，则性质 1.3.4 可以按行（列）重复使用.

例如，$\begin{vmatrix} a_{11}+a & a_{12}+b \\ a_{21}+c & a_{22}+d \end{vmatrix} = \begin{vmatrix} a_{11} & a_{12} \\ a_{21}+c & a_{22}+d \end{vmatrix} + \begin{vmatrix} a & b \\ a_{21}+c & a_{22}+d \end{vmatrix}$

$$= \begin{vmatrix} a_{11} & a_{12} \\ a_{21} & a_{22} \end{vmatrix} + \begin{vmatrix} a_{11} & a_{12} \\ c & d \end{vmatrix} + \begin{vmatrix} a & b \\ a_{21} & a_{22} \end{vmatrix} + \begin{vmatrix} a & b \\ c & d \end{vmatrix} .$$

利用性质 1.3.3 和性质 1.3.4，又可得到下列性质.

性质 1.3.5 把行列式中某行（列）元素的 k 倍加到另一行（列）上，行列式的值不变.

我们以 $r_i + kr_j$ 表示行列式中的第 j 行的 k 倍加到第 i 行上，以 $c_i + kc_j$ 表示第 j 列的 k 倍加到第 i 列上.

例如，$\begin{vmatrix} -2 & 1 & 2 \\ 2 & 3 & 0 \\ 0 & 5 & 1 \end{vmatrix} = 12$，把第二行元素的 2 倍加到第三行上（注意，第二行的元素本身并不改变），则有

$$\begin{vmatrix} -2 & 1 & 2 \\ 2 & 3 & 0 \\ 0 & 5 & 1 \end{vmatrix} \overset{r_3+2r_2}{=} \begin{vmatrix} -2 & 1 & 2 \\ 2 & 3 & 0 \\ 4 & 11 & 1 \end{vmatrix} = (-6)+0+44-24-2-0 = 12 .$$

我们由行列式的定义可知，一个行列式含有零元素越多时，这个行列式越容易计算，而性质 1.3.5 就可以在保持其值不变的情况下，进行造零，从而简化行列式的计算.

1.3.2 n阶行列式的性质

可以一字不差地将二阶、三阶行列式的性质及推论推广到n阶行列式中去，证明略.

例 2 证明奇数阶的反对称行列式的值必等于零.

对于行列式

$$D=\begin{vmatrix} a_{11} & a_{12} & \cdots & a_{1n} \\ a_{21} & a_{22} & \cdots & a_{2n} \\ \vdots & \vdots & & \vdots \\ a_{n1} & a_{n2} & \cdots & a_{nn} \end{vmatrix},$$

若元素 a_{ij} 满足 $a_{ij}=a_{ji}$，则称 D 为**对称行列式**；若元素 a_{ij} 满足 $a_{ij}=-a_{ji}$，则称 D 为**反对称行列式**（$i,j=1,2,\cdots,n$）.

证 由反对称行列式的定义可知，$a_{ij}=\begin{cases}-a_{ji}, i\neq j,\\ 0, \quad i=j,\end{cases}$ 所以反对称行列式必为如下形式

$$D=\begin{vmatrix} 0 & a_{12} & \cdots & a_{1n} \\ -a_{12} & 0 & \cdots & a_{2n} \\ \vdots & \vdots & & \vdots \\ -a_{1n} & -a_{2n} & \cdots & 0 \end{vmatrix}.$$

根据性质 1.3.3 和性质 1.3.1 可得

$$D=(-1)^n\begin{vmatrix} 0 & -a_{12} & \cdots & -a_{1n} \\ a_{12} & 0 & \cdots & -a_{2n} \\ \vdots & \vdots & & \vdots \\ a_{1n} & a_{2n} & \cdots & 0 \end{vmatrix}=(-1)^n D^{\mathrm{T}}=(-1)^n D,$$

当n为奇数时，有 $D=-D$，所以 $D=0$.

证毕.

1.3.3 利用行列式的性质计算行列式

一般对于三阶及三阶以上的行列式，应首先利用行列式的性质（特别是性质 1.3.5），将其转化为便于计算的具有特殊结构的行列式（如上、下三角行列式）. 我们把这种方法称为“化三角形法”或“造零法”.

例 3 计算行列式

$$D=\begin{vmatrix} -2 & 1 & 2 \\ 2 & 3 & 0 \\ 0 & 5 & 1 \end{vmatrix}.$$

解 为了把行列式化为上三角行列式，需要把主对角线下方的元素全部化为零. 首先要把主对角线下方第一列元素化为零，再把第二列的最后一个元素化为零，即

$$D=\begin{vmatrix} -2 & 1 & 2 \\ 2 & 3 & 0 \\ 0 & 5 & 1 \end{vmatrix}\overset{r_2+r_1}{=}\begin{vmatrix} -2 & 1 & 2 \\ 0 & 4 & 2 \\ 0 & 5 & 1 \end{vmatrix}=2\begin{vmatrix} -2 & 1 & 2 \\ 0 & 2 & 1 \\ 0 & 5 & 1 \end{vmatrix}$$

$$\overset{c_2+(-5)c_3}{=} 2\begin{vmatrix} -2 & -9 & 2 \\ 0 & -3 & 1 \\ 0 & 0 & 1 \end{vmatrix} = 2\times(-2)\times(-3)\times 1 = 12.$$

例 4 计算行列式

$$D=\begin{vmatrix} 1 & 2 & 3 & 4 \\ 5 & 6 & 7 & 8 \\ 9 & 10 & 11 & 12 \\ 13 & 14 & 15 & 16 \end{vmatrix}.$$

解 $D=\begin{vmatrix} 1 & 2 & 3 & 4 \\ 5 & 6 & 7 & 8 \\ 9 & 10 & 11 & 12 \\ 13 & 14 & 15 & 16 \end{vmatrix} \overset{r_2+(-1)r_1;r_4+(-1)r_3}{=} \begin{vmatrix} 1 & 2 & 3 & 4 \\ 4 & 4 & 4 & 4 \\ 9 & 10 & 11 & 12 \\ 4 & 4 & 4 & 4 \end{vmatrix} = 0.$

此行列式的数量级别较大，所以不宜采用造零法化为上（下）三角行列式，而利用性质 1.3.5 化为有两行元素相同的行列式，这样计算量小.

例 5 计算行列式

$$D=\begin{vmatrix} 2 & -1 & 0 & 0 \\ 0 & 1 & 0 & 0 \\ 1 & 2 & 3 & 2 \\ 1 & -1 & -1 & 1 \end{vmatrix}.$$

解 此题可以通过造零法化为下三角行列式，即

$$D=\begin{vmatrix} 2 & -1 & 0 & 0 \\ 0 & 1 & 0 & 0 \\ 1 & 2 & 3 & 2 \\ 1 & -1 & -1 & 1 \end{vmatrix} \overset{r_1+1\times r_2;r_3+(-2)r_4}{=} \begin{vmatrix} 2 & 0 & 0 & 0 \\ 0 & 1 & 0 & 0 \\ -1 & 4 & 5 & 0 \\ 1 & -1 & -1 & 1 \end{vmatrix} = 2\times 1\times 5\times 1 = 10.$$

例 6 计算行列式

$$D=\begin{vmatrix} 4 & 2 & 2 & 3 \\ 2 & 0 & -1 & -4 \\ 3 & 3 & 4 & 2 \\ 0 & 4 & -1 & 6 \end{vmatrix}.$$

解 为了把行列式化为上三角行列式，且运算过程中尽可能避开分数，可先将第三行的（-1）倍加到第一行上，这样第一行的第一个元素变为“1”，就有利于下面的造零，分层次地化为上三角行列式.

$$D=\begin{vmatrix} 4 & 2 & 2 & 3 \\ 2 & 0 & -1 & -4 \\ 3 & 3 & 4 & 2 \\ 0 & 4 & -1 & 6 \end{vmatrix} \overset{r_1+(-1)r_3}{=} \begin{vmatrix} 1 & -1 & -2 & 1 \\ 2 & 0 & -1 & -4 \\ 3 & 3 & 4 & 2 \\ 0 & 4 & -1 & 6 \end{vmatrix} \overset{\substack{r_2+(-2)r_1 \\ r_3+(-3)r_1}}{=} \begin{vmatrix} 1 & -1 & -2 & 1 \\ 0 & 2 & 3 & -6 \\ 0 & 6 & 10 & -1 \\ 0 & 4 & -1 & 6 \end{vmatrix}$$

$$\overset{\substack{r_3+(-3)r_2 \\ r_4+(-2)r_2}}{=} \begin{vmatrix} 1 & -1 & -2 & 1 \\ 0 & 2 & 3 & -6 \\ 0 & 0 & 1 & 17 \\ 0 & 0 & -7 & 18 \end{vmatrix} \overset{r_4+7r_3}{=} \begin{vmatrix} 1 & -1 & -2 & 1 \\ 0 & 2 & 3 & -6 \\ 0 & 0 & 1 & 17 \\ 0 & 0 & 0 & 137 \end{vmatrix} = 274.$$

利用行列式的性质造零，使行列式化为上（下）三角行列式，这种方法比直接用定义计算行列式减少了计算量. 这种算法很机械，适用性广，是一种通用的计算方法. 在计算过程中，原则上应尽量避免出现分数的运算. 在不少情况下，要计算的行列式的元素常常具有一定的特点，如何利用这些特点，以尽量少的计算量计算出行列式的值是一个十分重要的问题. 这里有不少的计算技巧，又十分灵活. 下面看两个例子.

例 7 计算行列式

$$\begin{vmatrix} 3 & 1 & 1 & 1 \\ 1 & 3 & 1 & 1 \\ 1 & 1 & 3 & 1 \\ 1 & 1 & 1 & 3 \end{vmatrix}.$$

解 $$D \xlongequal[\substack{r_3+(-1)r_1 \\ r_4+(-1)r_1}]{r_2+(-1)r_1} \begin{vmatrix} 3 & 1 & 1 & 1 \\ -2 & 2 & 0 & 0 \\ -2 & 0 & 2 & 0 \\ -2 & 0 & 0 & 2 \end{vmatrix} \xlongequal[\substack{c_1+c_3 \\ c_1+c_4}]{c_1+c_2} \begin{vmatrix} 6 & 1 & 1 & 1 \\ 0 & 2 & 0 & 0 \\ 0 & 0 & 2 & 0 \\ 0 & 0 & 0 & 2 \end{vmatrix} = 6\times 2^3 = 48.$$

此类行列式还有另外一个特点，就是其行和或列和相同，我们可以利用这个特点得到另一种方法：

$$D \xlongequal{r_1+r_2+r_3+r_4} \begin{vmatrix} 6 & 6 & 6 & 6 \\ 1 & 3 & 1 & 1 \\ 1 & 1 & 3 & 1 \\ 1 & 1 & 1 & 3 \end{vmatrix} = 6\begin{vmatrix} 1 & 1 & 1 & 1 \\ 1 & 3 & 1 & 1 \\ 1 & 1 & 3 & 1 \\ 1 & 1 & 1 & 3 \end{vmatrix}$$

$$\xlongequal[\substack{r_3+(-1)r_1 \\ r_4+(-1)r_1}]{r_2+(-1)r_1} 6\begin{vmatrix} 1 & 1 & 1 & 1 \\ 0 & 2 & 0 & 0 \\ 0 & 0 & 2 & 0 \\ 0 & 0 & 0 & 2 \end{vmatrix} = 6\times 8 = 48.$$

例 8 计算行列式

$$D = \begin{vmatrix} a_1-b & a_2 & \cdots & a_n \\ a_1 & a_2-b & \cdots & a_n \\ \vdots & \vdots & & \vdots \\ a_1 & a_2 & \cdots & a_n-b \end{vmatrix}.$$

解 $$D = \begin{vmatrix} (\sum\limits_{i=1}^{n} a_i - b) & a_2 & \cdots & a_n \\ (\sum\limits_{i=1}^{n} a_i - b) & a_2-b & \cdots & a_n \\ \vdots & \vdots & & \vdots \\ (\sum\limits_{i=1}^{n} a_i - b) & a_2 & \cdots & a_n-b \end{vmatrix} = (\sum_{i=1}^{n} a_i - b)\begin{vmatrix} 1 & a_2 & \cdots & a_n \\ 1 & a_2-b & \cdots & a_n \\ \vdots & \vdots & & \vdots \\ 1 & a_2 & \cdots & a_n-b \end{vmatrix}$$

$$= (\sum_{i=1}^{n} a_i - b)\begin{vmatrix} 1 & a_2 & \cdots & a_n \\ 0 & -b & \cdots & 0 \\ \vdots & \vdots & & \vdots \\ 0 & 0 & \cdots & -b \end{vmatrix} = (-b)^{n-1}(\sum_{i=1}^{n} a_i - b).$$

1.4 行列式的展开

行列式的计算既是本章的重点也是本章的难点，而高阶行列式 $(n \geqslant 4)$ 的计算更加复杂. 那么高阶行列式的计算是否可以通过降低阶数这种方法来完成呢？本节介绍的行列式的展开便是这个过程. 为此，我们首先介绍余子式和代数余子式的概念.

1.4.1 行列式按一行（列）展开

定义 1.4.1 在 n 阶行列式中，划去元素 a_{ij} 所在的第 i 行、第 j 列，余下的元素按原来的顺序组成的 $n-1$ 阶行列式称为元素 a_{ij} 的**余子式**，记为 M_{ij}. 令 $A_{ij}=(-1)^{i+j}\cdot M_{ij}$，称 A_{ij} 为元素 a_{ij} 的**代数余子式**.

例如，对于三阶行列式

$$D=\begin{vmatrix} a_{11} & a_{12} & a_{13} \\ a_{21} & a_{22} & a_{23} \\ a_{31} & a_{32} & a_{33} \end{vmatrix},$$

元素 a_{23} 的余子式和代数余子式为

$$M_{23}=\begin{vmatrix} a_{11} & a_{12} \\ a_{31} & a_{32} \end{vmatrix}, A_{23}=(-1)^{2+3}\begin{vmatrix} a_{11} & a_{12} \\ a_{31} & a_{32} \end{vmatrix}.$$

定理 1.4.1 n 阶行列式

$$D=\begin{vmatrix} a_{11} & a_{12} & \cdots & a_{1n} \\ \vdots & \vdots & & \vdots \\ a_{k1} & a_{k2} & \cdots & a_{kn} \\ \vdots & \vdots & & \vdots \\ a_{n1} & a_{n2} & \cdots & a_{nn} \end{vmatrix}(k)$$

等于它的任意一行的元素与自己的代数余子式的乘积之和，即

$$D=a_{k1}A_{k1}+a_{k2}A_{k2}+\cdots+a_{kn}A_{kn}=\sum_{j=1}^{n}a_{kj}A_{kj} \quad (k=1,2,\cdots,n). \tag{1.4.1}$$

***证** 只需证明等式右端的每一项都是 D 的定义展开式中的项，而且项前的正负号也一致. 由于每个 $a_{kj}A_{kj}$ 有 $(n-1)!$ 项，所以右端一共有 $(n-1)!n=n!$ 项.

在 $a_{kj}A_{kj}$ 中，每个项不考虑项前的符号，可写成

$$\begin{aligned} & a_{kj}a_{1j_1}a_{2j_2}\cdots a_{k-1,j_{k-1}}a_{k+1,j_{k+1}}\cdots a_{nj_n} \\ = & a_{1j_1}a_{2j_2}\cdots a_{k-1,j_{k-1}}a_{kj}a_{k+1,j_{k+1}}\cdots a_{nj_n}, \end{aligned}$$

其中 $(j_1j_2\cdots j_{k-1}j_{k+1}\cdots j_n)$ 是由数 $1,2,\cdots,j-1,j+1,n$ 形成的一个 $n-1$ 阶排列. 项前的正负号为

$$\begin{aligned} & (-1)^{k+j}(-1)^{\sigma(j_1j_2\cdots j_{k-1}j_{k+1}\cdots j_n)} \\ = & (-1)^{k-1}(-1)^{j-1}(-1)^{\sigma(j_1j_2\cdots j_{k-1}j_{k+1}\cdots j_n)} \\ = & (-1)^{k-1}(-1)^{\sigma(jj_1j_2\cdots j_{k-1}j_{k+1}\cdots j_n)} \\ = & (-1)^{\sigma(j_1j_2\cdots j_{k-1}jj_{k+1}\cdots j_n)}. \end{aligned}$$

这正是项 $a_{1j_1}a_{2j_2}\cdots a_{k-1,j_{k-1}}a_{kj}a_{k+1,j_{k+1}}\cdots a_{nj_n}$ 在行列式 D 的定义展开式中所带的符号.

证毕.

称式（1.4.1）为行列式 D 的按第 k 行展开式，定理 1.4.1 为行列式的**按行展开定理**. 其作用在于把高阶行列式的计算转化为低阶行列式的计算，起到了“降阶”的作用.

行列式也可按列展开，定理如下.

定理 1.4.2 n 阶行列式 D 等于它的任意一列的元素与自己的代数余子式的乘积之和，即

$$D = a_{1k}A_{1k} + a_{2k}A_{2k} + \cdots + a_{nk}A_{nk} = \sum_{i=1}^{n} a_{ik}A_{ik} \quad (k = 1, 2, \cdots, n).$$

利用行列式的展开定理，再结合行列式的性质，可以将高阶行列式逐步转化为低阶行列式来计算.

例 1 计算行列式

$$D = \begin{vmatrix} -2 & 1 & 2 \\ 2 & 3 & 0 \\ 0 & 5 & 1 \end{vmatrix}.$$

解 可以先利用行列式的性质将其化为某行（或某列）只有一个元素不为零，其余元素都为零的行列式，再按此行（或此列）展开.

$$\begin{vmatrix} -2 & 1 & 2 \\ 2 & 3 & 0 \\ 0 & 5 & 1 \end{vmatrix} \overset{r_2+r_1}{=} \begin{vmatrix} -2 & 1 & 2 \\ 0 & 4 & 2 \\ 0 & 5 & 1 \end{vmatrix} \overset{\text{按第一列展开}}{=} (-2)\times(-1)^{1+1}\begin{vmatrix} 4 & 2 \\ 5 & 1 \end{vmatrix} = 12.$$

例 2 计算行列式

$$D = \begin{vmatrix} 1 & 1 & 1 \\ 4 & 5 & 6 \\ 16 & 25 & 36 \end{vmatrix}.$$

解 $$D \underset{c_3-c_1}{\overset{c_2-c_1}{=}} \begin{vmatrix} 1 & 0 & 0 \\ 4 & 1 & 2 \\ 16 & 9 & 20 \end{vmatrix} \overset{\text{按第一行展开}}{=} 1\times(-1)^{1+1}\begin{vmatrix} 1 & 2 \\ 9 & 20 \end{vmatrix} = 2.$$

一般造零的方法不唯一，此题也可把第一列造成只有一个元素不为零，其余元素都为零，即

$$D \underset{r_3-16r_1}{\overset{r_2-4r_1}{=}} \begin{vmatrix} 1 & 1 & 1 \\ 0 & 1 & 2 \\ 0 & 9 & 20 \end{vmatrix} \overset{\text{按第一列展开}}{=} 1\times(-1)^{1+1}\begin{vmatrix} 1 & 2 \\ 9 & 20 \end{vmatrix} = 2.$$

例 3 计算行列式

$$D = \begin{vmatrix} 1 & 2 & 3 & 4 \\ 1 & 0 & 1 & 2 \\ 3 & -1 & -1 & 0 \\ 1 & 2 & 0 & -5 \end{vmatrix}.$$

解 $$\begin{vmatrix} 1 & 2 & 3 & 4 \\ 1 & 0 & 1 & 2 \\ 3 & -1 & -1 & 0 \\ 1 & 2 & 0 & -5 \end{vmatrix} \underset{c_4-2c_1}{\overset{c_3-c_1}{=}} \begin{vmatrix} 1 & 2 & 2 & 2 \\ 1 & 0 & 0 & 0 \\ 3 & -1 & -4 & -6 \\ 1 & 2 & -1 & -7 \end{vmatrix}$$

$$\overset{\text{按第二行展开}}{=} 1\times(-1)^{2+1}\begin{vmatrix}2 & 2 & 2\\ -1 & -4 & -6\\ 2 & -1 & -7\end{vmatrix}$$

$$=(-1)\times 2\times(-1)\begin{vmatrix}1 & 1 & 1\\ 1 & 4 & 6\\ 2 & -1 & -7\end{vmatrix}\overset{r_2-r_1}{\underset{r_3-2r_1}{=}}2\begin{vmatrix}1 & 1 & 1\\ 0 & 3 & 5\\ 0 & -3 & -9\end{vmatrix}$$

$$=2\times(-1)^{1+1}\begin{vmatrix}3 & 5\\ -3 & -9\end{vmatrix}=-6\begin{vmatrix}1 & 5\\ 1 & 9\end{vmatrix}=-24.$$

例 4 计算行列式

$$\varDelta=\begin{vmatrix}\lambda-1 & 2 & -2\\ 2 & \lambda+2 & -4\\ -2 & -4 & \lambda+2\end{vmatrix}.$$

解 $\varDelta\overset{r_3+r_2}{=}\begin{vmatrix}\lambda-1 & 2 & -2\\ 2 & \lambda+2 & -4\\ 0 & \lambda-2 & \lambda-2\end{vmatrix}=(\lambda-2)\begin{vmatrix}\lambda-1 & 2 & -2\\ 2 & \lambda+2 & -4\\ 0 & 1 & 1\end{vmatrix}.$

$$\overset{c_2-c_3}{=}(\lambda-2)\begin{vmatrix}\lambda-1 & 4 & -2\\ 2 & \lambda+6 & -4\\ 0 & 0 & 1\end{vmatrix}\overset{\text{按第三行展开}}{=}(\lambda-2)(-1)^{3+3}\begin{vmatrix}\lambda-1 & 4\\ 2 & \lambda+6\end{vmatrix}$$

$$=(\lambda+7)(\lambda-2)^2.$$

推论 1.4.1 在 n 阶行列式 D 中，任意一行（或一列）的元素与另一行（或另一列）对应元素的代数余子式乘积之和等于零，即

$$a_{i1}A_{k1}+a_{i2}A_{k2}+\cdots+a_{in}A_{kn}=\sum_{j=1}^{n}a_{ij}A_{kj}=0\quad(i\neq k,\ i,k=1,2,\cdots,n)\tag{1.4.2}$$

或

$$a_{1j}A_{1k}+a_{2j}A_{2k}+\cdots+a_{nj}A_{nk}=\sum_{i=1}^{n}a_{ij}A_{ik}\quad(j\neq k,\ j,k=1,2,\cdots,n).\tag{1.4.3}$$

证 由行列式的展开定理，对 D 按第 k 行展开，有

$$D=a_{k1}A_{k1}+a_{k2}A_{k2}+\cdots+a_{kn}A_{kn}=\begin{vmatrix}a_{11} & a_{12} & \cdots & a_{1n}\\ \vdots & \vdots & & \vdots\\ a_{i1} & a_{i2} & \cdots & a_{in}\\ \vdots & \vdots & & \vdots\\ a_{k1} & a_{k2} & \cdots & a_{kn}\\ \vdots & \vdots & & \vdots\\ a_{n1} & a_{n2} & \cdots & a_{nn}\end{vmatrix},$$

上式对第 k 行元素 $a_{kj}\,(j=1,2,\cdots,n)$ 的任意取值都成立. 现令

$$a_{kj}=a_{ij}\ (j=1,2,\cdots,n),$$

由行列式的性质推论 1.3.1 可得右端行列式为零，从而式（1.4.2）成立. 式（1.4.3）同理可证.

证毕.

综合定理 1.4.1、定理 1.4.2 以及推论 1.4.1 的结论，可得

$$\sum_{j=1}^{n} a_{ij}A_{kj}=\begin{cases}D, i=k,\\0, i\neq k\end{cases}$$

或

$$\sum_{i=1}^{n} a_{ij}A_{ik}=\begin{cases}D, j=k,\\0, j\neq k.\end{cases}$$

例 5 计算

$$D_n=\begin{vmatrix}2 & 1 & & & & \\ 1 & 2 & 1 & & & \\ & \ddots & \ddots & \ddots & & \\ & & \ddots & \ddots & \ddots & \\ & & & 1 & 2 & 1\\ & & & & 1 & 2\end{vmatrix}.$$

解 把行列式按第一行展开，有

$$D_n=2\times(-1)^{1+1}\begin{vmatrix}2 & 1 & & & & \\ 1 & 2 & 1 & & & \\ & \ddots & \ddots & \ddots & & \\ & & \ddots & \ddots & \ddots & \\ & & & 1 & 2 & 1\\ & & & & 1 & 2\end{vmatrix}+1\times(-1)^{1+2}\begin{vmatrix}1 & 1 & & & & \\ & 2 & 1 & & & \\ & 1 & \ddots & \ddots & & \\ & & \ddots & \ddots & \ddots & \\ & & & 1 & 2 & 1\\ & & & & 1 & 2\end{vmatrix},$$

等式右端的第二个行列式再按第一列展开，得

$$D_n=2D_{n-1}-D_{n-2},$$

即得递推关系式

$$D_n-D_{n-1}=D_{n-1}-D_{n-2},$$

由此递推下去可得

$$D_n-D_{n-1}=D_{n-1}-D_{n-2}=\cdots=D_2-D_1=\begin{vmatrix}2 & 1\\1 & 2\end{vmatrix}-2=1,$$

所以

$$D_n=D_{n-1}+1=(D_{n-2}+1)+1=D_{n-2}+2=\cdots=D_1+(n-1)=2+(n-1)=n+1.$$

例 6 证明 n 阶范德蒙（**Vandermonde**）行列式

$$V_n(x_1,x_2,\cdots,x_n)=\begin{vmatrix}1 & 1 & \cdots & 1\\ x_1 & x_2 & \cdots & x_n\\ x_1^2 & x_2^2 & \cdots & x_n^2\\ \vdots & \vdots & & \vdots\\ x_1^{n-1} & x_2^{n-1} & \cdots & x_n^{n-1}\end{vmatrix}=\prod_{1\leqslant j<i\leqslant n}(x_i-x_j),$$

其中连乘号是对满足 $1\leqslant j<i\leqslant n$ 的所有因子 (x_i-x_j) 的乘积.

例如，当 $n=4$，右端连乘为

$$\begin{aligned}\prod_{1\leqslant j<i\leqslant 4}(x_i-x_j)=(x_2-x_1)(x_3-x_1)(x_4-x_1)\\ \cdot(x_3-x_2)(x_4-x_2)\\ \cdot(x_4-x_3).\end{aligned}$$

证 用数学归纳法证明，当 $n=2$ 时，

$$V_2(x_1,x_2)=\begin{vmatrix}1 & 1\\ x_1 & x_2\end{vmatrix}=x_2-x_1=\prod_{1\leqslant j<i\leqslant 2}(x_i-x_j),$$

结论成立. 假设对 $n-1$ 阶范德蒙行列式结论成立，即

$$V_{n-1}(x_2,x_3,\cdots,x_n)=\begin{vmatrix}1 & 1 & \cdots & 1\\ x_2 & x_3 & \cdots & x_n\\ x_2^2 & x_3^2 & \cdots & x_n^2\\ \vdots & \vdots & & \vdots\\ x_2^{n-2} & x_3^{n-2} & \cdots & x_n^{n-2}\end{vmatrix}=\prod_{2\leqslant j<i\leqslant n}(x_i-x_j).$$

现证明对 n 阶范德蒙行列式结论也成立. 为此，设法把 $V_n(x_1,x_2,\cdots,x_n)$ 的第一列的第 $2,3,\cdots,n$ 个元素全化为零，然后按第一列展开. 即依次作下列变换

$$r_n-x_1r_{n-1},r_{n-1}-x_1r_{n-2},\cdots,r_2-x_1r_1,$$

得到

$$V_n(x_1,x_2,\cdots,x_n)=\begin{vmatrix}1 & 1 & 1 & \cdots & 1\\ 0 & x_2-x_1 & x_3-x_1 & \cdots & x_n-x_1\\ 0 & x_2(x_2-x_1) & x_3(x_3-x_1) & \cdots & x_n(x_n-x_1)\\ \vdots & \vdots & \vdots & & \vdots\\ 0 & x_2^{n-2}(x_2-x_1) & x_3^{n-2}(x_3-x_1) & \cdots & x_n^{n-2}(x_n-x_1)\end{vmatrix}.$$

按第一列展开，并把每一列的公共因子 $(x_2-x_1),(x_3-x_1),\cdots,(x_n-x_1)$ 提到行列式的外边，得到

$$V_n(x_1,x_2,\cdots,x_n)=(x_2-x_1)(x_3-x_1)\cdots(x_n-x_1)\begin{vmatrix}1 & 1 & \cdots & 1\\ x_2 & x_3 & \cdots & x_n\\ x_2^2 & x_3^2 & \cdots & x_n^2\\ \vdots & \vdots & & \vdots\\ x_2^{n-2} & x_3^{n-2} & \cdots & x_n^{n-2}\end{vmatrix}.$$

上式右端的行列式是 $n-1$ 阶范德蒙行列式，由归纳法假设，它等于所有 (x_i-x_j) 因子的乘积，其中 $2\leqslant j<i\leqslant n$. 所以

$$V_n(x_1,x_2,\cdots,x_n)=(x_2-x_1)(x_3-x_1)\cdots(x_n-x_1)\prod_{2\leqslant j<i\leqslant n}(x_i-x_j)=\prod_{1\leqslant j<i\leqslant n}(x_i-x_j).$$

综上所述，由数学归纳法原理知，对任意的 $n(n\geqslant 2)$ 阶范德蒙行列式，结论均成立.

证毕.

例如，$V_3(4,5,6)=\begin{vmatrix}1 & 1 & 1\\ 4 & 5 & 6\\ 16 & 25 & 36\end{vmatrix}=\begin{vmatrix}1 & 1 & 1\\ 4 & 5 & 6\\ 4^2 & 5^2 & 6^2\end{vmatrix}=(5-4)(6-4)(6-5)=2.$

例 7 证明

$$D_k=\begin{vmatrix}a_{11} & \cdots & a_{1k} & 0 & \cdots & 0\\ \vdots & & \vdots & \vdots & & \vdots\\ a_{k1} & \cdots & a_{kk} & 0 & \cdots & 0\\ c_{11} & \cdots & c_{1k} & b_{11} & \cdots & b_{1r}\\ \vdots & & \vdots & \vdots & & \vdots\\ c_{r1} & \cdots & c_{rk} & b_{r1} & \cdots & b_{rr}\end{vmatrix}=\begin{vmatrix}a_{11} & \cdots & a_{1k}\\ \vdots & & \vdots\\ a_{k1} & \cdots & a_{kk}\end{vmatrix}\begin{vmatrix}b_{11} & \cdots & b_{1r}\\ \vdots & & \vdots\\ b_{r1} & \cdots & b_{rr}\end{vmatrix}.$$

证 用数学归纳法证明. 当 $k=1$ 时，

$$D_1=\begin{vmatrix}a_{11} & 0 & \cdots & 0\\ c_{11} & b_{11} & \cdots & b_{1r}\\ \vdots & \vdots & & \vdots\\ c_{r1} & b_{r1} & \cdots & b_{rr}\end{vmatrix},$$

按第一行展开得到所要的结论.

假设对 $k=n-1$，结论成立. 现在看 $k=n$ 的情形，按第一行展开有

$$D_n=\begin{vmatrix} a_{11} & \cdots & a_{1n} & 0 & \cdots & 0 \\ \vdots & & \vdots & \vdots & & \vdots \\ a_{n1} & \cdots & a_{nn} & 0 & \cdots & 0 \\ c_{11} & \cdots & c_{1n} & b_{11} & \cdots & b_{1r} \\ \vdots & & \vdots & \vdots & & \vdots \\ c_{r1} & \cdots & c_{rn} & b_{r1} & \cdots & b_{rr} \end{vmatrix}=a_{11}\begin{vmatrix} a_{22} & \cdots & a_{2n} & 0 & \cdots & 0 \\ \vdots & & \vdots & \vdots & & \vdots \\ a_{n2} & \cdots & a_{nn} & 0 & \cdots & 0 \\ c_{12} & \cdots & c_{1n} & b_{11} & \cdots & b_{1r} \\ \vdots & & \vdots & \vdots & & \vdots \\ c_{r2} & \cdots & c_{rn} & b_{r1} & \cdots & b_{rr} \end{vmatrix}+\cdots$$

$$+(-1)^{1+i}a_{1i}\begin{vmatrix} a_{21} & \cdots & a_{2,i-1} & a_{2,i+1} & \cdots & a_{2n} & 0 & \cdots & 0 \\ \vdots & & \vdots & \vdots & & \vdots & \vdots & & \vdots \\ a_{n1} & \cdots & a_{n,i-1} & a_{n,i+1} & \cdots & a_{nn} & 0 & \cdots & 0 \\ c_{11} & \cdots & c_{1,i-1} & c_{1,i+1} & \cdots & c_{1n} & b_{11} & \cdots & b_{1r} \\ \vdots & & \vdots & \vdots & & \vdots & \vdots & & \vdots \\ c_{r1} & \cdots & c_{r,i-1} & c_{r,i+1} & \cdots & c_{rn} & b_{r1} & \cdots & b_{rr} \end{vmatrix}+\cdots$$

$$+(-1)^{1+n}a_{1n}\begin{vmatrix} a_{21} & \cdots & a_{2,n-1} & 0 & \cdots & 0 \\ \vdots & & \vdots & \vdots & & \vdots \\ a_{n1} & \cdots & a_{n,n-1} & 0 & \cdots & 0 \\ c_{11} & \cdots & c_{1,n-1} & b_{11} & \cdots & b_{1r} \\ \vdots & & \vdots & \vdots & & \vdots \\ c_{r1} & \cdots & c_{r,n-1} & b_{r1} & \cdots & b_{rr} \end{vmatrix}$$

$$=\left(a_{11}\begin{vmatrix} a_{22} & \cdots & a_{2n} \\ \vdots & & \vdots \\ a_{n2} & \cdots & a_{nn} \end{vmatrix}+\cdots+(-1)^{1+i}a_{1i}\begin{vmatrix} a_{21} & \cdots & a_{2,i-1} & a_{2,i+1} & \cdots & a_{2n} \\ \vdots & & \vdots & \vdots & & \vdots \\ a_{n1} & \cdots & a_{n,i-1} & a_{n,i+1} & \cdots & a_{nn} \end{vmatrix}\right.$$

$$\left.+\cdots+(-1)^{1+n}a_{1n}\begin{vmatrix} a_{21} & \cdots & a_{2,n-1} \\ \vdots & & \vdots \\ a_{n1} & \cdots & a_{n,n-1} \end{vmatrix}\right)\cdot\begin{vmatrix} b_{11} & \cdots & b_{1r} \\ \vdots & & \vdots \\ b_{r1} & \cdots & b_{rr} \end{vmatrix}$$

$$=\begin{vmatrix} a_{11} & \cdots & a_{1k} \\ \vdots & & \vdots \\ a_{k1} & \cdots & a_{kk} \end{vmatrix}\begin{vmatrix} b_{11} & \cdots & b_{1r} \\ \vdots & & \vdots \\ b_{r1} & \cdots & b_{rr} \end{vmatrix}.$$

这里的第三个等号是用了归纳法的假设，最后一个等号是按第一行展开得到.

综上所述，由数学归纳法原理知，对任意正整数 k，结论均成立.

证毕.

*1.4.2 拉普拉斯展开定理

拉普拉斯（Laplace）展开定理是行列式按一行（列）展开定理的推广.

首先我们把余子式和代数余子式的概念加以推广.

定义 1.4.2 在一个 n 阶行列式 D 中任意选定 k 行 k 列（$k\leqslant n$），位于这些行和列的交叉点上的 k^2 个元素按原来的次序组成一个 k 阶行列式 M，称为行列式 D 的一个 k **阶子式**. 当 $k<n$ 时，在 D

中划去这 k 行 k 列后，余下的元素按原来的次序组成的 $n-k$ 阶行列式 M' 称为 k 阶子式 M 的**余子式**.

例如，四阶行列式

$$D=\begin{vmatrix}1 & 2 & 1 & 4\\0 & -1 & 2 & 1\\0 & 0 & 2 & 1\\0 & 0 & 1 & 3\end{vmatrix}$$

中选定第一、二行，第二、三列元素得到一个二阶子式

$$M=\begin{vmatrix}2 & 1\\-1 & 2\end{vmatrix},$$

其余子式为

$$M'=\begin{vmatrix}0 & 1\\0 & 3\end{vmatrix}.$$

定义 1.4.3 设行列式 D 的 k 阶子式 M 在 D 中所在的行标、列标分别为 $i_1,i_2,\cdots,i_k;j_1,j_2,\cdots,j_k$，则 M 的余子式 M' 前面加上符号 $(-1)^{(i_1+i_2+\cdots+i_k)+(j_1+j_2+\cdots+j_k)}$ 后称为 M 的**代数余子式**.

例如，上例中 M 的代数余子式为

$$A=(-1)^{(1+2)+(2+3)}M'=M'.$$

定理 1.4.3 设在行列式 D 中任意取定 $k(1\leqslant k\leqslant n-1)$ 个行，由这 k 行元素所组成的一切 k 阶子式与它们的代数余子式的乘积的和等于行列式 D.

证略.

定理 1.4.3 称为**拉普拉斯展开定理**. 当 $k=1$ 时，此定理就为按一行（列）展开定理.

例 8 计算

$$D=\begin{vmatrix}1 & 2 & 1 & 4\\0 & -1 & 2 & 1\\1 & 0 & 1 & 3\\0 & 1 & 3 & 1\end{vmatrix}.$$

解 取定第一、二行，得到六个二阶子式：

$$M_1=\begin{vmatrix}1 & 2\\0 & -1\end{vmatrix},M_2=\begin{vmatrix}1 & 1\\0 & 2\end{vmatrix},M_3=\begin{vmatrix}1 & 4\\0 & 1\end{vmatrix},$$

$$M_4=\begin{vmatrix}2 & 1\\-1 & 2\end{vmatrix},M_5=\begin{vmatrix}2 & 4\\-1 & 1\end{vmatrix},M_6=\begin{vmatrix}1 & 4\\2 & 1\end{vmatrix}.$$

它们的代数余子式为

$$A_1=(-1)^{(1+2)+(1+2)}M_1'=M_1',\ A_2=(-1)^{(1+2)+(1+3)}M_2'=-M_2',$$

$$A_3=(-1)^{(1+2)+(1+4)}M_3'=M_3',\ A_4=(-1)^{(1+2)+(2+3)}M_4'=M_4',$$

$$A_5=(-1)^{(1+2)+(2+4)}M_5'=-M_5',\ A_6=(-1)^{(1+2)+(3+4)}M_6'=M_6'.$$

根据拉普拉斯展开定理，按第一、二行展开得

$$\begin{aligned}D&=M_1A_1+M_2A_2+\cdots+M_6A_6\\&=\begin{vmatrix}1 & 2\\0 & -1\end{vmatrix}\cdot\begin{vmatrix}1 & 3\\3 & 1\end{vmatrix}-\begin{vmatrix}1 & 1\\0 & 2\end{vmatrix}\cdot\begin{vmatrix}0 & 3\\1 & 1\end{vmatrix}+\begin{vmatrix}1 & 4\\0 & 1\end{vmatrix}\cdot\begin{vmatrix}0 & 1\\1 & 3\end{vmatrix}\\&\quad+\begin{vmatrix}2 & 1\\-1 & 2\end{vmatrix}\cdot\begin{vmatrix}1 & 3\\0 & 1\end{vmatrix}-\begin{vmatrix}2 & 4\\-1 & 1\end{vmatrix}\cdot\begin{vmatrix}1 & 1\\0 & 3\end{vmatrix}+\begin{vmatrix}1 & 4\\2 & 1\end{vmatrix}\begin{vmatrix}1 & 0\\0 & 1\end{vmatrix}\\&=8+6-1+5-18-7=-7.\end{aligned}$$

从例 8 看，利用拉普拉斯展开定理计算行列式一般是不简单的. 但当行列式中的零较多，并且相对集中时，使用拉普拉斯展开定理能快速地得到结果.

例 9 计算

$$D=\begin{vmatrix}75 & 92 & 67 & 120\\0 & -1 & 79 & -51\\0 & 0 & 1 & 2\\0 & 0 & 72 & 31\end{vmatrix}.$$

解 按第三、四行展开，显然第三、四行中仅有一个不为零的二阶子式，其余的二阶子式至少含有一列全零列，所以其值都为零. 则

$$D=\begin{vmatrix}1 & 2\\72 & 31\end{vmatrix}\times(-1)^{(3+4)+(3+4)}\begin{vmatrix}75 & 92\\0 & -1\end{vmatrix}=(31-144)\times(-75)=8475 .$$

1.5 克拉默法则

在这一节，研究下列具有 n 个未知量 n 个方程的线性方程组

$$\begin{cases}a_{11}x_1+a_{12}x_2+\cdots+a_{1n}x_n=b_1,\\a_{21}x_1+a_{22}x_2+\cdots+a_{2n}x_n=b_2,\\\quad\cdots\cdots\\a_{n1}x_1+a_{n2}x_2+\cdots+a_{nn}x_n=b_n.\end{cases}\tag{1.5.1}$$

若方程组（1.5.1）中，$b_1=b_2=\cdots=b_n=0$，则称该方程组为**齐次线性方程组**，否则称为**非齐次线性方程组**.

与二元、三元线性方程组相类似，它的解可用 n 阶行列式表示，这就是著名的克拉默（**Cramer**）法则.

定理 1.5.1（克拉默法则） 如果方程组（1.5.1）的系数行列式不等于零，即

$$D=\begin{vmatrix}a_{11} & a_{12} & \cdots & a_{1n}\\a_{21} & a_{22} & \cdots & a_{2n}\\\vdots & \vdots & & \vdots\\a_{n1} & a_{n2} & \cdots & a_{nn}\end{vmatrix}\neq 0,$$

那么，方程组（1.5.1）的解存在并且有唯一的解

$$x_j=\frac{D_j}{D}(j=1,2,\cdots,n),\tag{1.5.2}$$

其中 $D_j(j=1,2,\cdots,n)$ 是把系数行列式 D 中第 j 列的元素用方程组右端的常数项替换后所得到的 n 阶行列式，即

$$D_j=\begin{vmatrix}a_{11} & \cdots & a_{1,j-1} & b_1 & a_{1,j+1} & \cdots & a_{1n}\\a_{21} & \cdots & a_{2,j-1} & b_2 & a_{2,j+1} & \cdots & a_{2n}\\\vdots & & \vdots & \vdots & \vdots & & \vdots\\a_{n1} & \cdots & a_{n,j-1} & b_n & a_{n,j+1} & \cdots & a_{nn}\end{vmatrix}.$$

***证** 首先证明式(1.5.2)就是线性方程组(1.5.1)的解. 为此只要将式(1.5.2)代入方程组(1.5.1)中每个方程，验证每个方程是否都变成恒等式.

将式（1.5.2）代入第 i 个方程的左端，得到

$$
\begin{aligned}
\text{左端} &= a_{i1}\frac{D_1}{D} + a_{i2}\frac{D_2}{D} + \cdots + a_{in}\frac{D_n}{D} \\
&= \frac{1}{D}(a_{i1}D_1 + a_{i2}D_2 + \cdots + a_{in}D_n)\,, \qquad (1.5.3)
\end{aligned}
$$

将 D_j 按第 j 列展开，并注意到在 D_j 中，除第 j 列外，其余各列元素均与 D 相应列元素相同，因而 D_j 中第 j 列各元素的代数余子式与 D 中第 j 列各元素的代数余子式对应相等，所以有

$$D_j = b_1A_{1j} + b_2A_{2j} + \cdots + b_nA_{nj} = \sum_{i=1}^{n} b_iA_{ij}\ (j = 1,2,\cdots,n)\,,$$

将其代入式（1.5.3）整理，并根据行列式展开定理及推论，得到

$$
\begin{aligned}
\text{左端} &= \frac{1}{D}[b_1(a_{i1}A_{11} + a_{i2}A_{12} + \cdots + a_{in}A_{1n}) + b_2(a_{i1}A_{21} + a_{i2}A_{22} + \cdots + a_{in}A_{2n}) \\
&\quad + \cdots + b_i(a_{i1}A_{i1} + a_{i2}A_{i2} + \cdots + a_{in}A_{in}) + \cdots + b_n(a_{i1}A_{n1} + a_{i2}A_{n2} + \cdots + a_{in}A_{nn})] \\
&= \frac{1}{D}[0 + 0 + \cdots + b_iD + \cdots + 0] = \frac{1}{D}b_iD = \text{右端},
\end{aligned}
$$

即 $x_j = \dfrac{D_j}{D}(j = 1,2,\cdots,n)$ 是方程组（1.5.1）的解.

其次证明解的唯一性. 设 $x_1 = c_1, x_2 = c_2, \cdots, x_n = c_n$ 是方程组（1.5.1）的任意一组解，代入方程组（1.5.1），得

$$
\begin{cases}
a_{11}c_1 + a_{12}c_2 + \cdots + a_{1n}c_n = b_1, \\
a_{21}c_1 + a_{22}c_2 + \cdots + a_{2n}c_n = b_2, \\
\qquad\cdots\cdots \\
a_{n1}c_1 + a_{n2}c_2 + \cdots + a_{nn}c_n = b_n.
\end{cases}
$$

将上面等式的两端分别依次乘以 $A_{1j}, A_{2j}, \cdots, A_{nj}$，然后再把这 n 个等式左右两端分别相加，得到

$$\Big(\sum_{i=1}^{n} a_{i1}A_{ij}\Big)c_1 + \Big(\sum_{i=1}^{n} a_{i2}A_{ij}\Big)c_2 + \cdots + \Big(\sum_{i=1}^{n} a_{in}A_{ij}\Big)c_n = \sum_{i=1}^{n} b_iA_{ij}\,. \qquad (1.5.4)$$

考虑到

$$\sum_{i=1}^{n} a_{ik}A_{ij} = \begin{cases} D\,, k = j, \\ 0\,, k \neq j, \end{cases}$$

式（1.5.4）化为

$$Dc_j = D_j\,.$$

因为 $D \neq 0$，所以 $c_j = \dfrac{D_j}{D}$， $j = 1,2,\cdots,n$，即方程组（1.5.1）的解是唯一的.

证毕.

例 1　用克拉默法则解下列线性方程组

$$
\begin{cases}
5x_1 - x_2 = 9, \\
3x_1 - 3x_2 + x_3 = 20, \\
x_1 + x_2 + x_3 = 2.
\end{cases}
$$

解　由

$$D = \begin{vmatrix} 5 & -1 & 0 \\ 3 & -3 & 1 \\ 1 & 1 & 1 \end{vmatrix} = \begin{vmatrix} 5 & -1 & 0 \\ 2 & -4 & 0 \\ 1 & 1 & 1 \end{vmatrix} = 1 \times (-1)^{3+3}\begin{vmatrix} 5 & -1 \\ 2 & -4 \end{vmatrix} = -18\,,$$

得到$D \neq 0$，所以由克拉默法则可知方程组的解存在并且唯一.

又因为

$$D_1 = \begin{vmatrix} 9 & -1 & 0 \\ 20 & -3 & 1 \\ 2 & 1 & 1 \end{vmatrix} = \begin{vmatrix} 9 & -1 & 0 \\ 18 & -4 & 0 \\ 2 & 1 & 1 \end{vmatrix} = 1 \times (-1)^{3+3} \begin{vmatrix} 9 & -1 \\ 18 & -4 \end{vmatrix} = -18,$$

$$D_2 = \begin{vmatrix} 5 & 9 & 0 \\ 3 & 20 & 1 \\ 1 & 2 & 1 \end{vmatrix} = 72, D_3 = \begin{vmatrix} 5 & -1 & 9 \\ 3 & -3 & 20 \\ 1 & 1 & 2 \end{vmatrix} = -90,$$

所以

$$x_1 = \frac{D_1}{D} = 1, x_2 = \frac{D_2}{D} = -4, x_3 = \frac{D_3}{D} = 5.$$

用克拉默法则解线性方程组有两个前提条件：①方程组的方程个数与未知量个数必须相等；②方程组的系数行列式不等于零.

克拉默法则是线性代数中的一个基本定理，在理论上相当重要，它表明可以直接从方程组的系数及常数项来讨论方程组解的情况. 下面把它应用到齐次线性方程组上，可得齐次线性方程组解的存在定理.

推论 1.5.1 如果齐次线性方程组

$$\begin{cases} a_{11}x_1 + a_{12}x_2 + \cdots + a_{1n}x_n = 0, \\ a_{21}x_1 + a_{22}x_2 + \cdots + a_{2n}x_n = 0, \\ \quad\cdots\cdots \\ a_{n1}x_1 + a_{n2}x_2 + \cdots + a_{nn}x_n = 0 \end{cases} \tag{1.5.5}$$

的系数行列式$D \neq 0$，那么方程组（1.5.5）只有全零解$x_j = 0, j = 1, 2, \cdots, n$.

证 显然，方程组（1.5.5）一定有解$x_j = 0, j = 1, 2, \cdots, n$. 下面只需证明唯一性. 因为系数行列式$D \neq 0$，由克拉默法则得方程组（1.5.5）的解是唯一的，即$x_j = 0, j = 1, 2, \cdots, n$.

证毕.

推论 1.5.1 的逆否命题如下.

推论 1.5.2 如果方程组（1.5.5）有非零解（至少有一个$x_j \neq 0$），那么它的系数行列式$D = 0$.

例 2 设齐次线性方程组

$$\begin{cases} kx_1 + x_4 = 0, \\ x_1 + 2x_2 - x_4 = 0, \\ (k+2)x_1 - x_2 + 4x_4 = 0, \\ 2x_1 + x_2 + 3x_3 + kx_4 = 0 \end{cases}$$

有非零解，求k的值.

解 该齐次线性方程组的系数行列式

$$D = \begin{vmatrix} k & 0 & 0 & 1 \\ 1 & 2 & 0 & -1 \\ k+2 & -1 & 0 & 4 \\ 2 & 1 & 3 & k \end{vmatrix} = 3 \times (-1)^{4+3} \begin{vmatrix} k & 0 & 1 \\ 1 & 2 & -1 \\ k+2 & -1 & 4 \end{vmatrix}$$

$$= -3 \begin{vmatrix} k & 0 & 1 \\ 2k+5 & 0 & 7 \\ k+2 & -1 & 4 \end{vmatrix} = -3 \begin{vmatrix} k & 1 \\ 2k+5 & 7 \end{vmatrix}$$

$$= 15(1-k),$$

由推论 1.5.2，得 $D=0$，即 $k=1$.

1.6 行列式的应用实例

例 1　营养食谱问题.

一个饮食专家计划一份膳食，提供一定量的维生素 C、钙和镁. 其中用到 3 种食物，它们的质量用适当的单位计量. 这些食品提供的营养以及食谱需要的营养如表 1.6.1 所示.

表 1.6.1

营养	单位食谱所含的营养/mg			需要的营养总量/mg
	食物 1	食物 2	食物 3	
维生素 C	10	20	20	100
钙	50	40	10	300
镁	30	10	40	200

针对这个问题写出一个方程组. 说明方程中的变量表示什么，然后求解这个方程组.

解　设 x_1, x_2, x_3 分别表示这三种食物的量，则有线性方程组

$$\begin{cases}10x_1+20x_2+20x_3=100,\\50x_1+40x_2+10x_3=300,\\30x_1+10x_2+40x_3=200.\end{cases}$$

经计算知

$$D=\begin{vmatrix}10&20&20\\50&40&10\\30&10&40\end{vmatrix}=-33000\neq 0,$$

$$D_1=\begin{vmatrix}100&20&20\\300&40&10\\200&10&40\end{vmatrix}=-150000,$$

$$D_2=\begin{vmatrix}10&100&20\\50&300&10\\30&200&40\end{vmatrix}=-50000,$$

$$D_3=\begin{vmatrix}10&20&100\\50&40&300\\30&10&200\end{vmatrix}=-40000,$$

从而由克拉默法则，有

$$x_1=\frac{D_1}{D}=\frac{50}{11},\ x_2=\frac{D_2}{D}=\frac{50}{33},\ x_3=\frac{D_3}{D}=\frac{40}{33}.$$

因此食谱中应该包含 $\frac{50}{11}$ 个单位的食物 1，$\frac{50}{33}$ 个单位的食物 2，$\frac{40}{33}$ 个单位的食物 3.

行列式除了在解线性方程组时有一些应用，在解析几何中也有一些应用.

例 2 若直线 l 过平面上两个不同的已知点 $A(x_1, y_1), B(x_2, y_2)$, 求直线方程.

解 设直线 l 的方程为 $ax+by+c=0$ (a,b,c 不全为 0)，因为点 $A(x_1, y_1), B(x_2, y_2)$ 在直线 l 上，则必须满足上述方程，从而有

$$\begin{cases} ax+by+c=0, \\ ax_1+by_1+c=0, \\ ax_2+by_2+c=0. \end{cases}$$

这是一个以 a,b,c 为未知量的齐次线性方程组，且 a,b,c 不全为 0，说明该齐次线性方程组有非零解，故其系数行列式等于 0，即

$$\begin{vmatrix} x & y & 1 \\ x_1 & y_1 & 1 \\ x_2 & y_2 & 1 \end{vmatrix} = 0,$$

则所求直线 l 的方程为

$$\begin{vmatrix} x & y & 1 \\ x_1 & y_1 & 1 \\ x_2 & y_2 & 1 \end{vmatrix} = 0.$$

同理，若空间上有三个不同的已知点 $A(x_1, y_1, z_1), B(x_2, y_2, z_2), C(x_3, y_3, z_3)$，平面 S 过 A,B,C，则平面 S 的方程为

$$\begin{vmatrix} x & y & z & 1 \\ x_1 & y_1 & z_1 & 1 \\ x_2 & y_2 & z_2 & 1 \\ x_3 & y_3 & z_3 & 1 \end{vmatrix} = 0.$$

小　结

一、基本概念

1．排列，逆序，逆序数，对换的概念.

2．n 阶行列式的定义，会判断行列式的展开式中某项前的符号.

3．转置行列式，对称行列式，反对称行列式的概念.

4．余子式和代数余子式的概念.

5．齐次线性方程组和非齐次线性方程组的概念.

二、基本结论与公式

1．对换必改变排列的奇偶性.

2．行列式的性质：要求记住行列式的性质，并会用这些性质化简行列式.

3．行列式按行或按列展开：

$$D = a_{k1}A_{k1} + a_{k2}A_{k2} + \cdots + a_{kn}A_{kn} = \sum_{j=1}^{n} a_{kj}A_{kj}, k=1,2,\cdots,n \text{（按行展开）},$$

或

$$D = a_{1k}A_{1k} + a_{2k}A_{2k} + \cdots + a_{nk}A_{nk} = \sum_{i=1}^{n} a_{ik}A_{ik}, k = 1,2,\cdots,n \text{（按列展开）}.$$

4．克拉默法则：要求熟记，并会用克拉默法则求解比较简单的线性方程组.

5．如果齐次线性方程组的系数行列式 $D \neq 0$，那么该方程组只有全零解.

6．如果齐次线性方程组有非零解，那么它的系数行列式 $D = 0$.

三、重点练习内容

1．按行列式的定义写出行列式的项及前面的符号.

2．会用定义计算低阶行列式.

3．用行列式性质简化计算行列式.

4．用展开定理计算行列式.

5．计算各行元素之和相同的行列式以及各列元素之和相同的行列式.

习题一

1．确定下列排列的逆序数，并指出它们是奇排列，还是偶排列.

（1）$(1\,4\,3\,2\,5)$；　　（2）$(2\,4\,5\,3\,1\,8\,7\,6)$；

（3）$(2\,4\,6\,8\cdots 2n\,1\,3\,5\cdots 2n-1)$.

2．选择 i 与 k，使下列排列（1）成为奇排列，使（2）成为偶排列.

（1）$(2\,3\,1\,i\,5\,k\,7)$；　　（2）$(i\,k\,2\,3\,5\,6\,7)$.

3．确定下列各项前带什么符号.

（1）在四阶行列式中，$a_{14}a_{23}a_{31}a_{42}$；

（2）在五阶行列式中，$a_{52}a_{13}a_{41}a_{24}a_{35}$；

（3）在六阶行列式中，$a_{23}a_{31}a_{42}a_{65}a_{56}a_{14}$.

4．计算下列行列式.

（1）$\begin{vmatrix} 1 & 2 \\ -1 & 3 \end{vmatrix}$；　　（2）$\begin{vmatrix} 3 & 0 & 1 \\ 1 & -5 & 0 \\ 1 & 0 & -1 \end{vmatrix}$；

（3）$\begin{vmatrix} a & b & c \\ b & c & a \\ c & a & b \end{vmatrix}$；　　（4）$\begin{vmatrix} 5 & 6 & 3 \\ 0 & 0 & 4 \\ 7 & 8 & 5 \end{vmatrix}$；

（5）$\begin{vmatrix} 2 & 0 & 0 & 1 \\ 1 & 0 & -1 & 0 \\ 0 & 1 & 2 & 0 \\ 0 & 3 & 0 & 4 \end{vmatrix}$；　　（6）$\begin{vmatrix} 0 & 1 & 0 & \cdots & 0 \\ 0 & 0 & 2 & \cdots & 0 \\ \vdots & \vdots & \vdots & & \vdots \\ 0 & 0 & 0 & \cdots & n-1 \\ n & 0 & 0 & \cdots & 0 \end{vmatrix}$.

5．由行列式定义计算

$$f(x)=\begin{vmatrix}2x & x & 1 & 2\\1 & x & 1 & -1\\3 & 2 & x & 1\\1 & 1 & 1 & x\end{vmatrix}$$

中 x^4 与 x^3 的系数，并说明理由.

6．按定义说明 n 阶行列式

$$\begin{vmatrix}a_{11}-\lambda & a_{12} & \cdots & a_{1n}\\a_{21} & a_{22}-\lambda & \cdots & a_{2n}\\\vdots & \vdots & & \vdots\\a_{n1} & a_{n2} & \cdots & a_{nn}-\lambda\end{vmatrix}$$

是关于 λ 的 n 次多项式.

7．计算下列行列式的值.

（1）$\begin{vmatrix}2 & 3 & 4\\5 & -2 & 1\\1 & 2 & 3\end{vmatrix}$；（2）$\begin{vmatrix}1 & -1 & 2\\-2 & \lambda & -3\\2 & -2 & 3\end{vmatrix}$；

（3）$\begin{vmatrix}1 & 0 & 2 & 0\\0 & -2 & 3 & 1\\0 & 0 & 4 & 5\\0 & 0 & 0 & -1\end{vmatrix}$；（4）$\begin{vmatrix}x & a & b\\x^2 & a^2 & b^2\\a+b & x+b & x+a\end{vmatrix}$；

（5）$\begin{vmatrix}0 & 1 & 1 & 1\\1 & 0 & 1 & 1\\1 & 1 & 0 & 1\\1 & 1 & 1 & 0\end{vmatrix}$；（6）$\begin{vmatrix}1 & 2 & 3 & 4\\2 & 3 & 4 & 1\\3 & 4 & 1 & 2\\4 & 1 & 2 & 3\end{vmatrix}$；

（7）$\begin{vmatrix}2 & 1 & 4 & 1\\3 & -1 & 2 & 1\\1 & 2 & 3 & 2\\5 & 0 & 6 & 2\end{vmatrix}$；（8）$\begin{vmatrix}2 & 1 & 0 & 0\\1 & 2 & 1 & 0\\0 & 1 & 2 & 1\\0 & 0 & 1 & 2\end{vmatrix}$.

8．证明下列等式.

（1）$\begin{vmatrix}1 & 1 & 1\\a & b & c\\a^2 & b^2 & c^2\end{vmatrix}=(b-a)(c-a)(c-b)$；（2）$\begin{vmatrix}a & b & c\\a & a+b & a+b+c\\a & 2a+b & 3a+2b+c\end{vmatrix}=a^3$；

（3）$\begin{vmatrix}by+az & bz+ax & bx+ay\\bx+ay & by+az & bz+ax\\bz+ax & bx+ay & by+az\end{vmatrix}=(a^3+b^3)\begin{vmatrix}x & y & z\\z & x & y\\y & z & x\end{vmatrix}$；

（4）$\begin{vmatrix}a_1+b_1 & b_1+c_1 & c_1+a_1\\a_2+b_2 & b_2+c_2 & c_2+a_2\\a_3+b_3 & b_3+c_3 & c_3+a_3\end{vmatrix}=2\begin{vmatrix}a_1 & b_1 & c_1\\a_2 & b_2 & c_2\\a_3 & b_3 & c_3\end{vmatrix}$.

9．计算下列行列式.

（1）$\begin{vmatrix} a & 1 & 0 & 0 \\ -1 & b & 1 & 0 \\ 0 & -1 & c & 1 \\ 0 & 0 & -1 & d \end{vmatrix}$；

（2）$\begin{vmatrix} 4 & 5 & 0 & 1 & 0 \\ 0 & 0 & 0 & 0 & 1 \\ 4 & 1 & 8 & 2 & 0 \\ 1 & 0 & 0 & 1 & 3 \\ 4 & 8 & 0 & 1 & -1 \end{vmatrix}$；

（3）$\begin{vmatrix} 1-a & a & 0 & 0 & 0 \\ -1 & 1-a & a & 0 & 0 \\ 0 & -1 & 1-a & a & 0 \\ 0 & 0 & -1 & 1-a & a \\ 0 & 0 & 0 & -1 & 1-a \end{vmatrix}$；

（4）$\begin{vmatrix} a & b & 0 & \cdots & 0 \\ 0 & a & b & \cdots & 0 \\ \vdots & \vdots & \vdots & & \vdots \\ 0 & 0 & 0 & \cdots & b \\ b & 0 & 0 & \cdots & a \end{vmatrix}$；

（5）$\begin{vmatrix} a_0 & 1 & 1 & \cdots & 1 \\ 1 & a_1 & 0 & \cdots & 0 \\ 1 & 0 & a_2 & \cdots & 0 \\ \vdots & \vdots & \vdots & & \vdots \\ 1 & 0 & 0 & \cdots & a_n \end{vmatrix}$（其中 $a_i \neq 0, i=1,2,\cdots,n$）；

（6）$\begin{vmatrix} a_1+x & a_2 & a_3 & \cdots & a_n \\ a_1 & a_2+x & a_3 & \cdots & a_n \\ a_1 & a_2 & a_3+x & \cdots & a_n \\ \vdots & \vdots & \vdots & & \vdots \\ a_1 & a_2 & a_3 & \cdots & a_n+x \end{vmatrix}$；

（7）$\begin{vmatrix} a & & & & & & & b \\ & a & & & & & b & \\ & & \ddots & & & \iddots & & \\ & & & a & b & & & \\ & & & b & a & & & \\ & & \iddots & & & \ddots & & \\ & b & & & & & a & \\ b & & & & & & & a \end{vmatrix}$；

（8）$\begin{vmatrix} 1 & 3 & 3 & \cdots & 3 \\ 3 & 2 & 3 & \cdots & 3 \\ 3 & 3 & 3 & \cdots & 3 \\ \vdots & \vdots & \vdots & & \vdots \\ 3 & 3 & 3 & \cdots & n \end{vmatrix}$；

（9）$\begin{vmatrix} 1+a & 1 & 1 & 1 \\ 1 & 1-a & 1 & 1 \\ 1 & 1 & 1+b & 1 \\ 1 & 1 & 1 & 1-b \end{vmatrix}, ab \neq 0$；

（10）$\begin{vmatrix} -a_1 & a_1 & 0 & \cdots & 0 & 0 \\ 0 & -a_2 & a_2 & \cdots & 0 & 0 \\ \vdots & \vdots & \vdots & & \vdots & \vdots \\ 0 & 0 & 0 & \cdots & -a_n & a_n \\ 1 & 1 & 1 & \cdots & 1 & 1 \end{vmatrix}$.

10．用克拉默法则解下列线性方程组.

（1）$\begin{cases} x_1 + 2x_2 + 2x_3 = 3, \\ -x_1 - 4x_2 + x_3 = 7, \\ 3x_1 + 7x_2 + 4x_3 = 3; \end{cases}$

（2）$\begin{cases} 5x_1 + 2x_2 + 3x_3 = -2, \\ 2x_1 - 2x_2 + 5x_3 = 0, \\ 3x_1 + 4x_2 + 2x_3 = -10; \end{cases}$

（3）$\begin{cases} x + y + z = a+b+c, \\ ax + by + cz = a^2+b^2+c^2, \\ bcx + acy + abz = 3abc, \end{cases}$ 其中 a,b,c 是互不相等的数；

（4）$\begin{cases} 2x_1 + 2x_2 - x_3 + x_4 = 4, \\ 4x_1 + 3x_2 - x_3 + 2x_4 = 6, \\ 8x_1 + 5x_2 - 3x_3 + 4x_4 = 12, \\ 3x_1 + 3x_2 - 2x_3 + 2x_4 = 6. \end{cases}$

11．当 k 满足什么条件时，下列齐次线性方程组只有全零解？

（1）$\begin{cases} kx_1 + x_3 = 0, \\ 2x_1 + kx_2 + x_3 = 0, \\ kx_1 - 2x_2 + x_3 = 0; \end{cases}$　　（2）$\begin{cases} x_1 + x_2 - x_3 - x_4 = 0, \\ 2x_1 + x_2 + x_3 + x_4 = 0, \\ 4x_1 + 3x_2 - x_3 - kx_4 = 0, \\ -x_1 + x_2 + 4x_3 + 4x_4 = 0. \end{cases}$

12．当 k 满足什么条件时，下列齐次线性方程组有非零解？

（1）$\begin{cases} (1-k)x_1 + 2x_2 = 0, \\ 3x_1 + (2-k)x_2 = 0; \end{cases}$

（2）$\begin{cases} (k+1)x_1 + x_2 + x_3 = 0, \\ x_1 + (k+1)x_2 + x_3 = 0, \\ x_1 + x_2 + (k+1)x_3 = 0. \end{cases}$

13．当 a,b 满足什么条件时，齐次线性方程组

$$\begin{cases} x_1 + x_2 + x_3 + ax_4 = 0, \\ x_1 + 2x_2 + x_3 + x_4 = 0, \\ x_1 + x_2 - 3x_3 + x_4 = 0, \\ x_1 + x_2 + ax_3 + bx_4 = 0 \end{cases}$$

有非零解？

14．解下列方程.

（1）$\begin{vmatrix} x+1 & 2 & -1 \\ 2 & x+1 & 1 \\ -1 & 1 & x+1 \end{vmatrix} = 0$；　　（2）$\begin{vmatrix} 1 & 1 & 1 & 1 \\ x & a & b & c \\ x^2 & a^2 & b^2 & c^2 \\ x^3 & a^3 & b^3 & c^3 \end{vmatrix} = 0$；

（3）$\begin{vmatrix} 1 & x & y & z \\ x & 1 & 0 & 0 \\ y & 0 & 1 & 0 \\ z & 0 & 0 & 1 \end{vmatrix} = 1$.

15．记行列式

$$f(x) = \begin{vmatrix} x-2 & x-1 & x-2 & x-3 \\ 2x-2 & 2x-1 & 2x-2 & 2x-3 \\ 3x-3 & 3x-2 & 4x-5 & 3x-5 \\ 4x & 4x-3 & 5x-7 & 4x-3 \end{vmatrix},$$

解方程 $f(x) = 0$.

16．设 $D = \begin{vmatrix} 3 & 1 & -1 & 2 \\ -5 & 1 & 3 & -4 \\ 12 & 9 & 7 & -21 \\ 1 & -5 & 3 & -3 \end{vmatrix}$，求 $A_{31} + 3A_{32} - 2A_{33} + 2A_{34}$.

17．设多项式 $f(x)=a_0+a_1x+a_2x^2+\cdots+a_nx^n$，证明：若 $f(x)$ 有 $n+1$ 个互不相同的零点，则 $f(x)\equiv 0$．

18．证明：使一平面上三个点 (x_1,y_1)，(x_2,y_2)，(x_3,y_3) 位于同一直线上的充分必要条件是

$$\begin{vmatrix} x_1 & y_1 & 1 \\ x_2 & y_2 & 1 \\ x_3 & y_3 & 1 \end{vmatrix}=0.$$

第2章 矩阵

矩阵是线性代数学的一个重要的基本概念和数学工具，它在数学的其他分支以及自然科学、工程技术领域、现代经济学和管理学等方面具有广泛的应用．本书中，矩阵是研究线性变换、向量的线性相关性及线性方程组求解等有力且不可替代的工具．

2.1 矩阵的定义

定义 2.1.1 由 $m\times n$ 个数 $a_{ij}(i=1,2,\cdots,m;j=1,2,\cdots,n)$ 排成的一个 m 行 n 列的数表：

$$\begin{pmatrix} a_{11} & a_{12} & \cdots & a_{1n} \\ a_{21} & a_{22} & \cdots & a_{2n} \\ \vdots & \vdots & & \vdots \\ a_{m1} & a_{m2} & \cdots & a_{mn} \end{pmatrix}$$

称为一个 m 行 n 列**矩阵**，常用字母 $\boldsymbol{A},\boldsymbol{B},\boldsymbol{C},\cdots$ 表示，或记作 $(a_{ij})_{m\times n}$．组成矩阵的每个数称为矩阵的**元素**（简称**元**），由于元素 a_{ij} 位于矩阵的第 i 行第 j 列，又称其为矩阵的 (i,j) 元．

由定义 2.1.1 可知，矩阵和行列式是两个截然不同的概念．矩阵是一张数表，行列式则是一个数值．

下面给出一些以后经常要用到的特殊矩阵．

对于 $m\times n$ 矩阵 $\boldsymbol{A}=(a_{ij})_{m\times n}$，若

（1）行数和列数相等，即当 $m=n$ 时，矩阵 $\boldsymbol{A}$ 称为 **n 阶矩阵**或 **n 阶方阵**，记作 $\boldsymbol{A}=(a_{ij})_{n\times n}$．$n$ 阶方阵 $\boldsymbol{A}$ 中从左上角到右下角的这条对角线称为 $\boldsymbol{A}$ 的**主对角线**，称主对角线上的元素 $a_{11},a_{22},\cdots,a_{nn}$ 为 $\boldsymbol{A}$ 的**主对角元**．

（2）当 $m=1$ 时，称 $\boldsymbol{\alpha}=(a_1,a_2,\cdots,a_n)$ 为**行矩阵**或 **n 维行向量**；当 $n=1$ 时，称 $\boldsymbol{\beta}=\begin{pmatrix} b_1 \\ b_2 \\ \vdots \\ b_m \end{pmatrix}$ 为**列矩阵**或 **m 维列向量**．

（3）所有元素都是零的 $m\times n$ 矩阵，即 $a_{ij}=0(i=1,2,\cdots,m;j=1,2,\cdots,n)$，称为**零矩阵**，记作

$$\boldsymbol{O}_{m\times n}=\begin{pmatrix} 0 & 0 & \cdots & 0 \\ 0 & 0 & \cdots & 0 \\ \vdots & \vdots & & \vdots \\ 0 & 0 & \cdots & 0 \end{pmatrix}_{m\times n}.$$

（4）n 阶方阵

$$\boldsymbol{\Lambda}=\begin{pmatrix} a_{11} & 0 & \cdots & 0 \\ 0 & a_{22} & \cdots & 0 \\ \vdots & \vdots & & \vdots \\ 0 & 0 & \cdots & a_{nn} \end{pmatrix} \text{或简写为 } \boldsymbol{\Lambda}=\begin{pmatrix} a_{11} & & & \\ & a_{22} & & \\ & & \ddots & \\ & & & a_{nn} \end{pmatrix}$$

称为 **n 阶对角形矩阵**，简称**对角阵**．

（5）n 阶对角阵

$$\begin{pmatrix} 1 & & & \\ & 1 & & \\ & & \ddots & \\ & & & 1 \end{pmatrix}$$

称为 n 阶**单位矩阵**，记为 $\boldsymbol{I}$ 或 $\boldsymbol{E}$，也记为 $\boldsymbol{I}_n$ 或 $\boldsymbol{E}_n$.

（6）n 阶对角阵

$$\begin{pmatrix} a & & & \\ & a & & \\ & & \ddots & \\ & & & a \end{pmatrix}$$

称为 n 阶**数量矩阵**，记为 $a\boldsymbol{I}$ 或 $a\boldsymbol{E}$.

（7）n 阶方阵

$$\begin{pmatrix} a_{11} & a_{12} & \cdots & a_{1n} \\ & a_{22} & \cdots & a_{2n} \\ & & \ddots & \vdots \\ & & & a_{nn} \end{pmatrix} \text{与} \begin{pmatrix} a_{11} & & & \\ a_{21} & a_{22} & & \\ \vdots & \vdots & \ddots & \\ a_{n1} & a_{n2} & \cdots & a_{nn} \end{pmatrix}$$

分别称为 n **阶上三角矩阵**和 n **阶下三角矩阵**.

（8）n 阶方阵若满足 $a_{ij}=a_{ji}\ (i,j=1,2,\cdots,n)$，称为**对称矩阵**；若满足 $a_{ij}=-a_{ji}\ (i,j=1,2,\cdots,n)$，称为**反对称矩阵**.

2.2 矩阵的运算

2.2.1 矩阵的相等

定义 2.2.1 设 $\boldsymbol{A}=(a_{ij})_{m\times n}$，$\boldsymbol{B}=(b_{ij})_{k\times l}$，若 $m=k$，$n=l$，且

$$a_{ij}=b_{ij},\quad i=1,2,\cdots,m;\ j=1,2,\cdots,n,$$

则称矩阵 $\boldsymbol{A}$ 与矩阵 $\boldsymbol{B}$ **相等**，记为 $\boldsymbol{A}=\boldsymbol{B}$.

注意：行列式相等与矩阵相等有本质区别. 例如，

$$\begin{pmatrix} 1 & 0 \\ 0 & 1 \end{pmatrix} \neq \begin{pmatrix} 1 & 2 \\ 0 & 1 \end{pmatrix},$$

但是

$$\begin{vmatrix} 1 & 0 \\ 0 & 1 \end{vmatrix} = \begin{vmatrix} 1 & 2 \\ 0 & 1 \end{vmatrix}.$$

2.2.2 矩阵的加、减法

定义 2.2.2 设 $\boldsymbol{A}=(a_{ij})_{m\times n}$ 和 $\boldsymbol{B}=(b_{ij})_{m\times n}$，则矩阵 $\boldsymbol{A}$ 与 $\boldsymbol{B}$ 的**和**记作 $\boldsymbol{C}=\boldsymbol{A}+\boldsymbol{B}$，规定为 $\boldsymbol{A}$ 与 $\boldsymbol{B}$ 的

对应元素相加，即

$$C = A + B = (a_{ij} + b_{ij}) = \begin{pmatrix} a_{11}+b_{11} & a_{12}+b_{12} & \cdots & a_{1n}+b_{1n} \\ a_{21}+b_{21} & a_{22}+b_{22} & \cdots & a_{2n}+b_{2n} \\ \vdots & \vdots & & \vdots \\ a_{m1}+b_{m1} & a_{m2}+b_{m2} & \cdots & a_{mn}+b_{mn} \end{pmatrix}.$$

当两个矩阵 A 与 B 的行数与列数分别相等时，称为**同型矩阵**. 只有同型矩阵才能相加，且同型矩阵之和仍是同型矩阵.

根据定义 2.2.2，不难验证矩阵的加法满足以下运算规律.

设 A，B，C 都是 $m \times n$ 矩阵，则

（1）交换律　$A + B = B + A$；

（2）结合律　$(A+B)+C = A+(B+C)$；

（3）消去律　$A + C = B + C \Leftrightarrow A = B$；

（4）$A + O = O + A = A$.

设 $A = (a_{ij})_{m\times n}$，称矩阵

$$\begin{pmatrix} -a_{11} & -a_{12} & \cdots & -a_{1n} \\ -a_{21} & -a_{22} & \cdots & -a_{2n} \\ \vdots & \vdots & & \vdots \\ -a_{m1} & -a_{m2} & \cdots & -a_{mn} \end{pmatrix}$$

为 A 的**负矩阵**，记为 $-A$，显然有

$$A + (-A) = O.$$

由此规定矩阵的减法为

$$A - B = A + (-B).$$

2.2.3　数乘运算

定义 2.2.3　设 $A = (a_{ij})_{m\times n}$，数 k 与矩阵 A 的**乘积**记作 kA，规定为

$$kA = (ka_{ij}) = \begin{pmatrix} ka_{11} & ka_{12} & \cdots & ka_{1n} \\ ka_{21} & ka_{22} & \cdots & ka_{2n} \\ \vdots & \vdots & & \vdots \\ ka_{m1} & ka_{m2} & \cdots & ka_{mn} \end{pmatrix}.$$

数 k 乘一个矩阵 A，必须把数 k 乘以矩阵 A 的每一个元素，这与数 k 乘以行列式的计算是不同的（请读者思考）.

矩阵的数乘满足下列运算规律.

设 A, B 都是 $m \times n$ 矩阵，k 和 l 为任意实数，则

（1）结合律　$(kl)A = k(lA) = klA$；

（2）分配律　$k(A+B) = kA + kB$，$(k+l)A = kA + lA$.

例 1　设有矩阵

$$A = \begin{pmatrix} -1 & 2 & 3 & 1 \\ 0 & 3 & -2 & 1 \\ 4 & 0 & 3 & 2 \end{pmatrix},\quad B = \begin{pmatrix} 4 & 3 & 2 & -1 \\ 5 & -3 & 0 & 1 \\ 1 & 2 & -5 & 0 \end{pmatrix},$$

且 $3\boldsymbol{A}+2\boldsymbol{X}=2\boldsymbol{B}+3\boldsymbol{X}$，求矩阵 $\boldsymbol{X}$.

解 $\boldsymbol{X}=3\boldsymbol{A}-2\boldsymbol{B}=3\begin{pmatrix}-1&2&3&1\\0&3&-2&1\\4&0&3&2\end{pmatrix}-2\begin{pmatrix}4&3&2&-1\\5&-3&0&1\\1&2&-5&0\end{pmatrix}$

$$=\begin{pmatrix}-11&0&5&5\\-10&15&-6&1\\10&-4&19&6\end{pmatrix}.$$

2.2.4 矩阵的乘法

矩阵与矩阵的乘法的定义是由研究变量的线性替换的需要而规定的一种独特的运算，矩阵运算所具有的特殊性主要源于矩阵的乘法运算．读者必须注意矩阵的乘法运算与数的乘法运算的性质不一致的地方．

设 x_1,x_2 和 y_1,y_2 是两组变量，它们之间的关系为

$$\begin{cases}x_1=a_{11}y_1+a_{12}y_2,\\x_2=a_{21}y_1+a_{22}y_2,\end{cases}\tag{2.2.1}$$

又 z_1,z_2,z_3 是第三组变量，它们与 y_1,y_2 的关系为

$$\begin{cases}y_1=b_{11}z_1+b_{12}z_2+b_{13}z_3,\\y_2=b_{21}z_1+b_{22}z_2+b_{23}z_3.\end{cases}\tag{2.2.2}$$

若将方程组（2.2.2）中的变量 y_1,y_2 依次代入方程组（2.2.1）中，则可求得

$$\begin{cases}x_1=(a_{11}b_{11}+a_{12}b_{21})z_1+(a_{11}b_{12}+a_{12}b_{22})z_2+(a_{11}b_{13}+a_{12}b_{23})z_3,\\x_2=(a_{21}b_{11}+a_{22}b_{21})z_1+(a_{21}b_{12}+a_{22}b_{22})z_2+(a_{21}b_{13}+a_{22}b_{23})z_3.\end{cases}\tag{2.2.3}$$

将方程组（2.2.1）、（2.2.2）、（2.2.3）中系数组成的矩阵

$$\boldsymbol{A}=\begin{pmatrix}a_{11}&a_{12}\\a_{21}&a_{22}\end{pmatrix}_{2\times2}=(a_{ij})_{2\times2}，\quad \boldsymbol{B}=\begin{pmatrix}b_{11}&b_{12}&b_{13}\\b_{21}&b_{22}&b_{23}\end{pmatrix}_{2\times3}=(b_{ij})_{2\times3}，$$

$$\boldsymbol{C}=\begin{pmatrix}a_{11}b_{11}+a_{12}b_{21}&a_{11}b_{12}+a_{12}b_{22}&a_{11}b_{13}+a_{12}b_{23}\\a_{21}b_{11}+a_{22}b_{21}&a_{21}b_{12}+a_{22}b_{22}&a_{21}b_{13}+a_{22}b_{23}\end{pmatrix}_{2\times3}=(c_{ij})_{2\times3}$$

作比较，可以得到

$$c_{ij}=\sum_{l=1}^{2}a_{il}b_{lj}\quad(i=1,2;\ j=1,2,3).$$

我们把矩阵 $\boldsymbol{C}$ 称为矩阵 $\boldsymbol{A}$ 与矩阵 $\boldsymbol{B}$ 的乘积，并记 $\boldsymbol{C}=\boldsymbol{AB}$.

下面给出矩阵乘法的定义.

定义 2.2.4 设矩阵 $\boldsymbol{A}=(a_{ij})_{m\times k}$，$\boldsymbol{B}=(b_{ij})_{k\times n}$，那么矩阵 $\boldsymbol{C}=(c_{ij})_{m\times n}$，其中

$$c_{ij}=a_{i1}b_{1j}+a_{i2}b_{2j}+\cdots+a_{ik}b_{kj}\ (i=1,2,\cdots,m;\ j=1,2,\cdots,n),$$

称为矩阵 $\boldsymbol{A}$ 与矩阵 $\boldsymbol{B}$ 的**乘积**，记作 $\boldsymbol{C}=\boldsymbol{AB}$.

由定义 2.2.4 可以看出，只有当矩阵 $\boldsymbol{A}$ 的列数与矩阵 $\boldsymbol{B}$ 的行数相等时，$\boldsymbol{A}$ 与 $\boldsymbol{B}$ 的乘积 $\boldsymbol{AB}$ 才有意义.

例 2 设矩阵

$$A=\begin{pmatrix}1&0&-1\\2&1&0\\3&2&-1\end{pmatrix},\quad B=\begin{pmatrix}1&0\\3&1\\0&2\end{pmatrix},$$

求 $\boldsymbol{AB}$.

解 $$\boldsymbol{AB}=\begin{pmatrix}1&0&-1\\2&1&0\\3&2&-1\end{pmatrix}\begin{pmatrix}1&0\\3&1\\0&2\end{pmatrix}=\begin{pmatrix}1&-2\\5&1\\9&0\end{pmatrix}.$$

例 3 设矩阵

$$A=\begin{pmatrix}1&1\\-1&-1\end{pmatrix},\quad B=\begin{pmatrix}1&1\\1&1\end{pmatrix},\quad C=\begin{pmatrix}-1&2\\3&0\end{pmatrix},$$

求 $\boldsymbol{AB}$，$\boldsymbol{BA}$ 和 $\boldsymbol{AC}$.

解
$$\boldsymbol{AB}=\begin{pmatrix}1&1\\-1&-1\end{pmatrix}\begin{pmatrix}1&1\\1&1\end{pmatrix}=\begin{pmatrix}2&2\\-2&-2\end{pmatrix},$$
$$\boldsymbol{BA}=\begin{pmatrix}1&1\\1&1\end{pmatrix}\begin{pmatrix}1&1\\-1&-1\end{pmatrix}=\begin{pmatrix}0&0\\0&0\end{pmatrix},$$
$$\boldsymbol{AC}=\begin{pmatrix}1&1\\-1&-1\end{pmatrix}\begin{pmatrix}-1&2\\3&0\end{pmatrix}=\begin{pmatrix}2&2\\-2&-2\end{pmatrix}.$$

由例 2、例 3 可以看出：

（1）矩阵的乘法不满足**交换律**，即一般来说

$$\boldsymbol{AB}\neq\boldsymbol{BA}.$$

如果两个矩阵 $\boldsymbol{A}$ 和 $\boldsymbol{B}$，满足 $\boldsymbol{AB}=\boldsymbol{BA}$，则称矩阵 $\boldsymbol{A}$ 与 $\boldsymbol{B}$ 是**可交换的**，否则称是**不可交换的**.

（2）不能由 $\boldsymbol{AB}=\boldsymbol{O}$ 断言 $\boldsymbol{A}=\boldsymbol{O}$ 或 $\boldsymbol{B}=\boldsymbol{O}$.

（3）消去律一般不成立，即 $\boldsymbol{AB}=\boldsymbol{AC}$（或 $\boldsymbol{BA}=\boldsymbol{CA}$）且 $\boldsymbol{A}\neq\boldsymbol{O}$ 时，不能断言 $\boldsymbol{B}=\boldsymbol{C}$.

以上是矩阵的乘法与数的乘法的不同之处，必须引起注意. 但是，它们也有相似的地方. 矩阵的乘法满足以下规律.

（1）**矩阵乘法结合律** $(\boldsymbol{AB})\boldsymbol{C}=\boldsymbol{A}(\boldsymbol{BC})$；

（2）**矩阵乘法分配律** $(\boldsymbol{A}+\boldsymbol{B})\boldsymbol{C}=\boldsymbol{AC}+\boldsymbol{BC}$，$\boldsymbol{A}(\boldsymbol{B}+\boldsymbol{C})=\boldsymbol{AB}+\boldsymbol{AC}$；

（3）**两种乘法的结合律** $k(\boldsymbol{AB})=(k\boldsymbol{A})\boldsymbol{B}=\boldsymbol{A}(k\boldsymbol{B})$，$k$ 为任意实数；

（4）$\boldsymbol{I}_{m\times m}\boldsymbol{A}_{m\times n}=\boldsymbol{A}_{m\times n}$，$\boldsymbol{A}_{m\times n}\boldsymbol{I}_{n\times n}=\boldsymbol{A}_{m\times n}$，$\boldsymbol{O}_{m\times m}\boldsymbol{A}_{m\times n}=\boldsymbol{O}_{m\times n}$，$\boldsymbol{A}_{m\times n}\boldsymbol{O}_{n\times n}=\boldsymbol{O}_{m\times n}$.

例 4 用矩阵表示线性方程组

$$\begin{cases}a_{11}x_1+a_{12}x_2+\cdots+a_{1n}x_n=b_1,\\a_{21}x_1+a_{22}x_2+\cdots+a_{2n}x_n=b_2,\\\qquad\cdots\cdots\\a_{m1}x_1+a_{m2}x_2+\cdots+a_{mn}x_n=b_m.\end{cases}$$

解 根据矩阵相等的定义，有

$$\begin{pmatrix}a_{11}x_1+a_{12}x_2+\cdots+a_{1n}x_n\\\vdots\\a_{m1}x_1+a_{m2}x_2+\cdots+a_{mn}x_n\end{pmatrix}=\begin{pmatrix}b_1\\\vdots\\b_m\end{pmatrix},$$

将左边的矩阵表示成两个矩阵的乘积，得

$$\begin{pmatrix} a_{11} & a_{12} & \cdots & a_{1n} \\ \vdots & \vdots & & \vdots \\ a_{m1} & a_{m2} & \cdots & a_{mn} \end{pmatrix}\begin{pmatrix} x_1 \\ \vdots \\ x_n \end{pmatrix}=\begin{pmatrix} b_1 \\ \vdots \\ b_m \end{pmatrix}.$$

令

$$\boldsymbol{A}=\begin{pmatrix} a_{11} & a_{12} & \cdots & a_{1n} \\ \vdots & \vdots & & \vdots \\ a_{m1} & a_{m2} & \cdots & a_{mn} \end{pmatrix},\quad \boldsymbol{X}=\begin{pmatrix} x_1 \\ \vdots \\ x_n \end{pmatrix},\quad \boldsymbol{\beta}=\begin{pmatrix} b_1 \\ \vdots \\ b_m \end{pmatrix},$$

则有

$$\boldsymbol{AX}=\boldsymbol{\beta}.$$

2.2.5 方阵的幂与多项式

有了矩阵的乘法，可以定义矩阵的幂与矩阵多项式了.

定义 2.2.5 设 $\boldsymbol{A}$ 是 n 阶方阵，定义 $\boldsymbol{A}$ 的幂为

$$\boldsymbol{A}^0=\boldsymbol{I},\ \boldsymbol{A}^1=\boldsymbol{A}, \boldsymbol{A}^2=\boldsymbol{AA},\cdots,\boldsymbol{A}^k=\underbrace{\boldsymbol{AA}\cdots\boldsymbol{A}}_{k个},$$

其中 k 为正整数.

由矩阵乘法的结合律，不难证明 n 阶方阵的幂满足以下运算规律：

（1）$\boldsymbol{A}^k\boldsymbol{A}^l=\boldsymbol{A}^{k+l}$；

（2）$(\boldsymbol{A}^k)^l=\boldsymbol{A}^{kl}$，其中 k，l 为正整数.

此外注意到，由于矩阵的乘法不一定具有交换性，因此，对于两个任意可乘的矩阵乘积，一般说来也有

$$(\boldsymbol{AB})^k\neq\boldsymbol{A}^k\boldsymbol{B}^k.$$

只有当 $\boldsymbol{AB}=\boldsymbol{BA}$ 时，才有 $(\boldsymbol{AB})^k=\boldsymbol{A}^k\boldsymbol{B}^k$.

例 5 用数学归纳法证明以下矩阵等式.

（1）$\begin{pmatrix} 1 & 1 \\ 0 & 1 \end{pmatrix}^n=\begin{pmatrix} 1 & n \\ 0 & 1 \end{pmatrix}$；　　（2）$\begin{pmatrix} 1 & 1 \\ 1 & 1 \end{pmatrix}^n=2^{n-1}\begin{pmatrix} 1 & 1 \\ 1 & 1 \end{pmatrix}$.

证 （1）当 $n=1$ 时，矩阵等式显然成立；假设当 $n=k$ 时，矩阵等式成立，则由

$$\begin{pmatrix} 1 & 1 \\ 0 & 1 \end{pmatrix}^{k+1}=\begin{pmatrix} 1 & 1 \\ 0 & 1 \end{pmatrix}^k\begin{pmatrix} 1 & 1 \\ 0 & 1 \end{pmatrix}=\begin{pmatrix} 1 & k \\ 0 & 1 \end{pmatrix}\begin{pmatrix} 1 & 1 \\ 0 & 1 \end{pmatrix}=\begin{pmatrix} 1 & k+1 \\ 0 & 1 \end{pmatrix}$$

可知，当 $n=k+1$ 时，矩阵等式也成立，所以由数学归纳法原理知对任意正整数 n，此矩阵等式都成立.

（2）当 $n=1$ 时，矩阵等式显然成立；假设当 $n=k$ 时，矩阵等式成立，则由

$$\begin{pmatrix} 1 & 1 \\ 1 & 1 \end{pmatrix}^{k+1}=\begin{pmatrix} 1 & 1 \\ 1 & 1 \end{pmatrix}^k\begin{pmatrix} 1 & 1 \\ 1 & 1 \end{pmatrix}=2^{k-1}\begin{pmatrix} 1 & 1 \\ 1 & 1 \end{pmatrix}\begin{pmatrix} 1 & 1 \\ 1 & 1 \end{pmatrix}=2^{k-1}\begin{pmatrix} 2 & 2 \\ 2 & 2 \end{pmatrix}=2^k\begin{pmatrix} 1 & 1 \\ 1 & 1 \end{pmatrix}$$

可知，当 $n=k+1$ 时，矩阵等式也成立，所以对任意正整数 n，此矩阵等式都成立.

证毕.

例 6 适合条件 $\boldsymbol{A}^2=\boldsymbol{A}$ 的矩阵叫作**幂等矩阵**. 试给出两个幂等矩阵之和仍为幂等矩阵的充分必

要条件.

解 设 $A^2=A$，$B^2=B$，有

$$(A+B)^2=A^2+AB+BA+B^2=A+AB+BA+B,$$

由此可见，$(A+B)^2=A+B$ 的充分必要条件为 $AB+BA=O$.

利用方阵幂等定义，结合变量 x 的 m 次多项式，我们可以定义**矩阵多项式**如下.

定义 2.2.6 设变量 x 的 m 次多项式为

$$f(x)=a_0+a_1x+\cdots+a_mx^m,$$

A 是 n 阶方阵，I 是与 A 同阶的单位矩阵，则称

$$f(A)=a_0I+a_1A+\cdots+a_mA^m$$

为 A 的**方阵多项式**，简称为 A 的**多项式**. 显然，$f(A)$ 仍然是一个 n 阶方阵.

例 7 设 $f(x)=x^2-x-1$，$A=\begin{pmatrix}2&1&1\\3&1&2\\1&-1&0\end{pmatrix}$，求 $f(A)$.

解 $f(A)=\begin{pmatrix}2&1&1\\3&1&2\\1&-1&0\end{pmatrix}^2-\begin{pmatrix}2&1&1\\3&1&2\\1&-1&0\end{pmatrix}-\begin{pmatrix}1&0&0\\0&1&0\\0&0&1\end{pmatrix}=\begin{pmatrix}5&1&3\\8&0&3\\-2&1&-2\end{pmatrix}$.

2.2.6 矩阵的转置与对称矩阵

定义 2.2.7 设矩阵

$$A=\begin{pmatrix}a_{11}&a_{12}&\cdots&a_{1n}\\a_{21}&a_{22}&\cdots&a_{2n}\\\vdots&\vdots&&\vdots\\a_{m1}&a_{m2}&\cdots&a_{mn}\end{pmatrix},$$

把矩阵的行与列互换得到的 $n\times m$ 矩阵，称为矩阵 A 的**转置矩阵**，记作 A^{T} 或 A'，即

$$A^{\mathrm{T}}=\begin{pmatrix}a_{11}&a_{21}&\cdots&a_{m1}\\a_{12}&a_{22}&\cdots&a_{m2}\\\vdots&\vdots&&\vdots\\a_{1n}&a_{2n}&\cdots&a_{mn}\end{pmatrix}.$$

例如，矩阵 $A=\begin{pmatrix}1&2&5\\6&4&3\end{pmatrix}$，则 $A^{\mathrm{T}}=\begin{pmatrix}1&6\\2&4\\5&3\end{pmatrix}$.

矩阵的转置也是一种运算，它满足以下运算规律.

（1）$(A^{\mathrm{T}})^{\mathrm{T}}=A$；

（2）$(A+B)^{\mathrm{T}}=A^{\mathrm{T}}+B^{\mathrm{T}}$；

（3）$(kA)^{\mathrm{T}}=kA^{\mathrm{T}}$，$k$ 为实数；

（4）$(AB)^{\mathrm{T}}=B^{\mathrm{T}}A^{\mathrm{T}},(A_1A_2\cdots A_k)^{\mathrm{T}}=A_k^{\mathrm{T}}A_{k-1}^{\mathrm{T}}\cdots A_1^{\mathrm{T}}$.

例 8 设矩阵

$$A=\begin{pmatrix}2&0&-1\\1&3&2\end{pmatrix},\quad B=\begin{pmatrix}1&7&-1\\4&2&3\\2&0&1\end{pmatrix},$$

试验证 $(AB)^{\mathrm{T}}=B^{\mathrm{T}}A^{\mathrm{T}}$.

证 因为

$$AB=\begin{pmatrix}2&0&-1\\1&3&2\end{pmatrix}\begin{pmatrix}1&7&-1\\4&2&3\\2&0&1\end{pmatrix}=\begin{pmatrix}0&14&-3\\17&13&10\end{pmatrix},$$

所以

$$(AB)^{\mathrm{T}}=\begin{pmatrix}0&17\\14&13\\-3&10\end{pmatrix}.$$

又

$$B^{\mathrm{T}}A^{\mathrm{T}}=\begin{pmatrix}1&4&2\\7&2&0\\-1&3&1\end{pmatrix}\begin{pmatrix}2&1\\0&3\\-1&2\end{pmatrix}=\begin{pmatrix}0&17\\14&13\\-3&10\end{pmatrix},$$

由此可见，$(AB)^{\mathrm{T}}=B^{\mathrm{T}}A^{\mathrm{T}}$.

证毕.

利用矩阵转置的定义，讨论 n 阶**对称矩阵**与**反对称矩阵**.

(1) 当 A 为 n 阶**对称矩阵**时，有 $a_{ij}=a_{ji}(i,j=1,2,\cdots,n)\Leftrightarrow A^{\mathrm{T}}=A$；

(2) 当 A 为 n 阶**反对称矩阵**时，有 $a_{ij}=-a_{ji}(i,j=1,2,\cdots,n)\Leftrightarrow A^{\mathrm{T}}=-A$.

例 9 设 A 与 B 是两个 n 阶反对称矩阵，证明：AB 是反对称矩阵 $\Leftrightarrow AB=-BA$.

证 充分性．因为 A 与 B 是两个 n 阶反对称矩阵，所以

$$A^{\mathrm{T}}=-A,B^{\mathrm{T}}=-B.$$

若 $AB=-BA$，则

$$(AB)^{\mathrm{T}}=B^{\mathrm{T}}A^{\mathrm{T}}=BA=-AB,$$

即 AB 是反对称矩阵.

必要性．若 AB 是反对称矩阵，则

$$(AB)^{\mathrm{T}}=-AB,$$

于是

$$AB=-(AB)^{\mathrm{T}}=-B^{\mathrm{T}}A^{\mathrm{T}}=-(-B)(-A)=-BA.$$

证毕.

2.2.7 方阵的行列式

定义 2.2.8 由 n 阶方阵 A 的元素按原来的顺序构成的行列式称为**方阵 A 的行列式**，记作 $|A|$.

如 $A=\begin{pmatrix}1&0&0\\2&1&3\\-1&1&4\end{pmatrix}$，则对应的行列式为 $|A|=\begin{vmatrix}1&0&0\\2&1&3\\-1&1&4\end{vmatrix}$.

方阵的行列式满足以下运算规律.

设 $\boldsymbol{A},\boldsymbol{B}$ 为 n 阶方阵，k 为实数，则

（1）$\left|\boldsymbol{A}^{\mathrm{T}}\right|=|\boldsymbol{A}|$；

（2）$|k\boldsymbol{A}|=k^n|\boldsymbol{A}|$；

（3）$|\boldsymbol{AB}|=|\boldsymbol{A}||\boldsymbol{B}|$.

例 10　设 $\boldsymbol{A}$ 为 3 阶矩阵，$|\boldsymbol{A}|=2$，求 $|-2\boldsymbol{A}|$.

解　$|-2\boldsymbol{A}|=(-2)^3|\boldsymbol{A}|=-16$.

例 11　设 $\boldsymbol{A},\boldsymbol{B}$ 同为 n 阶方阵，如果 $\boldsymbol{AB}=\boldsymbol{O}$，试证明 $|\boldsymbol{A}|=0$ 或 $|\boldsymbol{B}|=0$.

证　$|\boldsymbol{AB}|=|\boldsymbol{A}||\boldsymbol{B}|=0$，则 $|\boldsymbol{A}|=0$ 或 $|\boldsymbol{B}|=0$.

证毕.

2.3 方阵的逆矩阵

在初等代数中，求解一元一次方程

$$ax=b$$

时，只要系数 $a\neq 0$，总存在唯一的一个数 a^{-1}，使得 $a^{-1}a=1$，且有

$$x=(a^{-1}a)x=a^{-1}(ax)=a^{-1}b.$$

对一个矩阵 $\boldsymbol{A}$，是否也存在类似的逆运算？这就是本节要讨论的问题.

为方便起见，本节所讨论的矩阵，如不特别说明，都是方阵.

2.3.1 可逆矩阵和逆矩阵的概念

定义 2.3.1　设 $\boldsymbol{A}$ 为 n 阶矩阵，若存在 n 阶矩阵 $\boldsymbol{B}$，使得

$$\boldsymbol{AB}=\boldsymbol{BA}=\boldsymbol{I}_n,$$

则称 $\boldsymbol{A}$ 为**可逆矩阵**，称 $\boldsymbol{B}$ 为 $\boldsymbol{A}$ 的**逆矩阵**，并记 $\boldsymbol{B}=\boldsymbol{A}^{-1}$.

定理 2.3.1　可逆矩阵 $\boldsymbol{A}$ 的逆矩阵是唯一的.

证　设矩阵 $\boldsymbol{B}$ 和 $\boldsymbol{C}$ 都是 $\boldsymbol{A}$ 的逆矩阵，则

$$\boldsymbol{AB}=\boldsymbol{BA}=\boldsymbol{I},\quad \boldsymbol{AC}=\boldsymbol{CA}=\boldsymbol{I},$$

于是

$$\boldsymbol{B}=\boldsymbol{BI}=\boldsymbol{B}(\boldsymbol{AC})=(\boldsymbol{BA})\boldsymbol{C}=\boldsymbol{IC}=\boldsymbol{C},$$

即 $\boldsymbol{A}$ 的逆矩阵是唯一的.

证毕.

2.3.2 可逆矩阵的判别及求逆矩阵的方法

定义 2.3.2　设 $\boldsymbol{A}=(a_{ij})_{n\times n}$，$A_{ij}$ 为 $|\boldsymbol{A}|$ 的元素 a_{ij} 的代数余子式 $(i,j=1,2,\cdots,n)$，则矩阵

$$\begin{pmatrix} A_{11} & A_{21} & \cdots & A_{n1} \\ A_{12} & A_{22} & \cdots & A_{n2} \\ \vdots & \vdots & & \vdots \\ A_{1n} & A_{2n} & \cdots & A_{nn} \end{pmatrix}$$

称为 $\boldsymbol{A}$ 的**伴随矩阵**，记为 $\boldsymbol{A}^*$.

性质 设 $\boldsymbol{A}=(a_{ij})_{n\times n}$，$\boldsymbol{A}^*$ 为 $\boldsymbol{A}$ 的伴随矩阵，则有

$$\boldsymbol{A}\boldsymbol{A}^*=\boldsymbol{A}^*\boldsymbol{A}=|\boldsymbol{A}|\boldsymbol{I} .$$

证 由行列式的按行展开定理，有

$$\boldsymbol{A}\boldsymbol{A}^*=\begin{pmatrix} a_{11} & a_{12} & \cdots & a_{1n} \\ a_{21} & a_{22} & \cdots & a_{2n} \\ \vdots & \vdots & & \vdots \\ a_{n1} & a_{n2} & \cdots & a_{nn} \end{pmatrix}\begin{pmatrix} A_{11} & A_{21} & \cdots & A_{n1} \\ A_{12} & A_{22} & \cdots & A_{n2} \\ \vdots & \vdots & & \vdots \\ A_{1n} & A_{2n} & \cdots & A_{nn} \end{pmatrix}$$

$$=\begin{pmatrix} |\boldsymbol{A}| & & & \\ & |\boldsymbol{A}| & & \\ & & \ddots & \\ & & & |\boldsymbol{A}| \end{pmatrix}=|\boldsymbol{A}|\boldsymbol{I} .$$

同理可证 $\boldsymbol{A}^*\boldsymbol{A}=|\boldsymbol{A}|\boldsymbol{I}$，故

$$\boldsymbol{A}\boldsymbol{A}^*=\boldsymbol{A}^*\boldsymbol{A}=|\boldsymbol{A}|\boldsymbol{I} .$$

证毕.

定理 2.3.2 n 阶方阵 $\boldsymbol{A}$ 为可逆矩阵的充分必要条件为 $|\boldsymbol{A}|\neq 0$，且 $\boldsymbol{A}^{-1}=\dfrac{1}{|\boldsymbol{A}|}\boldsymbol{A}^*$.

证 必要性. 因为 $\boldsymbol{A}$ 可逆，故存在 n 阶方阵 $\boldsymbol{B}$，使 $\boldsymbol{AB}=\boldsymbol{I}$，等式两边取行列式，得

$$|\boldsymbol{AB}|=|\boldsymbol{I}|，即|\boldsymbol{A}||\boldsymbol{B}|=1,$$

故

$$|\boldsymbol{A}|\neq 0 .$$

充分性. 由于 $\boldsymbol{A}\boldsymbol{A}^*=\boldsymbol{A}^*\boldsymbol{A}=|\boldsymbol{A}|\boldsymbol{I}$，又 $|\boldsymbol{A}|\neq 0$，故

$$\boldsymbol{A}\frac{\boldsymbol{A}^*}{|\boldsymbol{A}|}=\frac{\boldsymbol{A}^*}{|\boldsymbol{A}|}\boldsymbol{A}=\boldsymbol{I} .$$

由矩阵可逆的定义可知 $\boldsymbol{A}$ 是可逆矩阵，而且还得到了求逆矩阵的公式

$$\boldsymbol{A}^{-1}=\frac{1}{|\boldsymbol{A}|}\boldsymbol{A}^*.$$

证毕.

推论 2.3.1 设 $\boldsymbol{A},\boldsymbol{B}$ 均为 n 阶矩阵，满足 $\boldsymbol{AB}=\boldsymbol{I}$（或 $\boldsymbol{BA}=\boldsymbol{I}$），则 $\boldsymbol{A},\boldsymbol{B}$ 都可逆，且 $\boldsymbol{B}=\boldsymbol{A}^{-1}, \boldsymbol{A}=\boldsymbol{B}^{-1}$.

证 因为 $\boldsymbol{AB}=\boldsymbol{I}$，两边取行列式，有

$$|\boldsymbol{AB}|=|\boldsymbol{A}||\boldsymbol{B}|=1,$$

则

$$|\boldsymbol{A}|\neq 0，|\boldsymbol{B}|\neq 0,$$

所以由定理 2.3.2，$\boldsymbol{A},\boldsymbol{B}$ 都可逆.

在 $\boldsymbol{AB}=\boldsymbol{I}$ 两边左乘 $\boldsymbol{A}^{-1}$，得 $\boldsymbol{B}=\boldsymbol{A}^{-1}$.

在 $\boldsymbol{AB}=\boldsymbol{I}$ 两边右乘 $\boldsymbol{B}^{-1}$，得 $\boldsymbol{A}=\boldsymbol{B}^{-1}$.

证毕.

例 1 设 $\boldsymbol{A}=\begin{pmatrix} a & b \\ c & d \end{pmatrix}$，当 a,b,c,d 满足什么条件时，矩阵 $\boldsymbol{A}$ 是可逆矩阵？当 $\boldsymbol{A}$ 可逆时，求出 $\boldsymbol{A}^{-1}$.

解 当 $|\boldsymbol{A}|\neq 0$，即 $ad-bc\neq 0$ 时，$\boldsymbol{A}$ 可逆.

当 $\boldsymbol{A}$ 可逆时，

$$\boldsymbol{A}^{-1}=\frac{1}{|\boldsymbol{A}|}\boldsymbol{A}^{*}=\frac{1}{ad-bc}\begin{pmatrix} d & -b \\ -c & a \end{pmatrix}.$$

例 2 设

$$\boldsymbol{A}=\begin{pmatrix} 3 & -1 & 0 \\ -2 & 1 & 1 \\ 2 & -1 & 4 \end{pmatrix},$$

求矩阵 $\boldsymbol{A}$ 的逆矩阵 $\boldsymbol{A}^{-1}$.

解 因为 $|\boldsymbol{A}|=5\neq 0$，所以 $\boldsymbol{A}$ 可逆，且 $\boldsymbol{A}$ 的伴随矩阵为

$$\boldsymbol{A}^{*}=\begin{pmatrix} A_{11} & A_{21} & A_{31} \\ A_{12} & A_{22} & A_{32} \\ A_{13} & A_{23} & A_{33} \end{pmatrix}=\begin{pmatrix} 5 & 4 & -1 \\ 10 & 12 & -3 \\ 0 & 1 & 1 \end{pmatrix},$$

所以

$$\boldsymbol{A}^{-1}=\frac{1}{|\boldsymbol{A}|}\boldsymbol{A}^{*}=\frac{1}{5}\begin{pmatrix} 5 & 4 & -1 \\ 10 & 12 & -3 \\ 0 & 1 & 1 \end{pmatrix}$$

$$=\begin{pmatrix} 1 & \frac{4}{5} & -\frac{1}{5} \\ 2 & \frac{12}{5} & -\frac{3}{5} \\ 0 & \frac{1}{5} & \frac{1}{5} \end{pmatrix}.$$

2.3.3 逆矩阵的性质

方阵的逆矩阵满足如下性质.

设 $\boldsymbol{A},\boldsymbol{B}$ 均为 n 阶可逆方阵，常数 $k\neq 0$，则

（1）$\boldsymbol{A}^{-1}$ 可逆，且 $(\boldsymbol{A}^{-1})^{-1}=\boldsymbol{A}$；

（2）$\boldsymbol{AB}$ 可逆，且 $(\boldsymbol{AB})^{-1}=\boldsymbol{B}^{-1}\boldsymbol{A}^{-1}$；

设 $\boldsymbol{A}_1,\boldsymbol{A}_2,\cdots,\boldsymbol{A}_m$ 是 m 个同阶的可逆矩阵，则 $\boldsymbol{A}_1\boldsymbol{A}_2\cdots\boldsymbol{A}_m$ 也可逆，且

$$(\boldsymbol{A}_1\boldsymbol{A}_2\cdots\boldsymbol{A}_m)^{-1}=\boldsymbol{A}_m^{-1}\boldsymbol{A}_{m-1}^{-1}\cdots\boldsymbol{A}_1^{-1};$$

（3）$\boldsymbol{A}^{\mathrm{T}}$ 可逆，且 $(\boldsymbol{A}^{\mathrm{T}})^{-1}=(\boldsymbol{A}^{-1})^{\mathrm{T}}$；

（4）kA 可逆，且 $(kA)^{-1}=\frac{1}{k}A^{-1}$；

（5）$\left|A^{-1}\right|=|A|^{-1}$.

例 3 设 A 为 n 阶方阵，证明 $\left|A^*\right|=|A|^{n-1}$.

证 因为

$$AA^*=|A|I,$$

所以

$$|A|\cdot\left|A^*\right|=|A|^n.$$

若 $|A|\neq 0$，显然有

$$\left|A^*\right|=|A|^{n-1}.$$

若 $|A|=0$，则要证明 $\left|A^*\right|=0$．用反证法．若 $\left|A^*\right|\neq 0$，则 A^* 是可逆矩阵，于是在等式

$$AA^*=|A|I=O$$

的两边同时右乘 A^* 的逆矩阵，即得

$$A=O,$$

零矩阵的伴随矩阵当然为零矩阵，即

$$A^*=O,$$

这与 $\left|A^*\right|\neq 0$ 矛盾，所以必有

$$\left|A^*\right|=0.$$

证毕.

例 4 设 n 阶方阵 A 满足 $A^2+A-4I=O$，试证矩阵 $A-I$ 可逆，并求 $(A-I)^{-1}$.

证 因为 $A^2+A-2I=2I$，则

$$(A+2I)(A-I)=2I,$$

即

$$\left(\frac{A+2I}{2}\right)(A-I)=I,$$

所以 $A-I$ 可逆，且

$$(A-I)^{-1}=\frac{1}{2}(A+2I).$$

证毕.

凡是需要通过方阵等式求出逆矩阵的这种问题，我们经常用的是**凑逆矩阵法**：对于需要求逆矩阵的 A，借助于 A 所满足的方阵等式，凑出一个矩阵 X，使得

$$AX=I \text{ 或 } XA=I.$$

例 5 设 A 是三阶方阵，A^* 是 A 的伴随矩阵，$|A|=\frac{1}{2}$，求行列式 $\left|(3A)^{-1}-2A^*\right|$.

解 由 $A^{-1}=\frac{1}{|A|}A^*$ 可知，$A^*=|A|A^{-1}=\frac{1}{2}A^{-1}$，则

$$\left|(3A)^{-1}-2A^*\right|=\left|\frac{1}{3}A^{-1}-A^{-1}\right|=\left|-\frac{2}{3}A^{-1}\right|=\left(-\frac{2}{3}\right)^3\cdot\left|A^{-1}\right|=-\frac{8}{27}|A|^{-1}=-\frac{8}{27}\times 2=-\frac{16}{27}.$$

例 6 假设矩阵 $\boldsymbol{A}$ 和 $\boldsymbol{X}$ 满足如下关系式 $\boldsymbol{AX}=\boldsymbol{A}+2\boldsymbol{X}$，其中 $\boldsymbol{A}=\begin{pmatrix}4&2&3\\1&1&0\\-1&2&3\end{pmatrix}$，求矩阵 $\boldsymbol{X}$.

解 由等式 $\boldsymbol{AX}=\boldsymbol{A}+2\boldsymbol{X}$ 可知，

$$(\boldsymbol{A}-2\boldsymbol{I})\boldsymbol{X}=\boldsymbol{A},$$

又矩阵

$$\boldsymbol{A}-2\boldsymbol{I}=\begin{pmatrix}2&2&3\\1&-1&0\\-1&2&1\end{pmatrix},$$

且

$$|\boldsymbol{A}-2\boldsymbol{I}|=\begin{vmatrix}2&2&3\\1&-1&0\\-1&2&1\end{vmatrix}=-1\neq 0,$$

所以 $\boldsymbol{A}-2\boldsymbol{I}$ 可逆，对等式 $(\boldsymbol{A}-2\boldsymbol{I})\boldsymbol{X}=\boldsymbol{A}$ 两边同时左乘 $(\boldsymbol{A}-2\boldsymbol{I})^{-1}$，得

$$\boldsymbol{X}=(\boldsymbol{A}-2\boldsymbol{I})^{-1}\boldsymbol{A}.$$

又由求逆矩阵的公式得

$$(\boldsymbol{A}-2\boldsymbol{I})^{-1}=\begin{pmatrix}1&-4&-3\\1&-5&-3\\-1&6&4\end{pmatrix},$$

则

$$\boldsymbol{X}=(\boldsymbol{A}-2\boldsymbol{I})^{-1}\boldsymbol{A}=\begin{pmatrix}1&-4&-3\\1&-5&-3\\-1&6&4\end{pmatrix}\begin{pmatrix}4&2&3\\1&1&0\\-1&2&3\end{pmatrix}=\begin{pmatrix}3&-8&-6\\2&-9&-6\\-2&12&9\end{pmatrix}.$$

2.4 分块矩阵

在矩阵的理论研究和实际应用中，有时会遇到行数和列数较大的矩阵. 为方便表示矩阵并进行运算，常将阶数较大的矩阵分成有限个阶数较小的矩阵. 将大矩阵分成小矩阵的运算称为**矩阵的分块**.

2.4.1 分块矩阵的概念

定义 2.4.1 用一些贯穿于矩阵的横线和纵线把矩阵分割成若干小块，每个小块叫作矩阵的子块（子矩阵），把这些子块当作数来处理的矩阵叫作**分块矩阵**.

对于同一个矩阵可有不同的分块法，采用不同的分块方法得到的是不同的分块矩阵.

例如，将矩阵 $\boldsymbol{A}=\begin{pmatrix}4&0&0&2&-1\\0&-5&0&-1&3\\0&0&1&-1&4\\0&2&0&2&0\\1&-1&0&1&3\end{pmatrix}$ 分成子块的分法有很多：

（1）$\left(\begin{array}{ccc:cc}4&0&0&2&-1\\0&-5&0&-1&3\\\hdashline 0&0&1&-1&4\\0&2&0&2&0\\1&-1&0&1&3\end{array}\right)$；（2）$\left(\begin{array}{cc:cc:c}4&0&0&2&-1\\0&-5&0&-1&3\\0&0&1&-1&4\\\hdashline 0&2&0&2&0\\1&-1&0&1&3\end{array}\right)$；

（3）$\left(\begin{array}{c:c:c:c:c}4&0&0&2&-1\\0&-5&0&-1&3\\0&0&1&-1&4\\0&2&0&2&0\\1&-1&0&1&3\end{array}\right)$.

在（1）中，令 $\boldsymbol{A}_{11}=\begin{pmatrix}4&0&0\\0&-5&0\end{pmatrix}$，$\boldsymbol{A}_{12}=\begin{pmatrix}2&-1\\-1&3\end{pmatrix}$，$\boldsymbol{A}_{21}=\begin{pmatrix}0&0&1\\0&2&0\\1&-1&0\end{pmatrix}$，$\boldsymbol{A}_{22}=\begin{pmatrix}-1&4\\2&0\\1&3\end{pmatrix}$，则 $\boldsymbol{A}$ 的分块矩阵可记为 $\boldsymbol{A}=\begin{pmatrix}\boldsymbol{A}_{11}&\boldsymbol{A}_{12}\\\boldsymbol{A}_{21}&\boldsymbol{A}_{22}\end{pmatrix}$，这里 $\boldsymbol{A}_{11},\boldsymbol{A}_{12},\boldsymbol{A}_{21},\boldsymbol{A}_{22}$ 都是 $\boldsymbol{A}$ 的子块.

设 $\boldsymbol{A}=(a_{ij})_{m\times n}$，下面介绍几种常用的分块形式.

（1）**行分块**：把矩阵的每一行看成一个行向量，即以 $\boldsymbol{A}$ 的 m 个行向量为子块所成的分块矩阵，记为

$$\boldsymbol{A}=\begin{pmatrix}\boldsymbol{\alpha}_1\\\boldsymbol{\alpha}_2\\\vdots\\\boldsymbol{\alpha}_m\end{pmatrix},$$

其中 $\boldsymbol{\alpha}_i=\left(a_{i1},a_{i2},\cdots,a_{in}\right)\ (i=1,2,\cdots,m)$.

（2）**列分块**：把矩阵的每一列看成一个列向量，即以 $\boldsymbol{A}$ 的 n 个列向量为子块所成的分块矩阵，记为

$$\boldsymbol{A}=\left(\boldsymbol{\beta}_1,\boldsymbol{\beta}_2,\cdots,\boldsymbol{\beta}_n\right),$$

其中 $\boldsymbol{\beta}_j=\left(a_{1j},a_{2j},\cdots,a_{mj}\right)^{\mathrm{T}}\ (j=1,2,\cdots,n)$.

注意：$\boldsymbol{A}=\left(\boldsymbol{\beta}_1,\boldsymbol{\beta}_2,\cdots,\boldsymbol{\beta}_n\right)$ 中逗号也可省略，中间用空格代替，记为

$$\boldsymbol{A}=\left(\boldsymbol{\beta}_1\ \ \boldsymbol{\beta}_2\ \ \cdots\ \ \boldsymbol{\beta}_n\right).$$

（3）**n 阶准对角形阵**：又称为**分块对角阵**，即分块阵 $\boldsymbol{A}$ 的非零子块均位于主对角线上，其余的子块为零矩阵，记为

$$A=\begin{pmatrix} A_1 & O & \cdots & O \\ O & A_2 & \cdots & O \\ \vdots & \vdots & & \vdots \\ O & O & \cdots & A_s \end{pmatrix},$$

其中 $A_i\ (i=1,2,\cdots,s)$ 分别是 r_i 阶方阵 $(\sum_{i=1}^{s} r_i = n)$.

例如，五阶矩阵

$$A=\left(\begin{array}{cc:cc:c} 1 & -1 & 0 & 0 & 0 \\ 1 & -3 & 0 & 0 & 0 \\ \hdashline 0 & 0 & 2 & 1 & 0 \\ 0 & 0 & 3 & 1 & 0 \\ \hdashline 0 & 0 & 0 & 0 & 4 \end{array}\right),$$

令 $A_1=\begin{pmatrix} 1 & -1 \\ 1 & -3 \end{pmatrix}$，$A_2=\begin{pmatrix} 2 & 1 \\ 3 & 1 \end{pmatrix}$，$A_3=(4)$，则

$$A=\begin{pmatrix} A_1 & O & O \\ O & A_2 & O \\ O & O & A_3 \end{pmatrix}$$

是一个五阶准对角形阵.

（4）n 阶三角分块阵：形如

$$A=\begin{pmatrix} A_{11} & A_{12} & \cdots & A_{1s} \\ & A_{22} & \cdots & A_{2s} \\ & & \ddots & \vdots \\ & & & A_{ss} \end{pmatrix} \text{或} \begin{pmatrix} A_{11} & & & \\ A_{21} & A_{22} & & \\ \vdots & \vdots & \ddots & \\ A_{s1} & A_{s2} & \cdots & A_{ss} \end{pmatrix}$$

的分块矩阵，分别称为**上三角分块阵**或**下三角分块阵**，其中 $A_{ii}\ (i=1,2,\cdots,s)$ 是方阵.

我们不加证明地给出以下重要结论：准对角形阵和上（下）三角分块阵的行列式都是它们的主对角线上各子块的行列式的乘积，即

$$|A|=\prod_{i=1}^{s}|A_{ii}|.$$

2.4.2 分块矩阵的运算

1. 分块矩阵的加法

把 $m\times n$ 矩阵 A 和 B 作同样的分块：

$$A=\begin{pmatrix} A_{11} & A_{12} & \cdots & A_{1s} \\ A_{21} & A_{22} & \cdots & A_{2s} \\ \vdots & \vdots & & \vdots \\ A_{r1} & A_{r2} & \cdots & A_{rs} \end{pmatrix},\quad B=\begin{pmatrix} B_{11} & B_{12} & \cdots & B_{1s} \\ B_{21} & B_{22} & \cdots & B_{2s} \\ \vdots & \vdots & & \vdots \\ B_{r1} & B_{r2} & \cdots & B_{rs} \end{pmatrix},$$

其中 A_{ij} 与 B_{ij} 为同型的子块，则

$$A+B=\begin{pmatrix} A_{11}+B_{11} & A_{12}+B_{12} & \cdots & A_{1s}+B_{1s} \\ A_{21}+B_{21} & A_{22}+B_{22} & \cdots & A_{2s}+B_{2s} \\ \vdots & \vdots & & \vdots \\ A_{r1}+B_{r1} & A_{r2}+B_{r2} & \cdots & A_{rs}+B_{rs} \end{pmatrix}.$$

例 1 设 $A=(\alpha_1,\alpha_2,\alpha_3,\beta)$，$B=(\alpha_1,\alpha_2,\alpha_3,\gamma)$ 都是四阶方阵的列分块矩阵，已知 $|A|=1$，$|B|=-2$，求 $|A+B|$.

解 $A+B=(2\alpha_1,2\alpha_2,2\alpha_3,\beta+\gamma)$，则

$$\begin{aligned}|A+B| &= |(2\alpha_1,2\alpha_2,2\alpha_3,\beta+\gamma)| = 2^3|(\alpha_1,\alpha_2,\alpha_3,\beta+\gamma)| \\ &= 8(|(\alpha_1,\alpha_2,\alpha_3,\beta)|+|(\alpha_1,\alpha_2,\alpha_3,\gamma)|) \\ &= 8(|A|+|B|)=-8.\end{aligned}$$

2. 分块矩阵的数量乘法

设 k 是一个数，$A=(A_{ij})_{r\times s}$，则

$$kA=\begin{pmatrix} kA_{11} & kA_{12} & \cdots & kA_{1s} \\ kA_{21} & kA_{22} & \cdots & kA_{2s} \\ \vdots & \vdots & & \vdots \\ kA_{r1} & kA_{r2} & \cdots & kA_{rs} \end{pmatrix}.$$

3. 分块矩阵的乘法

设 A 为 $m\times l$ 矩阵，B 为 $l\times n$ 矩阵，将 A 与 B 分别分成 $r\times t$ 分块阵与 $t\times s$ 分块阵，即

$$A=\begin{pmatrix} A_{11} & A_{12} & \cdots & A_{1t} \\ A_{21} & A_{22} & \cdots & A_{2t} \\ \vdots & \vdots & & \vdots \\ A_{r1} & A_{r2} & \cdots & A_{rt} \end{pmatrix},\quad B=\begin{pmatrix} B_{11} & B_{12} & \cdots & B_{1s} \\ B_{21} & B_{22} & \cdots & B_{2s} \\ \vdots & \vdots & & \vdots \\ B_{t1} & B_{t2} & \cdots & B_{ts} \end{pmatrix},$$

其中 $A_{i1},A_{i2},\cdots,A_{it}$ 的列数分别与 $B_{1j},B_{2j},\cdots,B_{tj}$ 的行数对应相等，则

$$C=AB=\begin{pmatrix} C_{11} & \cdots & C_{1s} \\ \vdots & & \vdots \\ C_{r1} & \cdots & C_{rs} \end{pmatrix},$$

其中 $C_{ij}=\sum_{k=1}^{t}A_{ik}B_{kj}\ (i=1,2,\cdots,r;\ j=1,2,\cdots,s)$.

例 2 设矩阵

$$A=\begin{pmatrix} 1 & 0 & 2 & 1 \\ 0 & 1 & 3 & 4 \\ 0 & 0 & -1 & 0 \\ 0 & 0 & 0 & -1 \end{pmatrix},\quad B=\begin{pmatrix} 1 & 2 & 0 & 0 \\ 3 & 0 & 0 & 0 \\ 4 & 5 & 1 & 0 \\ 0 & 2 & 0 & 1 \end{pmatrix},$$

用分块矩阵计算 AB.

解 将矩阵 A,B 分块如下：

$$A=\left(\begin{array}{cc:cc} 1 & 0 & 2 & 1 \\ 0 & 1 & 3 & 4 \\ \hdashline 0 & 0 & -1 & 0 \\ 0 & 0 & 0 & -1 \end{array}\right)=\begin{pmatrix} I & A_{12} \\ O & -I \end{pmatrix},$$

$$\boldsymbol{B}=\left(\begin{array}{cc:cc}1&2&0&0\\3&0&0&0\\\hdashline 4&5&1&0\\0&2&0&1\end{array}\right)=\begin{pmatrix}\boldsymbol{B}_{11}&\boldsymbol{O}\\\boldsymbol{B}_{21}&\boldsymbol{I}\end{pmatrix},$$

则

$$\boldsymbol{C}=\boldsymbol{AB}=\begin{pmatrix}\boldsymbol{C}_{11}&\boldsymbol{C}_{12}\\\boldsymbol{C}_{21}&\boldsymbol{C}_{22}\end{pmatrix}=\begin{pmatrix}\boldsymbol{IB}_{11}+\boldsymbol{A}_{12}\boldsymbol{B}_{21}&\boldsymbol{A}_{12}\boldsymbol{I}\\-\boldsymbol{IB}_{21}&-\boldsymbol{I}^2\end{pmatrix}=\begin{pmatrix}\boldsymbol{B}_{11}+\boldsymbol{A}_{12}\boldsymbol{B}_{21}&\boldsymbol{A}_{12}\\-\boldsymbol{B}_{21}&-\boldsymbol{I}\end{pmatrix}.$$

又

$$\boldsymbol{B}_{11}+\boldsymbol{A}_{12}\boldsymbol{B}_{21}=\begin{pmatrix}1&2\\3&0\end{pmatrix}+\begin{pmatrix}2&1\\3&4\end{pmatrix}\begin{pmatrix}4&5\\0&2\end{pmatrix}=\begin{pmatrix}9&14\\15&23\end{pmatrix},$$

所以

$$\boldsymbol{C}=\begin{pmatrix}9&14&2&1\\15&23&3&4\\-4&-5&-1&0\\0&-2&0&-1\end{pmatrix}.$$

例 3 设 $\boldsymbol{A}$ 为 $m\times l$ 矩阵，$\boldsymbol{B}$ 为 $l\times n$ 矩阵，则 $\boldsymbol{AB}$ 为 $m\times n$ 矩阵．若把 $\boldsymbol{B}$ 列分块，有

$$\boldsymbol{B}=(\boldsymbol{\beta}_1,\boldsymbol{\beta}_2,\cdots,\boldsymbol{\beta}_n),$$

则

$$\boldsymbol{AB}=\boldsymbol{A}(\boldsymbol{\beta}_1,\boldsymbol{\beta}_2,\cdots,\boldsymbol{\beta}_n)=(\boldsymbol{A\beta}_1,\boldsymbol{A\beta}_2,\cdots,\boldsymbol{A\beta}_n);$$

若把 $\boldsymbol{A}$ 行分块，有

$$\boldsymbol{A}=\begin{pmatrix}\boldsymbol{\alpha}_1\\\boldsymbol{\alpha}_2\\\vdots\\\boldsymbol{\alpha}_m\end{pmatrix},$$

则

$$\boldsymbol{AB}=\begin{pmatrix}\boldsymbol{\alpha}_1\\\boldsymbol{\alpha}_2\\\vdots\\\boldsymbol{\alpha}_m\end{pmatrix}\boldsymbol{B}=\begin{pmatrix}\boldsymbol{\alpha}_1\boldsymbol{B}\\\boldsymbol{\alpha}_2\boldsymbol{B}\\\vdots\\\boldsymbol{\alpha}_m\boldsymbol{B}\end{pmatrix}.$$

4．分块矩阵的转置

设

$$\boldsymbol{A}=\begin{pmatrix}\boldsymbol{A}_{11}&\boldsymbol{A}_{12}&\cdots&\boldsymbol{A}_{1s}\\\boldsymbol{A}_{21}&\boldsymbol{A}_{22}&\cdots&\boldsymbol{A}_{2s}\\\vdots&\vdots&&\vdots\\\boldsymbol{A}_{r1}&\boldsymbol{A}_{r2}&\cdots&\boldsymbol{A}_{rs}\end{pmatrix},$$

则

$$\boldsymbol{A}^{\mathrm{T}}=\begin{pmatrix}\boldsymbol{A}_{11}^{\mathrm{T}}&\boldsymbol{A}_{21}^{\mathrm{T}}&\cdots&\boldsymbol{A}_{r1}^{\mathrm{T}}\\\boldsymbol{A}_{12}^{\mathrm{T}}&\boldsymbol{A}_{22}^{\mathrm{T}}&\cdots&\boldsymbol{A}_{r2}^{\mathrm{T}}\\\vdots&\vdots&&\vdots\\\boldsymbol{A}_{1s}^{\mathrm{T}}&\boldsymbol{A}_{2s}^{\mathrm{T}}&\cdots&\boldsymbol{A}_{rs}^{\mathrm{T}}\end{pmatrix}.$$

例如，设

$$A=\left(\begin{array}{cc:ccc}1 & 2 & 3 & 4 & 5\\ 6 & 7 & 8 & 9 & 10\\ \hdashline 10 & 9 & 8 & 7 & 6\\ 5 & 4 & 3 & 2 & 1\end{array}\right)=\begin{pmatrix}A_{11} & A_{12}\\ A_{21} & A_{22}\end{pmatrix},$$

则

$$A^{\mathrm{T}}=\left(\begin{array}{cc:cc}1 & 6 & 10 & 5\\ 2 & 7 & 9 & 4\\ \hdashline 3 & 8 & 8 & 3\\ 4 & 9 & 7 & 2\\ 5 & 10 & 6 & 1\end{array}\right)=\begin{pmatrix}A_{11}^{\mathrm{T}} & A_{21}^{\mathrm{T}}\\ A_{12}^{\mathrm{T}} & A_{22}^{\mathrm{T}}\end{pmatrix}.$$

2.4.3 分块对角阵的运算性质

1. 分块对角阵的加法、数量乘法和乘法

设 A 和 B 为 n 阶分块对角阵，k 为一个数，即

$$A=\begin{pmatrix}A_1 & O & \cdots & O\\ O & A_2 & \cdots & O\\ \vdots & \vdots & & \vdots\\ O & O & \cdots & A_s\end{pmatrix},\quad B=\begin{pmatrix}B_1 & O & \cdots & O\\ O & B_2 & \cdots & O\\ \vdots & \vdots & & \vdots\\ O & O & \cdots & B_s\end{pmatrix},$$

其中 A_i 与 B_i $(i=1,2,\cdots,s)$ 为同型的子块，则

$$A+B=\begin{pmatrix}A_1+B_1 & O & \cdots & O\\ O & A_2+B_2 & \cdots & O\\ \vdots & \vdots & & \vdots\\ O & O & \cdots & A_s+B_s\end{pmatrix},$$

$$kA=\begin{pmatrix}kA_1 & O & \cdots & O\\ O & kA_2 & \cdots & O\\ \vdots & \vdots & & \vdots\\ O & O & \cdots & kA_s\end{pmatrix},$$

$$AB=\begin{pmatrix}A_1B_1 & O & \cdots & O\\ O & A_2B_2 & \cdots & O\\ \vdots & \vdots & & \vdots\\ O & O & \cdots & A_sB_s\end{pmatrix}.$$

2. 分块对角阵的逆

设 A 为 n 阶分块对角阵，

$$A=\begin{pmatrix}A_1 & O & \cdots & O\\ O & A_2 & \cdots & O\\ \vdots & \vdots & & \vdots\\ O & O & \cdots & A_s\end{pmatrix},$$

其中 $\boldsymbol{A}_1,\boldsymbol{A}_2,\cdots,\boldsymbol{A}_s$ 都是可逆矩阵，则 $\boldsymbol{A}$ 可逆，且

$$\boldsymbol{A}^{-1}=\begin{pmatrix}\boldsymbol{A}_1^{-1} & \boldsymbol{O} & \cdots & \boldsymbol{O}\\ \boldsymbol{O} & \boldsymbol{A}_2^{-1} & \cdots & \boldsymbol{O}\\ \vdots & \vdots & & \vdots\\ \boldsymbol{O} & \boldsymbol{O} & \cdots & \boldsymbol{A}_s^{-1}\end{pmatrix}.$$

例 4 设

$$\boldsymbol{A}=\begin{pmatrix}1 & 1 & 0 & 0 & 0\\ 1 & 2 & 0 & 0 & 0\\ 0 & 0 & 3 & -1 & 0\\ 0 & 0 & 4 & -2 & 0\\ 0 & 0 & 0 & 0 & 5\end{pmatrix},$$

求 $\boldsymbol{A}^{-1}$.

解 将矩阵 $\boldsymbol{A}$ 分块，得

$$\boldsymbol{A}=\begin{pmatrix}\boldsymbol{A}_1 & & \\ & \boldsymbol{A}_2 & \\ & & \boldsymbol{A}_3\end{pmatrix},$$

其中

$$\boldsymbol{A}_1=\begin{pmatrix}1 & 1\\ 1 & 2\end{pmatrix},\ \boldsymbol{A}_2=\begin{pmatrix}3 & -1\\ 4 & -2\end{pmatrix},\ \boldsymbol{A}_3=(5).$$

由于

$$|\boldsymbol{A}_1|=1,|\boldsymbol{A}_2|=-2,|\boldsymbol{A}_3|=5,$$

则 $\boldsymbol{A}_1,\boldsymbol{A}_2,\boldsymbol{A}_3$ 均可逆，又

$$\boldsymbol{A}_1^{-1}=\begin{pmatrix}2 & -1\\ -1 & 1\end{pmatrix},\ \boldsymbol{A}_2^{-1}=\begin{pmatrix}1 & -\frac{1}{2}\\ 2 & -\frac{3}{2}\end{pmatrix},\ \boldsymbol{A}_3^{-1}=\left(\frac{1}{5}\right),$$

则 $\boldsymbol{A}$ 可逆，且

$$\boldsymbol{A}^{-1}=\begin{pmatrix}2 & -1 & 0 & 0 & 0\\ -1 & 1 & 0 & 0 & 0\\ 0 & 0 & 1 & -\frac{1}{2} & 0\\ 0 & 0 & 2 & -\frac{3}{2} & 0\\ 0 & 0 & 0 & 0 & \frac{1}{5}\end{pmatrix}.$$

2.5 矩阵的初等变换

利用伴随矩阵求矩阵的逆是非常困难的，例如求 5 阶方阵的逆，需要计算 25 个 4 阶行列式和 1 个 5 阶行列式，因而探索新的求解方法就十分必要．实践证明，矩阵的初等变换是求逆矩阵的一种

简单有效的方法．本节将介绍矩阵的初等变换及其在求解逆矩阵与矩阵方程中的应用．

2.5.1 矩阵的初等变换与初等矩阵

定义 2.5.1 对矩阵进行下列变换称为**矩阵的初等行（列）变换**：

（1）将矩阵 $\boldsymbol{A}$ 的第 i 行（列）和第 j 行（列）元素互换，记作 $r_i \leftrightarrow r_j (c_i \leftrightarrow c_j)$；

（2）用一个非零的数 k 乘以矩阵 $\boldsymbol{A}$ 的第 i 行（列）元素，记作 $kr_i\ (kc_i)$；

（3）将矩阵 $\boldsymbol{A}$ 的第 i 行（列）元素乘以 k 加到矩阵 $\boldsymbol{A}$ 的第 j 行（列），记作 $r_j + kr_i (c_j + kc_i)$．

矩阵的初等行变换与初等列变换统称为**矩阵的初等变换**．

例 1 已知矩阵

$$\boldsymbol{A}=\begin{pmatrix} 3 & 2 & 9 & 6 \\ -1 & -3 & 4 & -17 \\ 1 & 4 & -7 & 3 \\ -1 & -4 & 7 & -3 \end{pmatrix},$$

对其作如下初等行变换：

$$\boldsymbol{A}=\begin{pmatrix} 3 & 2 & 9 & 6 \\ -1 & -3 & 4 & -17 \\ 1 & 4 & -7 & 3 \\ -1 & -4 & 7 & -3 \end{pmatrix} \xrightarrow{r_1 \leftrightarrow r_3} \begin{pmatrix} 1 & 4 & -7 & 3 \\ -1 & -3 & 4 & -17 \\ 3 & 2 & 9 & 6 \\ -1 & -4 & 7 & -3 \end{pmatrix}$$

$$\xrightarrow[r_4+r_1]{\substack{r_2+r_1 \\ r_3-3r_1}} \begin{pmatrix} 1 & 4 & -7 & 3 \\ 0 & 1 & -3 & -14 \\ 0 & -10 & 30 & -3 \\ 0 & 0 & 0 & 0 \end{pmatrix} \xrightarrow{r_3+10r_2} \begin{pmatrix} 1 & 4 & -7 & 3 \\ 0 & 1 & -3 & -14 \\ 0 & 0 & 0 & -143 \\ 0 & 0 & 0 & 0 \end{pmatrix} = \boldsymbol{B},$$

这里的矩阵 $\boldsymbol{B}$ 依其形状的特征称为**阶梯形矩阵**，即满足下列条件的矩阵：

（1）矩阵自上而下的各行中，每一非零行的第一个非零元素的下方全是零；

（2）元素全为零的行（如果有的话）都在非零行的下边．

一般地，阶梯形矩阵有如下形式：

$$\boldsymbol{T}=\begin{pmatrix} 0 & \cdots & 0 & a_{1j_1} & \cdots & * & * & \cdots & * & * & \cdots & * \\ 0 & \cdots & 0 & 0 & \cdots & 0 & a_{2j_2} & \cdots & * & * & \cdots & * \\ \vdots & & \vdots & \vdots & & \vdots & \vdots & & \vdots & \vdots & & \vdots \\ 0 & \cdots & 0 & 0 & \cdots & 0 & 0 & \cdots & a_{rj_r} & * & \cdots & * \\ 0 & \cdots & 0 & 0 & \cdots & 0 & 0 & \cdots & 0 & 0 & \cdots & 0 \\ \vdots & & \vdots & \vdots & & \vdots & \vdots & & \vdots & \vdots & & \vdots \\ 0 & \cdots & 0 & 0 & \cdots & 0 & 0 & \cdots & 0 & 0 & \cdots & 0 \end{pmatrix},$$

其中 $\prod_{i=1}^{r} a_{ij_i} \neq 0$．

若继续对例 1 中的阶梯形矩阵作初等行变换，可得

$$\boldsymbol{B}=\begin{pmatrix} 1 & 4 & -7 & 3 \\ 0 & 1 & -3 & -14 \\ 0 & 0 & 0 & -143 \\ 0 & 0 & 0 & 0 \end{pmatrix} \xrightarrow{-\frac{1}{143}r_3} \begin{pmatrix} 1 & 4 & -7 & 3 \\ 0 & 1 & -3 & -14 \\ 0 & 0 & 0 & 1 \\ 0 & 0 & 0 & 0 \end{pmatrix} \xrightarrow[r_1-4r_2]{\substack{r_2+14r_3 \\ r_1-3r_3}} \begin{pmatrix} 1 & 0 & 5 & 0 \\ 0 & 1 & -3 & 0 \\ 0 & 0 & 0 & 1 \\ 0 & 0 & 0 & 0 \end{pmatrix} = \boldsymbol{C},$$

这里的矩阵 $\boldsymbol{C}$ 依其形状的特征又称为**最简形矩阵**，即满足下列条件的矩阵：

（1）各非零行的首非零元素都是 1；

（2）每行首非零元素所在列的其余元素都是零.

一般地，最简形矩阵有如下形式：

$$\boldsymbol{T}=\begin{pmatrix} 0 & \cdots & 0 & 1 & \cdots & * & 0 & \cdots & 0 & * & \cdots & * \\ 0 & \cdots & 0 & 0 & \cdots & 0 & 1 & \cdots & 0 & * & \cdots & * \\ \vdots & & \vdots & \vdots & & \vdots & \vdots & & \vdots & \vdots & & \vdots \\ 0 & \cdots & 0 & 0 & \cdots & 0 & 0 & \cdots & 1 & * & \cdots & * \\ 0 & \cdots & 0 & 0 & \cdots & 0 & 0 & \cdots & 0 & 0 & \cdots & 0 \\ \vdots & & \vdots & \vdots & & \vdots & \vdots & & \vdots & \vdots & & \vdots \\ 0 & \cdots & 0 & 0 & \cdots & 0 & 0 & \cdots & 0 & 0 & \cdots & 0 \end{pmatrix}.$$

定义 2.5.2 由单位矩阵 $\boldsymbol{I}$ 经过一次初等变换得到的矩阵称为**初等方阵**.

（1）交换 $\boldsymbol{I}$ 的第 i, j 两行（列），得到的初等方阵记为

$$\boldsymbol{P}(i,j)=\begin{pmatrix} 1 & & & & & & & \\ & \ddots & & & & & & \\ & & 0 & \cdots & \cdots & \cdots & 1 & & \\ & & \vdots & 1 & & & \vdots & & \\ & & \vdots & & \ddots & & \vdots & & \\ & & \vdots & & & 1 & \vdots & & \\ & & 1 & \cdots & \cdots & \cdots & 0 & & \\ & & & & & & & \ddots & \\ & & & & & & & & 1 \end{pmatrix}\begin{matrix} \\ \\ i\text{行} \\ \\ \\ \\ j\text{行} \\ \\ \\ \end{matrix};$$

$$\qquad\qquad\qquad i\text{列} \qquad\qquad j\text{列}$$

（2）用非零常数 k 乘以 $\boldsymbol{I}$ 的第 i 行（列），得到的初等方阵记为

$$\boldsymbol{P}(i(k))=\begin{pmatrix} 1 & & & & & & \\ & \ddots & & & & & \\ & & 1 & & & & \\ & & & k & & & \\ & & & & 1 & & \\ & & & & & \ddots & \\ & & & & & & 1 \end{pmatrix}\begin{matrix} \\ \\ \\ i\text{行} \\ \\ \\ \\ \end{matrix};$$

$$i\text{列}$$

（3）将 $\boldsymbol{I}$ 的第 j 行的 k 倍加到第 i 行上（或第 i 列的 k 倍加到第 j 列上），得到的初等方阵记为

$$\boldsymbol{P}(i,j(k))=\begin{pmatrix} 1 & & & & & \\ & \ddots & & & & \\ & & 1 & \cdots & k & & \\ & & & \ddots & \vdots & & \\ & & & & 1 & & \\ & & & & & \ddots & \\ & & & & & & 1 \end{pmatrix}\begin{matrix} \\ \\ i\text{行} \\ \\ j\text{行} \\ \\ \\ \end{matrix}.$$

$$i\text{列} \qquad j\text{列}$$

由初等矩阵的定义，通过计算可得

$$|\boldsymbol{P}(i,j)|=-1,\quad |\boldsymbol{P}(i(k))|=k(k\neq 0),\quad |\boldsymbol{P}(i,j(k))|=1,$$

所以初等矩阵均可逆，且

$$\boldsymbol{P}(i,j)^{-1}=\boldsymbol{P}(i,j),\quad \boldsymbol{P}(i(k))^{-1}=\boldsymbol{P}\left(i\left(\frac{1}{k}\right)\right),\quad \boldsymbol{P}(i,j(k))^{-1}=\boldsymbol{P}(i,j(-k)),$$

即初等矩阵的逆矩阵仍是初等矩阵.

例 2 设矩阵

$$\boldsymbol{A}=\begin{pmatrix}2&1&2&3\\4&1&3&5\\2&0&1&2\end{pmatrix},$$

求（1）$\boldsymbol{P}(1,3)\boldsymbol{A}$；（2）$\boldsymbol{AP}(3(2))$；（3）$\boldsymbol{P}(2,1(-2))\boldsymbol{A}$.

解 （1）$\boldsymbol{P}(1,3)\boldsymbol{A}=\begin{pmatrix}0&0&1\\0&1&0\\1&0&0\end{pmatrix}\begin{pmatrix}2&1&2&3\\4&1&3&5\\2&0&1&2\end{pmatrix}=\begin{pmatrix}2&0&1&2\\4&1&3&5\\2&1&2&3\end{pmatrix}$；

（2）$\boldsymbol{AP}(3(2))=\begin{pmatrix}2&1&2&3\\4&1&3&5\\2&0&1&2\end{pmatrix}\begin{pmatrix}1&0&0&0\\0&1&0&0\\0&0&2&0\\0&0&0&1\end{pmatrix}=\begin{pmatrix}2&1&4&3\\4&1&6&5\\2&0&2&2\end{pmatrix}$；

（3）$\boldsymbol{P}(2,1(-2))\boldsymbol{A}=\begin{pmatrix}1&&\\-2&1&\\&&1\end{pmatrix}\begin{pmatrix}2&1&2&3\\4&1&3&5\\2&0&1&2\end{pmatrix}=\begin{pmatrix}2&1&2&3\\0&-1&-1&-1\\2&0&1&2\end{pmatrix}$.

与例 2 的结果类似，一般地，初等方阵有如下结论.

定理 2.5.1 设 $\boldsymbol{A}$ 为 $m\times n$ 矩阵，则

（1）对 $\boldsymbol{A}$ 作一次初等行变换相当于在 $\boldsymbol{A}$ 的左边乘上相应的 m 阶初等矩阵；

（2）对 $\boldsymbol{A}$ 作一次初等列变换相当于在 $\boldsymbol{A}$ 的右边乘上相应的 n 阶初等矩阵.

例 3 设矩阵 $\boldsymbol{A}=\begin{pmatrix}a_{11}&a_{12}&a_{13}\\a_{21}&a_{22}&a_{23}\\a_{31}&a_{32}&a_{33}\end{pmatrix}$，$\boldsymbol{B}=\begin{pmatrix}a_{31}&a_{32}+3a_{33}&a_{33}\\a_{21}&a_{22}+3a_{23}&a_{23}\\a_{11}&a_{12}+3a_{13}&a_{13}\end{pmatrix}$，求初等矩阵 $\boldsymbol{P}_1$，$\boldsymbol{P}_2$，使 $\boldsymbol{B}=\boldsymbol{P}_1\boldsymbol{AP}_2$.

解 由矩阵 $\boldsymbol{A}\to$ 矩阵 $\boldsymbol{B}$，经过的初等变换如下.

（1）将矩阵 $\boldsymbol{A}$ 的第一行和第三行交换，则

$$\boldsymbol{P}_1=\begin{pmatrix}&&1\\&1&\\1&&\end{pmatrix};$$

（2）将矩阵 $\boldsymbol{P}_1\boldsymbol{A}$ 的第三列的 3 倍加到第 2 列，则

$$\boldsymbol{P}_2=\begin{pmatrix}1&&\\&1&\\&3&1\end{pmatrix}.$$

2.5.2 矩阵的等价标准形

定义 2.5.3 若矩阵 $\boldsymbol{A}$ 经过若干次初等变换变成矩阵 $\boldsymbol{B}$，则称矩阵 $\boldsymbol{A}$ 与矩阵 $\boldsymbol{B}$ **等价**，记为

$A \cong B$.

矩阵之间的等价关系有以下三条性质.

（1）**反身性** $A \cong A$；

（2）**对称性** 若 $A \cong B$，则 $B \cong A$；

（3）**传递性** 若 $A \cong B$，$B \cong C$，则 $A \cong C$.

定理 2.5.2 任何一个矩阵 $A=(a_{ij})_{m\times n}$ 都可以经过有限次初等变换化成下面形式的矩阵

$$D_{m\times n}=\begin{pmatrix} I_r & O \\ O & O \end{pmatrix},$$

这是一个分块矩阵，其中 I_r 为 r 阶单位矩阵，而其余子块都是零块矩阵.

称 $D_{m\times n}=\begin{pmatrix} I_r & O \\ O & O \end{pmatrix}$ 为矩阵 A 的**等价标准形**.

证 如果 A 中所有的 a_{ij} 都等于零，则 A 本身就是标准形 $D_{m\times n}$；如果 A 中有非零元素，则经过若干次初等变换 A 一定可以变成一个左上角元素不为零的矩阵．不妨设 $a_{11}\neq 0$，用 $-\dfrac{a_{i1}}{a_{11}}$ 乘以第1行加到第 i 行 $(i=2,3,\cdots,m)$ 上，用 $-\dfrac{a_{1j}}{a_{11}}$ 乘所得矩阵的第1列加到第 j 列 $(j=2,3,\cdots,n)$ 上，然后以 $\dfrac{1}{a_{11}}$ 乘以第1行，于是矩阵 A 化为

$$A_1=\begin{pmatrix} 1 & 0 & \cdots & 0 \\ 0 & a_{22}' & \cdots & a_{2n}' \\ \vdots & \vdots & & \vdots \\ 0 & a_{m2}' & \cdots & a_{mn}' \end{pmatrix}.$$

如果 $a_{ij}'=0(i=2,\cdots,m;j=2,\cdots,n)$，则 A 已经化成 $D_{m\times n}$ 的形式，否则按上面的方法继续下去，最后总可化成 $D_{m\times n}$ 的形式.

证毕.

例 4 求矩阵 $A=\begin{pmatrix} 2 & 0 & -1 & 3 \\ 1 & 2 & -2 & 4 \\ 0 & 1 & 3 & -1 \end{pmatrix}$ 的等价标准形.

解
$$A=\begin{pmatrix} 2 & 0 & -1 & 3 \\ 1 & 2 & -2 & 4 \\ 0 & 1 & 3 & -1 \end{pmatrix}\xrightarrow{r_1\leftrightarrow r_2}\begin{pmatrix} 1 & 2 & -2 & 4 \\ 2 & 0 & -1 & 3 \\ 0 & 1 & 3 & -1 \end{pmatrix}\xrightarrow{r_2-2r_1}\begin{pmatrix} 1 & 2 & -2 & 4 \\ 0 & -4 & 3 & -5 \\ 0 & 1 & 3 & -1 \end{pmatrix}$$

$$\xrightarrow[c_4-4c_1]{\substack{c_2-2c_1\\ c_3+2c_1}}\begin{pmatrix} 1 & 0 & 0 & 0 \\ 0 & -4 & 3 & -5 \\ 0 & 1 & 3 & -1 \end{pmatrix}\xrightarrow{r_2\leftrightarrow r_3}\begin{pmatrix} 1 & 0 & 0 & 0 \\ 0 & 1 & 3 & -1 \\ 0 & -4 & 3 & -5 \end{pmatrix}\xrightarrow{r_3+4r_2}\begin{pmatrix} 1 & 0 & 0 & 0 \\ 0 & 1 & 3 & -1 \\ 0 & 0 & 15 & -9 \end{pmatrix}$$

$$\xrightarrow[c_4+c_2]{c_3-3c_2}\begin{pmatrix} 1 & 0 & 0 & 0 \\ 0 & 1 & 0 & 0 \\ 0 & 0 & 15 & -9 \end{pmatrix}\xrightarrow{\frac{1}{15}r_3}\begin{pmatrix} 1 & 0 & 0 & 0 \\ 0 & 1 & 0 & 0 \\ 0 & 0 & 1 & -\frac{3}{5} \end{pmatrix}\xrightarrow{c_4+\frac{3}{5}c_3}\begin{pmatrix} 1 & 0 & 0 & 0 \\ 0 & 1 & 0 & 0 \\ 0 & 0 & 1 & 0 \end{pmatrix}=\begin{pmatrix} I_3 & O \end{pmatrix}.$$

因为对矩阵 A 施行初等行（列）变换相当于用对应的初等方阵左（右）乘 A，而初等方阵都是可逆矩阵，若干个可逆矩阵的乘积仍然是可逆矩阵，所以定理 2.5.2 可以等价地叙述为：

定理 2.5.3 对于任意一个 $m\times n$ 矩阵 $\boldsymbol{A}$，一定存在 m 阶可逆矩阵 $\boldsymbol{P}$ 和 n 阶可逆矩阵 $\boldsymbol{Q}$，使得

$$\boldsymbol{PAQ}=\begin{pmatrix}\boldsymbol{I}_r & \boldsymbol{O}\\ \boldsymbol{O} & \boldsymbol{O}\end{pmatrix}.$$

证 根据定理 2.5.2，假设对 $\boldsymbol{A}$ 施行了 s 次初等行变换和 t 次初等列变换，得到了 $\boldsymbol{A}$ 的等价标准形，且对应初等行变换的 m 阶初等方阵为 $\boldsymbol{P}_1,\boldsymbol{P}_2,\cdots,\boldsymbol{P}_s$，对应初等列变换的 n 阶初等方阵为 $\boldsymbol{Q}_1,\boldsymbol{Q}_2,\cdots,\boldsymbol{Q}_t$，则由定理 2.5.1，有

$$\boldsymbol{P}_s\cdots\boldsymbol{P}_2\boldsymbol{P}_1\boldsymbol{A}\boldsymbol{Q}_1\boldsymbol{Q}_2\cdots\boldsymbol{Q}_t=\begin{pmatrix}\boldsymbol{I}_r & \boldsymbol{O}\\ \boldsymbol{O} & \boldsymbol{O}\end{pmatrix}.$$

令 $\boldsymbol{P}=\boldsymbol{P}_s\cdots\boldsymbol{P}_2\boldsymbol{P}_1$，$\boldsymbol{Q}=\boldsymbol{Q}_1\boldsymbol{Q}_2\cdots\boldsymbol{Q}_t$，则

$$\boldsymbol{PAQ}=\begin{pmatrix}\boldsymbol{I}_r & \boldsymbol{O}\\ \boldsymbol{O} & \boldsymbol{O}\end{pmatrix}.$$

证毕.

2.5.3 用初等行变换求可逆矩阵的逆矩阵

定理 2.5.4 n 阶方阵 $\boldsymbol{A}$ 是可逆矩阵的充要条件是存在可逆矩阵 $\boldsymbol{P},\boldsymbol{Q}$，使得 $\boldsymbol{PAQ}=\boldsymbol{I}_n$（即 $\boldsymbol{A}$ 等价于单位矩阵）.

证 充分性．若 $\boldsymbol{PAQ}=\boldsymbol{I}_n$，两边取行列式，有

$$|\boldsymbol{P}||\boldsymbol{A}||\boldsymbol{Q}|=|\boldsymbol{PAQ}|=|\boldsymbol{I}_n|=1\neq 0,$$

则

$$|\boldsymbol{A}|\neq 0,$$

即 $\boldsymbol{A}$ 可逆.

必要性．若 $\boldsymbol{A}$ 是可逆矩阵，由定理 2.5.3，一定存在 n 阶可逆矩阵 $\boldsymbol{P}$ 和 $\boldsymbol{Q}$，使得

$$\boldsymbol{PAQ}=\begin{pmatrix}\boldsymbol{I}_r & \boldsymbol{O}\\ \boldsymbol{O} & \boldsymbol{O}\end{pmatrix}.$$

因为 $\boldsymbol{A},\boldsymbol{P}$ 和 $\boldsymbol{Q}$ 都是可逆矩阵，则 $|\boldsymbol{PAQ}|=|\boldsymbol{P}||\boldsymbol{A}||\boldsymbol{Q}|\neq 0$，若 $r<n$，则必有

$$\begin{vmatrix}\boldsymbol{I}_r & \boldsymbol{O}\\ \boldsymbol{O} & \boldsymbol{O}\end{vmatrix}=0,$$

从而与 $|\boldsymbol{PAQ}|\neq 0$ 矛盾，因此必有 $r=n$，从而

$$\boldsymbol{PAQ}=\boldsymbol{I}_n.$$

证毕.

定理 2.5.5 n 阶方阵 $\boldsymbol{A}$ 是可逆矩阵的充要条件是 $\boldsymbol{A}$ 可以写成若干个初等方阵的乘积.

证 必要性．若 $\boldsymbol{A}$ 是可逆矩阵，由定理 2.5.3 和定理 2.5.4，则存在 n 阶可逆矩阵 $\boldsymbol{P}$ 和 $\boldsymbol{Q}$，使得

$$\boldsymbol{PAQ}=\boldsymbol{I}_n,$$

其中 $\boldsymbol{P}=\boldsymbol{P}_s\cdots\boldsymbol{P}_2\boldsymbol{P}_1$，$\boldsymbol{Q}=\boldsymbol{Q}_1\boldsymbol{Q}_2\cdots\boldsymbol{Q}_t$，则

$$\boldsymbol{A}=\boldsymbol{P}^{-1}\boldsymbol{Q}^{-1}=\boldsymbol{P}_1^{-1}\boldsymbol{P}_2^{-1}\cdots\boldsymbol{P}_s^{-1}\boldsymbol{Q}_t^{-1}\cdots\boldsymbol{Q}_2^{-1}\boldsymbol{Q}_1^{-1},$$

因为初等方阵的逆仍然是初等方阵，则 $\boldsymbol{A}$ 为若干个初等方阵的乘积.

充分性．因为初等方阵都是可逆的，又 $\boldsymbol{A}$ 为若干个初等方阵的乘积，则 $\boldsymbol{A}$ 可逆.

证毕.

对 n 阶可逆矩阵 $\boldsymbol{A}$，一定存在 n 阶可逆矩阵 $\boldsymbol{P}$ 和 $\boldsymbol{Q}$，使得

$$\boldsymbol{PAQ}=(\boldsymbol{PA})\boldsymbol{Q}=\boldsymbol{I}_n,$$

这说明 $\boldsymbol{Q}$ 是 $\boldsymbol{PA}$ 的逆矩阵，从而

$$\boldsymbol{QPA}=\boldsymbol{Q}(\boldsymbol{PA})=\boldsymbol{I}_n,$$

由定理 2.5.3，得

$$\boldsymbol{Q}_1\boldsymbol{Q}_2\cdots\boldsymbol{Q}_t\boldsymbol{P}_s\cdots\boldsymbol{P}_2\boldsymbol{P}_1\boldsymbol{A}=\boldsymbol{I}_n.$$

上式两边右乘 $\boldsymbol{A}^{-1}$，得

$$\boldsymbol{Q}_1\boldsymbol{Q}_2\cdots\boldsymbol{Q}_t\boldsymbol{P}_s\cdots\boldsymbol{P}_2\boldsymbol{P}_1\boldsymbol{I}_n=\boldsymbol{A}^{-1}.$$

这说明，当 $\boldsymbol{A}$ 是 n 阶可逆矩阵时，一定可以仅用有限次初等行变换就能把它化成单位矩阵，而用同样的初等行变换又可把单位矩阵 $\boldsymbol{I}_n$ 化为 $\boldsymbol{A}^{-1}$，由此我们得到用初等行变换求逆矩阵的方法：

$$\left(\boldsymbol{A}\,\vdots\,\boldsymbol{I}_n\right)\xrightarrow{\text{仅作初等行变换}}\left(\boldsymbol{I}_n\,\vdots\,\boldsymbol{A}^{-1}\right).$$

同理，对矩阵方程 $\boldsymbol{AX}=\boldsymbol{B}$，也可由

$$\left(\boldsymbol{A}\,\vdots\,\boldsymbol{B}\right)\xrightarrow{\text{仅作初等行变换}}\left(\boldsymbol{I}_n\,\vdots\,\boldsymbol{A}^{-1}\boldsymbol{B}\right),$$

得

$$\boldsymbol{X}=\boldsymbol{A}^{-1}\boldsymbol{B}.$$

上述求逆矩阵和求矩阵方程的方法统称为**初等变换法**.

例 5 求 $\boldsymbol{A}=\begin{pmatrix}1&-1&3\\2&-1&4\\-1&2&-4\end{pmatrix}$ 的逆矩阵.

解
$$\left(\boldsymbol{A}\,\vdots\,\boldsymbol{I}_3\right)=\left(\begin{array}{ccc:ccc}1&-1&3&1&0&0\\2&-1&4&0&1&0\\-1&2&-4&0&0&1\end{array}\right)\xrightarrow[r_3+r_1]{r_2-2r_1}\left(\begin{array}{ccc:ccc}1&-1&3&1&0&0\\0&1&-2&-2&1&0\\0&1&-1&1&0&1\end{array}\right)$$

$$\xrightarrow{r_3-r_2}\left(\begin{array}{ccc:ccc}1&-1&3&1&0&0\\0&1&-2&-2&1&0\\0&0&1&3&-1&1\end{array}\right)\xrightarrow[r_1-3r_3]{r_2+2r_3}\left(\begin{array}{ccc:ccc}1&-1&0&-8&3&-3\\0&1&0&4&-1&2\\0&0&1&3&-1&1\end{array}\right)$$

$$\xrightarrow{r_1+r_2}\left(\begin{array}{ccc:ccc}1&0&0&-4&2&-1\\0&1&0&4&-1&2\\0&0&1&3&-1&1\end{array}\right),$$

所以

$$\boldsymbol{A}^{-1}=\begin{pmatrix}-4&2&-1\\4&-1&2\\3&-1&1\end{pmatrix}.$$

例 6 用初等变换法求 $\boldsymbol{X}$，使得 $\boldsymbol{XA}=\boldsymbol{B}$，其中

$$\boldsymbol{A}=\begin{pmatrix}0&2&1\\2&-1&3\\-3&3&-4\end{pmatrix},\quad \boldsymbol{B}=\begin{pmatrix}1&2&3\\2&-3&1\end{pmatrix}.$$

解 由 $\boldsymbol{XA}=\boldsymbol{B}$ 可得

$$\boldsymbol{A}^{\mathrm{T}}\boldsymbol{X}^{\mathrm{T}}=\boldsymbol{B}^{\mathrm{T}},$$

于是

$$\left(\boldsymbol{A}^{\mathrm{T}} \vdots \boldsymbol{B}^{\mathrm{T}}\right)=\left(\begin{array}{ccc:cc}0 & 2 & -3 & 1 & 2 \\ 2 & -1 & 3 & 2 & -3 \\ 1 & 3 & -4 & 3 & 1\end{array}\right) \xrightarrow{r_1 \leftrightarrow r_3}\left(\begin{array}{ccc:cc}1 & 3 & -4 & 3 & 1 \\ 2 & -1 & 3 & 2 & -3 \\ 0 & 2 & -3 & 1 & 2\end{array}\right) \xrightarrow{r_2-2r_1}\left(\begin{array}{ccc:cc}1 & 3 & -4 & 3 & 1 \\ 0 & -7 & 11 & -4 & -5 \\ 0 & 2 & -3 & 1 & 2\end{array}\right)$$

$$\xrightarrow{r_2+3r_3}\left(\begin{array}{ccc:cc}1 & 3 & -4 & 3 & 1 \\ 0 & -1 & 2 & -1 & 1 \\ 0 & 2 & -3 & 1 & 2\end{array}\right) \xrightarrow{r_3+2r_2}\left(\begin{array}{ccc:cc}1 & 3 & -4 & 3 & 1 \\ 0 & -1 & 2 & -1 & 1 \\ 0 & 0 & 1 & -1 & 4\end{array}\right) \xrightarrow[r_1+4r_3]{r_2-2r_3}\left(\begin{array}{ccc:cc}1 & 3 & 0 & -1 & 17 \\ 0 & -1 & 0 & 1 & -7 \\ 0 & 0 & 1 & -1 & 4\end{array}\right)$$

$$\xrightarrow[r_1-3r_2]{-r_2}\left(\begin{array}{ccc:cc}1 & 0 & 0 & 2 & -4 \\ 0 & 1 & 0 & -1 & 7 \\ 0 & 0 & 1 & -1 & 4\end{array}\right),$$

则

$$\boldsymbol{X}^{\mathrm{T}}=\begin{pmatrix}2 & -4 \\ -1 & 7 \\ -1 & 4\end{pmatrix},$$

所以

$$\boldsymbol{X}=\begin{pmatrix}2 & -1 & -1 \\ -4 & 7 & 4\end{pmatrix}.$$

2.6 矩阵的秩

矩阵的秩是矩阵的一个数值特征，是反映矩阵本质的一个不变量．矩阵的秩在线性方程组及线性变换中起到关键作用．

2.6.1 矩阵秩的概念

定义 2.6.1 设 $\boldsymbol{A}=(a_{ij})_{m\times n}$，从 $\boldsymbol{A}$ 中任取 k 行 k 列 $(k\leqslant\min\{m,n\})$，位于这些行和列交叉处的 k^2 个元素，不改变它们在 $\boldsymbol{A}$ 中所处的位置次序而得到的 k 阶行列式，称为矩阵 $\boldsymbol{A}$ 的 k **阶子式**．

由定义 2.6.1 可知，$m\times n$ 矩阵 $\boldsymbol{A}$ 中子式的最高阶数等于 $\min\{m,n\}$，且 k 阶子式的个数为 $C_m^k\times C_n^k$．

把 $\boldsymbol{A}$ 中对应不同的 k 的所有 k 阶子式放在一起，可以分成两大类：值为零的与值不为零的．值不为零的子式称为非零子式．

定义 2.6.2 在 $m\times n$ 矩阵 $\boldsymbol{A}$ 中，非零子式的最高阶数称为 $\boldsymbol{A}$ 的**秩**，记为 $r(\boldsymbol{A})$ 或秩 $(\boldsymbol{A})$．

当 $\boldsymbol{A}=\boldsymbol{O}$ 时，规定 $r(\boldsymbol{A})=0$；对任意一个非零矩阵 $\boldsymbol{A}$，由于它至少有一个非零元素，故 $0<r(\boldsymbol{A})\leqslant\min\{m,n\}$．

下面给出矩阵秩的等价定义．

定义 2.6.3 若矩阵 $\boldsymbol{A}$ 中，有一个 r 阶子式不等于零，而所有的 $r+1$ 阶子式（如果有的话）都等于零，则称矩阵 $\boldsymbol{A}$ 的**秩**为 r，记为 $r(\boldsymbol{A})=r$ 或秩 $(\boldsymbol{A})=r$．

例 1 求矩阵 $\boldsymbol{A}=\begin{pmatrix}1 & -1 & 3 & 0 \\ -2 & 1 & -2 & 1 \\ -1 & -1 & 5 & 2\end{pmatrix}$ 的秩．

解 在矩阵 $\boldsymbol{A}$ 中，显然有一个2阶子式 $\begin{vmatrix} 1 & -1 \\ -2 & 1 \end{vmatrix} = -1 \neq 0$，$\boldsymbol{A}$ 为 3×4 矩阵，共有4个3阶子式，分别算出它们的值，即

$$\begin{vmatrix} 1 & -1 & 3 \\ -2 & 1 & -2 \\ -1 & -1 & 5 \end{vmatrix} = 0,\quad \begin{vmatrix} 1 & 3 & 0 \\ -2 & -2 & 1 \\ -1 & 5 & 2 \end{vmatrix} = 0,\quad \begin{vmatrix} 1 & -1 & 0 \\ -2 & 1 & 1 \\ -1 & -1 & 2 \end{vmatrix} = 0,\quad \begin{vmatrix} -1 & 3 & 0 \\ 1 & -2 & 1 \\ -1 & 5 & 2 \end{vmatrix} = 0,$$

即矩阵 $\boldsymbol{A}$ 的非零子式的最高阶数为2，所以

$$r(\boldsymbol{A}) = 2 .$$

例2 求矩阵 $\boldsymbol{A} = \begin{pmatrix} 1 & 2 & 3 & 4 & 5 \\ 0 & 0 & 6 & 7 & 8 \\ 0 & 0 & 0 & 1 & 0 \\ 0 & 0 & 0 & 0 & 0 \end{pmatrix}$ 的秩.

解 在矩阵 $\boldsymbol{A}$ 中，3阶子式 $\begin{vmatrix} 2 & 3 & 4 \\ 0 & 6 & 7 \\ 0 & 0 & 1 \end{vmatrix} = 12 \neq 0$，而所有的4阶子式均为零，故

$$r(\boldsymbol{A}) = 3 .$$

由例2可知，阶梯形矩阵的秩等于它非零行的个数.

2.6.2 用矩阵的初等行变换求矩阵的秩

定理 2.6.1 对于任意一个非零矩阵，都可以通过初等行变换把它化成阶梯形矩阵.

定理 2.6.2 初等变换不改变矩阵的秩.

由上述定理可知，为求矩阵 $\boldsymbol{A}$ 的秩，只要对矩阵 $\boldsymbol{A}$ 施行初等行变换，化为阶梯形矩阵，再看阶梯形矩阵非零行的个数即为矩阵 $\boldsymbol{A}$ 的秩.

例3 求矩阵 $\boldsymbol{A} = \begin{pmatrix} 1 & 0 & 2 & 1 & 0 \\ 3 & -1 & 12 & 27 & 5 \\ 0 & 5 & 1 & 4 & 6 \\ 1 & 1 & -1 & -11 & -2 \end{pmatrix}$ 的秩.

解

$$\boldsymbol{A} \xrightarrow[r_4 - r_1]{r_2 - 3r_1} \begin{pmatrix} 1 & 0 & 2 & 1 & 0 \\ 0 & -1 & 6 & 24 & 5 \\ 0 & 5 & 1 & 4 & 6 \\ 0 & 1 & -3 & -12 & -2 \end{pmatrix} \xrightarrow[r_4 + r_2]{r_3 + 5r_2} \begin{pmatrix} 1 & 0 & 2 & 1 & 0 \\ 0 & -1 & 6 & 24 & 5 \\ 0 & 0 & 31 & 124 & 31 \\ 0 & 0 & 3 & 12 & 3 \end{pmatrix}$$

$$\xrightarrow{\frac{1}{31}r_3} \begin{pmatrix} 1 & 0 & 2 & 1 & 0 \\ 0 & -1 & 6 & 24 & 5 \\ 0 & 0 & 1 & 4 & 1 \\ 0 & 0 & 3 & 12 & 3 \end{pmatrix} \xrightarrow{r_4 - 3r_3} \begin{pmatrix} 1 & 0 & 2 & 1 & 0 \\ 0 & -1 & 6 & 24 & 5 \\ 0 & 0 & 1 & 4 & 1 \\ 0 & 0 & 0 & 0 & 0 \end{pmatrix},$$

由于阶梯形矩阵有3个非零行，则

$$r(\boldsymbol{A}) = 3 .$$

2.6.3 矩阵秩的若干性质

设 $\boldsymbol{A}=(a_{ij})_{m\times n}$， $\boldsymbol{B}=(b_{ij})_{m\times n}$，则

（1） $0\leqslant r(\boldsymbol{A})\leqslant \min\{m,n\}$.

（2） $r(\boldsymbol{A}^{\mathrm{T}})=r(\boldsymbol{A})$.

（3）若 $\boldsymbol{P}$ 为 m 阶可逆矩阵，$\boldsymbol{Q}$ 为 n 阶可逆矩阵，则

$$r(\boldsymbol{PA})=r(\boldsymbol{AQ})=r(\boldsymbol{PAQ})=r(\boldsymbol{A}).$$

证 因为 $\boldsymbol{P}$ 可逆，则存在一系列初等矩阵 $\boldsymbol{P}_1,\boldsymbol{P}_2,\cdots,\boldsymbol{P}_s$，使得 $\boldsymbol{P}=\boldsymbol{P}_1\boldsymbol{P}_2\cdots\boldsymbol{P}_s$，即

$$\boldsymbol{PA}=\boldsymbol{P}_1\boldsymbol{P}_2\cdots\boldsymbol{P}_s\boldsymbol{A},$$

由定理 2.5.1 可知，$\boldsymbol{PA}$ 是由 $\boldsymbol{A}$ 经过若干次初等行变换所得，再由定理 2.6.2，得到

$$r(\boldsymbol{PA})=r(\boldsymbol{A}).$$

同理可证

$$r(\boldsymbol{AQ})=r(\boldsymbol{PAQ})=r(\boldsymbol{A}).$$

证毕.

（4）若 $\boldsymbol{A}$ 为 n 阶可逆矩阵 $\Leftrightarrow |\boldsymbol{A}|\neq 0\Leftrightarrow r(\boldsymbol{A})=n$.

可逆矩阵常称为**满秩矩阵**；秩为 m 的 $m\times n$ 矩阵称为**行满秩矩阵**；秩为 n 的 $m\times n$ 矩阵称为**列满秩矩阵**.

（5） $r(\boldsymbol{A}+\boldsymbol{B})\leqslant r(\boldsymbol{A})+r(\boldsymbol{B})$.

（6）设 $\boldsymbol{A}=(a_{ij})_{m\times k}$， $\boldsymbol{B}=(b_{ij})_{k\times n}$，则

$$r(\boldsymbol{AB})\leqslant \min\{r(\boldsymbol{A}),r(\boldsymbol{B})\}.$$

在学习了第 3 章后，读者可自己给出性质（5）和性质（6）的证明.

2.7 矩阵与线性方程组

克拉默法则在求解线性方程组时，要求方程的个数和未知量的个数相等，有其局限性．本节简单介绍用矩阵的初等行变换解线性方程组的方法．并利用矩阵的秩给出齐次线性方程组有非零解的一个判别条件.

讨论一般的 n 元线性方程组，形式如下：

$$\begin{cases} a_{11}x_1+a_{12}x_2+\cdots+a_{1n}x_n=b_1, \\ a_{21}x_1+a_{22}x_2+\cdots+a_{2n}x_n=b_2, \\ \qquad\cdots\cdots \\ a_{m1}x_1+a_{m2}x_2+\cdots+a_{mn}x_n=b_m, \end{cases} \tag{2.7.1}$$

其中 $a_{11},a_{12},\cdots,a_{mn}$ 是系数， $b_1,b_2,\cdots,b_m$ 是常数项， $x_1,x_2,\cdots,x_n$ 为未知量． m 和 n 可以相等，也可以 $m>n$ 或 $m<n$．当方程组（2.7.1）中的 $b_1=b_2=\cdots=b_m=0$ 时，称之为**齐次线性方程组**，否则称之为**非齐次线性方程组**.

由 n 个数 $k_1,k_2,\cdots,k_n$ 组成的有序数组 $(k_1,k_2,\cdots,k_n)^{\mathrm{T}}$，当 $x_1,x_2,\cdots,x_n$ 分别用 $k_1,k_2,\cdots,k_n$ 代入后，方程组（2.7.1）中每个等式都变成恒等式，称 $\boldsymbol{X}=(k_1,k_2,\cdots,k_n)^{\mathrm{T}}$ 为方程组（2.7.1）的**解向量**，简

称为**解**.

对于方程组（2.7.1），有以下三个问题需要解决.

（1）如何判定方程组是否有解？

（2）如果方程组有解，它有多少个解？

（3）如何求出线性方程组的全部解？

利用矩阵这个工具，可以方便地解决上述问题. 下面我们通过具体的例子来介绍这个方法.

例 1 求解线性方程组

$$\begin{cases} -3x_1+2x_2-8x_3=17, \\ 2x_1-5x_2+3x_3=3, \\ x_1+7x_2-5x_3=2. \end{cases}$$

解 利用**高斯消元法**求解，将第一个方程与第三个方程的位置调换，方程组化为

$$\begin{cases} x_1+7x_2-5x_3=2, \\ 2x_1-5x_2+3x_3=3, \\ -3x_1+2x_2-8x_3=17. \end{cases}$$

将第一个方程的 (-2) 倍加到第二个方程上，第一个方程的 3 倍加到第三个方程上，方程组又化为

$$\begin{cases} x_1+\ \ 7x_2-5x_3=2, \\ \quad -19x_2+13x_3=-1, \\ \quad\ \ 23x_2-23x_3=23. \end{cases}$$

将第三个方程乘以 $1/23$，再交换第二、第三个方程的位置，方程组又化为

$$\begin{cases} x_1+\ \ 7x_2-5x_3=2, \\ \quad\quad x_2-\ \ x_3=1, \\ \quad -19x_2+13x_3=-1. \end{cases}$$

最后，将第二个方程的 19 倍加到第三个方程上，再将第三个方程乘以 $(-\frac{1}{6})$，方程组又化为下列**阶梯形方程组**

$$\begin{cases} x_1+7x_2-5x_3=2, \\ \quad\quad x_2-\ x_3=1, \\ \quad\quad\quad\ \ x_3=-3. \end{cases}$$

阶梯形方程组必须是阶梯"高"为一个方程式，而"宽"可以是一个或一个以上的未知量.

对阶梯形方程组，再由下往上代入，称**回代**过程. 容易求得它的解是

$$\begin{cases} x_1=\ \ 1, \\ x_2=-2, \\ x_3=-3, \end{cases}$$

即

$$\boldsymbol{X}=\begin{pmatrix} 1 \\ -2 \\ -3 \end{pmatrix},$$

并且解是唯一的.

例 2 求解线性方程组

$$\begin{cases} x_1+3x_2-5x_3=-1, \\ 2x_1+6x_2-3x_3=5, \\ 3x_1+9x_2-10x_3=2, \\ x_1+3x_2+2x_3=6. \end{cases}$$

解 将第一个方程式的 (−2) 倍、(−3) 倍、(−1) 倍分别加到第二、三、四个方程上，得到

$$\begin{cases} x_1+3x_2-5x_3=-1, \\ 7x_3=7, \\ 5x_3=5, \\ 7x_3=7. \end{cases}$$

将第二个方程乘以 $1/7$，再将它的 (−5) 倍、(−7) 倍分别加到第三、四个方程上，得阶梯形方程组

$$\begin{cases} x_1+3x_2-5x_3=-1, \\ x_3=1, \\ 0=0, \\ 0=0. \end{cases} \tag{2.7.2}$$

这里“$0=0$”是恒等式，可以从方程组中去掉. 解方程组得

$$\begin{cases} x_1=4-3x_2, \\ x_3=1, \end{cases}$$

即

$$\boldsymbol{X}=\begin{pmatrix} 4-3x_2 \\ x_2 \\ 1 \end{pmatrix},$$

其中 x_2 可以取任意数值，称 x_2 为**自由未知量**，并称 $\boldsymbol{X}$ 为原方程组的**一般解**. 这时原方程组有无穷多组解.

注意：方程组（2.7.2）也可以求解得

$$\begin{cases} x_2=\dfrac{4}{3}-\dfrac{x_1}{3}, \\ x_3=1, \end{cases}$$

其中 x_1 为自由未知量. 由此可见，自由未知量的选取不是唯一的.

例 3 求解线性方程组

$$\begin{cases} x_1+3x_2-5x_3=-1, \\ 2x_1+6x_2-3x_3=5, \\ x_1+3x_2-5x_3=4. \end{cases}$$

解 用例 1、例 2 相同的方法可得

$$\begin{cases} x_1+3x_2-5x_3=-1, \\ x_3=1, \\ 0=5, \end{cases}$$

最后一个方程式是矛盾的，因此原线性方程组无解.

以上 3 个例子的解法就是**高斯消元法**. 这种解法可以用于一般的线性方程组（2.7.1），消元的结果，总可以得到一个与原方程组同解的“标准”的阶梯形方程组或出现矛盾方程，即可得下列一般形式：

$$\begin{cases} x_1 + c_{12}x_2 + \cdots + c_{1n}x_n = d_1, \\ \qquad x_2 + \cdots + c_{2n}x_n = d_2, \\ \qquad \cdots\cdots \\ \qquad x_r + \cdots + c_{rn}x_n = d_r, \\ \qquad\qquad 0 = d_{r+1}, \end{cases} \tag{2.7.3}$$

这里 r 是阶梯形方程组中方程式的个数.

由方程组（2.7.3）很容易看出，方程组（2.7.1）的解有下列 3 种情形.

（1）若 $d_{r+1} \neq 0$，则方程组（2.7.1）无解.

（2）若 $d_{r+1} = 0$，又 $r = n$，则方程组（2.7.3）变成

$$\begin{cases} x_1 + c_{12}x_2 + \cdots + c_{1n}x_n = d_1, \\ \qquad x_2 + \cdots + c_{2n}x_n = d_2, \\ \qquad \cdots\cdots \\ \qquad\qquad x_n = d_n. \end{cases} \tag{2.7.4}$$

这时可对方程组（2.7.4）由下往上回代依次求出 $x_n, x_{n-1}, \cdots, x_1$，而且方程组（2.7.1）的解是唯一的.

（3）若 $d_{r+1} = 0$，又 $r < n$，则可将方程组（2.7.3）中含有未知量 $x_{r+1}, x_{r+2}, \cdots, x_n$ 的项全部移到等号右边，得

$$\begin{cases} x_1 + c_{12}x_2 + \cdots + c_{1r}x_r = d_1 - c_{1,r+1}x_{r+1} - \cdots - c_{1n}x_n, \\ \qquad x_2 + \cdots + c_{2r}x_r = d_2 - c_{2,r+1}x_{r+1} - \cdots - c_{2n}x_n, \\ \qquad \cdots\cdots \\ \qquad x_r = d_r - c_{r,r+1}x_{r+1} - \cdots - c_{rn}x_n, \end{cases} \tag{2.7.5}$$

其中 $x_{r+1}, x_{r+2}, \cdots, x_n$ 是 $n-r$ 个自由未知量. 再用情形（2）中同样的方法求得用自由未知量 $x_{r+1}, x_{r+2}, \cdots, x_n$ 分别表示 $x_1, x_2, \cdots, x_r$ 的表达式，从而得到方程组（2.7.1）的一般解，这时方程组（2.7.1）有无穷多组解.

分析一下消元过程，我们对线性方程组作了 3 种变换：

（1）把一个方程的倍数加到另一个方程上；

（2）互换两个方程的位置；

（3）用一个非零数乘某一个方程.

这 3 种变换称为线性方程组的**初等变换**.

在线性方程组的求解过程中，只有系数和常数项进行了运算，因此，为了书写方便，对于一个线性方程组可以只写出它的系数和常数项，并把它们按原来的次序排成一张表：

$$\widetilde{\boldsymbol{A}} = \begin{pmatrix} a_{11} & a_{12} & \cdots & a_{1n} & b_1 \\ a_{21} & a_{22} & \cdots & a_{2n} & b_2 \\ \vdots & \vdots & & \vdots & \vdots \\ a_{m1} & a_{m2} & \cdots & a_{mn} & b_m \end{pmatrix},$$

这张表称为线性方程组的**增广矩阵**. 只列出方程组中未知量系数的表称为方程组的**系数矩阵**：

$$A=\begin{pmatrix} a_{11} & a_{12} & \cdots & a_{1n} \\ a_{21} & a_{22} & \cdots & a_{2n} \\ \vdots & \vdots & & \vdots \\ a_{m1} & a_{m2} & \cdots & a_{mn} \end{pmatrix}.$$

一个线性方程组与一个增广矩阵相对应，每个方程式与矩阵的一行相对应，因此方程组的 3 种初等变换对应了矩阵的 3 种初等行变换：

（1）把矩阵的一行的倍数加到另一行上；

（2）互换矩阵两行的位置；

（3）用一个非零数乘矩阵的某一行.

于是，用高斯消元法解线性方程组可采用矩阵形式进行，消元过程就变成了对方程组的增广矩阵用矩阵的初等行变换化为阶梯形矩阵，这时的 r 就是阶梯形矩阵中的非零行的个数，也即是系数矩阵 $\boldsymbol{A}$ 的秩.

例 4 同例 2.

解

$$\widetilde{A}=\begin{pmatrix} 1 & 3 & -5 & -1 \\ 2 & 6 & -3 & 5 \\ 3 & 9 & -10 & 2 \\ 1 & 3 & 2 & 6 \end{pmatrix} \xrightarrow[r_4-r_1]{\substack{r_2-2r_1\\ r_3-3r_1}} \begin{pmatrix} 1 & 3 & -5 & -1 \\ 0 & 0 & 7 & 7 \\ 0 & 0 & 5 & 5 \\ 0 & 0 & 7 & 7 \end{pmatrix} \xrightarrow[\frac{1}{7}r_4]{\substack{\frac{1}{7}r_2\\ \frac{1}{5}r_3}} \begin{pmatrix} 1 & 3 & -5 & -1 \\ 0 & 0 & 1 & 1 \\ 0 & 0 & 1 & 1 \\ 0 & 0 & 1 & 1 \end{pmatrix}$$

$$\xrightarrow[r_4-r_2]{r_3-r_2} \begin{pmatrix} 1 & 3 & -5 & -1 \\ 0 & 0 & 1 & 1 \\ 0 & 0 & 0 & 0 \\ 0 & 0 & 0 & 0 \end{pmatrix}.$$

最后一个阶梯形矩阵对应的阶梯形方程组为

$$\begin{cases} x_1+3x_2-5x_3=-1, \\ x_3=1, \end{cases}$$

利用该方程组求解时需要回代，为了避免回代过程，可以继续对阶梯形矩阵进行初等行变换，直至化成最简形矩阵：

$$\widetilde{A}\to\cdots\xrightarrow[r_4-r_2]{r_3-r_2} \begin{pmatrix} 1 & 3 & -5 & -1 \\ 0 & 0 & 1 & 1 \\ 0 & 0 & 0 & 0 \\ 0 & 0 & 0 & 0 \end{pmatrix} \xrightarrow{r_1+5r_2} \begin{pmatrix} 1 & 3 & 0 & 4 \\ 0 & 0 & 1 & 1 \\ 0 & 0 & 0 & 0 \\ 0 & 0 & 0 & 0 \end{pmatrix}.$$

由最简形矩阵可得等价的方程组为

$$\begin{cases} x_1+3x_2=4, \\ x_3=1, \end{cases}$$

解得

$$\begin{cases} x_1=4-3x_2, \\ x_3=1, \end{cases}$$

即

$$X=\begin{pmatrix} 4-3x_2 \\ x_2 \\ 1 \end{pmatrix},$$

其中 x_2 为自由未知量.

例 5 解线性方程组

$$\begin{cases} -x_1-4x_2+x_3=1, \\ \quad -x_2-x_3=1, \\ x_1+3x_2-2x_3=0. \end{cases}$$

解 $\widetilde{A}=\begin{pmatrix} -1 & -4 & 1 & 1 \\ 0 & -1 & -1 & 1 \\ 1 & 3 & -2 & 0 \end{pmatrix} \xrightarrow{r_4+r_1} \begin{pmatrix} -1 & -4 & 1 & 1 \\ 0 & -1 & -1 & 1 \\ 0 & -1 & -1 & 1 \end{pmatrix} \xrightarrow{r_3-r_2} \begin{pmatrix} -1 & -4 & 1 & 1 \\ 0 & -1 & -1 & 1 \\ 0 & 0 & 0 & 0 \end{pmatrix}$

$$\xrightarrow{-r_2} \begin{pmatrix} -1 & -4 & 1 & 1 \\ 0 & 1 & 1 & -1 \\ 0 & 0 & 0 & 0 \end{pmatrix} \xrightarrow{r_1+4r_2} \begin{pmatrix} -1 & 0 & 5 & -3 \\ 0 & 1 & 1 & -1 \\ 0 & 0 & 0 & 0 \end{pmatrix} \xrightarrow{-r_1} \begin{pmatrix} 1 & 0 & -5 & 3 \\ 0 & 1 & 1 & -1 \\ 0 & 0 & 0 & 0 \end{pmatrix},$$

由最简形矩阵可得等价的方程组为

$$\begin{cases} x_1 \quad -5x_3=3, \\ \quad x_2+x_3=-1, \end{cases}$$

解得

$$\begin{cases} x_1=3+5x_3, \\ x_2=-1-x_3, \end{cases}$$

即

$$X=\begin{pmatrix} 3+5x_3 \\ -1-x_3 \\ x_3 \end{pmatrix},$$

其中 x_3 为自由未知量.

将高斯消元法用于求解一般齐次线性方程组

$$\begin{cases} a_{11}x_1+a_{12}x_2+\cdots+a_{1n}x_n=0, \\ a_{21}x_1+a_{22}x_2+\cdots+a_{2n}x_n=0, \\ \quad \cdots\cdots \\ a_{m1}x_1+a_{m2}x_2+\cdots+a_{mn}x_n=0, \end{cases} \tag{2.7.6}$$

那么在方程组（2.7.3）中，$d_i=0$（$i=1,2,\cdots,r+1$），因而方程组（2.7.6）一定有解.

定理 2.7.1 齐次线性方程组（2.7.6）仅有全零解 $X=\begin{pmatrix} 0 \\ 0 \\ \vdots \\ 0 \end{pmatrix}$ 的充分必要条件是 $r(A)=r=n$；方程组（2.7.6）有非零解（无穷多组）的充分必要条件是 $r(A)=r<n$.

证 对于齐次线性方程组（2.7.6），因为 $d_i=0$（$i=1,2,\cdots,r+1$），由方程组（2.7.4）可知：

当 $r(A)=r=n$，方程组（2.7.6）有唯一的解，且为全零解 $X=\begin{pmatrix} 0 \\ 0 \\ \vdots \\ 0 \end{pmatrix}$；（2.7.7）

由方程组（2.7.5）可知：

当$r(\boldsymbol{A})=r<n$，方程组（2.7.6）有无穷多组解（即有非零解）．　　（2.7.8）

根据命题（2.7.7）和命题（2.7.8）的逆否命题，且r不可能大于n（根据矩阵秩的定义得到），分别得到命题（2.7.8）和命题（2.7.7）的逆命题也成立．于是得到定理2.7.1成立．

证毕．

定理 2.7.2　齐次线性方程组（2.7.6）中，若方程个数$m<n$（未知量个数），则方程组（2.7.6）必有非零解．

证　对方程组（2.7.6）进行高斯消元法所得的阶梯形方程组中，必有$r\leqslant m$．又$m<n$，则$r<n$，所以齐次线性方程组（2.7.6）必有非零解．

证毕．

定理 2.7.3　n元齐次线性方程组

$$\begin{cases} a_{11}x_1+a_{12}x_2+\cdots+a_{1n}x_n=0, \\ a_{21}x_1+a_{22}x_2+\cdots+a_{2n}x_n=0, \\ \qquad\qquad\cdots\cdots \\ a_{n1}x_1+a_{n2}x_2+\cdots+a_{nn}x_n=0 \end{cases}$$

只有全零解的充分必要条件是方程组的系数行列式不等于零．

证　充分性．由克拉默法则即得．

必要性．由定理2.7.1，当n元齐次线性方程组只有全零解时，$r(\boldsymbol{A})=r=n$，则根据矩阵秩的定义，方程组的系数行列式不等于零．

证毕．

推论 2.7.1　n元齐次线性方程组

$$\begin{cases} a_{11}x_1+a_{12}x_2+\cdots+a_{1n}x_n=0, \\ a_{21}x_1+a_{22}x_2+\cdots+a_{2n}x_n=0, \\ \qquad\qquad\cdots\cdots \\ a_{n1}x_1+a_{n2}x_2+\cdots+a_{nn}x_n=0 \end{cases}$$

的系数行列式等于零的充分必要条件是方程组有非零解．

2.8 矩阵的应用实例

例 1　甲、乙、丙、丁四个人各从图书馆借来一本小说，他们约定读完后互相交换，这四本书的厚度以及他们四人的阅读速度差不多．因此，四人总是同时交换书，经三次交换后，他们四人读完了这四本书，现已知：

（1）乙读的最后一本书是甲读的第二本书；

（2）丙读的第一本书是丁读的最后一本书．

问四人的阅读顺序是怎样的？

解　设甲、乙、丙、丁最后读的书的代号依次为A，B，C，D，则根据题设条件可以列出初始矩阵

$$
\begin{array}{c} \\ 1 \\ 2 \\ 3 \\ 4 \end{array}
\begin{array}{c} \begin{array}{cccc} 甲 & 乙 & 丙 & 丁 \end{array} \\ \begin{pmatrix} & & D & \\ B & & & \\ & & & \\ A & B & C & D \end{pmatrix} \end{array}.
$$

下面我们来分析矩阵中各位置的书名代号．已知每个人都读完了所有的书，所以丙第二次读的书不可能是C，D．又甲第二次读的书是B，所以丙第二次读的书也不可能是B，从而丙第二次读的书是A，同理可依次推出丙第三次读的书是B，丁第二次读的书是C，丁第三次读的书是A，丁第一次读的书是B，乙第二次读的书是D，甲第一次读的书是C，乙第一次读的书是A，乙第三次读的书是C，甲第三次读的书是D．故四人阅读的顺序可用矩阵表示为

$$
\begin{pmatrix} C & A & D & B \\ B & D & A & C \\ D & C & B & A \\ A & B & C & D \end{pmatrix}.
$$

例 2 一个城市有三个重要的企业：一个煤矿、一个发电厂和一条地方铁路．开采一块钱的煤，煤矿必须支付 0.25 元的运输费．而生产一块钱的电力，发电厂需支付煤矿 0.65 元的燃料费，自己亦需支付 0.05 元的电费来驱动辅助设备及支付 0.05 元的运输费．而提供一块钱的运输费铁路需支付煤矿 0.55 元的燃料费，0.10 元的电费驱动它的辅助设备．某个星期内，煤矿从外面接到 50000 元煤的订货，发电厂从外面接到 25000 元电力的订货，外界对地方铁路没有要求．问这三个企业在那一个星期的生产总值各为多少时才能精确地满足它们本身的要求和外界的要求？

解 各企业产出一元钱的产品所需费用如表 2.8.1 所示．

表 2.8.1

企业 / 产品费用	煤矿	发电厂	铁路
燃料费/元	0	0.65	0.55
电费/元	0	0.05	0.10
运输费/元	0.25	0.05	0

对于一个星期的周期，设x_1表示煤矿的总产值，x_2表示发电厂的总产值，x_3表示铁路的总产值．

煤矿的总消耗为$0x_1+0.65x_2+0.55x_3$，电厂的总消耗为$0x_1+0.05x_2+0.10x_3$，铁路的总消耗为$0.25x_1+0.05x_2+0x_3$，则

$$
\begin{aligned}
x_1-(0x_1+0.65x_2+0.55x_3)&=50000,\\
x_2-(0x_1+0.05x_2+0.10x_3)&=25000,\\
x_3-(0.25x_1+0.05x_2+0x_3)&=0.
\end{aligned}
$$

联立三个方程并整理得方程组

$$
\begin{cases}
x_1-0.65x_2-0.55x_3=50000,\\
\quad 0.95x_2-0.10x_3=25000,\\
-0.25x_1-0.05x_2+x_3=0.
\end{cases}
$$

上述方程组可写为$\boldsymbol{AX}=\boldsymbol{\beta}$，其中

$$A=\begin{pmatrix}1&-0.65&-0.55\\0&0.95&-0.10\\-0.25&-0.05&1\end{pmatrix},X=\begin{pmatrix}x_1\\x_2\\x_3\end{pmatrix},\beta=\begin{pmatrix}50000\\25000\\0\end{pmatrix}.$$

可知 $|A|=0.798125\neq 0$，所以方程组有唯一解，其解为

$$X=\begin{pmatrix}x_1\\x_2\\x_3\end{pmatrix}=A^{-1}\beta=\begin{pmatrix}80423\\28583\\21535\end{pmatrix},$$

即煤矿总产值为 80423 元，发电厂总产值为 28583 元，铁路总产值为 21535 元.

小　　结

一、基本概念

1．$m\times n$ 矩阵，方阵，对角形矩阵，三角矩阵，数量矩阵，单位矩阵，对称矩阵，反对称矩阵，阶梯形矩阵，最简形矩阵.

2．矩阵的各种运算（加法、减法、数乘、乘法、转置和求逆）及运算律.

3．方阵的伴随矩阵.

4．分块矩阵及其运算.

5．矩阵的初等变换和初等方阵，初等方阵的性质和功能.

6．等价矩阵与矩阵的等价标准形.

7．矩阵的秩，满秩矩阵，行满秩矩阵和列满秩矩阵.

8．线性方程组的初等变换.

二、基本结论与公式

1．两个同型矩阵才可以相加、减，且保持行数和列数不变.

2．矩阵 $A=(a_{ij})_{m\times k}$ 与矩阵 $B=(b_{ij})_{k\times n}$ 的乘积 $AB=(c_{ij})_{m\times n}$ 中元素为

$$c_{ij}=a_{i1}b_{1j}+a_{i2}b_{2j}+\cdots+a_{ik}b_{kj}，\quad i=1,2,\cdots,m; j=1,2,\cdots,n .$$

3．矩阵的乘法不满足交换律和消去律.

4．只有方阵才可以取行列式，并有

$$|kA|=k^n|A|，\quad |AB|=|A||B| .$$

5．n 阶方阵 $A=(a_{ij})_{n\times n}$ 可逆当且仅当它的行列式 $|A|\neq 0$．它的逆矩阵为

$$A^{-1}=\frac{A^*}{|A|}.$$

6．反序律 $(AB)^{\mathrm{T}}=B^{\mathrm{T}}A^{\mathrm{T}}$，$(AB)^{-1}=B^{-1}A^{-1}$.

7．对矩阵施行初等变换，将保持它的秩不变.

三、重点练习内容

1．矩阵的乘积.

2．用矩阵的初等行变换求矩阵的逆矩阵.

3．用矩阵的初等行变换求矩阵方程的解.

4．用矩阵的初等变换求矩阵的秩.

5．用矩阵的初等行变换求线性方程组的一般解.

习题二

1．设$A=\begin{pmatrix}1&2&1&2\\2&1&2&1\\1&2&3&4\end{pmatrix}$，$B=\begin{pmatrix}4&3&2&1\\-2&1&-2&1\\0&-1&0&-1\end{pmatrix}$，求

（1）$2A+3B$；

（2）若矩阵X满足$A+X=B$，求X.

2．计算下列矩阵的乘积.

（1）$\begin{pmatrix}1&2&3\\2&4&6\\3&6&9\end{pmatrix}\begin{pmatrix}-1&-2&-4\\-1&-2&-4\\1&2&4\end{pmatrix}$；　　（2）$\begin{pmatrix}4&3&1\\1&-2&3\\5&7&0\end{pmatrix}\begin{pmatrix}7\\2\\1\end{pmatrix}$；

（3）$(x_1,x_2,x_3)\begin{pmatrix}a_{11}&a_{12}&a_{13}\\a_{12}&a_{22}&a_{23}\\a_{13}&a_{23}&a_{33}\end{pmatrix}\begin{pmatrix}x_1\\x_2\\x_3\end{pmatrix}$；　　（4）$\begin{pmatrix}1&2&3\end{pmatrix}\begin{pmatrix}3\\2\\1\end{pmatrix}$；

（5）$\begin{pmatrix}3\\2\\1\end{pmatrix}\begin{pmatrix}1&2&3\end{pmatrix}$.

3．已知$A=\begin{pmatrix}1&0&3\\0&2&1\\0&0&1\end{pmatrix}$，$B=\begin{pmatrix}1&0&0\\0&2&1\\3&0&1\end{pmatrix}$，求（1）$(A+B)(A-B)$；（2）$A^2-B^2$．比较（1）与（2）的结果，可得出什么结论？

4．设$f(x)=x^2-x-1$，$A=\begin{pmatrix}2&1&1\\3&1&2\\1&-1&0\end{pmatrix}$，求$f(A)$.

5．设A是n阶方阵，且满足$AA^{\mathrm{T}}=I_n$和$|A|=-1$，证明：$|A+I_n|=0$.

6．设A,B为n阶对称矩阵，AB也是对称矩阵当且仅当$AB=BA$.

7．设$\alpha=(a,b,c)^{\mathrm{T}}$，已知$\alpha\alpha^{\mathrm{T}}=\begin{pmatrix}1&-1&1\\-1&1&-1\\1&-1&1\end{pmatrix}$，求$\alpha$和$\alpha^{\mathrm{T}}\alpha$.

8．设A,B是n阶可逆矩阵，且$|A|=3$，求$|B^{-1}A^kB|$（k为正整数）.

9．求下列矩阵的逆矩阵.

（1）$\begin{pmatrix}1&2\\3&4\end{pmatrix}$；　　（2）$\begin{pmatrix}2&1&1\\3&2&1\\2&1&2\end{pmatrix}$；

（3）$\begin{pmatrix} 1 & 1 & 1 \\ -1 & 0 & -1 \\ -1 & -1 & 0 \end{pmatrix}$；（4）$\begin{pmatrix} a_1 & & & \\ & a_2 & & \\ & & \ddots & \\ & & & a_n \end{pmatrix} (a_1a_2\cdots a_n \neq 0)$.

10．已知三阶方阵 $\boldsymbol{A}$，$|\boldsymbol{A}|=\dfrac{1}{2}$，求$\left|(2\boldsymbol{A})^{-1}-\dfrac{1}{5}\boldsymbol{A}^*\right|$的值.

11．设n阶方阵$\boldsymbol{A}$满足$\boldsymbol{A}^2=\boldsymbol{A}$，证明：$\boldsymbol{A}$或者是单位矩阵，或者是不可逆矩阵.

12．（1）设n阶方阵$\boldsymbol{A}$满足$\boldsymbol{A}^2-2\boldsymbol{A}-4\boldsymbol{I}=\boldsymbol{O}$，试证$\boldsymbol{A}-3\boldsymbol{I}$可逆，并求其逆矩阵；

（2）设n阶方阵$\boldsymbol{A}$满足$\boldsymbol{A}^2-\boldsymbol{A}+2\boldsymbol{I}=\boldsymbol{O}$，试证$\boldsymbol{A}$可逆，并求其逆矩阵.

13．设$\boldsymbol{A}=\begin{pmatrix} 1 & 0 & 1 \\ & 2 & 4 \\ & & 3 \end{pmatrix}$，求$(\boldsymbol{A}^*)^{-1}$.

14．设$\boldsymbol{\alpha},\boldsymbol{\beta},\boldsymbol{\gamma}_1,\boldsymbol{\gamma}_2,\boldsymbol{\gamma}_3$都是4维列向量，$\boldsymbol{A}=(\boldsymbol{\alpha},\boldsymbol{\gamma}_1,\boldsymbol{\gamma}_2,\boldsymbol{\gamma}_3)$，$\boldsymbol{B}=(\boldsymbol{\beta},\boldsymbol{\gamma}_1,2\boldsymbol{\gamma}_2,3\boldsymbol{\gamma}_3)$，如果已知$|\boldsymbol{A}|=2$，$|\boldsymbol{B}|=1$，求$|\boldsymbol{A}+\boldsymbol{B}|$的值.

15．（1）设$\boldsymbol{A},\boldsymbol{B}$都可逆，求$\begin{pmatrix} \boldsymbol{O} & \boldsymbol{A} \\ \boldsymbol{B} & \boldsymbol{O} \end{pmatrix}$的逆；

（2）利用分块矩阵，求$\begin{pmatrix} 0 & a_1 & 0 & \cdots & 0 \\ 0 & 0 & a_2 & \cdots & 0 \\ \vdots & \vdots & \vdots & & \vdots \\ 0 & 0 & 0 & \cdots & a_{n-1} \\ a_n & 0 & 0 & \cdots & 0 \end{pmatrix}$（其中$a_i \neq 0$，$i=1,2,\cdots,n$）的逆.

16．设矩阵$\boldsymbol{X}$满足方程$\boldsymbol{X}=\boldsymbol{A}\boldsymbol{X}+\boldsymbol{B}$，其中$\boldsymbol{A}=\begin{pmatrix} 0 & 1 & 0 \\ -1 & 1 & 1 \\ 1 & 0 & -1 \end{pmatrix}$，$\boldsymbol{B}=\begin{pmatrix} 1 & -1 \\ 2 & 0 \\ 5 & -3 \end{pmatrix}$，求$\boldsymbol{X}$.

17．解矩阵方程$\begin{pmatrix} 0 & 1 & 2 \\ 1 & 1 & 4 \\ 2 & -1 & 0 \end{pmatrix}\boldsymbol{X}=\begin{pmatrix} 2 & -3 \\ 1 & 5 \\ 3 & 6 \end{pmatrix}$.

18．解矩阵方程$\boldsymbol{X}\begin{pmatrix} 2 & 0 & 0 \\ 0 & -1 & 0 \\ 2 & 0 & -1 \end{pmatrix}=\begin{pmatrix} 1 & -1 & 2 \\ 2 & 1 & 2 \end{pmatrix}$.

19．求下列矩阵的秩.

（1）$\boldsymbol{A}=\begin{pmatrix} 1 & 0 & 1 \\ 0 & -1 & 1 \\ -1 & 1 & 1 \end{pmatrix}$；（2）$\boldsymbol{A}=\begin{pmatrix} 1 & 2 & 3 & 4 \\ 0 & 1 & -1 & 2 \\ 1 & 2 & 3 & -1 \end{pmatrix}$.

20．设有四阶矩阵

$$\boldsymbol{A}=\begin{pmatrix} k & 1 & 1 & 1 \\ 1 & k & 1 & 1 \\ 1 & 1 & k & 1 \\ 1 & 1 & 1 & k \end{pmatrix},$$

且 $r(\boldsymbol{A})=3$，求 k 的值.

21．解下列线性方程组：

（1）$\begin{cases} x_1+x_2-x_3+x_4=0, \\ 2x_1+3x_2+x_3-x_4=0, \\ 5x_1+6x_2-2x_3+2x_4=0; \end{cases}$

（2）$\begin{cases} 2x_1+x_2-x_3-x_4=2, \\ x_1-x_3-3x_4=5, \\ 4x_1+x_2-3x_3-7x_4=11; \end{cases}$

（3）$\begin{cases} x_1-x_2+2x_3=1, \\ 2x_1+x_2-3x_3=4, \\ 2x_1-3x_2+4x_3=-1, \\ 4x_1-2x_2+x_3=3. \end{cases}$

第3章 向量空间

本章将解析几何中的平面向量和空间向量的概念推广到一般的 n 维向量，首先介绍 n 维向量的基本概念，然后讨论向量组的线性相关性，引进向量组的极大无关组的定义，并定义了向量组的秩，最后给出向量空间的概念.

本章重点在于理解向量组线性相关和线性无关的概念，以及如何判断一组向量的相关性，并求向量组的秩和极大无关组，难点在于这些概念及其性质的理解.

3.1 n 维向量

3.1.1 n维向量的定义

我们知道，平面上的向量可以用一个 2 元有序数组来表示，如 $\overrightarrow{OA}=(x,y)$，反之，任意给定一个 2 元有序数组，可唯一得到一个向量，这样建立了平面上的向量与 2 元有序数组之间的一一对应关系，而空间上的向量可用一个 3 元有序数组 (a_1,a_2,a_3) 表示. 利用向量与有序数组之间的对应关系，可以将平面和空间的向量推广到一般的 n 维向量.

下面给出 n 维向量的概念.

定义 3.1.1 n 个有序数 $a_1,a_2,\cdots,a_n$ 所组成的数组 $(a_1,a_2,\cdots,a_n)$ 称为 **n 维向量**，数 a_i $(i=1,2,\cdots,n)$ 称为 **n 维向量的第 i 个分量**.

向量的维数指的是向量中的分量个数，分量为实数的向量为 n 维实向量，分量为复数的向量为 n 维复向量，本书讨论的都是实向量.

向量一般用小写希腊字母 $\boldsymbol{\alpha},\boldsymbol{\beta},\boldsymbol{\gamma},\cdots$ 表示，分量一般用带下标的字母 $a_i,b_i,\cdots$ 表示，而且向量的分量之间的逗号也可省掉.

向量可以写成一行 $\boldsymbol{\alpha}=(a_1,a_2,\cdots,a_n)$，称为**行向量**，行向量可看成 $1\times n$ 的矩阵；向量也可写成一列 $\boldsymbol{\alpha}=\begin{pmatrix}a_1\\a_2\\\vdots\\a_n\end{pmatrix}=(a_1,a_2,\cdots,a_n)^{\mathrm{T}}$，称为**列向量**，列向量可看成是 $n\times 1$ 的矩阵. 行向量和列向量是有区别的，一个行向量与一个列向量即使对应的分量相等，也不能把它们等同起来，例如，$\boldsymbol{\alpha}=(1,2)$ 与 $\boldsymbol{\beta}=\begin{pmatrix}1\\2\end{pmatrix}$ 是两个不同的向量. 在讨论问题时，有时要用行向量，有时要用列向量，需要结合具体问题灵活运用. 今后，若不特别申明，向量均是指列向量.

既然向量是一种特殊的矩阵，则向量相等、零向量、负向量的定义及向量运算的定义，自然都应与矩阵相应的定义一致.

定义 3.1.2 向量的分量都是零的向量称为**零向量**，记为 $\mathbf{0}=(0,0,\cdots,0)$.

注意：不同维数的零向量是不相等的.

定义 3.1.3 设两个 n 维向量 $\boldsymbol{\alpha}=(a_1,a_2,\cdots,a_n),\boldsymbol{\beta}=(b_1,b_2,\cdots,b_n)$，若满足

$$a_i=b_i\ (i=1,2,\cdots,n),$$

则称这两个向量相等，即 $\boldsymbol{\alpha}=\boldsymbol{\beta}$.

3.1.2 *n*维向量的线性运算

定义 3.1.4 设向量 $\boldsymbol{\alpha}=(a_1,a_2,\cdots,a_n),\boldsymbol{\beta}=(b_1,b_2,\cdots,b_n)$，定义向量的加法和数乘运算如下.

向量的加法：$\boldsymbol{\alpha}+\boldsymbol{\beta}=(a_1+b_1,a_2+b_2,\cdots,a_n+b_n)$；

向量的数乘：$k\boldsymbol{\alpha}=(ka_1,ka_2,\cdots,ka_n),k$ 为实数.

向量的加法和数乘运算称为**向量的线性运算**.

各个分量的相反数组成的向量，称为向量 $\boldsymbol{\alpha}$ 的**负向量**，记作 $-\boldsymbol{\alpha}$，即

$$-\boldsymbol{\alpha}=(-a_1,-a_2,\cdots,-a_n).$$

利用负向量的概念，可以定义向量的**减法**：

$$\boldsymbol{\alpha}-\boldsymbol{\beta}=\boldsymbol{\alpha}+(-\boldsymbol{\beta})=(a_1-b_1,a_2-b_2,\cdots,a_n-b_n).$$

以上是对行向量的形式定义了向量的加法、减法、数乘运算，对列向量可类似地定义向量的加法、减法、数乘运算.

n 维向量作为一个特殊的矩阵，其运算规律及运算性质与矩阵完全相同，因而向量的线性运算与矩阵的线性运算一样也满足八条运算规律.

设 $\boldsymbol{\alpha},\boldsymbol{\beta},\boldsymbol{\gamma}$ 为任意的 n 维向量，k,l 为任意实数，则

（1）$\boldsymbol{\alpha}+\boldsymbol{\beta}=\boldsymbol{\beta}+\boldsymbol{\alpha}$（加法交换律）；

（2）$\boldsymbol{\alpha}+(\boldsymbol{\beta}+\boldsymbol{\gamma})=(\boldsymbol{\alpha}+\boldsymbol{\beta})+\boldsymbol{\gamma}$（加法结合律）；

（3）$\boldsymbol{\alpha}+\boldsymbol{0}=\boldsymbol{\alpha}$；

（4）$\boldsymbol{\alpha}+(-\boldsymbol{\alpha})=\boldsymbol{0}$；

（5）$1\cdot\boldsymbol{\alpha}=\boldsymbol{\alpha}$；

（6）$(kl)\boldsymbol{\alpha}=k(l\boldsymbol{\alpha})$（数乘向量结合律）；

（7）$(k+l)\boldsymbol{\alpha}=k\boldsymbol{\alpha}+l\boldsymbol{\alpha}$（数乘分配律）；

（8）$k(\boldsymbol{\alpha}+\boldsymbol{\beta})=k\boldsymbol{\alpha}+k\boldsymbol{\beta}$（数乘分配律）.

对于 n 维向量，当 $n=2$ 或 $n=3$ 时，可看成是平面或空间的向量，当 $n>3$ 时，就没有直观的几何意义了，但它有许多实际的应用. 如确定空中飞机的状态，需要以下 6 个参数：飞机重心在空间的位置参数包括横坐标 x、纵坐标 y 和竖坐标 z，以及机身仰角 $\varphi\left(-\dfrac{\pi}{2}\leqslant\varphi\leqslant\dfrac{\pi}{2}\right)$，机翼的转角 $\psi(-\pi\leqslant\psi\leqslant\pi)$ 和机身的水平转角 $\theta(0\leqslant\theta<2\pi)$，故确定飞机的状态，需要 6 维向量 $\boldsymbol{\alpha}^{\mathrm{T}}=(x,y,z,\varphi,\psi,\theta)$ 表示.

例 1 设 $\boldsymbol{\beta}$ 满足关系 $3\boldsymbol{\beta}+\boldsymbol{\alpha}_1=\boldsymbol{\alpha}_2$，其中 $\boldsymbol{\alpha}_1=(1,0,1)^{\mathrm{T}},\boldsymbol{\alpha}_2=(1,1,-1)^{\mathrm{T}}$，求 $\boldsymbol{\beta}$.

解 由条件得

$$3\boldsymbol{\beta}=\boldsymbol{\alpha}_2-\boldsymbol{\alpha}_1=(1,1,-1)^{\mathrm{T}}-(1,0,1)^{\mathrm{T}}=(0,1,-2)^{\mathrm{T}},$$

从而得

$$\boldsymbol{\beta}=\frac{1}{3}(0,1,-2)^{\mathrm{T}}=\left(0,\frac{1}{3},-\frac{2}{3}\right)^{\mathrm{T}}.$$

注意：维数不同的向量之间不能进行比较和运算.

例 2 将线性方程组 $\boldsymbol{AX}=\boldsymbol{\beta}$ 写成向量形式，其中

$$\boldsymbol{A}=\begin{pmatrix} a_{11} & a_{12} & \cdots & a_{1n} \\ a_{21} & a_{22} & \cdots & a_{2n} \\ \vdots & \vdots & & \vdots \\ a_{m1} & a_{m2} & \cdots & a_{mn} \end{pmatrix},\boldsymbol{X}=\begin{pmatrix} x_1 \\ x_2 \\ \vdots \\ x_n \end{pmatrix},\boldsymbol{\beta}=\begin{pmatrix} b_1 \\ b_2 \\ \vdots \\ b_m \end{pmatrix}.$$

解 将系数矩阵 $\boldsymbol{A}$ 的各列看成一个 m 维的列向量，记为

$$\boldsymbol{\alpha}_1=\begin{pmatrix} a_{11} \\ a_{21} \\ \vdots \\ a_{m1} \end{pmatrix},\boldsymbol{\alpha}_2=\begin{pmatrix} a_{12} \\ a_{22} \\ \vdots \\ a_{m2} \end{pmatrix},\cdots,\boldsymbol{\alpha}_n=\begin{pmatrix} a_{1n} \\ a_{2n} \\ \vdots \\ a_{mn} \end{pmatrix},$$

则系数矩阵 $\boldsymbol{A}=(\boldsymbol{\alpha}_1,\boldsymbol{\alpha}_2,\cdots,\boldsymbol{\alpha}_n)$，代入线性方程组，得

$$(\boldsymbol{\alpha}_1,\boldsymbol{\alpha}_2,\cdots,\boldsymbol{\alpha}_n)\begin{pmatrix} x_1 \\ x_2 \\ \vdots \\ x_n \end{pmatrix}=\boldsymbol{\beta},$$

那么线性方程组的向量形式为

$$x_1\boldsymbol{\alpha}_1+x_2\boldsymbol{\alpha}_2+\cdots+x_n\boldsymbol{\alpha}_n=\boldsymbol{\beta}.$$

3.2 向量的线性相关性

向量的线性相关性是线性代数中一个非常重要而抽象的概念，本节主要讨论向量组的线性表示，以及向量的线性相关性，这些知识为理解线性方程组解的理论奠定基础.

3.2.1 向量的线性表示

首先给出向量组的概念.

由若干个同维数的列向量（或同维数的行向量）所组成的集合，称为**向量组**.

向量 $\boldsymbol{\alpha}_1=(1,0,0)$ 与向量 $\boldsymbol{\alpha}_2=(0,1)$ 维数不同，不能构成向量组.

定义 3.2.1 设 $\boldsymbol{\alpha}_1,\boldsymbol{\alpha}_2,\cdots,\boldsymbol{\alpha}_s$ 是一向量组，$k_1,k_2,\cdots,k_s$ 是一组数，称向量

$$k_1\boldsymbol{\alpha}_1+k_2\boldsymbol{\alpha}_2+\cdots+k_s\boldsymbol{\alpha}_s$$

是向量组 $\boldsymbol{\alpha}_1,\boldsymbol{\alpha}_2,\cdots,\boldsymbol{\alpha}_s$ 的一个**线性组合**，其中 $k_1,k_2,\cdots,k_s$ 称为这个组合的**组合系数**.

由上可知，线性组合是由向量通过线性运算所得到的一个向量.

如已知向量组

$$\boldsymbol{\alpha}_1=(1,2,-1),\ \boldsymbol{\alpha}_2=(0,-1,2),\ \boldsymbol{\alpha}_3=(-3,1,1),$$

若取组合系数为 $k_1=1,k_2=0,k_3=1$，那么它的一个线性组合为

$$k_1\boldsymbol{\alpha}_1+k_2\boldsymbol{\alpha}_2+k_3\boldsymbol{\alpha}_3=\boldsymbol{\alpha}_1+\boldsymbol{\alpha}_3=(-2,3,0);$$

又若取组合系数 $k_1=1,k_2=-1,k_3=0$，那么又得它的一个线性组合为

$$k_1\boldsymbol{\alpha}_1+k_2\boldsymbol{\alpha}_2+k_3\boldsymbol{\alpha}_3=\boldsymbol{\alpha}_1-\boldsymbol{\alpha}_2=(1,3,-3).$$

一个向量组 $\boldsymbol{\alpha}_1,\boldsymbol{\alpha}_2,\cdots,\boldsymbol{\alpha}_s$ 的任意线性组合应为

$$k_1\boldsymbol{\alpha}_1+k_2\boldsymbol{\alpha}_2+\cdots+k_s\boldsymbol{\alpha}_s,$$

其中 $k_1,k_2,\cdots,k_s$ 为任意常数.

为研究向量与向量之间的关系，先引入一个例子，如向量组

$$\boldsymbol{\alpha}_1=(1,2,-1),\ \boldsymbol{\alpha}_2=(0,-1,2),\ \boldsymbol{\beta}=(1,0,3),$$

对于向量 $\boldsymbol{\beta}$，以及向量组 $\boldsymbol{\alpha}_1,\boldsymbol{\alpha}_2$，存在着一组数 $1,2$，使

$$\boldsymbol{\beta}=\boldsymbol{\alpha}_1+2\boldsymbol{\alpha}_2,$$

即向量 $\boldsymbol{\beta}$ 和向量组 $\boldsymbol{\alpha}_1,\boldsymbol{\alpha}_2$ 之间存在着一定的关系，这种关系是什么呢？

定义 3.2.2 对于向量组 $\boldsymbol{\alpha}_1,\boldsymbol{\alpha}_2,\cdots,\boldsymbol{\alpha}_s$ 以及向量 $\boldsymbol{\beta}$，若存在一组数 $k_1,k_2,\cdots,k_s$，使得

$$\boldsymbol{\beta}=k_1\boldsymbol{\alpha}_1+k_2\boldsymbol{\alpha}_2+\cdots+k_s\boldsymbol{\alpha}_s,$$

则称**向量 $\boldsymbol{\beta}$ 可以由向量组 $\boldsymbol{\alpha}_1,\boldsymbol{\alpha}_2,\cdots,\boldsymbol{\alpha}_s$ 线性表示**或称**向量 $\boldsymbol{\beta}$ 是向量组 $\boldsymbol{\alpha}_1,\boldsymbol{\alpha}_2,\cdots,\boldsymbol{\alpha}_s$ 的线性组合**，其中 $k_1,k_2,\cdots,k_s$ 为线性表示系数.

可知，上面例子中向量 $\boldsymbol{\beta}$ 是向量组 $\boldsymbol{\alpha}_1,\boldsymbol{\alpha}_2$ 的线性组合，或称向量 $\boldsymbol{\beta}$ 可以由向量组 $\boldsymbol{\alpha}_1,\boldsymbol{\alpha}_2$ 线性表示.

由定义 3.2.2 可得

（1）零向量可以由任何向量组线性表示，因为 $\mathbf{0}=0\boldsymbol{\alpha}_1+0\boldsymbol{\alpha}_2+\cdots+0\boldsymbol{\alpha}_s$.

（2）在向量组 $\boldsymbol{\alpha}_1,\boldsymbol{\alpha}_2,\cdots,\boldsymbol{\alpha}_s$ 中，任意一个向量 $\boldsymbol{\alpha}_i$ 可以由这个向量组线性表示，因为

$$\boldsymbol{\alpha}_i=0\boldsymbol{\alpha}_1+0\boldsymbol{\alpha}_2+\cdots+1\boldsymbol{\alpha}_i+\cdots+0\boldsymbol{\alpha}_s.$$

（3）任意一个 n 维向量 $\boldsymbol{\alpha}=(a_1,a_2,\cdots,a_n)^{\mathrm{T}}$ 可由 n 维**基本向量组**

$$\boldsymbol{\varepsilon}_1=(1,0,\cdots,0)^{\mathrm{T}},\boldsymbol{\varepsilon}_2=(0,1,\cdots,0)^{\mathrm{T}},\cdots,\boldsymbol{\varepsilon}_n=(0,0,\cdots,1)^{\mathrm{T}}$$

线性表示，并且表示法是唯一的.

证 设 $\boldsymbol{\alpha}=k_1\boldsymbol{\varepsilon}_1+k_2\boldsymbol{\varepsilon}_2+\cdots+k_n\boldsymbol{\varepsilon}_n$，得一个以 $\boldsymbol{\varepsilon}_1,\boldsymbol{\varepsilon}_2,\cdots,\boldsymbol{\varepsilon}_n$ 为系数列向量，$\boldsymbol{\alpha}$ 为常数项向量的线性方程组. 此方程组显然只有唯一解 $(a_1,a_2,\cdots,a_n)^{\mathrm{T}}$，所以 $\boldsymbol{\alpha}$ 可由 $\boldsymbol{\varepsilon}_1,\boldsymbol{\varepsilon}_2,\cdots,\boldsymbol{\varepsilon}_n$ 线性表示，而且表示法唯一，即

$$\boldsymbol{\alpha}=a_1\boldsymbol{\varepsilon}_1+a_2\boldsymbol{\varepsilon}_2+\cdots+a_n\boldsymbol{\varepsilon}_n.$$

证毕.

那么如何判断一个向量 $\boldsymbol{\beta}$ 能否由向量组 $\boldsymbol{\alpha}_1,\boldsymbol{\alpha}_2,\cdots,\boldsymbol{\alpha}_s$ 线性表示呢？

由定义 3.2.2 可知，若向量 $\boldsymbol{\beta}$ 能由向量组 $\boldsymbol{\alpha}_1,\boldsymbol{\alpha}_2,\cdots,\boldsymbol{\alpha}_s$ 线性表示，则存在一组数 $k_1,k_2,\cdots,k_s$，使得

$$\boldsymbol{\beta}=k_1\boldsymbol{\alpha}_1+k_2\boldsymbol{\alpha}_2+\cdots+k_s\boldsymbol{\alpha}_s. \tag{3.2.1}$$

设

$$\boldsymbol{\alpha}_1=\begin{pmatrix}a_{11}\\a_{21}\\\vdots\\a_{n1}\end{pmatrix},\boldsymbol{\alpha}_2=\begin{pmatrix}a_{12}\\a_{22}\\\vdots\\a_{n2}\end{pmatrix},\cdots,\boldsymbol{\alpha}_s=\begin{pmatrix}a_{1s}\\a_{2s}\\\vdots\\a_{ns}\end{pmatrix},\boldsymbol{\beta}=\begin{pmatrix}b_1\\b_2\\\vdots\\b_n\end{pmatrix},$$

则将 $\boldsymbol{\alpha}_1,\boldsymbol{\alpha}_2,\cdots,\boldsymbol{\alpha}_s,\boldsymbol{\beta}$ 代入式（3.2.1）得

$$\begin{cases} a_{11}k_1 + a_{12}k_2 + \cdots + a_{1s}k_s = b_1, \\ a_{21}k_1 + a_{22}k_2 + \cdots + a_{2s}k_s = b_2, \\ \quad\cdots\cdots \\ a_{n1}k_1 + a_{n2}k_2 + \cdots + a_{ns}k_s = b_n. \end{cases} \tag{3.2.2}$$

因此，向量$\boldsymbol{\beta}$能由$\boldsymbol{\alpha}_1,\boldsymbol{\alpha}_2,\cdots,\boldsymbol{\alpha}_s$线性表示当且仅当以向量$\boldsymbol{\alpha}_1,\boldsymbol{\alpha}_2,\cdots,\boldsymbol{\alpha}_s$为系数列向量，$\boldsymbol{\beta}$为常数项向量的线性方程组（3.2.2）有解，当方程组（3.2.2）有唯一解时，表达式唯一；当方程组（3.2.2）有无穷解时，表达式不唯一，即有无穷多种线性表示的方式；当方程组（3.2.2）无解时，$\boldsymbol{\beta}$不能由$\boldsymbol{\alpha}_1,\boldsymbol{\alpha}_2,\cdots,\boldsymbol{\alpha}_s$线性表示.

注意：所述线性方程组的方程个数就是所讨论的向量维数（分量个数）n，所述线性方程组的未知量个数就是所讨论的向量个数s，即线性表示系数的个数.

若将$\boldsymbol{\alpha}_1,\boldsymbol{\alpha}_2,\cdots,\boldsymbol{\alpha}_s,\boldsymbol{\beta}$都看成列向量，并令$\boldsymbol{A}=(\boldsymbol{\alpha}_1,\boldsymbol{\alpha}_2,\cdots,\boldsymbol{\alpha}_s)$，则$k_1,k_2,\cdots,k_s$是以$\boldsymbol{A}$为系数矩阵的线性方程组

$$\boldsymbol{AX}=\boldsymbol{\beta}$$

的解. 因而有下面的定理.

定理 3.2.1 向量$\boldsymbol{\beta}$可以由向量组$\boldsymbol{\alpha}_1,\boldsymbol{\alpha}_2,\cdots,\boldsymbol{\alpha}_s$线性表示的充分必要条件是以向量$\boldsymbol{\alpha}_1,\boldsymbol{\alpha}_2,\cdots,\boldsymbol{\alpha}_s$为系数列向量，$\boldsymbol{\beta}$为常数项向量的线性方程组有解，并且一个解向量的分量就是它的线性表示系数.

例 1 判断下列向量$\boldsymbol{\beta}$能否由向量组$\boldsymbol{\alpha}_1,\boldsymbol{\alpha}_2,\boldsymbol{\alpha}_3$线性表示，若能，试写出它的一种表达式，其中

$$\boldsymbol{\beta}=(1,3,5,5),\boldsymbol{\alpha}_1=(1,1,3,1),\ \boldsymbol{\alpha}_2=(2,3,7,4),\boldsymbol{\alpha}_3=(0,1,1,2).$$

解 设

$$\boldsymbol{\beta}=x_1\boldsymbol{\alpha}_1+x_2\boldsymbol{\alpha}_2+x_3\boldsymbol{\alpha}_3,$$

考虑以向量$\boldsymbol{\alpha}_1,\boldsymbol{\alpha}_2,\boldsymbol{\alpha}_3$为系数列向量，$\boldsymbol{\beta}$为常数项向量的线性方程组，则有

$$\begin{cases} x_1+2x_2 = 1, \\ x_1+3x_2+x_3=3, \\ 3x_1+7x_2+x_3=5, \\ x_1+4x_2+2x_3=5. \end{cases}$$

该方程组的增广矩阵为

$$\tilde{\boldsymbol{A}}=\begin{pmatrix} 1 & 2 & 0 & 1 \\ 1 & 3 & 1 & 3 \\ 3 & 7 & 1 & 5 \\ 1 & 4 & 2 & 5 \end{pmatrix} \xrightarrow{\text{初等行变换}} \begin{pmatrix} 1 & 0 & -2 & -3 \\ 0 & 1 & 1 & 2 \\ 0 & 0 & 0 & 0 \\ 0 & 0 & 0 & 0 \end{pmatrix},$$

求得一般解为

$$\begin{cases} x_1=2x_3-3, \\ x_2=-x_3+2. \end{cases}$$

故向量

$$\boldsymbol{\beta}=(2x_3-3)\boldsymbol{\alpha}_1+(-x_3+2)\boldsymbol{\alpha}_2+x_3\boldsymbol{\alpha}_3,$$

其中x_3是任意实数.

若令$x_3=0$，得$\boldsymbol{\beta}=-3\boldsymbol{\alpha}_1+2\boldsymbol{\alpha}_2+0\boldsymbol{\alpha}_3$；又若令$x_3=1$，得$\boldsymbol{\beta}=-\boldsymbol{\alpha}_1+\boldsymbol{\alpha}_2+\boldsymbol{\alpha}_3$.

例 2 设

$$\boldsymbol{\alpha}_1=\begin{pmatrix}1\\1\\0\end{pmatrix},\boldsymbol{\alpha}_2=\begin{pmatrix}1\\3\\-1\end{pmatrix},\boldsymbol{\alpha}_3=\begin{pmatrix}5\\3\\t\end{pmatrix},\boldsymbol{\beta}=\begin{pmatrix}2\\4\\1\end{pmatrix},$$

问 t 为何值时，向量 $\boldsymbol{\beta}$ 可由向量组 $\boldsymbol{\alpha}_1,\boldsymbol{\alpha}_2,\boldsymbol{\alpha}_3$ 线性表示？

解 设

$$\boldsymbol{\beta}=x_1\boldsymbol{\alpha}_1+x_2\boldsymbol{\alpha}_2+x_3\boldsymbol{\alpha}_3,$$

考虑以向量 $\boldsymbol{\alpha}_1,\boldsymbol{\alpha}_2,\boldsymbol{\alpha}_3$ 为系数列向量，$\boldsymbol{\beta}$ 为常数项向量的线性方程组，则有

$$\begin{cases}x_1+x_2+5x_3=2,\\x_1+3x_2+3x_3=4,\\-x_2+tx_3=1.\end{cases}\tag{3.2.3}$$

该方程组的增广矩阵为

$$\tilde{\boldsymbol{A}}=(\boldsymbol{\alpha}_1,\boldsymbol{\alpha}_2,\boldsymbol{\alpha}_3,\boldsymbol{\beta})=\begin{pmatrix}1&1&5&2\\1&3&3&4\\0&-1&t&1\end{pmatrix}\xrightarrow{\text{初等行变换}}\begin{pmatrix}1&1&5&2\\0&1&-1&1\\0&0&t-1&2\end{pmatrix},$$

当 $t=1$ 时，$d_{r+1}\neq0$，方程组（3.2.3）无解，此时 $\boldsymbol{\beta}$ 不可以由向量组 $\boldsymbol{\alpha}_1,\boldsymbol{\alpha}_2,\boldsymbol{\alpha}_3$ 线性表示；当 $t\neq1$ 时，$d_{r+1}=0$ 且 $r=3$，方程组（3.2.3）有唯一解，此时 $\boldsymbol{\beta}$ 可以由向量组 $\boldsymbol{\alpha}_1,\boldsymbol{\alpha}_2,\boldsymbol{\alpha}_3$ 线性表示，并且表示法唯一.

例 3 试证若向量 $\boldsymbol{\beta}$ 可由向量组 $\boldsymbol{\alpha}_1,\boldsymbol{\alpha}_2,\cdots,\boldsymbol{\alpha}_s$ 线性表示，又向量 $\boldsymbol{\alpha}_i\,(i=1,2,\cdots,s)$ 可以由向量组 $\boldsymbol{\beta}_1,\boldsymbol{\beta}_2,\cdots,\boldsymbol{\beta}_t$ 线性表示，则向量 $\boldsymbol{\beta}$ 可由向量组 $\boldsymbol{\beta}_1,\boldsymbol{\beta}_2,\cdots,\boldsymbol{\beta}_t$ 线性表示.

证 由条件可设

$$\boldsymbol{\beta}=k_1\boldsymbol{\alpha}_1+k_2\boldsymbol{\alpha}_2+\cdots+k_s\boldsymbol{\alpha}_s,$$
$$\boldsymbol{\alpha}_i=l_{1i}\boldsymbol{\beta}_1+l_{2i}\boldsymbol{\beta}_2+\cdots+l_{ti}\boldsymbol{\beta}_t\,(i=1,2,\cdots,s),$$

于是

$$\begin{aligned}\boldsymbol{\beta}&=k_1(l_{11}\boldsymbol{\beta}_1+l_{21}\boldsymbol{\beta}_2+\cdots+l_{t1}\boldsymbol{\beta}_t)+k_2(l_{12}\boldsymbol{\beta}_1+l_{22}\boldsymbol{\beta}_2+\cdots+l_{t2}\boldsymbol{\beta}_t)\\&\quad+\cdots+k_s(l_{1s}\boldsymbol{\beta}_1+l_{2s}\boldsymbol{\beta}_2+\cdots+l_{ts}\boldsymbol{\beta}_t)\\&=(k_1l_{11}+k_2l_{12}+\cdots+k_sl_{1s})\boldsymbol{\beta}_1+\cdots+(k_1l_{t1}+k_2l_{t2}+\cdots+k_sl_{ts})\boldsymbol{\beta}_t,\end{aligned}$$

即向量 $\boldsymbol{\beta}$ 可由向量组 $\boldsymbol{\beta}_1,\boldsymbol{\beta}_2,\cdots,\boldsymbol{\beta}_t$ 线性表示.

证毕.

例 3 的结果表明了向量的线性表示关系具有传递性.

定义 3.2.3 若向量组 $\boldsymbol{\alpha}_1,\boldsymbol{\alpha}_2,\cdots,\boldsymbol{\alpha}_s$ 中的每个向量都可由向量组 $\boldsymbol{\beta}_1,\boldsymbol{\beta}_2,\cdots,\boldsymbol{\beta}_t$ 线性表示，则称**向量组 $\boldsymbol{\alpha}_1,\boldsymbol{\alpha}_2,\cdots,\boldsymbol{\alpha}_s$ 可由向量组 $\boldsymbol{\beta}_1,\boldsymbol{\beta}_2,\cdots,\boldsymbol{\beta}_t$ 线性表示**；若还满足向量组 $\boldsymbol{\beta}_1,\boldsymbol{\beta}_2,\cdots,\boldsymbol{\beta}_t$ 中的每个向量也可由向量组 $\boldsymbol{\alpha}_1,\boldsymbol{\alpha}_2,\cdots,\boldsymbol{\alpha}_s$ 线性表示，则称**这两个向量组等价**，即等价的两向量组可互相线性表示.

由于向量的线性表示关系具有传递性，因而向量组的等价关系也具有传递性，即若向量组 $\boldsymbol{\alpha}_1,\boldsymbol{\alpha}_2,\cdots,\boldsymbol{\alpha}_s$ 与向量组 $\boldsymbol{\beta}_1,\boldsymbol{\beta}_2,\cdots,\boldsymbol{\beta}_t$ 等价，向量组 $\boldsymbol{\beta}_1,\boldsymbol{\beta}_2,\cdots,\boldsymbol{\beta}_t$ 与向量组 $\boldsymbol{\gamma}_1,\boldsymbol{\gamma}_2,\cdots,\boldsymbol{\gamma}_m$ 等价，则向量组 $\boldsymbol{\alpha}_1,\boldsymbol{\alpha}_2,\cdots,\boldsymbol{\alpha}_s$ 与向量组 $\boldsymbol{\gamma}_1,\boldsymbol{\gamma}_2,\cdots,\boldsymbol{\gamma}_m$ 等价.

3.2.2 向量的线性相关性

向量的线性相关性包含了向量组的线性相关和线性无关，它是线性代数中基本而重要的概念之一.

先考察三个二维向量：

$$\boldsymbol{\alpha}_1=(1,2),\boldsymbol{\alpha}_2=(2,4),\boldsymbol{\alpha}_3=(1,3),$$

可知，$\boldsymbol{\alpha}_2=2\boldsymbol{\alpha}_1$，向量$\boldsymbol{\alpha}_1,\boldsymbol{\alpha}_2$共线，即$2\boldsymbol{\alpha}_1-\boldsymbol{\alpha}_2=\mathbf{0}$，也就是说，存在一组不全为零的数$k_1=2,k_2=-1$，使$k_1\boldsymbol{\alpha}_1+k_2\boldsymbol{\alpha}_2=\mathbf{0}$；而向量$\boldsymbol{\alpha}_1,\boldsymbol{\alpha}_3$不共线，即当且仅当$k_1=0,k_3=0$，使$k_1\boldsymbol{\alpha}_1+k_3\boldsymbol{\alpha}_3=\mathbf{0}$成立.

根据上述向量组的不同特点，引进向量组线性相关、线性无关的概念.

定义 3.2.4 设n维向量组$\boldsymbol{\alpha}_1,\boldsymbol{\alpha}_2,\cdots,\boldsymbol{\alpha}_s$，若存在一组不全为零的数$k_1,k_2,\cdots,k_s$，使

$$k_1\boldsymbol{\alpha}_1+k_2\boldsymbol{\alpha}_2+\cdots+k_s\boldsymbol{\alpha}_s=\mathbf{0},\tag{3.2.4}$$

则称$\boldsymbol{\alpha}_1,\boldsymbol{\alpha}_2,\cdots,\boldsymbol{\alpha}_s$**线性相关**；否则，若使式（3.2.4）成立只有全零解，即$k_1=k_2=\cdots=k_s=0$时，称$\boldsymbol{\alpha}_1,\boldsymbol{\alpha}_2,\cdots,\boldsymbol{\alpha}_s$**线性无关**.

由向量组线性相关与线性无关的定义可得下列结论：

（1）一个向量线性相关的充分必要条件是这个向量为零向量；一个向量线性无关的充分必要条件是这个向量不是零向量.

证 设$\boldsymbol{\alpha}=\mathbf{0}$，则对任意常数$k\neq0$，有$k\boldsymbol{\alpha}=k\mathbf{0}=\mathbf{0}$，从而$\boldsymbol{\alpha}$线性相关. 反之，若$\boldsymbol{\alpha}$线性相关，则一定存在非零常数$l$，使$l\boldsymbol{\alpha}=\mathbf{0}$，从而$\boldsymbol{\alpha}=\mathbf{0}$.

证毕.

（2）两个非零的n维向量线性相关的充分必要条件是它们的对应分量成比例；两个非零的n维向量线性无关的充分必要条件是它们的对应分量不成比例.

证 $\boldsymbol{\alpha}_1,\boldsymbol{\alpha}_2$线性相关$\Leftrightarrow$存在不全为零的常数$k_1,k_2$，使得$k_1\boldsymbol{\alpha}_1+k_2\boldsymbol{\alpha}_2=\mathbf{0}$；

$$\Leftrightarrow\boldsymbol{\alpha}_1=-\frac{k_2}{k_1}\boldsymbol{\alpha}_2\ (k_1\neq0)$$，即$\boldsymbol{\alpha}_1,\boldsymbol{\alpha}_2$的对应分量成比例.

证毕.

（3）含有零向量的向量组必线性相关，换句话说，线性无关的向量组不含有零向量.

证 设含有零向量的向量组为$\boldsymbol{\alpha}_1,\boldsymbol{\alpha}_2,\cdots,\mathbf{0},\cdots,\boldsymbol{\alpha}_s$，显然有

$$0\boldsymbol{\alpha}_1+0\boldsymbol{\alpha}_2+\cdots+k\mathbf{0}+\cdots+0\boldsymbol{\alpha}_s=\mathbf{0},$$

其中k可以是任意不为零的数，从而该向量组线性相关.

证毕.

可以把式（3.2.4）看成一个以向量组$\boldsymbol{\alpha}_1,\boldsymbol{\alpha}_2,\cdots,\boldsymbol{\alpha}_s$为系数列向量，$k_1,k_2,\cdots,k_s$为未知量的一个齐次线性方程组，因此，判断一个向量组是否线性相关可归结到讨论一个齐次线性方程组是否有非零解的问题，有如下定理.

定理 3.2.2 设s个n维向量

$$\boldsymbol{\alpha}_1=\begin{pmatrix}a_{11}\\a_{21}\\\vdots\\a_{n1}\end{pmatrix},\boldsymbol{\alpha}_2=\begin{pmatrix}a_{12}\\a_{22}\\\vdots\\a_{n2}\end{pmatrix},\cdots,\boldsymbol{\alpha}_s=\begin{pmatrix}a_{1s}\\a_{2s}\\\vdots\\a_{ns}\end{pmatrix},$$

则向量组$\boldsymbol{\alpha}_1,\boldsymbol{\alpha}_2,\cdots,\boldsymbol{\alpha}_s$线性相关的充分必要条件是以$\boldsymbol{\alpha}_1,\boldsymbol{\alpha}_2,\cdots,\boldsymbol{\alpha}_s$为系数列向量的齐次线性方程组

$$\begin{cases}a_{11}x_1+a_{12}x_2+\cdots+a_{1s}x_s=0,\\a_{21}x_1+a_{22}x_2+\cdots+a_{2s}x_s=0,\\\qquad\cdots\cdots\\a_{n1}x_1+a_{n2}x_2+\cdots+a_{ns}x_s=0\end{cases}\tag{3.2.5}$$

有非零解；向量组$\boldsymbol{\alpha}_1,\boldsymbol{\alpha}_2,\cdots,\boldsymbol{\alpha}_s$线性无关的充分必要条件是齐次线性方程组（3.2.5）只有全零解.

推论 3.2.1 s个n维向量，向量组$\boldsymbol{\alpha}_1,\boldsymbol{\alpha}_2,\cdots,\boldsymbol{\alpha}_s$线性相关的充分必要条件是$r(\boldsymbol{A})<s$；线性无关的充分必要条件是$r(\boldsymbol{A})=s$，其中矩阵$\boldsymbol{A}$是以$\boldsymbol{\alpha}_1,\boldsymbol{\alpha}_2,\cdots,\boldsymbol{\alpha}_s$为列向量构成的矩阵，即$\boldsymbol{A}=(\boldsymbol{\alpha}_1,\boldsymbol{\alpha}_2,\cdots,\boldsymbol{\alpha}_s)$.

证 向量组$\boldsymbol{\alpha}_1,\boldsymbol{\alpha}_2,\cdots,\boldsymbol{\alpha}_s$线性相关$\Leftrightarrow$以$\boldsymbol{\alpha}_1,\boldsymbol{\alpha}_2,\cdots,\boldsymbol{\alpha}_s$为系数列向量的齐次线性方程组（3.2.5）有非零解$\Leftrightarrow$系数矩阵的秩$r(\boldsymbol{A})$小于未知量的个数s.

证毕.

推论 3.2.2 任意s个n维向量$\boldsymbol{\alpha}_1,\boldsymbol{\alpha}_2,\cdots,\boldsymbol{\alpha}_s$，当$s>n$时，$\boldsymbol{\alpha}_1,\boldsymbol{\alpha}_2,\cdots,\boldsymbol{\alpha}_s$线性相关.

证 当$s>n$时，方程组（3.2.5）中方程的个数小于未知量的个数，此时方程组（3.2.5）必有非零解，从而向量组$\boldsymbol{\alpha}_1,\boldsymbol{\alpha}_2,\cdots,\boldsymbol{\alpha}_s$线性相关.

证毕.

推论 3.2.2 表明了对于任意一向量组，当向量的个数大于向量的维数时，向量组必定线性相关. 特别地，$n+1$个n维向量必定线性相关.

推论 3.2.3 n个n维向量

$$\boldsymbol{\alpha}_1=\begin{pmatrix}a_{11}\\a_{21}\\\vdots\\a_{n1}\end{pmatrix},\boldsymbol{\alpha}_2=\begin{pmatrix}a_{12}\\a_{22}\\\vdots\\a_{n2}\end{pmatrix},\cdots,\boldsymbol{\alpha}_n=\begin{pmatrix}a_{1n}\\a_{2n}\\\vdots\\a_{nn}\end{pmatrix}$$

线性相关的充分必要条件是以n个向量组成的行列式$|\boldsymbol{A}|=0$；线性无关的充分必要条件是以n个向量组成的行列式$|\boldsymbol{A}|\neq 0$，其中

$$|\boldsymbol{A}|=\begin{vmatrix}a_{11}&a_{12}&\cdots&a_{1n}\\a_{21}&a_{22}&\cdots&a_{2n}\\\vdots&\vdots&&\vdots\\a_{n1}&a_{n2}&\cdots&a_{nn}\end{vmatrix}.$$

这是因为此时齐次线性方程组（3.2.5）为n个方程n个未知量的方程组，而方程组（3.2.5）有非零解的充分必要条件是它的系数行列式等于零；方程组（3.2.5）只有全零解的充分必要条件是它的系数行列式不等于零.

由推论 3.2.3 可知，n维基本向量组一定线性无关.

推论 3.2.4 若向量组

$$\boldsymbol{\alpha}_1=\begin{pmatrix}a_{11}\\a_{21}\\\vdots\\a_{n1}\end{pmatrix},\boldsymbol{\alpha}_2=\begin{pmatrix}a_{12}\\a_{22}\\\vdots\\a_{n2}\end{pmatrix},\cdots,\boldsymbol{\alpha}_s=\begin{pmatrix}a_{1s}\\a_{2s}\\\vdots\\a_{ns}\end{pmatrix} \tag{3.2.6}$$

线性相关，则去掉每个向量的最后r个分量$(1\leqslant r<n)$，所得的向量组

$$\boldsymbol{\alpha}_1'=\begin{pmatrix}a_{11}\\a_{21}\\\vdots\\a_{n-r,1}\end{pmatrix},\boldsymbol{\alpha}_2'=\begin{pmatrix}a_{12}\\a_{22}\\\vdots\\a_{n-r,2}\end{pmatrix},\cdots,\boldsymbol{\alpha}_s'=\begin{pmatrix}a_{1s}\\a_{2s}\\\vdots\\a_{n-r,s}\end{pmatrix} \tag{3.2.7}$$

也线性相关.

称向量组（3.2.7）为向量组（3.2.6）的**缩短向量组**，也称向量组（3.2.6）为向量组（3.2.7）的**延长向量组**.

证 考虑分别以向量组$\boldsymbol{\alpha}_1,\boldsymbol{\alpha}_2,\cdots,\boldsymbol{\alpha}_s$和向量组$\boldsymbol{\alpha}_1',\boldsymbol{\alpha}_2',\cdots,\boldsymbol{\alpha}_s'$为系数列向量的两个齐次线性方程组

$$\begin{cases} a_{11}x_1+a_{12}x_2+\cdots+a_{1s}x_s=0, \\ a_{21}x_1+a_{22}x_2+\cdots+a_{2s}x_s=0, \\ \cdots\cdots \\ a_{n1}x_1+a_{n2}x_2+\cdots+a_{ns}x_s=0 \end{cases}$$

和

$$\begin{cases} a_{11}x_1+a_{12}x_2+\cdots+a_{1s}x_s=0, \\ a_{21}x_1+a_{22}x_2+\cdots+a_{2s}x_s=0, \\ \cdots\cdots \\ a_{n-r,1}x_1+a_{n-r,2}x_2+\cdots+a_{n-r,s}x_s=0. \end{cases} \tag{3.2.8}$$

可知，方程组（3.2.8）由方程组（3.2.5）中前$n-r$个方程组成，当向量组（3.2.6）线性相关时，方程组（3.2.5）有非零解，则方程组（3.2.8）一定也有非零解，从而向量组（3.2.7）也线性相关.

证毕.

由推论 3.2.4 得到逆否命题，即若向量组（3.2.7）线性无关，则它的延长向量组（3.2.6）也线性无关. 但是推论 3.2.4 的逆命题不一定成立.

注意：推论 3.2.4 中，去掉每个向量的分量时，这些分量不一定在最后，可以在向量分量的任意位置上.

例如，向量组$\boldsymbol{\alpha}_1=(1,2,3),\boldsymbol{\alpha}_2=(2,4,6)$线性相关，去掉一个分量得到新的向量组即缩短向量组$\boldsymbol{\alpha}_1'=(1,3),\boldsymbol{\alpha}_2'=(2,6)$也线性相关.

又如向量组$\boldsymbol{\beta}_1'=(1,3),\boldsymbol{\beta}_2'=(2,4)$线性无关，而延长一个分量后得到的向量组$\boldsymbol{\beta}_1=(1,3,5),\boldsymbol{\beta}_2=(2,4,5)$也线性无关.

再如向量组$\boldsymbol{\alpha}=(1,2),\boldsymbol{\beta}=(2,4)$线性相关，延长向量组$\boldsymbol{\alpha}'=(1,2,3),\boldsymbol{\beta}'=(2,4,2)$线性无关，即推论 3.2.4 的逆命题不成立.

综上所述，在考虑向量组的线性相关和线性无关时，有以下结论.

（1）如果向量个数大于向量维数时，此向量组必线性相关.

（2）当向量个数等于向量维数时，以向量为列组成行列式，当行列式为零时，向量组线性相关；当行列式不为零时，此向量组线性无关.

（3）当向量个数小于向量维数时，以向量为列组成矩阵，用初等行变换将此矩阵化为阶梯形矩阵，当阶梯形矩阵的秩等于向量个数时，此向量组线性无关；当阶梯形矩阵的秩小于向量个数时，此向量组线性相关.

例 4 判断下列向量组的相关性.

（1）$\boldsymbol{\alpha}_1=(1,2),\boldsymbol{\alpha}_2=(4,1),\boldsymbol{\alpha}_3=(0,4)$.

解 因为这个向量组中的向量的个数$s=3$，而向量的维数$n=2$，由推论 3.2.2 知，向量组$\boldsymbol{\alpha}_1,\boldsymbol{\alpha}_2,\boldsymbol{\alpha}_3$线性相关.

（2）$\boldsymbol{\alpha}_1=(1,0,0),\boldsymbol{\alpha}_2=(2,4,3),\boldsymbol{\alpha}_3=(-1,1,5)$.

解 三个三维向量，考虑以向量$\boldsymbol{\alpha}_1,\boldsymbol{\alpha}_2,\boldsymbol{\alpha}_3$为列向量组成的行列式

$$\begin{vmatrix} 1 & 2 & -1 \\ 0 & 4 & 1 \\ 0 & 3 & 5 \end{vmatrix} \neq 0,$$

由推论 3.2.3 知，向量组 $\boldsymbol{\alpha}_1, \boldsymbol{\alpha}_2, \boldsymbol{\alpha}_3$ 线性无关.

（3） $\boldsymbol{\alpha}_1 = (1,-2,0,3), \boldsymbol{\alpha}_2 = (2,5,-1,0), \boldsymbol{\alpha}_3 = (0,9,-1,-6)$.

解 考虑以向量 $\boldsymbol{\alpha}_1, \boldsymbol{\alpha}_2, \boldsymbol{\alpha}_3$ 为列向量组成的矩阵：

$$\boldsymbol{A} = \begin{pmatrix} 1 & 2 & 0 \\ -2 & 5 & 9 \\ 0 & -1 & -1 \\ 3 & 0 & -6 \end{pmatrix} \to \begin{pmatrix} 1 & 2 & 0 \\ 0 & 1 & 1 \\ 0 & 0 & 0 \\ 0 & 0 & 0 \end{pmatrix},$$

因为 $r(\boldsymbol{A}) = 2$，向量的个数 $n = 3$，$r(\boldsymbol{A}) < n$，因此，由推论 3.2.1 知，向量组 $\boldsymbol{\alpha}_1, \boldsymbol{\alpha}_2, \boldsymbol{\alpha}_3$ 线性相关.

例 5 已知向量组 $\boldsymbol{\alpha}_1, \boldsymbol{\alpha}_2, \boldsymbol{\alpha}_3$ 线性无关，证明向量组

$$\boldsymbol{\beta}_1 = \boldsymbol{\alpha}_1 + 2\boldsymbol{\alpha}_2, \boldsymbol{\beta}_2 = \boldsymbol{\alpha}_2 + 2\boldsymbol{\alpha}_3, \boldsymbol{\beta}_3 = \boldsymbol{\alpha}_3 + 2\boldsymbol{\alpha}_1$$

也线性无关.

证 不妨设

$$k_1\boldsymbol{\beta}_1 + k_2\boldsymbol{\beta}_2 + k_3\boldsymbol{\beta}_3 = \boldsymbol{0},$$

即

$$k_1(\boldsymbol{\alpha}_1 + 2\boldsymbol{\alpha}_2) + k_2(\boldsymbol{\alpha}_2 + 2\boldsymbol{\alpha}_3) + k_3(\boldsymbol{\alpha}_3 + 2\boldsymbol{\alpha}_1) = \boldsymbol{0},$$

整理得

$$(k_1 + 2k_3)\boldsymbol{\alpha}_1 + (2k_1 + k_2)\boldsymbol{\alpha}_2 + (2k_2 + k_3)\boldsymbol{\alpha}_3 = \boldsymbol{0}.$$

由于向量组 $\boldsymbol{\alpha}_1, \boldsymbol{\alpha}_2, \boldsymbol{\alpha}_3$ 线性无关，故有

$$\begin{cases} k_1 \quad\quad + 2k_3 = 0, \\ 2k_1 + k_2 \quad\quad = 0, \\ \quad\quad 2k_2 + k_3 = 0. \end{cases}$$

上述齐次线性方程组的系数行列式

$$D = \begin{vmatrix} 1 & 0 & 2 \\ 2 & 1 & 0 \\ 0 & 2 & 1 \end{vmatrix} \neq 0,$$

因而该齐次线性方程组只有全零解，即 $k_1 = k_2 = k_3 = 0$，故向量组 $\boldsymbol{\beta}_1, \boldsymbol{\beta}_2, \boldsymbol{\beta}_3$ 必线性无关.

证毕.

3.2.3 线性相关性的若干定理

定理 3.2.3 向量组 $\boldsymbol{\alpha}_1, \boldsymbol{\alpha}_2, \cdots, \boldsymbol{\alpha}_s \ (s \geqslant 2)$ 线性相关的充分必要条件为其中至少有一个向量可由其余向量线性表示.

证 必要性. 设 $\boldsymbol{\alpha}_1, \boldsymbol{\alpha}_2, \cdots, \boldsymbol{\alpha}_s$ 线性相关，则存在一组不全为 0 的数 $k_1, k_2, \cdots, k_s$，使得

$$k_1\boldsymbol{\alpha}_1 + k_2\boldsymbol{\alpha}_2 + \cdots + k_s\boldsymbol{\alpha}_s = \boldsymbol{0}.$$

不妨设 $k_1 \neq 0$，于是

$$\boldsymbol{\alpha}_1=\left(-\frac{k_2}{k_1}\right)\boldsymbol{\alpha}_2+\cdots+\left(-\frac{k_s}{k_1}\right)\boldsymbol{\alpha}_s,$$

即 $\boldsymbol{\alpha}_1$ 可由其余向量线性表示.

充分性. 设 $\boldsymbol{\alpha}_1,\boldsymbol{\alpha}_2,\cdots,\boldsymbol{\alpha}_s$ 中至少有一个向量能由其余向量线性表示，不妨设

$$\boldsymbol{\alpha}_1=k_2\boldsymbol{\alpha}_2+\cdots+k_s\boldsymbol{\alpha}_s,$$

即

$$(-1)\boldsymbol{\alpha}_1+k_2\boldsymbol{\alpha}_2+\cdots+k_s\boldsymbol{\alpha}_s=\mathbf{0},$$

上式中系数不全为零，故 $\boldsymbol{\alpha}_1,\boldsymbol{\alpha}_2,\cdots,\boldsymbol{\alpha}_s$ 线性相关.

证毕.

对定理 3.2.3 作以下说明.

（1）定理 3.2.3 的必要性仅说明若向量组 $\boldsymbol{\alpha}_1,\boldsymbol{\alpha}_2,\cdots,\boldsymbol{\alpha}_s$ 线性相关，则至少存在一个向量可由其余向量线性表示，但不能肯定是哪一个向量可由其余向量线性表示，更不能推出它的每一个向量都可以由其余向量线性表示.

如向量组 $\boldsymbol{\alpha}_1=(1,0,0),\boldsymbol{\alpha}_2=(1,1,0),\boldsymbol{\alpha}_3=(2,2,0)$，因为 $\boldsymbol{\alpha}_3=2\boldsymbol{\alpha}_2+0\boldsymbol{\alpha}_1$，即向量 $\boldsymbol{\alpha}_3$ 可以用其余向量 $\boldsymbol{\alpha}_1,\boldsymbol{\alpha}_2$ 来线性表示，由定理 3.2.3 可知，向量组 $\boldsymbol{\alpha}_1,\boldsymbol{\alpha}_2,\boldsymbol{\alpha}_3$ 线性相关，但是向量 $\boldsymbol{\alpha}_1$ 不能由其余向量 $\boldsymbol{\alpha}_2,\boldsymbol{\alpha}_3$ 线性表示.

（2）定理 3.2.3 中的“其余”两字也是不可缺少的，因为任意一个向量组 $\boldsymbol{\alpha}_1,\boldsymbol{\alpha}_2,\cdots,\boldsymbol{\alpha}_s$ 中的任一个向量都可以由这个向量组线性表示，即

$$\boldsymbol{\alpha}_i=0\boldsymbol{\alpha}_1+0\boldsymbol{\alpha}_2+\cdots+1\boldsymbol{\alpha}_i+\cdots+0\boldsymbol{\alpha}_s,$$

但不能保证存在一个向量 $\boldsymbol{\alpha}_i$ 可以由其余向量线性表示.

推论 3.2.5 向量组 $\boldsymbol{\alpha}_1,\boldsymbol{\alpha}_2,\cdots,\boldsymbol{\alpha}_s\,(s\geqslant 2)$ 线性无关的充分必要条件是其中每一个向量都不能由其余向量线性表示.

如向量组 $\boldsymbol{\alpha}_1=(1,0,0),\boldsymbol{\alpha}_2=(1,1,0),\boldsymbol{\alpha}_3=(1,1,1)$，因为其中每一个向量都不能由其余向量线性表示，从而向量组 $\boldsymbol{\alpha}_1,\boldsymbol{\alpha}_2,\boldsymbol{\alpha}_3$ 线性无关.

推论 3.2.6 若 n 维向量组 $\boldsymbol{\alpha}_1,\boldsymbol{\alpha}_2,\cdots,\boldsymbol{\alpha}_s$ 线性相关，则向量组

$$\boldsymbol{\alpha}_1,\boldsymbol{\alpha}_2,\cdots,\boldsymbol{\alpha}_s,\boldsymbol{\alpha}_{s+1},\cdots,\boldsymbol{\alpha}_m\,(m>s)$$

也线性相关.

证 因为向量组 $\boldsymbol{\alpha}_1,\boldsymbol{\alpha}_2,\cdots,\boldsymbol{\alpha}_s$ 线性相关，所以存在一组不全为 0 的数 $k_1,k_2,\cdots,k_s$，使得

$$k_1\boldsymbol{\alpha}_1+k_2\boldsymbol{\alpha}_2+\cdots+k_s\boldsymbol{\alpha}_s=\mathbf{0},$$

于是

$$k_1\boldsymbol{\alpha}_1+k_2\boldsymbol{\alpha}_2+\cdots+k_s\boldsymbol{\alpha}_s+0\boldsymbol{\alpha}_{s+1}+\cdots+0\boldsymbol{\alpha}_m=\mathbf{0},$$

因此 $\boldsymbol{\alpha}_1,\boldsymbol{\alpha}_2,\cdots,\boldsymbol{\alpha}_m$ 线性相关.

证毕.

推论 3.2.6 说明，如果一个向量组的一个**部分组**（由向量组中一部分向量组成的向量组）线性相关，则整个向量组也线性相关，即向量组的部分组相关则整体相关. 如向量组 $\boldsymbol{\alpha}_1=(1,0,0),\boldsymbol{\alpha}_2=(1,1,0),$ $\boldsymbol{\alpha}_3=(2,2,0)$，部分组 $\boldsymbol{\alpha}_2,\boldsymbol{\alpha}_3$ 线性相关，故向量组 $\boldsymbol{\alpha}_1,\boldsymbol{\alpha}_2,\boldsymbol{\alpha}_3$ 也线性相关.

由推论 3.2.6 的逆否命题可知，若一个向量组线性无关，那么它的任一部分组均线性无关，即整体无关则部分无关. 但是值得注意的是，推论 3.2.6 的逆命题不成立，即整体相关，但部分不一定相

关. 如向量组

$$\boldsymbol{\alpha}_1=(1,0,0),\boldsymbol{\alpha}_2=(1,1,0),\boldsymbol{\alpha}_3=(2,2,0)$$

线性相关，而部分组$\boldsymbol{\alpha}_1,\boldsymbol{\alpha}_3$线性无关.

这里必须搞清楚，向量组的部分组与推论 3.2.4 中提到的缩短向量组是两个完全不同的概念，向量组的部分组是向量的个数发生变化，而缩短向量组是向量的分量个数发生变化.

定理 3.2.4 若向量组$\boldsymbol{\alpha}_1,\boldsymbol{\alpha}_2,\cdots,\boldsymbol{\alpha}_s$线性无关，而$\boldsymbol{\alpha}_1,\boldsymbol{\alpha}_2,\cdots,\boldsymbol{\alpha}_s,\boldsymbol{\beta}$线性相关，则$\boldsymbol{\beta}$可由$\boldsymbol{\alpha}_1,\boldsymbol{\alpha}_2,\cdots,\boldsymbol{\alpha}_s$线性表示，且表达式唯一.

证 因为$\boldsymbol{\alpha}_1,\boldsymbol{\alpha}_2,\cdots,\boldsymbol{\alpha}_s,\boldsymbol{\beta}$线性相关，所以存在不全为零的数$k_1,k_2,\cdots,k_s,k_{s+1}$，使得

$$k_1\boldsymbol{\alpha}_1+k_2\boldsymbol{\alpha}_2+\cdots+k_s\boldsymbol{\alpha}_s+k_{s+1}\boldsymbol{\beta}=\mathbf{0}. \tag{3.2.9}$$

设$k_{s+1}=0$，则式（3.2.9）变成

$$k_1\boldsymbol{\alpha}_1+k_2\boldsymbol{\alpha}_2+\cdots+k_s\boldsymbol{\alpha}_s=\mathbf{0},$$

而$k_1,k_2,\cdots,k_s$不全为零，所以$\boldsymbol{\alpha}_1,\boldsymbol{\alpha}_2,\cdots,\boldsymbol{\alpha}_s$线性相关，与条件矛盾，故$k_{s+1}\neq 0$. 于是由式（3.2.9）可得

$$\boldsymbol{\beta}=\left(-\frac{k_1}{k_{s+1}}\right)\boldsymbol{\alpha}_1+\left(-\frac{k_2}{k_{s+1}}\right)\boldsymbol{\alpha}_2+\cdots+\left(-\frac{k_s}{k_{s+1}}\right)\boldsymbol{\alpha}_s,$$

即$\boldsymbol{\beta}$可由$\boldsymbol{\alpha}_1,\boldsymbol{\alpha}_2,\cdots,\boldsymbol{\alpha}_s$线性表示.

再证唯一性.

设有两种表达式：

$$\boldsymbol{\beta}=k_1\boldsymbol{\alpha}_1+k_2\boldsymbol{\alpha}_2+\cdots+k_s\boldsymbol{\alpha}_s,$$
$$\boldsymbol{\beta}=l_1\boldsymbol{\alpha}_1+l_2\boldsymbol{\alpha}_2+\cdots+l_s\boldsymbol{\alpha}_s,$$

两式相减得

$$\mathbf{0}=(k_1-l_1)\boldsymbol{\alpha}_1+(k_2-l_2)\boldsymbol{\alpha}_2+\cdots+(k_s-l_s)\boldsymbol{\alpha}_s.$$

因为$\boldsymbol{\alpha}_1,\boldsymbol{\alpha}_2,\cdots,\boldsymbol{\alpha}_s$线性无关，得

$$(k_1-l_1)=(k_2-l_2)=\cdots=(k_s-l_s)=0,$$

即

$$k_1=l_1,k_2=l_2,\cdots,k_s=l_s,$$

故$\boldsymbol{\beta}$可由$\boldsymbol{\alpha}_1,\boldsymbol{\alpha}_2,\cdots,\boldsymbol{\alpha}_s$线性表示，且表达式唯一.

证毕.

定理 3.2.4 表明了若一组向量组线性无关，添入一个向量后得到新的向量组线性相关，则添入的向量可以由原向量组线性表示，且表达式唯一.

例如，向量组$\boldsymbol{\alpha}_1=(1,-1,2)^{\mathrm{T}},\boldsymbol{\alpha}_2=(1,1,0)^{\mathrm{T}}$线性无关，而向量组

$$\boldsymbol{\alpha}_1=(1,-1,2)^{\mathrm{T}},\boldsymbol{\alpha}_2=(1,1,0)^{\mathrm{T}},\boldsymbol{\beta}=(2,2,0)^{\mathrm{T}}$$

线性相关，则向量$\boldsymbol{\beta}=0\boldsymbol{\alpha}_1+2\boldsymbol{\alpha}_2$，即$\boldsymbol{\beta}$可以由向量组$\boldsymbol{\alpha}_1,\boldsymbol{\alpha}_2$线性表示.

定理 3.2.5 如果向量组$\boldsymbol{\alpha}_1,\boldsymbol{\alpha}_2,\cdots,\boldsymbol{\alpha}_s$可由向量组$\boldsymbol{\beta}_1,\boldsymbol{\beta}_2,\cdots,\boldsymbol{\beta}_t$线性表示，且$s>t$，则向量组$\boldsymbol{\alpha}_1,\boldsymbol{\alpha}_2,\cdots,\boldsymbol{\alpha}_s$必线性相关.

***证** 设有常数$k_1,k_2,\cdots,k_s$，使得

$$k_1\boldsymbol{\alpha}_1+k_2\boldsymbol{\alpha}_2+\cdots+k_s\boldsymbol{\alpha}_s=\mathbf{0}. \tag{3.2.10}$$

由于$\boldsymbol{\alpha}_i\,(i=1,2,\cdots,s)$可以由$\boldsymbol{\beta}_1,\boldsymbol{\beta}_2,\cdots,\boldsymbol{\beta}_t$线性表示，则有

$$\boldsymbol{\alpha}_i = a_{1i}\boldsymbol{\beta}_1 + a_{2i}\boldsymbol{\beta}_2 + \cdots + a_{ti}\boldsymbol{\beta}_t \left(i=1,2,\cdots,s\right).$$

把上式代入式（3.2.10）可得

$$\left(a_{11}k_1 + a_{12}k_2 + \cdots + a_{1s}k_s\right)\boldsymbol{\beta}_1 + \left(a_{21}k_1 + a_{22}k_2 + \cdots + a_{2s}k_s\right)\boldsymbol{\beta}_2 + \cdots + \left(a_{t1}k_1 + a_{t2}k_2 + \cdots + a_{ts}k_s\right)\boldsymbol{\beta}_t = \mathbf{0}.$$

考虑下列齐次线性方程组

$$\begin{cases} a_{11}k_1 + a_{12}k_2 + \cdots + a_{1s}k_s = 0, \\ a_{21}k_1 + a_{22}k_2 + \cdots + a_{2s}k_s = 0, \\ \qquad\cdots\cdots \\ a_{t1}k_1 + a_{t2}k_2 + \cdots + a_{ts}k_s = 0. \end{cases}$$

注意这个齐次线性方程组方程的个数 t 小于未知量的个数 s，故必有非零解，即存在不全为零的常数 $k_1,k_2,\cdots,k_s$，使得式（3.2.10）成立，于是向量组 $\boldsymbol{\alpha}_1,\boldsymbol{\alpha}_2,\cdots,\boldsymbol{\alpha}_s$ 线性相关.

证毕.

定理 3.2.5 说明，若向量个数多的向量组可由向量个数少的向量组线性表示，则向量个数多的向量组线性相关.

定理 3.2.5 的逆否命题也成立，于是得到下面推论.

推论 3.2.7 若向量组 $\boldsymbol{\alpha}_1,\boldsymbol{\alpha}_2,\cdots,\boldsymbol{\alpha}_s$ 可由向量组 $\boldsymbol{\beta}_1,\boldsymbol{\beta}_2,\cdots,\boldsymbol{\beta}_t$ 线性表示，且 $\boldsymbol{\alpha}_1,\boldsymbol{\alpha}_2,\cdots,\boldsymbol{\alpha}_s$ 线性无关，则 $s \leqslant t$.

利用推论 3.2.7，可得下面推论.

推论 3.2.8 若两个线性无关的向量组等价，则两个向量组中必含有相同个数的向量.

证 可设两线性无关的向量组为 $\boldsymbol{\alpha}_1,\boldsymbol{\alpha}_2,\cdots,\boldsymbol{\alpha}_s$ 与 $\boldsymbol{\beta}_1,\boldsymbol{\beta}_2,\cdots,\boldsymbol{\beta}_t$，因为向量组 $\boldsymbol{\alpha}_1,\boldsymbol{\alpha}_2,\cdots,\boldsymbol{\alpha}_s$ 可由向量组 $\boldsymbol{\beta}_1,\boldsymbol{\beta}_2,\cdots,\boldsymbol{\beta}_t$ 线性表示，且 $\boldsymbol{\alpha}_1,\boldsymbol{\alpha}_2,\cdots,\boldsymbol{\alpha}_s$ 线性无关，由推论 3.2.7 得 $s \leqslant t$. 同理可得 $t \leqslant s$，故 $t = s$.

证毕.

注意：若两个向量组线性无关且含有相同个数的向量，则这两个向量组未必等价.

例 6 证明在向量组 $\boldsymbol{\alpha}_1,\boldsymbol{\alpha}_2,\boldsymbol{\alpha}_3,\boldsymbol{\alpha}_4$ 中，若 $\boldsymbol{\alpha}_1,\boldsymbol{\alpha}_2$ 线性无关，而 $\boldsymbol{\alpha}_1,\boldsymbol{\alpha}_2,\boldsymbol{\alpha}_3$ 与 $\boldsymbol{\alpha}_1,\boldsymbol{\alpha}_2,\boldsymbol{\alpha}_4$ 都线性相关，则向量组中任意三个向量（即 $\boldsymbol{\alpha}_1,\boldsymbol{\alpha}_3,\boldsymbol{\alpha}_4$ 与 $\boldsymbol{\alpha}_2,\boldsymbol{\alpha}_3,\boldsymbol{\alpha}_4$）也都线性相关.

证 由条件 $\boldsymbol{\alpha}_1,\boldsymbol{\alpha}_2$ 线性无关，而 $\boldsymbol{\alpha}_1,\boldsymbol{\alpha}_2,\boldsymbol{\alpha}_3$ 与 $\boldsymbol{\alpha}_1,\boldsymbol{\alpha}_2,\boldsymbol{\alpha}_4$ 都线性相关，根据定理 3.2.4 可知 $\boldsymbol{\alpha}_3,\boldsymbol{\alpha}_4$ 都可由 $\boldsymbol{\alpha}_1,\boldsymbol{\alpha}_2$ 线性表示，不妨设

$$\boldsymbol{\alpha}_3 = l_1\boldsymbol{\alpha}_1 + l_2\boldsymbol{\alpha}_2; \qquad \boldsymbol{\alpha}_4 = t_1\boldsymbol{\alpha}_1 + t_2\boldsymbol{\alpha}_2 .$$

又设

$$k_1\boldsymbol{\alpha}_1 + k_3\boldsymbol{\alpha}_3 + k_4\boldsymbol{\alpha}_4 = \mathbf{0},$$

代入条件可得

$$k_1\boldsymbol{\alpha}_1 + k_3\left(l_1\boldsymbol{\alpha}_1 + l_2\boldsymbol{\alpha}_2\right) + k_4\left(t_1\boldsymbol{\alpha}_1 + t_2\boldsymbol{\alpha}_2\right) = \mathbf{0},$$

整理得

$$\left(k_1 + l_1k_3 + t_1k_4\right)\boldsymbol{\alpha}_1 + \left(l_2k_3 + t_2k_4\right)\boldsymbol{\alpha}_2 = \mathbf{0}.$$

因为 $\boldsymbol{\alpha}_1,\boldsymbol{\alpha}_2$ 线性无关，所以

$$\begin{cases} k_1 + l_1k_3 + t_1k_4 = 0, \\ l_2k_3 + t_2k_4 = 0. \end{cases}$$

这是一个以 k_1,k_3,k_4 为未知量的齐次线性方程组，且方程的个数小于未知量的个数，故方程组必有非零解. 这就说明了必存在一组不全为零的数 k_1,k_3,k_4 使 $k_1\boldsymbol{\alpha}_1 + k_3\boldsymbol{\alpha}_3 + k_4\boldsymbol{\alpha}_4 = \mathbf{0}$，于是由定义 3.2.4 知

$\boldsymbol{\alpha}_1,\boldsymbol{\alpha}_3,\boldsymbol{\alpha}_4$ 线性相关.

同理可证 $\boldsymbol{\alpha}_2,\boldsymbol{\alpha}_3,\boldsymbol{\alpha}_4$ 也线性相关.

证毕.

为了有助于比较直观地理解线性相关和线性无关这两个抽象的概念，我们来看一看两个或三个三维向量线性相关和线性无关的含义.

两个三维向量 $\boldsymbol{\alpha}_1,\boldsymbol{\alpha}_2$ 线性相关 $\Leftrightarrow$ 其中有一个向量可以由其余向量线性表示，即 $\boldsymbol{\alpha}_1=k\boldsymbol{\alpha}_2$ 或 $\boldsymbol{\alpha}_2=l\boldsymbol{\alpha}_1$ $\Leftrightarrow$ 向量 $\boldsymbol{\alpha}_1,\boldsymbol{\alpha}_2$ 共线.

换句话说，$\boldsymbol{\alpha}_1,\boldsymbol{\alpha}_2$ 线性无关 $\Leftrightarrow$ 向量 $\boldsymbol{\alpha}_1,\boldsymbol{\alpha}_2$ 不共线.

三个三维向量 $\boldsymbol{\alpha}_1,\boldsymbol{\alpha}_2,\boldsymbol{\alpha}_3$ 线性相关 $\Leftrightarrow$ 其中有一个向量可以由其余向量线性表示，即 $\boldsymbol{\alpha}_1=k_1\boldsymbol{\alpha}_2+l_1\boldsymbol{\alpha}_3$ 或 $\boldsymbol{\alpha}_2=k_2\boldsymbol{\alpha}_1+l_2\boldsymbol{\alpha}_3$ 或 $\boldsymbol{\alpha}_3=k_3\boldsymbol{\alpha}_1+l_3\boldsymbol{\alpha}_2$ $\Leftrightarrow$ $\boldsymbol{\alpha}_1,\boldsymbol{\alpha}_2,\boldsymbol{\alpha}_3$ 共面.

换句话说，$\boldsymbol{\alpha}_1,\boldsymbol{\alpha}_2,\boldsymbol{\alpha}_3$ 线性无关 $\Leftrightarrow$ $\boldsymbol{\alpha}_1,\boldsymbol{\alpha}_2,\boldsymbol{\alpha}_3$ 不共面.

当向量由三维推广到 n 维后，向量的概念，相关性概念都失去了直观的几何意义，变成了一些抽象的概念. 但对于向量的线性运算以及由线性运算得出的一系列结论又是统一的. 这样的数学抽象是十分重要的.

向量组的线性相关与线性无关的概念也可用于线性方程组，当方程组中有某个方程是其余方程的线性组合时，这个方程是多余的，这时称方程组（各个方程）是**线性相关**的；当方程组中没有多余方程，就称方程组（各个方程）是**线性无关**的. 如对于方程组

$$\begin{cases} x_1+2x_2-x_3+x_4=1, \\ 2x_1-x_2+3x_3-x_4=2, \\ -x_1-7x_2+6x_3-4x_4=-1, \end{cases}$$

它的三个方程对应于其增广矩阵的三个行向量：

$$\boldsymbol{\alpha}_1=(1,2,-1,1,1),\boldsymbol{\alpha}_2=(2,-1,3,-1,2),\boldsymbol{\alpha}_3=(-1,-7,6,-4,-1),$$

将第一个方程的 (-3) 倍加到第二个方程就得到第三个方程，这说明第三个方程是多余的方程. 因为向量 $\boldsymbol{\alpha}_3=(-3)\boldsymbol{\alpha}_1+1\cdot\boldsymbol{\alpha}_2$，即 $(-3)\boldsymbol{\alpha}_1+1\cdot\boldsymbol{\alpha}_2+(-1)\cdot\boldsymbol{\alpha}_3=\mathbf{0}$，向量组 $\boldsymbol{\alpha}_1,\boldsymbol{\alpha}_2,\boldsymbol{\alpha}_3$ 线性相关，则方程组是线性相关的.

又如线性方程组

$$\begin{cases} x_1+x_2+x_3=3, \\ x_1+x_2+2x_3=3, \\ -x_1+2x_2+5x_3=0. \end{cases}$$

首先，由第二个方程减去第一个方程，可得 $x_3=0$；将 $x_3=0$ 代入第二个方程和第三个方程，解得 $x_1=2,x_2=1$，可知方程组有唯一解，这说明方程组的三个方程是独立的，即没有多余的方程；它的三个方程对应于增广矩阵的三个行向量

$$\boldsymbol{\alpha}_1=(1,1,1,3),\boldsymbol{\alpha}_2=(1,1,2,3),\boldsymbol{\alpha}_3=(-1,2,5,0),$$

易验证向量组 $\boldsymbol{\alpha}_1,\boldsymbol{\alpha}_2,\boldsymbol{\alpha}_3$ 是线性无关的，则方程组是线性无关的.

3.3 向量组的秩

在一个向量组中，有很多的部分组，所有线性无关的部分组所含向量的最大个数是多少？能否

找到一个线性无关的部分组，使得向量组中的任一个向量可由它线性表示？本节讨论向量组的极大无关组和向量组的秩及其求法.

3.3.1 向量组的极大无关组及向量组的秩

定义 3.3.1 一个向量组的一个部分组称为**极大线性无关组**（简称**极大无关组**），如果这个部分组满足：

（1）线性无关；

（2）其余任何一个向量（如果还有的话）添入均线性相关（也可以说，其余任一向量可由这个部分组线性表示）.

极大无关组的含义有两层：（1）无关性；（2）极大性.

例 1 设向量组 $\boldsymbol{\alpha}_1=(1,0,0),\boldsymbol{\alpha}_2=(1,1,0),\boldsymbol{\alpha}_3=(2,2,0)$，求 $\boldsymbol{\alpha}_1,\boldsymbol{\alpha}_2,\boldsymbol{\alpha}_3$ 的一个极大无关组.

解 因为 $\boldsymbol{\alpha}_1,\boldsymbol{\alpha}_2$ 线性无关，添入向量 $\boldsymbol{\alpha}_3$，使得向量组 $\boldsymbol{\alpha}_1,\boldsymbol{\alpha}_2,\boldsymbol{\alpha}_3$ 线性相关，所以 $\boldsymbol{\alpha}_1,\boldsymbol{\alpha}_2$ 为一个极大无关组. 同理 $\boldsymbol{\alpha}_1,\boldsymbol{\alpha}_3$ 也是一个极大无关组，且极大无关组所含向量的个数为 2. 而 $\boldsymbol{\alpha}_2,\boldsymbol{\alpha}_3$ 不能构成一个极大无关组，因为 $\boldsymbol{\alpha}_2,\boldsymbol{\alpha}_3$ 线性相关.

由定义 3.3.1 可知：

（1）只含零向量的向量组是线性相关的，因此它没有极大无关组；而含有非零向量的向量组都有极大无关组.

（2）一个线性无关的向量组的极大无关组就是该向量组本身.

（3）一个向量组的极大无关组可能是不唯一的.

（4）一个向量组与其极大无关组是等价的.

证 不失一般性，设向量组 $\boldsymbol{\alpha}_1,\boldsymbol{\alpha}_2,\cdots,\boldsymbol{\alpha}_s$ 的一个极大无关组为 $\boldsymbol{\alpha}_1,\boldsymbol{\alpha}_2,\cdots,\boldsymbol{\alpha}_r$（$r\leqslant s$）.

一方面，因为极大无关组 $\boldsymbol{\alpha}_1,\boldsymbol{\alpha}_2,\cdots,\boldsymbol{\alpha}_r$ 是这个向量组的一个部分组，所以可由这个向量组 $\boldsymbol{\alpha}_1,\boldsymbol{\alpha}_2,\cdots,\boldsymbol{\alpha}_s$ 线性表示.

另一方面，向量组 $\boldsymbol{\alpha}_1,\boldsymbol{\alpha}_2,\cdots,\boldsymbol{\alpha}_s$ 中的向量 $\boldsymbol{\alpha}_i\left(1\leqslant i\leqslant r\right)$，可以由极大无关组 $\boldsymbol{\alpha}_1,\boldsymbol{\alpha}_2,\cdots,\boldsymbol{\alpha}_r$ 线性表示；对于向量组 $\boldsymbol{\alpha}_1,\boldsymbol{\alpha}_2,\cdots,\boldsymbol{\alpha}_s$ 中的向量 $\boldsymbol{\alpha}_i\left(r<i\leqslant s\right)$，由极大无关组的定义可知，极大无关组添入一个向量 $\boldsymbol{\alpha}_i$ 后，$r+1$ 个向量 $\boldsymbol{\alpha}_1,\boldsymbol{\alpha}_2,\cdots,\boldsymbol{\alpha}_r,\boldsymbol{\alpha}_i$ 线性相关，而又因为 $\boldsymbol{\alpha}_1,\boldsymbol{\alpha}_2,\cdots,\boldsymbol{\alpha}_r$ 线性无关，由定理 3.2.4 可知，向量 $\boldsymbol{\alpha}_i\left(r<i\leqslant s\right)$ 能由 $\boldsymbol{\alpha}_1,\boldsymbol{\alpha}_2,\cdots,\boldsymbol{\alpha}_r$ 线性表示，从而向量组 $\boldsymbol{\alpha}_1,\boldsymbol{\alpha}_2,\cdots,\boldsymbol{\alpha}_s$ 能由极大无关组 $\boldsymbol{\alpha}_1,\boldsymbol{\alpha}_2,\cdots,\boldsymbol{\alpha}_r$ 线性表示.

综上可知，向量组 $\boldsymbol{\alpha}_1,\boldsymbol{\alpha}_2,\cdots,\boldsymbol{\alpha}_s$ 与极大无关组 $\boldsymbol{\alpha}_1,\boldsymbol{\alpha}_2,\cdots,\boldsymbol{\alpha}_r$ 等价.

证毕.

由向量组等价关系的传递性可得：

（5）向量组的任意两个极大无关组也是等价的.

由线性无关的等价向量组所含向量的个数相同可得：

（6）极大无关组中含有向量的个数相等.

定义 3.3.2 一个向量组 $\boldsymbol{\alpha}_1,\boldsymbol{\alpha}_2,\cdots,\boldsymbol{\alpha}_s$ 的极大无关组所含向量的个数称为这个向量组的**秩**，记为

$$r(\boldsymbol{\alpha}_1,\boldsymbol{\alpha}_2,\cdots,\boldsymbol{\alpha}_s).$$

规定只含零向量的向量组的秩为0.

由定义3.3.2可知，例1中 $r(\boldsymbol{\alpha}_1,\boldsymbol{\alpha}_2,\boldsymbol{\alpha}_3)=2$.

一般来说，要求向量组的秩，首先需要求出极大无关组，若按照定义3.3.1去求极大无关组比较麻烦，尤其是定义3.3.1中的第二个条件的判断很困难，在3.3.2节我们还将介绍另外的方法求向量组的极大无关组以及秩.

由向量组秩的定义可得：

（1）向量组 $\boldsymbol{\alpha}_1,\boldsymbol{\alpha}_2,\cdots,\boldsymbol{\alpha}_s$ 线性相关 $\Leftrightarrow r(\boldsymbol{\alpha}_1,\boldsymbol{\alpha}_2,\cdots,\boldsymbol{\alpha}_s)<s$；向量组 $\boldsymbol{\alpha}_1,\boldsymbol{\alpha}_2,\cdots,\boldsymbol{\alpha}_s$ 线性无关 $\Leftrightarrow r(\boldsymbol{\alpha}_1,\boldsymbol{\alpha}_2,\cdots,\boldsymbol{\alpha}_s)=s$（线性无关的向量组的极大无关组就是该向量组本身）.

（2）任何一个部分组的秩≤向量组的秩≤向量组中向量的个数.

（3）若向量组 $\boldsymbol{\alpha}_1,\boldsymbol{\alpha}_2,\cdots,\boldsymbol{\alpha}_s$ 可由向量组 $\boldsymbol{\beta}_1,\boldsymbol{\beta}_2,\cdots,\boldsymbol{\beta}_t$ 线性表示，则

$$r(\boldsymbol{\alpha}_1,\boldsymbol{\alpha}_2,\cdots,\boldsymbol{\alpha}_s)\leqslant r(\boldsymbol{\beta}_1,\boldsymbol{\beta}_2,\cdots,\boldsymbol{\beta}_t).$$

证 设 $\boldsymbol{\alpha}_{i_1},\boldsymbol{\alpha}_{i_2},\cdots,\boldsymbol{\alpha}_{i_r}$ 是向量组 $\boldsymbol{\alpha}_1,\boldsymbol{\alpha}_2,\cdots,\boldsymbol{\alpha}_s$ 的极大无关组，$\boldsymbol{\beta}_{j_1},\boldsymbol{\beta}_{j_2},\cdots,\boldsymbol{\beta}_{j_m}$ 是向量组 $\boldsymbol{\beta}_1,\boldsymbol{\beta}_2,\cdots,\boldsymbol{\beta}_t$ 的极大无关组. 因为向量组 $\boldsymbol{\alpha}_1,\boldsymbol{\alpha}_2,\cdots,\boldsymbol{\alpha}_s$ 可由向量组 $\boldsymbol{\beta}_1,\boldsymbol{\beta}_2,\cdots,\boldsymbol{\beta}_t$ 线性表示，而向量组与极大无关组是等价的，所以 $\boldsymbol{\alpha}_{i_1},\boldsymbol{\alpha}_{i_2},\cdots,\boldsymbol{\alpha}_{i_r}$ 可由 $\boldsymbol{\beta}_{j_1},\boldsymbol{\beta}_{j_2},\cdots,\boldsymbol{\beta}_{j_m}$ 线性表示. 又因为 $\boldsymbol{\alpha}_{i_1},\boldsymbol{\alpha}_{i_2},\cdots,\boldsymbol{\alpha}_{i_r}$ 线性无关，根据推论3.2.7，得 $r\leqslant m$，即

$$r(\boldsymbol{\alpha}_1,\boldsymbol{\alpha}_2,\cdots,\boldsymbol{\alpha}_s)\leqslant r(\boldsymbol{\beta}_1,\boldsymbol{\beta}_2,\cdots,\boldsymbol{\beta}_t).$$

证毕.

（4）等价的向量组具有相同的秩.

证 设向量组 $\boldsymbol{\alpha}_1,\boldsymbol{\alpha}_2,\cdots,\boldsymbol{\alpha}_s$ 与向量组 $\boldsymbol{\beta}_1,\boldsymbol{\beta}_2,\cdots,\boldsymbol{\beta}_t$ 等价，它们的秩分别为 r 和 m. 一方面，向量组 $\boldsymbol{\alpha}_1,\boldsymbol{\alpha}_2,\cdots,\boldsymbol{\alpha}_s$ 能由向量组 $\boldsymbol{\beta}_1,\boldsymbol{\beta}_2,\cdots,\boldsymbol{\beta}_t$ 线性表示，则有 $r\leqslant m$；另一方面，向量组 $\boldsymbol{\beta}_1,\boldsymbol{\beta}_2,\cdots,\boldsymbol{\beta}_t$ 能由向量组 $\boldsymbol{\alpha}_1,\boldsymbol{\alpha}_2,\cdots,\boldsymbol{\alpha}_s$ 线性表示，则 $m\leqslant r$. 综合这两方面的结论，可得 $r=m$，即等价的向量组的秩相等.

证毕.

需要注意的是，若两个向量组的秩相等，它们不一定等价.

如向量组 $\boldsymbol{\alpha}_1=(1,2,-1),\boldsymbol{\alpha}_2=(2,4,-2)$，$\boldsymbol{\alpha}_1$ 是向量组 $\boldsymbol{\alpha}_1,\boldsymbol{\alpha}_2$ 的极大无关组，秩为1；而向量组 $\boldsymbol{\beta}_1=(0,2,1),\boldsymbol{\beta}_2=(0,4,2)$，$\boldsymbol{\beta}_1$ 是向量组 $\boldsymbol{\beta}_1,\boldsymbol{\beta}_2$ 的极大无关组，秩为1. 两个向量组的秩相等，但是这两个向量组不等价.

例2 试证：若一个向量组的秩为 r，则在向量组内，任意 r 个线性无关的向量都构成它的一个极大无关组.

证 设 $\boldsymbol{\alpha}_{i_1},\boldsymbol{\alpha}_{i_2},\cdots,\boldsymbol{\alpha}_{i_r}$ 为向量组 $\boldsymbol{\alpha}_1,\boldsymbol{\alpha}_2,\cdots,\boldsymbol{\alpha}_s$ 中 r 个线性无关的向量. 任取 $\boldsymbol{\alpha}_j\in\{\boldsymbol{\alpha}_1,\boldsymbol{\alpha}_2,\cdots,\boldsymbol{\alpha}_s\}$，如果 $\boldsymbol{\alpha}_j\in\{\boldsymbol{\alpha}_{i_1},\boldsymbol{\alpha}_{i_2},\cdots,\boldsymbol{\alpha}_{i_r}\}$，则 $\boldsymbol{\alpha}_j,\boldsymbol{\alpha}_{i_1},\boldsymbol{\alpha}_{i_2},\cdots,\boldsymbol{\alpha}_{i_r}$ 线性相关；如果 $\boldsymbol{\alpha}_j\notin\{\boldsymbol{\alpha}_{i_1},\boldsymbol{\alpha}_{i_2},\cdots,\boldsymbol{\alpha}_{i_r}\}$，因为向量组 $\boldsymbol{\alpha}_j,\boldsymbol{\alpha}_{i_1},\boldsymbol{\alpha}_{i_2},\cdots,\boldsymbol{\alpha}_{i_r}$ 的秩不超过向量组 $\boldsymbol{\alpha}_1,\boldsymbol{\alpha}_2,\cdots,\boldsymbol{\alpha}_s$ 的秩，所以 $r(\boldsymbol{\alpha}_j,\boldsymbol{\alpha}_{i_1},\boldsymbol{\alpha}_{i_2},\cdots,\boldsymbol{\alpha}_{i_r})\leqslant r<r+1$，于是向量组 $\boldsymbol{\alpha}_j,\boldsymbol{\alpha}_{i_1},\boldsymbol{\alpha}_{i_2},\cdots,\boldsymbol{\alpha}_{i_r}$ 线性相关. 从而 $\boldsymbol{\alpha}_{i_1},\boldsymbol{\alpha}_{i_2},\cdots,\boldsymbol{\alpha}_{i_r}$ 是向量组 $\boldsymbol{\alpha}_1,\boldsymbol{\alpha}_2,\cdots,\boldsymbol{\alpha}_s$ 的一个极大无关组.

3.3.2 向量组的秩与矩阵的秩的关系

由于矩阵和向量组之间存在着一定的关系，所以向量组的秩与矩阵的秩之间也有一定的关系.

一个 $m\times n$ 矩阵

$$A=\begin{pmatrix}a_{11} & a_{12} & \cdots & a_{1n}\\ a_{21} & a_{22} & \cdots & a_{2n}\\ \vdots & \vdots & & \vdots\\ a_{m1} & a_{m2} & \cdots & a_{mn}\end{pmatrix},$$

矩阵 $\boldsymbol{A}$ 的行向量组为 $\boldsymbol{\alpha}_1,\boldsymbol{\alpha}_2,\cdots,\boldsymbol{\alpha}_m$，其中

$$\boldsymbol{\alpha}_1=\begin{pmatrix}a_{11} & a_{12} & \cdots & a_{1n}\end{pmatrix},$$
$$\boldsymbol{\alpha}_2=\begin{pmatrix}a_{21} & a_{22} & \cdots & a_{2n}\end{pmatrix},$$
$$\cdots\cdots$$
$$\boldsymbol{\alpha}_m=\begin{pmatrix}a_{m1} & a_{m2} & \cdots & a_{mn}\end{pmatrix},$$

同样，矩阵 $\boldsymbol{A}$ 的列向量组为 $\boldsymbol{\beta}_1,\boldsymbol{\beta}_2,\cdots,\boldsymbol{\beta}_n$，其中

$$\boldsymbol{\beta}_1=\begin{pmatrix}a_{11}\\ a_{21}\\ \vdots\\ a_{m1}\end{pmatrix},\boldsymbol{\beta}_2=\begin{pmatrix}a_{12}\\ a_{22}\\ \vdots\\ a_{m2}\end{pmatrix},\cdots,\boldsymbol{\beta}_n=\begin{pmatrix}a_{1n}\\ a_{2n}\\ \vdots\\ a_{mn}\end{pmatrix}.$$

定理 3.3.1 矩阵 $\boldsymbol{A}$ 的秩等于它的行向量组的秩.

***证** 设 $r(\boldsymbol{A})=r$，要证行向量组 $\boldsymbol{\alpha}_1,\boldsymbol{\alpha}_2,\cdots,\boldsymbol{\alpha}_m$ 的秩也等于 r，只要证在行向量组 $\boldsymbol{\alpha}_1,\boldsymbol{\alpha}_2,\cdots,\boldsymbol{\alpha}_m$ 中存在 r 个行向量线性无关，而其余的行向量可由它线性表示.

不失一般性，可设矩阵 $\boldsymbol{A}$ 的左上角的一个 r 阶子式

$$D_r=\begin{vmatrix}a_{11} & a_{12} & \cdots & a_{1r}\\ a_{21} & a_{22} & \cdots & a_{2r}\\ \vdots & \vdots & & \vdots\\ a_{r1} & a_{r2} & \cdots & a_{rr}\end{vmatrix}\neq 0.$$

否则，适当调换行向量的前后次序以及调换行向量分量的次序就可做到这一点，而这样的调换不影响行向量组的秩和矩阵的秩.

下面就来证在行向量组中，$\boldsymbol{\alpha}_1,\boldsymbol{\alpha}_2,\cdots,\boldsymbol{\alpha}_r$ 是线性无关的，而其余向量 $\boldsymbol{\alpha}_j\,(j=r+1,\cdots,m)$ 可以由 $\boldsymbol{\alpha}_1,\boldsymbol{\alpha}_2,\cdots,\boldsymbol{\alpha}_r$ 线性表示.

事实上，记

$$\boldsymbol{\alpha}_1'=(a_{11},a_{12},\cdots,a_{1r}),$$
$$\boldsymbol{\alpha}_2'=(a_{21},a_{22},\cdots,a_{2r}),$$
$$\cdots\cdots$$
$$\boldsymbol{\alpha}_r'=(a_{r1},a_{r2},\cdots,a_{rr}),$$

因为 $D_r\neq 0$，即得向量组 $\boldsymbol{\alpha}_1',\boldsymbol{\alpha}_2',\cdots,\boldsymbol{\alpha}_r'$ 线性无关，而它恰是向量组 $\boldsymbol{\alpha}_1,\boldsymbol{\alpha}_2,\cdots,\boldsymbol{\alpha}_r$ 的缩短向量组，所以向量组 $\boldsymbol{\alpha}_1,\boldsymbol{\alpha}_2,\cdots,\boldsymbol{\alpha}_r$ 线性无关.

再看 $\boldsymbol{\alpha}_j\,(j=r+1,\cdots,m)$ 能否由 $\boldsymbol{\alpha}_1,\boldsymbol{\alpha}_2,\cdots,\boldsymbol{\alpha}_r$ 线性表示.

设

$$x_1\boldsymbol{\alpha}_1+x_2\boldsymbol{\alpha}_2+\cdots+x_r\boldsymbol{\alpha}_r=\boldsymbol{\alpha}_j,$$

比较等式两端各分量，得线性方程组

$$\begin{cases} a_{11}x_1 + a_{21}x_2 + \cdots + a_{r1}x_r = a_{j1}, \\ a_{12}x_1 + a_{22}x_2 + \cdots + a_{r2}x_r = a_{j2}, \\ \quad\cdots\cdots \\ a_{1r}x_1 + a_{2r}x_2 + \cdots + a_{rr}x_r = a_{jr}, \\ a_{1,r+1}x_1 + a_{2,r+1}x_2 + \cdots + a_{r,r+1}x_r = a_{j,r+1}, \\ \quad\cdots\cdots \\ a_{1n}x_1 + a_{2n}x_2 + \cdots + a_{rn}x_r = a_{jn}. \end{cases} \tag{3.3.1}$$

现在要证方程组（3.3.1）有解.

由于 $D_r \neq 0$，所以由方程组（3.3.1）前 r 个方程组成的方程组必有唯一解. 记此唯一解为 $\boldsymbol{X}^0 = \left(x_1^0, x_2^0, \cdots, x_r^0\right)$，这也说明了在矩阵

$$\begin{pmatrix} a_{11} & a_{12} & \cdots & a_{1r} \\ \vdots & \vdots & & \vdots \\ a_{r1} & a_{r2} & \cdots & a_{rr} \\ a_{j1} & a_{j2} & \cdots & a_{jr} \end{pmatrix}$$

中，最后一行可由前 r 行唯一地线性表示，且表示系数为 $x_1^0, x_2^0, \cdots, x_r^0$. 下面再证 $\boldsymbol{X}^0$ 也是方程组（3.3.1）的解，为此，只要证 $\boldsymbol{X}^0$ 满足方程组（3.3.1）中后 $n-r$ 个方程，可先证明它满足最后一个方程，其余同理可证.

只要考虑矩阵

$$\begin{pmatrix} a_{11} & a_{12} & \cdots & a_{1r} & a_{1n} \\ \vdots & \vdots & & \vdots & \vdots \\ a_{r1} & a_{r2} & \cdots & a_{rr} & a_{rn} \\ a_{j1} & a_{j2} & \cdots & a_{jr} & a_{jn} \end{pmatrix}.$$

它的元素构成的行列式即为矩阵 $\boldsymbol{A}$ 的一个 $r+1$ 阶子式，记 D_{r+1}，因为 $r(\boldsymbol{A}) = r$，所以 $D_{r+1} = 0$. 因此，它的行向量是线性相关的. 而它的前 r 行又是线性无关的，于是最后一行必能由前 r 行唯一地线性表示，而且表示系数必为 $x_1^0, x_2^0, \cdots, x_r^0$. 作为这些行向量的最后一个分量，必有

$$a_{jn} = x_1^0 a_{1n} + x_2^0 a_{2n} + \cdots + x_r^0 a_{rn},$$

即 $\boldsymbol{X}^0$ 满足方程组（3.3.1）中最后一个方程.

综上所述，矩阵 $\boldsymbol{A}$ 的秩等于矩阵的行向量组的秩.

证毕.

推论 3.3.1 矩阵 $\boldsymbol{A}$ 的秩等于它的列向量组的秩.

证 只要将矩阵 $\boldsymbol{A}$ 的行列互换，得一个 $n \times m$ 矩阵，记 $\boldsymbol{A}^{\mathrm{T}}$. 由行列式的性质易得 $r(\boldsymbol{A}) = r\left(\boldsymbol{A}^{\mathrm{T}}\right)$. 矩阵 $\boldsymbol{A}^{\mathrm{T}}$ 的行向量组就是矩阵 $\boldsymbol{A}$ 的列向量组，故推论 3.3.1 成立.

证毕.

推论 3.3.2 将矩阵 $\boldsymbol{A}$ 用初等行变换化为矩阵 $\boldsymbol{B}$，则 $\boldsymbol{A}$ 的列向量组的任一部分组与 $\boldsymbol{B}$ 的列向量组对应的部分组有相同的线性相关性.

证 设 $\boldsymbol{A}$ 的列向量组的任一个部分组为 $\boldsymbol{\alpha}_{i_1}, \boldsymbol{\alpha}_{i_2}, \cdots, \boldsymbol{\alpha}_{i_t}$，以它为列构成矩阵 $\boldsymbol{A}_1$，又设 $\boldsymbol{B}$ 的列向量组相对应的部分组为 $\boldsymbol{\beta}_{i_1}, \boldsymbol{\beta}_{i_2}, \cdots, \boldsymbol{\beta}_{i_t}$，以它为列构成矩阵 $\boldsymbol{B}_1$.

当$\boldsymbol{A}$经初等行变换化为$\boldsymbol{B}$时，矩阵$\boldsymbol{A}_1$经相同的初等行变换化为了矩阵$\boldsymbol{B}_1$，故$r(\boldsymbol{A}_1)=r(\boldsymbol{B}_1)$．再由推论 3.3.1，有$r(\boldsymbol{\alpha}_{i_1},\boldsymbol{\alpha}_{i_2},\cdots,\boldsymbol{\alpha}_{i_t})=r(\boldsymbol{\beta}_{i_1},\boldsymbol{\beta}_{i_2},\cdots,\boldsymbol{\beta}_{i_t})$，所以向量组$\boldsymbol{\alpha}_{i_1},\boldsymbol{\alpha}_{i_2},\cdots,\boldsymbol{\alpha}_{i_t}$和向量组$\boldsymbol{\beta}_{i_1},\boldsymbol{\beta}_{i_2},\cdots,\boldsymbol{\beta}_{i_t}$有相同的线性相关性，即同时线性相关或线性无关.

证毕.

由推论 3.3.1 和推论 3.3.2 可得求向量组的秩和极大无关组的步骤如下.

（1）把向量组按列向量构造一个矩阵$\boldsymbol{A}$；

（2）对矩阵$\boldsymbol{A}$施行初等行变换，化为阶梯形矩阵$\boldsymbol{B}$，则$\boldsymbol{B}$中非零行的首个非零元所在的各列对应的$\boldsymbol{A}$中的各列向量构成的向量组就是原向量组的一个极大无关组，且阶梯形矩阵$\boldsymbol{B}$中非零行的行数就是向量组的秩.

例 3　求向量组的秩及极大无关组.

（1）$\boldsymbol{\alpha}_1=(1,-1,2,4),\boldsymbol{\alpha}_2=(0,3,1,2),\boldsymbol{\alpha}_3=(3,0,7,14),\boldsymbol{\alpha}_4=(1,-2,2,0)$.

解　考虑以$\boldsymbol{\alpha}_1,\boldsymbol{\alpha}_2,\boldsymbol{\alpha}_3,\boldsymbol{\alpha}_4$为列向量构成的矩阵：

$$\boldsymbol{A}=(\boldsymbol{\alpha}_1^{\mathrm{T}},\boldsymbol{\alpha}_2^{\mathrm{T}},\boldsymbol{\alpha}_3^{\mathrm{T}},\boldsymbol{\alpha}_4^{\mathrm{T}})=\begin{pmatrix}1&0&3&1\\-1&3&0&-2\\2&1&7&2\\4&2&14&0\end{pmatrix}\to\begin{pmatrix}1&0&3&1\\0&3&3&-1\\0&1&1&0\\0&2&2&-4\end{pmatrix}$$

$$\to\begin{pmatrix}1&0&3&1\\0&1&1&0\\0&3&3&-1\\0&2&2&-4\end{pmatrix}\to\begin{matrix}\begin{pmatrix}1&0&3&1\\0&1&1&0\\0&0&0&-1\\0&0&0&0\end{pmatrix},\\ \begin{matrix}\boldsymbol{\beta}_1&\boldsymbol{\beta}_2&\boldsymbol{\beta}_3&\boldsymbol{\beta}_4\end{matrix}\end{matrix}$$

故$r(\boldsymbol{A})=r(\boldsymbol{\alpha}_1,\boldsymbol{\alpha}_2,\boldsymbol{\alpha}_3,\boldsymbol{\alpha}_4)=3$．因为$\begin{vmatrix}1&0&1\\0&1&0\\0&0&-1\end{vmatrix}\neq0$，所以$\boldsymbol{\beta}_1,\boldsymbol{\beta}_2,\boldsymbol{\beta}_4$线性无关，由推论 3.3.2 知$\boldsymbol{\alpha}_1,\boldsymbol{\alpha}_2,\boldsymbol{\alpha}_4$也线性无关，故向量组$\boldsymbol{\alpha}_1,\boldsymbol{\alpha}_2,\boldsymbol{\alpha}_4$是一个极大无关组.

同理，$\boldsymbol{\alpha}_1,\boldsymbol{\alpha}_3,\boldsymbol{\alpha}_4$也是一个极大无关组，但是$\boldsymbol{\alpha}_1,\boldsymbol{\alpha}_2,\boldsymbol{\alpha}_3$不是一个极大无关组，请读者思考为什么？

（2）$\boldsymbol{\alpha}_1=(1,1,-1,0),\boldsymbol{\alpha}_2=(2,1,-2,1),\boldsymbol{\alpha}_3=(-1,3,1,-4),\boldsymbol{\alpha}_4=(4,3,-8,5)$.

解　考虑以$\boldsymbol{\alpha}_1,\boldsymbol{\alpha}_2,\boldsymbol{\alpha}_3,\boldsymbol{\alpha}_4$为列向量构成的矩阵：

$$\boldsymbol{A}=\begin{matrix}\begin{pmatrix}1&2&-1&4\\1&1&3&3\\-1&-2&1&-8\\0&1&-4&5\end{pmatrix}\\ \begin{matrix}\boldsymbol{\alpha}_1&\boldsymbol{\alpha}_2&\boldsymbol{\alpha}_3&\boldsymbol{\alpha}_4\end{matrix}\end{matrix}\to\begin{matrix}\begin{pmatrix}1&2&-1&4\\0&-1&4&-1\\0&0&0&4\\0&0&0&0\end{pmatrix},\\ \begin{matrix}\boldsymbol{\beta}_1&\boldsymbol{\beta}_2&\boldsymbol{\beta}_3&\boldsymbol{\beta}_4\end{matrix}\end{matrix}$$

故$r(\boldsymbol{\alpha}_1,\boldsymbol{\alpha}_2,\boldsymbol{\alpha}_3,\boldsymbol{\alpha}_4)=r(\boldsymbol{A})=3$．因为$\begin{vmatrix}1&2&4\\0&-1&-1\\0&0&4\end{vmatrix}\neq0$，所以$\boldsymbol{\beta}_1,\boldsymbol{\beta}_2,\boldsymbol{\beta}_4$线性无关，从而$\boldsymbol{\alpha}_1,\boldsymbol{\alpha}_2,\boldsymbol{\alpha}_4$也线性无关，故向量组$\boldsymbol{\alpha}_1,\boldsymbol{\alpha}_2,\boldsymbol{\alpha}_4$是一个极大无关组. 同理，$\boldsymbol{\alpha}_1,\boldsymbol{\alpha}_3,\boldsymbol{\alpha}_4$也是一个极大无关组.

3.4 向量空间

3.4.1 向量空间的概念

前面我们学习了有关向量的基本知识，现在我们从整体上来研究n维向量的性质，为此引进向量空间的概念.

定义 3.4.1 对于n维向量的全体构成的集合，并在集合中定义了加法和数乘运算，则称此集合为n**维向量空间**，记作$\mathbf{R}^n$.

当$n=1$时，向量空间为$\mathbf{R}^1$，即数轴上的点的集合；

当$n=2$时，向量空间为$\mathbf{R}^2$，即平面上的所有点的集合；

当$n=3$时，向量空间为$\mathbf{R}^3$，即三维向量的全体构成的几何空间.

由n维实行向量的全体组成的向量空间与由n维实列向量的全体组成的向量空间在结构上是相同的，都记为$\mathbf{R}^n$. 显然，$\mathbf{R}^n$中任意两个向量的和还是$\mathbf{R}^n$中的向量，$\mathbf{R}^n$中任意一个向量与任一个实数的乘积也是$\mathbf{R}^n$中的向量. $\mathbf{R}^n$的很多子集也有这个性质，我们把$\mathbf{R}^n$的具有这种性质的子集定义为$\mathbf{R}^n$的子空间，其严格定义如下.

定义 3.4.2 设V是n维向量构成的非空集合，且满足

（1）若$\boldsymbol{\alpha},\boldsymbol{\beta}\in V$，则$\boldsymbol{\alpha}+\boldsymbol{\beta}\in V$，即$V$对于加法是**封闭的**；

（2）若$\boldsymbol{\alpha}\in V$，$k\in\mathbf{R}$，则$k\boldsymbol{\alpha}\in V$，即$V$对于数乘是**封闭的**，

则称集合V是$\mathbf{R}^n$的**子空间**.

$\mathbf{R}^n$的子集$V=\{\mathbf{0}\}$是最简单的子空间，因为零向量加零向量仍是零向量，零向量乘任意实数后仍是零向量. 称$V=\{\mathbf{0}\}$为**零子空间**.

由子空间的非空性和对加法以及数乘的封闭性易见，在任意一个子空间 V 中一定包含零向量. 事实上，由 V 不是空集知道，可以任意取$\boldsymbol{\alpha}\in V$，则$-\boldsymbol{\alpha}=(-1)\boldsymbol{\alpha}\in V$，于是由加法的封闭性知$\boldsymbol{\alpha}+(-\boldsymbol{\alpha})=\mathbf{0}\in V$.

为了叙述方便，有时也把$\mathbf{R}^n$的子空间简称为**向量空间**.

例 1 证明：集合$V=\left\{\boldsymbol{x}=(0,x_2,\cdots,x_n)^{\mathrm{T}}\,\middle|\,x_2,\cdots,x_n\in\mathbf{R}\right\}$是一个向量空间.

证 任取$\boldsymbol{\alpha}=(0,a_2,\cdots,a_n)^{\mathrm{T}}\in V,\boldsymbol{\beta}=(0,b_2,\cdots,b_n)^{\mathrm{T}}\in V$，则

$$\boldsymbol{\alpha}+\boldsymbol{\beta}=(0,a_2+b_2,\cdots,a_n+b_n)^{\mathrm{T}}\in V,$$
$$k\boldsymbol{\alpha}=(0,ka_2,\cdots,ka_n)^{\mathrm{T}}\in V,\quad k\in\mathbf{R},$$

所以V是一个向量空间.

证毕.

例 2 设$\boldsymbol{\alpha},\boldsymbol{\beta}$为两个已知的$n$维向量，集合$V=\{\boldsymbol{x}\,|\,\boldsymbol{x}=k\boldsymbol{\alpha}+l\boldsymbol{\beta},k,l\in\mathbf{R}\}$，试证：$V$是一个向量空间.

证 任取$\boldsymbol{x}_1=k_1\boldsymbol{\alpha}+l_1\boldsymbol{\beta}\in V,\boldsymbol{x}_2=k_2\boldsymbol{\alpha}+l_2\boldsymbol{\beta}\in V$，其中$k_1,k_2,l_1,l_2\in\mathbf{R}$，则

$$\boldsymbol{x}_1+\boldsymbol{x}_2=k_1\boldsymbol{\alpha}+l_1\boldsymbol{\beta}+k_2\boldsymbol{\alpha}+l_2\boldsymbol{\beta}=(k_1+k_2)\boldsymbol{\alpha}+(l_1+l_2)\boldsymbol{\beta}\in V,$$
$$k\boldsymbol{x}_1=k(k_1\boldsymbol{\alpha}+l_1\boldsymbol{\beta})=(kk_1)\boldsymbol{\alpha}+(kl_1)\boldsymbol{\beta}\in V,$$

所以V是一个向量空间.

证毕.

称向量空间$V=\{\boldsymbol{x}|\boldsymbol{x}=k\boldsymbol{\alpha}+l\boldsymbol{\beta},k,l\in\mathbf{R}\}$为向量$\boldsymbol{\alpha}$和$\boldsymbol{\beta}$的**生成空间**.

一般地，设$\boldsymbol{\alpha}_1,\boldsymbol{\alpha}_2,\cdots,\boldsymbol{\alpha}_r$为$n$维向量组，则称向量空间

$$V=\{\boldsymbol{x}|\boldsymbol{x}=k_1\boldsymbol{\alpha}_1+k_2\boldsymbol{\alpha}_2+\cdots+k_r\boldsymbol{\alpha}_r,k_1,k_2,\cdots,k_r\in\mathbf{R}\}$$

为$\boldsymbol{\alpha}_1,\boldsymbol{\alpha}_2,\cdots,\boldsymbol{\alpha}_r$的**生成空间**.

例 3 试求n维向量空间$\mathbf{R}^n$的一个极大无关组.

解 易知n维基本向量组

$$\boldsymbol{\varepsilon}_1=(1,0,\cdots,0),\boldsymbol{\varepsilon}_2=(0,1,\cdots,0),\cdots,\boldsymbol{\varepsilon}_n=(0,0,\cdots,1)$$

是线性无关的，而任意n+1个n维向量线性相关，因此$\boldsymbol{\varepsilon}_1,\boldsymbol{\varepsilon}_2,\cdots,\boldsymbol{\varepsilon}_n$是$\mathbf{R}^n$的一个极大无关组.

事实上，$\mathbf{R}^n$中任意n个线性无关的向量构成的向量组都是$\mathbf{R}^n$的极大无关组.

3.4.2 基与维数以及坐标

定义 3.4.3 设V是$\mathbf{R}^n$中的一个向量空间，若V中的向量组$\boldsymbol{\alpha}_1,\boldsymbol{\alpha}_2,\cdots,\boldsymbol{\alpha}_r$满足：

（1）$\boldsymbol{\alpha}_1,\boldsymbol{\alpha}_2,\cdots,\boldsymbol{\alpha}_r$线性无关；

（2）V中的任意一个向量$\boldsymbol{\alpha}$都可由向量组$\boldsymbol{\alpha}_1,\boldsymbol{\alpha}_2,\cdots,\boldsymbol{\alpha}_r$线性表示，即存在常数$k_1,k_2,\cdots,k_r\in\mathbf{R}$，使得

$$\boldsymbol{\alpha}=k_1\boldsymbol{\alpha}_1+k_2\boldsymbol{\alpha}_2+\cdots+k_r\boldsymbol{\alpha}_r,$$

则称**向量组**$\boldsymbol{\alpha}_1,\boldsymbol{\alpha}_2,\cdots,\boldsymbol{\alpha}_r$为$V$的**一组基**，其中每个$\boldsymbol{\alpha}_i\,(i=1,2,\cdots,r)$都称为基向量，基中所含向量的个数$r$称为$V$的**维数**，记为$\dim V=r$，并称$V$为$r$维向量空间.

由基的定义可知，向量空间V的一组基，实际上就是向量集合V的一个极大线性无关组，V的维数就是极大无关组中所含向量的个数，也即V的秩，因此向量空间的维数是不变的，它不会随基的改变而改变.

向量空间$V=\{\mathbf{0}\}$不存在基，规定它的维数为0.

例 4 验证$\boldsymbol{\varepsilon}_1=(1,0,\cdots,0)^{\mathrm{T}},\boldsymbol{\varepsilon}_2=(0,1,\cdots,0)^{\mathrm{T}},\cdots,\boldsymbol{\varepsilon}_n=(0,0,\cdots,1)^{\mathrm{T}}$是$n$维向量空间的一组基.

证 因为$\boldsymbol{\varepsilon}_1,\boldsymbol{\varepsilon}_2,\cdots,\boldsymbol{\varepsilon}_n$是线性无关的，且每个$n$维向量都可由该向量组线性表示，由定义3.4.3知，$\boldsymbol{\varepsilon}_1,\boldsymbol{\varepsilon}_2,\cdots,\boldsymbol{\varepsilon}_n$是$\mathbf{R}^n$的一组基，于是$\dim\mathbf{R}^n=n$.

$\mathbf{R}^n$中任意n个线性无关的向量都是n维向量空间的一组基.

定理 3.4.1 设$\boldsymbol{\alpha}_1,\boldsymbol{\alpha}_2,\cdots,\boldsymbol{\alpha}_r$是向量空间$V$的一组基，则$V$中的任意一个向量$\boldsymbol{\alpha}$都可以用$\boldsymbol{\alpha}_1,\boldsymbol{\alpha}_2,\cdots,\boldsymbol{\alpha}_r$唯一地线性表示.

当$\boldsymbol{\alpha}=k_1\boldsymbol{\alpha}_1+k_2\boldsymbol{\alpha}_2+\cdots+k_r\boldsymbol{\alpha}_r$成立时，由$r$个表示系数组成的$r$维向量$(k_1,k_2,\cdots,k_r)$称为向量$\boldsymbol{\alpha}$在**基**$\boldsymbol{\alpha}_1,\boldsymbol{\alpha}_2,\cdots,\boldsymbol{\alpha}_r$**下的坐标**.

若向量空间V的一组基为$\boldsymbol{\alpha}_1,\boldsymbol{\alpha}_2,\cdots,\boldsymbol{\alpha}_r$，则

$$V=\{\boldsymbol{x}|\boldsymbol{x}=k_1\boldsymbol{\alpha}_1+k_2\boldsymbol{\alpha}_2+\cdots+k_r\boldsymbol{\alpha}_r,k_1,k_2,\cdots,k_r\in\mathbf{R}\},$$

即向量空间V是它的任意一组基的生成空间.

当然，同一个向量在不同的基下有不同的坐标，求坐标的方法就是求出表示系数，也就是解线性方程组.

例 5 在 $\mathbf{R}^3$ 中，设 $\boldsymbol{\alpha}_1=(0,0,1),\boldsymbol{\alpha}_2=(0,1,1),\boldsymbol{\alpha}_3=(1,1,1)$，证明 $\boldsymbol{\alpha}_1,\boldsymbol{\alpha}_2,\boldsymbol{\alpha}_3$ 构成 $\mathbf{R}^3$ 的一组基，并求 $\boldsymbol{\alpha}=(3,-1,-4)$ 在这组基下的坐标.

解 $\mathbf{R}^3$ 是 3 维向量空间，又因为

$$D=\begin{vmatrix}0&0&1\\0&1&1\\1&1&1\end{vmatrix}=-1\neq 0,$$

所以 $\boldsymbol{\alpha}_1,\boldsymbol{\alpha}_2,\boldsymbol{\alpha}_3$ 是线性无关的，从而它是 $\mathbf{R}^3$ 的一组基.

设

$$\boldsymbol{\alpha}=k_1\boldsymbol{\alpha}_1+k_2\boldsymbol{\alpha}_2+k_3\boldsymbol{\alpha}_3,$$

代入条件得

$$\begin{cases}k_3=3,\\k_2+k_3=-1,\\k_1+k_2+k_3=-4,\end{cases}$$

解得

$$\boldsymbol{k}=(-3,-4,3)^{\mathrm{T}},$$

所以 $\boldsymbol{\alpha}$ 在基 $\boldsymbol{\alpha}_1,\boldsymbol{\alpha}_2,\boldsymbol{\alpha}_3$ 下的坐标为 $\boldsymbol{k}=(-3,-4,3)^{\mathrm{T}}$.

例 6 在 n 维向量空间 $\mathbf{R}^n$ 中，

（1）求 $\boldsymbol{\alpha}=(a_1,a_2,\cdots,a_n)$ 在基 $\boldsymbol{\varepsilon}_1,\boldsymbol{\varepsilon}_2,\cdots,\boldsymbol{\varepsilon}_n$ 下的坐标.

（2）求 $\boldsymbol{\alpha}=(a_1,a_2,\cdots,a_n)$ 在基 $\boldsymbol{\varepsilon}_n,\boldsymbol{\varepsilon}_{n-1},\cdots,\boldsymbol{\varepsilon}_1$ 下的坐标.

解 （1）因为

$$\boldsymbol{\alpha}=a_1\boldsymbol{\varepsilon}_1+a_2\boldsymbol{\varepsilon}_2+\cdots+a_n\boldsymbol{\varepsilon}_n,$$

所以 $\boldsymbol{\alpha}$ 在基 $\boldsymbol{\varepsilon}_1,\boldsymbol{\varepsilon}_2,\cdots,\boldsymbol{\varepsilon}_n$ 下的坐标为 $(a_1,a_2,\cdots,a_n)^{\mathrm{T}}$.

（2）又因为

$$\boldsymbol{\alpha}=a_n\boldsymbol{\varepsilon}_n+a_{n-1}\boldsymbol{\varepsilon}_{n-1}+\cdots+a_1\boldsymbol{\varepsilon}_1,$$

所以 $\boldsymbol{\alpha}$ 在基 $\boldsymbol{\varepsilon}_n,\boldsymbol{\varepsilon}_{n-1},\cdots,\boldsymbol{\varepsilon}_1$ 下的坐标为 $(a_n,a_{n-1},\cdots,a_1)^{\mathrm{T}}$.

由此看出，n 个线性无关的向量按一定次序排列组成 $\mathbf{R}^n$ 的一组基，若排列顺序不同，则组成不同的基；同一个向量在不同基下的坐标也是不同的.

3.5 向量空间的应用实例

先来看一个定义.

定义 3.5.1 形如 $ax+by=c$（$a,b,c\in\mathbf{Z}, ab\neq 0$）的方程称为二元一次不定方程.

例 1 解决某些二元不定方程问题.

甲、乙、丙三种货物，若购甲 3 件，购乙 7 件，丙 1 件，共需 315 元；若购甲 4 件，乙 10 件，丙 1 件，共需 420 元. 现购甲、乙、丙各 1 件，共需多少元？

分析 此题若按一般列方程解应用题方法，可设购甲、乙、丙每件各需 x, y, z 元，依题意可得方程组

$$\begin{cases}3x+7y+z=315,\\4x+10y+z=420.\end{cases}$$

此方程组最终可化为二元一次不定方程，这使得满足条件的解不唯一. 此时需作进一步判断，若考虑到 $x+y+z$，$3x+7y+z$ 和 $4x+10y+z$ 的系数 $(1,1,1),(3,7,1),(4,10,1)$ 是线性相关的，则解是唯一的.

解 不妨设 $x+y+z=m(3x+7y+z)+n(4x+10y+z)$，则

$$\begin{cases}3m+4n=1,\\7m+10n=1,\\m+n=1,\end{cases}$$

用高斯消元法解得唯一解

$$\begin{cases}m=3,\\n=-2.\end{cases}$$

故

$$x+y+z=3(3x+7y+z)-2(4x+10y+z)=3\times315-2\times420=105\ （元）,$$

即购甲、乙、丙各 1 件，共需 105 元.

例 2 药方配制问题.

某中药厂用 9 种中草药 A 至 I，根据不同的比例配制了 7 种特效药，各用量成分（单位：克）见表 3.5.1.

表 3.5.1

中药配方	1 号	2 号	3 号	4 号	5 号	6 号	7 号
A	10	2	14	12	20	38	10
B	12	0	12	25	35	60	55
C	5	3	11	0	5	14	0
D	7	9	25	5	15	47	35
E	0	1	2	25	5	33	6
F	25	5	35	5	35	55	50
G	9	4	17	25	2	39	25
H	6	5	16	10	10	35	10
I	8	2	12	0	2	8	20

试解答：某医院要购买这 7 种特效药，但药厂的第 3 号药和第 6 号药已经卖完，请问能否用其他特效药配制出这两种脱销的药品？

解 把每种特效药看成一个 9 维列向量：$\boldsymbol{\alpha}_1,\boldsymbol{\alpha}_2,\cdots,\boldsymbol{\alpha}_7$，分析这 7 个列向量构成的向量组的线性相关性. 若向量组线性无关，则无法配制脱销的特效药；若向量组线性相关，且能将 $\boldsymbol{\alpha}_3,\boldsymbol{\alpha}_6$ 用其余向量线性表示，则可以配制 3 号和 6 号药.

设 $\boldsymbol{A}=(\boldsymbol{\alpha}_1,\boldsymbol{\alpha}_2,\cdots,\boldsymbol{\alpha}_7)$，利用初等行变换将 $\boldsymbol{A}$ 化为最简形矩阵，即

$$
A \xrightarrow{\text{行}} \begin{pmatrix} 1 & 0 & 1 & 0 & 0 & 0 & 0 \\ 0 & 1 & 2 & 0 & 0 & 3 & 0 \\ 0 & 0 & 0 & 1 & 0 & 1 & 0 \\ 0 & 0 & 0 & 0 & 1 & 1 & 0 \\ 0 & 0 & 0 & 0 & 0 & 0 & 1 \\ 0 & 0 & 0 & 0 & 0 & 0 & 0 \\ 0 & 0 & 0 & 0 & 0 & 0 & 0 \\ 0 & 0 & 0 & 0 & 0 & 0 & 0 \\ 0 & 0 & 0 & 0 & 0 & 0 & 0 \end{pmatrix}.
$$

显然$\boldsymbol{\alpha}_1,\boldsymbol{\alpha}_2,\boldsymbol{\alpha}_4,\boldsymbol{\alpha}_5,\boldsymbol{\alpha}_7$线性无关，且从最简形矩阵中可以看出其列向量的线性关系，从而得到原来矩阵$\boldsymbol{A}$的列向量间的线性关系，有

$$
\boldsymbol{\alpha}_3=\boldsymbol{\alpha}_1+2\boldsymbol{\alpha}_2,\boldsymbol{\alpha}_6=3\boldsymbol{\alpha}_2+\boldsymbol{\alpha}_4+\boldsymbol{\alpha}_5,
$$

即可以配制 3 号和 6 号药.

小　结

一、基本概念

1. n维向量及其线性运算，零向量，负向量.
2. 向量组的线性组合，向量组之间的线性表示.
3. 向量组的线性相关与线性无关.
4. 向量组的极大线性无关组和向量组的秩.
5. 向量空间的基与维数，一个向量在取定的基下的坐标.

二、重要结论与公式

1. n维列向量$\boldsymbol{\beta}$能表示成向量组$\boldsymbol{\alpha}_1,\boldsymbol{\alpha}_2,\cdots,\boldsymbol{\alpha}_m$的线性组合的充要条件是线性方程组$\boldsymbol{AX}=\boldsymbol{\beta}$有解，这里$\boldsymbol{A}=(\boldsymbol{\alpha}_1,\boldsymbol{\alpha}_2,\cdots,\boldsymbol{\alpha}_m)$为$n\times m$矩阵.

2. n维向量组$\boldsymbol{\alpha}_1,\boldsymbol{\alpha}_2,\cdots,\boldsymbol{\alpha}_m$线性相关当且仅当齐次线性方程组$\boldsymbol{AX}=\boldsymbol{0}$有非零解；$n$维向量组$\boldsymbol{\alpha}_1,\boldsymbol{\alpha}_2,\cdots,\boldsymbol{\alpha}_m$线性无关当且仅当齐次线性方程组$\boldsymbol{AX}=\boldsymbol{0}$有且仅有全零解.

3. n个n维向量$\boldsymbol{\alpha}_1,\boldsymbol{\alpha}_2,\cdots,\boldsymbol{\alpha}_n$线性相关当且仅当$|\boldsymbol{A}|=0$；$n$个$n$维向量$\boldsymbol{\alpha}_1,\boldsymbol{\alpha}_2,\cdots,\boldsymbol{\alpha}_n$线性无关当且仅当$|\boldsymbol{A}|\neq 0$. 这里$|\boldsymbol{A}|$为以$\boldsymbol{\alpha}_1,\boldsymbol{\alpha}_2,\cdots,\boldsymbol{\alpha}_n$为列向量组成的行列式.

4. 两个向量$\boldsymbol{\alpha},\boldsymbol{\beta}$线性相关当且仅当它们对应的分量成比例.

5. 向量组中向量的个数大于维数时，向量组必线性相关.

6. 线性无关向量组的部分组必为线性无关组；线性无关向量组的延长向量组必为线性无关组.

7. 等价的向量组必同秩，反之，同秩的向量组未必等价.

三、重点练习内容

1. 当一个向量表示成同维向量组的线性组合时，求出表示系数.
2. 判定向量组的线性相关和线性无关.
3. 求向量组的极大无关组和向量组的秩.

4．向量空间的判定，求向量空间的基以及向量在此基下的坐标.

习题三

1．设$\boldsymbol{\alpha}=(6,-2,0,4),\boldsymbol{\beta}=(-3,1,5,7)$，求向量$\boldsymbol{v}$，使得$3\boldsymbol{\alpha}-\boldsymbol{v}=4\boldsymbol{\beta}$.

2. 已知三个三维向量$\boldsymbol{\alpha}=(1,0,a)^{\mathrm{T}},\boldsymbol{\beta}=(3,-2,1)^{\mathrm{T}},\boldsymbol{\gamma}=(b,4,3)^{\mathrm{T}}$，满足$5\boldsymbol{\alpha}+c\boldsymbol{\beta}-\boldsymbol{\gamma}=\boldsymbol{0}$，求常数$a,b,c$.

3．判断下列给定向量$\boldsymbol{\beta}$是否可以由相应的向量组线性表示，若能，写出它的一种表达形式.

（1）$\boldsymbol{\beta}=(8,3,-1,-25),\boldsymbol{\alpha}_1=(-1,3,0,-5),\boldsymbol{\alpha}_2=(2,0,7,-3),\boldsymbol{\alpha}_3=(-4,1,-2,6)$.

（2）$\boldsymbol{\beta}=(3,5,-6),\boldsymbol{\alpha}_1=(1,0,1),\boldsymbol{\alpha}_2=(1,1,1),\boldsymbol{\alpha}_3=(0,-1,-1)$.

（3）$\boldsymbol{\beta}=(-8,-3,7,-10),\boldsymbol{\alpha}_1=(-2,7,1,3),\boldsymbol{\alpha}_2=(3,-5,0,-2),\boldsymbol{\alpha}_3=(-5,-6,3,-1)$.

（4）$\boldsymbol{\beta}=(1,2,1,1),\boldsymbol{\alpha}_1=(1,1,1,1),\boldsymbol{\alpha}_2=(1,1,-1,-1),\boldsymbol{\alpha}_3=(1,-1,1,-1),\boldsymbol{\alpha}_4=(1,-1,-1,1)$.

4．试证：任一个四维向量$\boldsymbol{\beta}=(b_1,b_2,b_3,b_4)^{\mathrm{T}}$都可由向量组

$$\boldsymbol{\alpha}_1=(1,0,0,0)^{\mathrm{T}},\boldsymbol{\alpha}_2=(1,1,0,0)^{\mathrm{T}},\quad \boldsymbol{\alpha}_3=(1,1,1,0)^{\mathrm{T}},\boldsymbol{\alpha}_4=(1,1,1,1)^{\mathrm{T}}$$

线性表示，并且表达式唯一，写出这种表达式.

5．判断下列命题是否正确.

（1）若向量组$\boldsymbol{\alpha}_1,\boldsymbol{\alpha}_2,\cdots,\boldsymbol{\alpha}_s$是线性相关的，则$\boldsymbol{\alpha}_1$可由$\boldsymbol{\alpha}_2,\cdots,\boldsymbol{\alpha}_s$线性表示.

（2）对于向量组$\boldsymbol{\alpha}_1,\boldsymbol{\alpha}_2,\cdots,\boldsymbol{\alpha}_s$，若有全为零的数$k_1,k_2,\cdots,k_s$，使得

$$k_1\boldsymbol{\alpha}_1+k_2\boldsymbol{\alpha}_2+\cdots+k_s\boldsymbol{\alpha}_s=\boldsymbol{0},$$

则$\boldsymbol{\alpha}_1,\boldsymbol{\alpha}_2,\cdots,\boldsymbol{\alpha}_s$线性无关.

（3）若向量组$\boldsymbol{\alpha}_1,\boldsymbol{\alpha}_2,\cdots,\boldsymbol{\alpha}_s\ (s>2)$两两线性无关，则向量组$\boldsymbol{\alpha}_1,\boldsymbol{\alpha}_2,\cdots,\boldsymbol{\alpha}_s$一定线性无关.

（4）若有一组不全为0的数$k_1,k_2,\cdots,k_s$，使得$k_1\boldsymbol{\alpha}_1+k_2\boldsymbol{\alpha}_2+\cdots+k_s\boldsymbol{\alpha}_s\neq\boldsymbol{0}$，则$\boldsymbol{\alpha}_1,\boldsymbol{\alpha}_2,\cdots,\boldsymbol{\alpha}_s$线性无关.

6．讨论下列各向量组的相关性，并说明理由.

（1）$\boldsymbol{\alpha}_1=(1,-2,0,3),\boldsymbol{\alpha}_2=(2,5,-1,0),\boldsymbol{\alpha}_3=(3,4,1,2)$.

（2）$\boldsymbol{\alpha}_1=(3,4,-2,5),\boldsymbol{\alpha}_2=(2,-5,0,-3),\boldsymbol{\alpha}_3=(5,0,-1,2),\boldsymbol{\alpha}_4=(3,3,-3,5)$.

（3）$\boldsymbol{\alpha}_1=(2,3),\boldsymbol{\alpha}_2=(1,4),\boldsymbol{\alpha}_3=(5,6)$.

（4）$\boldsymbol{\alpha}_1=(3,-1,2),\boldsymbol{\alpha}_2=(1,5,-7),\boldsymbol{\alpha}_3=(7,-13,20),\boldsymbol{\alpha}_4=(-2,6,1)$.

（5）$\boldsymbol{\alpha}_1=(1,a,a^2,a^3),\boldsymbol{\alpha}_2=(1,b,b^2,b^3),\boldsymbol{\alpha}_3=(1,c,c^2,c^3)$.

7．设向量组$\boldsymbol{\alpha}_1=(3,1,2,12)^{\mathrm{T}},\boldsymbol{\alpha}_2=(-1,a,1,1)^{\mathrm{T}},\boldsymbol{\alpha}_3=(1,-1,0,2)^{\mathrm{T}}$线性相关，求$a$的值.

8．设向量组

$$\boldsymbol{\alpha}_1=\begin{pmatrix}1\\1\\1\\3\end{pmatrix},\boldsymbol{\alpha}_2=\begin{pmatrix}-1\\-3\\5\\1\end{pmatrix},\boldsymbol{\alpha}_3=\begin{pmatrix}3\\2\\7\\a+2\end{pmatrix},\boldsymbol{\alpha}_4=\begin{pmatrix}-2\\-6\\10\\a\end{pmatrix},$$

试问：（1）a为何值时，$\boldsymbol{\alpha}_1,\boldsymbol{\alpha}_2,\boldsymbol{\alpha}_3,\boldsymbol{\alpha}_4$线性无关？

（2）a为何值时，$\boldsymbol{\alpha}_1,\boldsymbol{\alpha}_2,\boldsymbol{\alpha}_3,\boldsymbol{\alpha}_4$线性相关？并在此时求出向量组的秩.

9．若向量组$\boldsymbol{\alpha}_1,\boldsymbol{\alpha}_2,\boldsymbol{\alpha}_3$线性无关，判断下列向量组的相关性，说明理由.

（1）$\boldsymbol{\alpha}_1+\boldsymbol{\alpha}_2,\boldsymbol{\alpha}_2+\boldsymbol{\alpha}_3,\boldsymbol{\alpha}_3+\boldsymbol{\alpha}_1$.

（2）$2\boldsymbol{\alpha}_1+3\boldsymbol{\alpha}_2,\boldsymbol{\alpha}_2+4\boldsymbol{\alpha}_3,5\boldsymbol{\alpha}_3+\boldsymbol{\alpha}_1$.

（3）$\boldsymbol{\alpha}_1+\boldsymbol{\alpha}_2,-\boldsymbol{\alpha}_2+\boldsymbol{\alpha}_3,\boldsymbol{\alpha}_3+\boldsymbol{\alpha}_1$.

10．若向量组$\boldsymbol{\alpha}_1,\boldsymbol{\alpha}_2,\boldsymbol{\alpha}_3,\boldsymbol{\alpha}_4$线性无关，问$\boldsymbol{\alpha}_1+\boldsymbol{\alpha}_2,\boldsymbol{\alpha}_2+\boldsymbol{\alpha}_3,\boldsymbol{\alpha}_3+\boldsymbol{\alpha}_4,\boldsymbol{\alpha}_4+\boldsymbol{\alpha}_1$是否线性无关？说明理由.

11．试证：在n维向量空间中，如果$\boldsymbol{\alpha}_1,\boldsymbol{\alpha}_2,\cdots,\boldsymbol{\alpha}_n$线性无关，则任一个$n$维向量$\boldsymbol{\beta}$都可以由它线性表示，且表达式唯一.

12．证明$\boldsymbol{\alpha}_1,\boldsymbol{\alpha}_2,\cdots,\boldsymbol{\alpha}_s\left(\boldsymbol{\alpha}_1\neq\boldsymbol{0}\right)$线性相关的充分必要条件是存在着一个$\boldsymbol{\alpha}_i\left(1<i\leqslant s\right)$，使得$\boldsymbol{\alpha}_i$可以由$\boldsymbol{\alpha}_1,\boldsymbol{\alpha}_2,\cdots,\boldsymbol{\alpha}_{i-1}$线性表示.

13．证明：若向量组$\boldsymbol{\alpha}_1,\boldsymbol{\alpha}_2,\cdots,\boldsymbol{\alpha}_s$与向量组$\boldsymbol{\alpha}_1,\boldsymbol{\alpha}_2,\cdots,\boldsymbol{\alpha}_s,\boldsymbol{\beta}$有相同的秩，则$\boldsymbol{\beta}$可以由$\boldsymbol{\alpha}_1,\boldsymbol{\alpha}_2,\cdots,\boldsymbol{\alpha}_s$线性表示.

14．设$\boldsymbol{\alpha}_1,\boldsymbol{\alpha}_2,\cdots,\boldsymbol{\alpha}_n$是一个$n$维向量组，如果$n$维基本向量组$\boldsymbol{\varepsilon}_1,\boldsymbol{\varepsilon}_2,\cdots,\boldsymbol{\varepsilon}_n$可由它线性表示，证明$\boldsymbol{\alpha}_1,\boldsymbol{\alpha}_2,\cdots,\boldsymbol{\alpha}_n$线性无关.

15．求下列向量组的秩，并求出一个极大无关组.

（1）$\boldsymbol{\alpha}_1=(1,2,0,0),\boldsymbol{\alpha}_2=(1,2,3,4),\boldsymbol{\alpha}_3=(3,6,0,0)$.

（2）$\boldsymbol{\alpha}_1=(2,1,-3,1),\boldsymbol{\alpha}_2=(4,2,-6,2),\boldsymbol{\alpha}_3=(6,3,-9,3),\boldsymbol{\alpha}_4=(1,1,1,1)$.

（3）$\boldsymbol{\alpha}_1=(1,2,3,4),\boldsymbol{\alpha}_2=(2,3,4,5),\boldsymbol{\alpha}_3=(3,4,5,6),\boldsymbol{\alpha}_4=(4,5,6,7)$.

（4）$\boldsymbol{\alpha}_1=(1,-1,2,4),\boldsymbol{\alpha}_2=(0,3,1,2),\boldsymbol{\alpha}_3=(3,0,7,14),\boldsymbol{\alpha}_4=(1,-1,2,0),\boldsymbol{\alpha}_5=(2,1,5,0)$.

16．设向量组$\boldsymbol{\alpha}_1=(2,-3,-1),\boldsymbol{\alpha}_2=(1,-2,3),\boldsymbol{\alpha}_3=(-4,6,t)$，当$t$为何值时，向量组$\boldsymbol{\alpha}_1,\boldsymbol{\alpha}_2,\boldsymbol{\alpha}_3$线性相关，并求$\boldsymbol{\alpha}_1,\boldsymbol{\alpha}_2,\boldsymbol{\alpha}_3$的一个极大无关组.

17．在$\mathbf{R}^3$中，设$\boldsymbol{\alpha}_1=(1,0,1),\boldsymbol{\alpha}_2=(0,1,-1),\boldsymbol{\alpha}_3=(1,2,0)$，证明$\boldsymbol{\alpha}_1,\boldsymbol{\alpha}_2,\boldsymbol{\alpha}_3$构成$\mathbf{R}^3$的一组基，并求$\boldsymbol{\alpha}=(1,-1,-2)$在这组基下的坐标.

18．在$\mathbf{R}^n$中，设$\boldsymbol{\alpha}_1=(1,-1,0,\cdots,0),\boldsymbol{\alpha}_2=(0,1,-1,0,\cdots,0),\cdots,\boldsymbol{\alpha}_n=(0,0,\cdots,0,1)$，证明$\boldsymbol{\alpha}_1,\boldsymbol{\alpha}_2,\cdots,\boldsymbol{\alpha}_n$构成$\mathbf{R}^n$的一组基，并求$\boldsymbol{\alpha}=(a_1,a_2,\cdots,a_n)$在这组基下的坐标.

第4章 线性方程组

线性方程组解的理论和求解方法是线性代数学的核心内容. 在第 1 章中介绍的克拉默法则只适用讨论方程个数与未知量个数相同的线性方程组. 本章将利用在第 3 章中介绍的向量理论，建立线性方程组的解的理论：解的存在性和解的结构，并给出它的通解表示法.

对于一般的线性方程组，解有 3 种可能：（1）仅有唯一解；（2）有无穷多解；（3）无解.

我们研究一般的线性方程组需要解决以下 3 个问题.

（1）一个线性方程组在什么条件下有解，在什么条件下无解；

（2）若有解，是有唯一解还是有无穷多个解，即线性方程组解的判定问题；

（3）若有无穷多个解，则如何利用有限个解来表示方程组的全部解，即线性方程组解的结构问题.

下面分别从齐次线性方程组和非齐次线性方程组来讨论.

4.1 齐次线性方程组

4.1.1 齐次线性方程组的解

讨论含有 m 个方程，n 个未知量的齐次线性方程组

$$\begin{cases} a_{11}x_1 + a_{12}x_2 + \cdots + a_{1n}x_n = 0, \\ a_{21}x_1 + a_{22}x_2 + \cdots + a_{2n}x_n = 0, \\ \qquad \cdots\cdots \\ a_{m1}x_1 + a_{m2}x_2 + \cdots + a_{mn}x_n = 0, \end{cases} \tag{4.1.1}$$

写成矩阵形式为 $\boldsymbol{AX} = \mathbf{0}$，其中

$$\boldsymbol{A} = \begin{pmatrix} a_{11} & a_{12} & \cdots & a_{1n} \\ a_{21} & a_{22} & \cdots & a_{2n} \\ \vdots & \vdots & & \vdots \\ a_{m1} & a_{m2} & \cdots & a_{mn} \end{pmatrix}, \quad \boldsymbol{X} = \begin{pmatrix} x_1 \\ x_2 \\ \vdots \\ x_n \end{pmatrix}.$$

由于 $\boldsymbol{X} = \mathbf{0}$ 总是齐次线性方程组（4.1.1）的解向量，因而，以下主要讨论方程组（4.1.1）是否有非零解以及如何表示这无穷多个非零解.

先讨论齐次线性方程组的解的性质.

性质 4.1.1 若 $\boldsymbol{X} = \boldsymbol{\eta}_1, \boldsymbol{X} = \boldsymbol{\eta}_2$ 是齐次线性方程组（4.1.1）的两个解，则

（1）$\boldsymbol{X} = \boldsymbol{\eta}_1 + \boldsymbol{\eta}_2$ 也是方程组（4.1.1）的解；

（2）$\boldsymbol{X} = k\boldsymbol{\eta}_1$ 也是方程组（4.1.1）的解，其中 k 为任意实数.

证 由条件得，$\boldsymbol{A\eta}_1 = \mathbf{0}, \boldsymbol{A\eta}_2 = \mathbf{0}$，于是

$$A(\eta_1+\eta_2)=A\eta_1+A\eta_2=0,$$

所以 $X=\eta_1+\eta_2$ 也是方程组（4.1.1）的解.

对任意实数 k，有

$$A(k\eta_1)=kA\eta_1=0,$$

所以 $X=k\eta_1$ 也是方程组（4.1.1）的解.

证毕.

性质 4.1.1 常可以写成，对任何实数 k_1,k_2，$X=k_1\eta_1+k_2\eta_2$ 仍是方程组（4.1.1）的解，即齐次线性方程组（4.1.1）的解向量的线性组合仍是该方程组的解向量.

若用 V 表示方程组（4.1.1）的全体解向量组成的集合，则性质 4.1.1 可表述为

（1）若 $\eta_1\in V,\eta_2\in V$，则 $\eta_1+\eta_2\in V$；

（2）若 $\eta_1\in V,k\in\mathbf{R}$，则 $k\eta_1\in V$.

这就说明集合 V 对向量的线性运算是封闭的，所以集合 V 是一个向量空间，称为齐次线性方程组（4.1.1）的**解空间**.

因此，只要方程组（4.1.1）有非零解，它便有无穷多个解. 如何表示这无穷多个解呢？下面我们引入齐次线性方程组的基础解系的概念.

定义 4.1.1 齐次线性方程组（4.1.1）的有限个解 $\eta_1,\eta_2,\cdots,\eta_s$，若满足：

（1）$\eta_1,\eta_2,\cdots,\eta_s$ 线性无关；

（2）齐次线性方程组（4.1.1）的任意一个解都可由 $\eta_1,\eta_2,\cdots,\eta_s$ 线性表示，则称 $\eta_1,\eta_2,\cdots,\eta_s$ 为齐次线性方程组（4.1.1）的一个**基础解系**.

由定义 4.1.1 可知，基础解系实际上就是齐次线性方程组的解向量组的一个极大无关组，也可以说基础解系就是解空间的一组基.

易知基础解系中的解向量不能含有零向量. 对于一个齐次线性方程组，当有且仅有唯一的全零解时，它没有线性无关的解，因而它没有基础解系；当有无穷多个解时，基础解系是否存在？若存在，如何求出基础解系？基础解系中解向量的个数是多少？基础解系是否唯一？下面来讨论这些问题.

定理 4.1.1 若一个齐次线性方程组有非零解，则它一定有基础解系，且基础解系中所含解向量的个数为 $n-r$，其中 n 为未知量个数，r 为系数矩阵的秩.

证 设齐次线性方程组（4.1.1）有非零解，可知 $r<n$，不妨设系数矩阵 A 的前 r 列向量线性无关.

对矩阵 A 进行初等行变换，化为最简形矩阵，则有

$$A\xrightarrow{\text{行}}\begin{pmatrix}1 & b_{12} & \cdots & b_{1r} & b_{1,r+1} & \cdots & b_{1n}\\ 0 & 1 & \cdots & b_{2r} & b_{2,r+1} & \cdots & b_{2n}\\ \vdots & \vdots & & \vdots & \vdots & & \vdots\\ 0 & 0 & \cdots & 1 & b_{r,r+1} & \cdots & b_{rn}\\ 0 & 0 & \cdots & 0 & 0 & \cdots & 0\\ \vdots & \vdots & & \vdots & \vdots & & \vdots\\ 0 & 0 & \cdots & 0 & 0 & \cdots & 0\end{pmatrix}$$

$$\xrightarrow{\text{行}}\begin{pmatrix}1 & 0 & \cdots & 0 & c_{1,r+1} & \cdots & c_{1n}\\ 0 & 1 & \cdots & 0 & c_{2,r+1} & \cdots & c_{2n}\\ \vdots & \vdots & & \vdots & \vdots & & \vdots\\ 0 & 0 & \cdots & 1 & c_{r,r+1} & \cdots & c_{rn}\\ 0 & 0 & \cdots & 0 & 0 & \cdots & 0\\ \vdots & \vdots & & \vdots & \vdots & & \vdots\\ 0 & 0 & \cdots & 0 & 0 & \cdots & 0\end{pmatrix}.$$

相应的阶梯形方程组为

$$\begin{cases}x_1+c_{1,r+1}x_{r+1}+\cdots+c_{1n}x_n=0,\\ x_2+c_{2,r+1}x_{r+1}+\cdots+c_{2n}x_n=0,\\ \qquad\cdots\cdots\\ x_r+c_{r,r+1}x_{r+1}+\cdots+c_{rn}x_n=0,\end{cases}$$

于是得到方程组（4.1.1）的一般解为

$$\begin{cases}x_1=-c_{1,r+1}x_{r+1}-\cdots-c_{1n}x_n,\\ x_2=-c_{2,r+1}x_{r+1}-\cdots-c_{2n}x_n,\\ \qquad\cdots\cdots\\ x_r=-c_{r,r+1}x_{r+1}-\cdots-c_{rn}x_n,\end{cases}$$

其中 $x_{r+1},x_{r+2},\cdots,x_n$ 为自由未知量.

令 $x_{r+1}=1,x_{r+2}=0,\cdots,x_n=0$，代入上述一般解，得

$$\boldsymbol{\eta}_1=\left(-c_{1,r+1},-c_{2,r+1},\cdots,-c_{r,r+1},1,0,\cdots,0\right)^{\mathrm{T}};$$

又令 $x_{r+1}=0,x_{r+2}=1,\cdots,x_n=0$，得

$$\boldsymbol{\eta}_2=\left(-c_{1,r+2},-c_{2,r+2},\cdots,-c_{r,r+2},0,1,\cdots,0\right)^{\mathrm{T}};$$

$$\cdots\cdots$$

再令 $x_{r+1}=0,x_{r+2}=0,\cdots,x_n=1$，得

$$\boldsymbol{\eta}_{n-r}=\left(-c_{1n},-c_{2n},\cdots,-c_{rn},0,0,\cdots,1\right)^{\mathrm{T}}.$$

这样得到方程组（4.1.1）的 $n-r$ 个解 $\boldsymbol{\eta}_1,\boldsymbol{\eta}_2,\cdots,\boldsymbol{\eta}_{n-r}$.

下面证明这 $n-r$ 个解 $\boldsymbol{\eta}_1,\boldsymbol{\eta}_2,\cdots,\boldsymbol{\eta}_{n-r}$ 就是齐次线性方程组的一个基础解系.

利用其缩短向量组的线性无关性，可知 $\boldsymbol{\eta}_1,\boldsymbol{\eta}_2,\cdots,\boldsymbol{\eta}_{n-r}$ 是线性无关的. 又设方程组的任意一个解为

$$\boldsymbol{\eta}=\left(k_1,k_2,\cdots,k_r,k_{r+1},\cdots,k_n\right)^{\mathrm{T}},$$

由解的性质 4.1.1 知，$k_{r+1}\boldsymbol{\eta}_1+k_{r+2}\boldsymbol{\eta}_2+\cdots+k_n\boldsymbol{\eta}_{n-r}$ 仍是齐次线性方程组的解，它的后 $n-r$ 个分量为

$$k_{r+1},k_{r+2},\cdots,k_n,$$

与解向量 $\boldsymbol{\eta}$ 的后 $n-r$ 个分量完全相同. 而解的后 $n-r$ 个分量在一般解中正好是 $n-r$ 个自由未知量的位置，当自由未知量取定一组数值后，解是唯一确定的. 因此，

$$\boldsymbol{\eta}=k_{r+1}\boldsymbol{\eta}_1+k_{r+2}\boldsymbol{\eta}_2+\cdots+k_n\boldsymbol{\eta}_{n-r}.$$

这说明任意一个解都可以由 $\boldsymbol{\eta}_1,\boldsymbol{\eta}_2,\cdots,\boldsymbol{\eta}_{n-r}$ 线性表示，所以 $\boldsymbol{\eta}_1,\boldsymbol{\eta}_2,\cdots,\boldsymbol{\eta}_{n-r}$ 就是一个基础解系.

证毕.

定理 4.1.1 的证明过程给出了一种求基础解系的方法，当然这个方法不是唯一的. 关键在于给出的自由未知量的 $n-r$ 组数据要满足线性无关，即构成的行列式值不为零，因此基础解系也是不唯一

的. 但基础解系之间是等价的，并且它所含解向量的个数是一样的，都是 $n-r$ 个，因此任何 $n-r$ 个线性无关的解向量都构成齐次线性方程组的一个基础解系.

基础解系有三个"必须"：向量个数必须是 $n-r$，它们必须是齐次线性方程组的解，而且它们必须是线性无关的向量组，这三个条件缺一不可.

定理 4.1.2 若齐次线性方程组的基础解系为 $\boldsymbol{\eta}_1,\boldsymbol{\eta}_2,\cdots,\boldsymbol{\eta}_{n-r}$，则方程组的一般解（**通解**）为

$$\boldsymbol{X}=k_1\boldsymbol{\eta}_1+k_2\boldsymbol{\eta}_2+\cdots+k_{n-r}\boldsymbol{\eta}_{n-r},$$

其中 $k_1,k_2,\cdots,k_{n-r}$ 为任意常数.

要想求齐次线性方程组的通解，只需求出齐次线性方程组的 $n-r$ 个线性无关的解向量，即一个基础解系，则基础解系的线性组合就是齐次线性方程组的通解.

4.1.2 齐次线性方程组通解的求法

求齐次线性方程组的解，只需要将系数矩阵作初等行变换化成阶梯形矩阵，根据阶梯形矩阵写出同解的阶梯形方程组，然后选取自由未知量，给自由未知量赋予一组线性无关的值，从而求出原方程组的基础解系，基础解系的线性组合就是所求的通解.

例 1 求下列齐次线性方程组的通解

$$\begin{cases} x_1-x_2+2x_3+x_4=0, \\ 2x_1-2x_2+3x_3+3x_4=0, \\ x_1-x_2+x_3+2x_4=0. \end{cases}$$

解 第一步：用高斯消元法求出一般解.

对系数矩阵 $\boldsymbol{A}$ 进行初等行变换：

$$\boldsymbol{A}=\begin{pmatrix} 1 & -1 & 2 & 1 \\ 2 & -2 & 3 & 3 \\ 1 & -1 & 1 & 2 \end{pmatrix} \to \begin{pmatrix} 1 & -1 & 2 & 1 \\ 0 & 0 & -1 & 1 \\ 0 & 0 & 0 & 0 \end{pmatrix} \to \begin{pmatrix} 1 & -1 & 0 & 3 \\ 0 & 0 & 1 & -1 \\ 0 & 0 & 0 & 0 \end{pmatrix},$$

故 $r(\boldsymbol{A})=2<n=4$，从而方程组有非零解.

得到同解的阶梯形方程组

$$\begin{cases} x_1-x_2 \quad +3x_4=0, \\ \qquad\qquad x_3-x_4=0, \end{cases}$$

写出方程组的一般解为

$$\boldsymbol{X}=\begin{pmatrix} x_2-3x_4 \\ x_2 \\ x_4 \\ x_4 \end{pmatrix},$$

其中 x_2,x_4 为自由未知量.

第二步：给自由未知量两组数值，求得一个基础解系.

因为 $r=r(\boldsymbol{A})=2$，所以基础解系中解向量的个数为 $n-r=2$.

令 $x_2=1,x_4=0$，得 $\boldsymbol{\eta}_1=(1,1,0,0)^{\mathrm{T}}$.

令 $x_2=0,x_4=1$，得 $\boldsymbol{\eta}_2=(-3,0,1,1)^{\mathrm{T}}$.

于是解向量 $\boldsymbol{\eta}_1,\boldsymbol{\eta}_2$ 为方程组的一个基础解系.

第三步：写出通解.

原方程组通解为

$$\boldsymbol{X}=k_1\boldsymbol{\eta}_1+k_2\boldsymbol{\eta}_2=k_1\begin{pmatrix}1\\1\\0\\0\end{pmatrix}+k_2\begin{pmatrix}-3\\0\\1\\1\end{pmatrix},$$

其中 k_1,k_2 为任意常数.

注意：基础解系是不唯一的，但一定要保证基础解系中的解向量是线性无关的，此时自由未知量几组数值的选取要线性无关，即行列式值不等于零.

如令 $x_2=1,x_4=1$，得 $\boldsymbol{\eta}_3=(-2,1,1,1)^{\mathrm{T}}$. 因为 $\begin{vmatrix}1&0\\1&1\end{vmatrix}\neq 0,\boldsymbol{\eta}_1,\boldsymbol{\eta}_3$ 是线性无关的，此时，$\boldsymbol{\eta}_1,\boldsymbol{\eta}_3$ 也可以作为一个基础解系；同理，$\boldsymbol{\eta}_2,\boldsymbol{\eta}_3$ 也可以作为一个基础解系. 但是基础解系中解向量的个数都是相同的，这一点是非常重要的.

另外，例 1 中自由未知量可以选取为 x_1,x_4，令 $x_1=1,x_4=0$，得 $\boldsymbol{\eta}_1=(1,1,0,0)^{\mathrm{T}}$；令 $x_1=0,x_4=1$，得 $\boldsymbol{\eta}_2=(0,3,1,1)^{\mathrm{T}}$，则这里的 $\boldsymbol{\eta}_1,\boldsymbol{\eta}_2$ 也为方程组的一个基础解系.

对应于同一个齐次线性方程组的基础解系，如果存在的话，必有无穷多个. 通常采用最简单的方法：把某个自由未知量的值取成 1，其余自由未知量的值都取为 0，代入一般解求出基础解系中的某个成员. 但必须注意的是，绝对不可以取全零解，也不能取线性相关的解，因为基础解系是由线性无关的解向量组成的.

例 2　设齐次线性方程组

$$\begin{cases}\lambda x_1+x_2+x_3=0,\\x_1+\lambda x_2+x_3=0,\\x_1+x_2+\lambda x_3=0.\end{cases}$$

问（1）λ 为何值时，方程组有且仅有全零解；

（2）λ 为何值时，方程组有非零解，并求出通解.

解　对系数矩阵作初等行变换，即

$$\boldsymbol{A}=\begin{pmatrix}\lambda&1&1\\1&\lambda&1\\1&1&\lambda\end{pmatrix}\to\begin{pmatrix}1&1&\lambda\\1&\lambda&1\\\lambda&1&1\end{pmatrix}\to\begin{pmatrix}1&1&\lambda\\0&\lambda-1&1-\lambda\\0&1-\lambda&1-\lambda^2\end{pmatrix}\to\begin{pmatrix}1&1&\lambda\\0&\lambda-1&1-\lambda\\0&0&(2+\lambda)(1-\lambda)\end{pmatrix}.$$

当 $\lambda\neq1$ 且 $\lambda\neq-2$ 时，$r(\boldsymbol{A})=n=3$，方程组只有全零解；

当 $\lambda=1$ 或 $\lambda=-2$ 时，$r(\boldsymbol{A})<n$，此时方程组有非零解.

当 $\lambda=1$ 时，

$$\boldsymbol{A}=\begin{pmatrix}\lambda&1&1\\1&\lambda&1\\1&1&\lambda\end{pmatrix}\to\begin{pmatrix}1&1&1\\0&0&0\\0&0&0\end{pmatrix},$$

故 $r(\boldsymbol{A})=1$，$n-r=2$. 得到同解的阶梯形方程组

$$x_1+x_2+x_3=0.$$

写出一般解为

$$X=\begin{pmatrix}-x_2-x_3\\x_2\\x_3\end{pmatrix},$$

其中 x_2,x_3 为自由未知量.

令 $x_2=1,x_3=0$，得 $\boldsymbol{\eta}_1=(-1,1,0)^{\mathrm{T}}$，

令 $x_2=0,x_3=1$，得 $\boldsymbol{\eta}_2=(-1,0,1)^{\mathrm{T}}$.

故通解为

$$X=k_1\boldsymbol{\eta}_1+k_2\boldsymbol{\eta}_2,$$

其中 k_1,k_2 为任意常数.

当 $\lambda=-2$ 时，

$$A=\begin{pmatrix}\lambda&1&1\\1&\lambda&1\\1&1&\lambda\end{pmatrix}\to\begin{pmatrix}1&1&-2\\0&1&-1\\0&0&0\end{pmatrix}\to\begin{pmatrix}1&0&-1\\0&1&-1\\0&0&0\end{pmatrix},$$

故 $r(A)=2$，$n-r=1$，即基础解系中解向量的个数是 1.

得到同解的阶梯形方程组

$$\begin{cases}x_1\quad-x_3=0,\\ \quad x_2-x_3=0.\end{cases}$$

写出一般解为

$$X=\begin{pmatrix}x_3\\x_3\\x_3\end{pmatrix},$$

其中 x_3 为自由未知量.

令 $x_3=1$，得 $\boldsymbol{\eta}_3=(1,1,1)^{\mathrm{T}}$，故通解为

$$X=k_3\boldsymbol{\eta}_3,$$

其中 k_3 为任意常数.

例 3 设 $\boldsymbol{\alpha}_1,\boldsymbol{\alpha}_2,\boldsymbol{\alpha}_3$ 是某个齐次线性方程组 $AX=\mathbf{0}$ 的基础解系，证明：

$$\boldsymbol{\beta}_1=\boldsymbol{\alpha}_2+\boldsymbol{\alpha}_3,\ \boldsymbol{\beta}_2=\boldsymbol{\alpha}_1+\boldsymbol{\alpha}_3,\boldsymbol{\beta}_3=\boldsymbol{\alpha}_1+\boldsymbol{\alpha}_2$$

一定也是 $AX=\mathbf{0}$ 的基础解系.

证 直接验证 $\boldsymbol{\beta}_1,\boldsymbol{\beta}_2,\boldsymbol{\beta}_3$ 满足基础解系的三个条件.

首先，$\boldsymbol{\beta}_1,\boldsymbol{\beta}_2,\boldsymbol{\beta}_3$ 中的向量个数与已给的基础解系 $\boldsymbol{\alpha}_1,\boldsymbol{\alpha}_2,\boldsymbol{\alpha}_3$ 中解向量的个数相同，都为 3.

其次，显然有

$$A\boldsymbol{\beta}_1=A(\boldsymbol{\alpha}_2+\boldsymbol{\alpha}_3)=\mathbf{0},A\boldsymbol{\beta}_2=A(\boldsymbol{\alpha}_1+\boldsymbol{\alpha}_3)=\mathbf{0},A\boldsymbol{\beta}_3=A(\boldsymbol{\alpha}_1+\boldsymbol{\alpha}_2)=\mathbf{0}.$$

最后，验证 $\boldsymbol{\beta}_1,\boldsymbol{\beta}_2,\boldsymbol{\beta}_3$ 线性无关.

设

$$k_1\boldsymbol{\beta}_1+k_2\boldsymbol{\beta}_2+k_3\boldsymbol{\beta}_3=\mathbf{0},$$

即

$$k_1(\boldsymbol{\alpha}_2+\boldsymbol{\alpha}_3)+k_2(\boldsymbol{\alpha}_1+\boldsymbol{\alpha}_3)+k_3(\boldsymbol{\alpha}_1+\boldsymbol{\alpha}_2)=\mathbf{0},$$

从而

$$(k_2+k_3)\boldsymbol{\alpha}_1+(k_1+k_3)\boldsymbol{\alpha}_2+(k_1+k_2)\boldsymbol{\alpha}_3=\boldsymbol{0}.$$

又因为 $\boldsymbol{\alpha}_1,\boldsymbol{\alpha}_2,\boldsymbol{\alpha}_3$ 线性无关，所以必有

$$k_2+k_3=k_1+k_3=k_1+k_2=0,$$

其系数行列式

$$\begin{vmatrix}0&1&1\\1&0&1\\1&1&0\end{vmatrix}\neq 0,$$

于是必有 $k_1=k_2=k_3=0$．故 $\boldsymbol{\beta}_1,\boldsymbol{\beta}_2,\boldsymbol{\beta}_3$ 线性无关.

综上可知，$\boldsymbol{\beta}_1,\boldsymbol{\beta}_2,\boldsymbol{\beta}_3$ 是 $\boldsymbol{AX}=\boldsymbol{0}$ 的基础解系.

证毕.

例 4 设 $\boldsymbol{A},\boldsymbol{B}$ 均为 n 阶矩阵，且 $\boldsymbol{AB}=\boldsymbol{O}$，试证：

（1）矩阵 $\boldsymbol{B}$ 的每个列向量都是齐次线性方程组 $\boldsymbol{AX}=\boldsymbol{0}$ 的解；

（2）$r(\boldsymbol{A})+r(\boldsymbol{B})\leqslant n$.

证 （1）设 $\boldsymbol{B}$ 的列向量为 $\boldsymbol{\beta}_1,\boldsymbol{\beta}_2,\cdots,\boldsymbol{\beta}_n$，则

$$\boldsymbol{AB}=\boldsymbol{A}(\boldsymbol{\beta}_1,\boldsymbol{\beta}_2,\cdots,\boldsymbol{\beta}_n)=(\boldsymbol{A\beta}_1,\boldsymbol{A\beta}_2,\cdots,\boldsymbol{A\beta}_n)=\boldsymbol{O},$$

所以

$$\boldsymbol{A\beta}_i=\boldsymbol{0}\ (i=1,2,\cdots,n),$$

即矩阵 $\boldsymbol{B}$ 的每个列向量都是 $\boldsymbol{AX}=\boldsymbol{0}$ 的解.

（2）当 $r(\boldsymbol{A})=n$ 时，方程组 $\boldsymbol{AX}=\boldsymbol{0}$ 仅有全零解，由（1）知，矩阵 $\boldsymbol{B}$ 的每个列向量都是 $\boldsymbol{AX}=\boldsymbol{0}$ 的解，则 $\boldsymbol{B}=\boldsymbol{O}$，$r(\boldsymbol{B})=0$，于是 $r(\boldsymbol{A})+r(\boldsymbol{B})=n$.

当 $r(\boldsymbol{A})<n$ 时，方程组 $\boldsymbol{AX}=\boldsymbol{0}$ 有非零解，设 $\boldsymbol{AX}=\boldsymbol{0}$ 的基础解系为 $\boldsymbol{\eta}_1,\boldsymbol{\eta}_2,\cdots,\boldsymbol{\eta}_{n-r(\boldsymbol{A})}$，则 $\boldsymbol{\beta}_1,\boldsymbol{\beta}_2,\cdots,\boldsymbol{\beta}_n$ 可以用基础解系 $\boldsymbol{\eta}_1,\boldsymbol{\eta}_2,\cdots,\boldsymbol{\eta}_{n-r(\boldsymbol{A})}$ 线性表示，于是

$$r(\boldsymbol{B})=r(\boldsymbol{\beta}_1,\boldsymbol{\beta}_2,\cdots,\boldsymbol{\beta}_n)\leqslant r\left(\boldsymbol{\eta}_1,\boldsymbol{\eta}_2,\cdots,\boldsymbol{\eta}_{n-r(\boldsymbol{A})}\right)=n-r(\boldsymbol{A}).$$

综上所述，得

$$r(\boldsymbol{A})+r(\boldsymbol{B})\leqslant n.$$

证毕.

4.2 非齐次线性方程组

4.2.1 非齐次线性方程组有解的条件

本节讨论含有 m 个方程，n 个未知量的非齐次线性方程组

$$\begin{cases}a_{11}x_1+a_{12}x_2+\cdots+a_{1n}x_n=b_1,\\a_{21}x_1+a_{22}x_2+\cdots+a_{2n}x_n=b_2,\\\qquad\cdots\cdots\\a_{m1}x_1+a_{m2}x_2+\cdots+a_{mn}x_n=b_m,\end{cases}\tag{4.2.1}$$

写成矩阵形式为 $\boldsymbol{AX}=\boldsymbol{\beta}$，其中

$$\boldsymbol{A}=\begin{pmatrix} a_{11} & a_{12} & \cdots & a_{1n} \\ a_{21} & a_{22} & \cdots & a_{2n} \\ \vdots & \vdots & & \vdots \\ a_{m1} & a_{m2} & \cdots & a_{mn} \end{pmatrix},\quad \boldsymbol{X}=\begin{pmatrix} x_1 \\ x_2 \\ \vdots \\ x_n \end{pmatrix},\quad \boldsymbol{\beta}=\begin{pmatrix} b_1 \\ b_2 \\ \vdots \\ b_m \end{pmatrix},$$

增广矩阵为

$$\tilde{\boldsymbol{A}}=\begin{pmatrix} a_{11} & a_{12} & \cdots & a_{1n} & b_1 \\ a_{21} & a_{22} & \cdots & a_{2n} & b_2 \\ \vdots & \vdots & & \vdots & \vdots \\ a_{m1} & a_{m2} & \cdots & a_{mn} & b_m \end{pmatrix}.$$

对于非齐次线性方程组（4.2.1），我们将齐次线性方程组（4.1.1）即 $\boldsymbol{AX}=\boldsymbol{0}$ 称为方程组（4.2.1）**对应的齐次线性方程组或导出组**.

满足 $\boldsymbol{A\eta}=\boldsymbol{\beta}$ 的 n 维列向量 $\boldsymbol{\eta}$ 称为 $\boldsymbol{AX}=\boldsymbol{\beta}$ 的**解向量**，可简称为它的**解**.

因为齐次线性方程组必有全零解，所以讨论的是它何时有非零解，有多少个非零解，如何表示通解. 而非齐次线性方程组未必有解，所以首先讨论的是它何时有解，在确定有解的情况下，再讨论它何时有唯一解，何时有无穷多个解，如何表达这无穷多个解.

以下主要讨论非齐次线性方程组（4.2.1）解的情况，即什么情况下有解，有解时，解是否唯一，什么情况下无解等.

定理 4.2.1 线性方程组 $\boldsymbol{AX}=\boldsymbol{\beta}$ 有解的充分必要条件是 $r(\tilde{\boldsymbol{A}})=r(\boldsymbol{A})$.

分析 记 $\boldsymbol{\alpha}_1,\boldsymbol{\alpha}_2,\cdots,\boldsymbol{\alpha}_n$ 为系数矩阵 $\boldsymbol{A}$ 的列向量组，则方程组 $\boldsymbol{AX}=\boldsymbol{\beta}$ 可以写成如下的向量形式

$$x_1\boldsymbol{\alpha}_1+x_2\boldsymbol{\alpha}_2+\cdots x_n\boldsymbol{\alpha}_n=\boldsymbol{\beta}.$$

方程组 $\boldsymbol{AX}=\boldsymbol{\beta}$ 有解 $\Leftrightarrow$ 向量 $\boldsymbol{\beta}$ 可以由向量组 $\boldsymbol{\alpha}_1,\boldsymbol{\alpha}_2,\cdots,\boldsymbol{\alpha}_n$ 线性表示；

$\Leftrightarrow r(\boldsymbol{\alpha}_1,\boldsymbol{\alpha}_2,\cdots,\boldsymbol{\alpha}_n,\boldsymbol{\beta})=r(\boldsymbol{\alpha}_1,\boldsymbol{\alpha}_2,\cdots,\boldsymbol{\alpha}_n)$；

$\Leftrightarrow r(\tilde{\boldsymbol{A}})=r(\boldsymbol{A})$.

证 必要性. 不妨设

$$r(\boldsymbol{\alpha}_1,\boldsymbol{\alpha}_2,\cdots,\boldsymbol{\alpha}_n)=r_1, r(\boldsymbol{\alpha}_1,\boldsymbol{\alpha}_2,\cdots,\boldsymbol{\alpha}_n,\boldsymbol{\beta})=r_2.$$

显然有 $r_1\leqslant r_2$；因为线性方程组 $\boldsymbol{AX}=\boldsymbol{\beta}$ 有解，即向量 $\boldsymbol{\beta}$ 可以由向量组 $\boldsymbol{\alpha}_1,\boldsymbol{\alpha}_2,\cdots,\boldsymbol{\alpha}_n$ 线性表示，故向量组 $\boldsymbol{\alpha}_1,\boldsymbol{\alpha}_2,\cdots,\boldsymbol{\alpha}_n,\boldsymbol{\beta}$ 也可以由向量组 $\boldsymbol{\alpha}_1,\boldsymbol{\alpha}_2,\cdots,\boldsymbol{\alpha}_n$ 线性表示，所以有 $r_2\leqslant r_1$. 于是得 $r_1=r_2$.

充分性. 不妨设 $r(\boldsymbol{\alpha}_1,\boldsymbol{\alpha}_2,\cdots,\boldsymbol{\alpha}_n,\boldsymbol{\beta})=r(\boldsymbol{\alpha}_1,\boldsymbol{\alpha}_2,\cdots,\boldsymbol{\alpha}_n)=r$，且设 $\boldsymbol{\alpha}_1,\boldsymbol{\alpha}_2,\cdots,\boldsymbol{\alpha}_r$ 是向量组 $\boldsymbol{\alpha}_1,\boldsymbol{\alpha}_2,\cdots,\boldsymbol{\alpha}_n$ 的一个极大无关组，则 $\boldsymbol{\alpha}_1,\boldsymbol{\alpha}_2,\cdots,\boldsymbol{\alpha}_r$ 也是 $\boldsymbol{\alpha}_1,\boldsymbol{\alpha}_2,\cdots,\boldsymbol{\alpha}_n,\boldsymbol{\beta}$ 的一个极大无关组，所以向量 $\boldsymbol{\beta}$ 可由极大无关组 $\boldsymbol{\alpha}_1,\boldsymbol{\alpha}_2,\cdots,\boldsymbol{\alpha}_r$ 线性表示，当然也可以由向量组 $\boldsymbol{\alpha}_1,\boldsymbol{\alpha}_2,\cdots,\boldsymbol{\alpha}_n$ 线性表示，即线性方程组 $\boldsymbol{AX}=\boldsymbol{\beta}$ 有解.

证毕.

称定理 4.2.1 为**方程组有解判别定理**. 一个线性方程组有解，我们称这个方程组是**相容的**，否则称为**不相容的**.

显然，定理 4.2.1 也适用于齐次线性方程组.

在应用定理 4.2.1 时，不需要分别求出 $r(\tilde{\boldsymbol{A}}),r(\boldsymbol{A})$，只需要用初等行变换（千万不能用列变换）将增广矩阵 $\tilde{\boldsymbol{A}}$ 化为阶梯形矩阵，此时，系数矩阵 $\boldsymbol{A}$ 也化为了阶梯形矩阵，从而 $r(\tilde{\boldsymbol{A}}),r(\boldsymbol{A})$ 同时求出. 这样的运算过程与高斯消元法求解方程组是一致的. 为了清楚起见，可以在增广矩阵 $\tilde{\boldsymbol{A}}$ 最后一列前

加虚线，以表示虚线左部分为系数矩阵，当然也可以省掉.

由高斯消元法知，对于一般的线性方程组消元成阶梯形方程组就对应为将增广矩阵用初等行变换化为阶梯形矩阵，即

$$\tilde{A}=\left(\begin{array}{cccc:c} a_{11} & a_{12} & \cdots & a_{1n} & b_1 \\ a_{21} & a_{22} & \cdots & a_{2n} & b_2 \\ \vdots & \vdots & & \vdots & \vdots \\ a_{m1} & a_{m2} & \cdots & a_{mn} & b_m \end{array}\right) \xrightarrow{\text{行}} \left(\begin{array}{cccccc:c} 1 & c_{12} & \cdots & c_{1r} & \cdots & c_{1n} & d_1 \\ & 1 & \cdots & c_{2r} & \cdots & c_{2n} & d_2 \\ & & \ddots & \vdots & & \vdots & \vdots \\ & & & 1 & \cdots & c_{rn} & d_r \\ & & & & & 0 & d_{r+1} \\ & & & & & & \end{array}\right).$$

当 $d_{r+1}\neq 0$ 时，方程组（4.2.1）无解，此时 $r(\tilde{A})\neq r(A)$；

当 $d_{r+1}=0$，又 $r=n$ 时，方程组（4.2.1）有唯一解，此时 $r(\tilde{A})=r(A)=n$；

当 $d_{r+1}=0$，又 $r<n$ 时，方程组（4.2.1）有无穷多组解，此时 $r(\tilde{A})=r(A)<n$.

于是，我们得到如下定理.

定理 4.2.2 对于非齐次线性方程组 $\boldsymbol{AX}=\boldsymbol{\beta}$ 的解有以下结论.

（1）当 $r(\tilde{A})\neq r(A)$ 时，方程组 $\boldsymbol{AX}=\boldsymbol{\beta}$ 无解；

（2）当 $r(\tilde{A})=r(A)=n$ 时，方程组 $\boldsymbol{AX}=\boldsymbol{\beta}$ 有唯一解；

（3）当 $r(\tilde{A})=r(A)<n$ 时，方程组 $\boldsymbol{AX}=\boldsymbol{\beta}$ 有无穷多个解.

推论 设 $\boldsymbol{A}$ 是 n 阶方阵，则有以下结论.

（1）当 $|\boldsymbol{A}|\neq 0$ 时，方程组 $\boldsymbol{AX}=\boldsymbol{\beta}$ 有唯一解 $\boldsymbol{X}=\boldsymbol{A}^{-1}\boldsymbol{\beta}$；

（2）当 $|\boldsymbol{A}|=0$ 时，如果 $r(\tilde{A})=r(A)$，则方程组 $\boldsymbol{AX}=\boldsymbol{\beta}$ 有无穷多个解；如果 $r(\tilde{A})\neq r(A)$，则方程组 $\boldsymbol{AX}=\boldsymbol{\beta}$ 无解.

证 当 $|\boldsymbol{A}|\neq 0$ 时，系数矩阵 $\boldsymbol{A}$ 可逆，对于方程组 $\boldsymbol{AX}=\boldsymbol{\beta}$，左乘 $\boldsymbol{A}^{-1}$，得

$$\boldsymbol{A}^{-1}\boldsymbol{AX}=\boldsymbol{A}^{-1}\boldsymbol{\beta},$$

即 $\boldsymbol{X}=\boldsymbol{A}^{-1}\boldsymbol{\beta}$.

当 $|\boldsymbol{A}|=0$ 时，矩阵 $\boldsymbol{A}$ 不可逆，则 $r(A)<n$. 若 $r(\tilde{A})=r(A)<n$，方程组 $\boldsymbol{AX}=\boldsymbol{\beta}$ 有无穷多个解；若 $r(\tilde{A})\neq r(A)<n$，方程组无解.

证毕.

4.2.2 非齐次线性方程组解的性质与结构

性质 4.2.1 若 $\boldsymbol{X}=\boldsymbol{\eta}_1,\boldsymbol{X}=\boldsymbol{\eta}_2$ 是非齐次线性方程组 $\boldsymbol{AX}=\boldsymbol{\beta}$ 的两个解，则 $\boldsymbol{X}=\boldsymbol{\eta}_1-\boldsymbol{\eta}_2$ 是导出组 $\boldsymbol{AX}=\boldsymbol{0}$ 的解.

证 由条件得 $\boldsymbol{A\eta}_1=\boldsymbol{\beta},\boldsymbol{A\eta}_2=\boldsymbol{\beta}$，于是

$$\boldsymbol{A}(\boldsymbol{\eta}_1-\boldsymbol{\eta}_2)=\boldsymbol{A\eta}_1-\boldsymbol{A\eta}_2=\boldsymbol{0},$$

故 $\boldsymbol{X}=\boldsymbol{\eta}_1-\boldsymbol{\eta}_2$ 是方程组 $\boldsymbol{AX}=\boldsymbol{0}$ 的解.

证毕.

性质 4.2.2 设 $X=\eta$ 是方程组 $AX=\beta$ 的解，$X=\xi$ 是导出组 $AX=0$ 的解，则 $X=\xi+\eta$ 是 $AX=\beta$ 的解.

证 由条件得 $A\eta=\beta, A\xi=0$，则

$$A(\eta+\xi)=A\eta+A\xi=0+\beta=\beta,$$

故 $X=\xi+\eta$ 是 $AX=\beta$ 的解.

证毕.

性质 4.2.3 若 $\eta_1,\eta_2,\cdots,\eta_r$ 为非齐次线性方程组 $AX=\beta$ 的解，则

$$X=\frac{1}{r}(\eta_1+\eta_2+\cdots+\eta_r)$$

也是方程组 $AX=\beta$ 的解.

证 由条件知 $A\eta_1=\beta, A\eta_2=\beta,\cdots,A\eta_r=\beta$，从而有

$$A\left[\frac{1}{r}(\eta_1+\eta_2+\cdots+\eta_r)\right]=\frac{1}{r}(A\eta_1+A\eta_2+\cdots+A\eta_r)=\frac{1}{r}\cdot r\beta=\beta,$$

即 $X=\frac{1}{r}(\eta_1+\eta_2+\cdots+\eta_r)$ 也是 $AX=\beta$ 的解.

证毕.

以上性质说明了非齐次线性方程组的任意两个解的差必是其导出组的解，非齐次线性方程组的任意一个解与其导出组的任意一个解的和仍是非齐次线性方程组的解.

特别需要注意的是，非齐次线性方程组的两个解的和不再是非齐次线性方程组的解，它的一个解的 $k(k\neq 1)$ 倍也不再是它的解.

事实上，若 $A\eta_1=\beta, A\eta_2=\beta$，则

$$A(\eta_1+\eta_2)=2\beta\neq\beta,$$
$$A(k\eta_1)=k(A\eta_1)=k\beta\neq\beta\ (k\neq 1).$$

这说明非齐次线性方程组 $AX=\beta$ 的任意解的线性组合不再是它的解.

我们可以借助于导出组 $AX=0$ 的解来讨论 $AX=\beta$ 的解. 由性质 4.2.2 可得如下定理.

定理 4.2.3 设 η_0 为非齐次线性方程组的一个特解，则该非齐次线性方程组的通解为

$$X=\eta_0+k_1\eta_1+k_2\eta_2+\cdots+k_{n-r}\eta_{n-r},$$

其中 $\eta_1,\eta_2,\cdots,\eta_{n-r}$ 为它的导出组的一个基础解系，$k_1,k_2,\cdots,k_{n-r}$ 为任意一组常数.

证 设非齐次线性方程组的任意一个解为 X，显然有

$$X=\eta_0+(X-\eta_0).$$

而由性质 4.2.1 知，$X-\eta_0$ 是它的导出组的任一个解，所以 $X-\eta_0$ 可以由导出组的一个基础解系线性表示，即

$$X-\eta_0=k_1\eta_1+k_2\eta_2+\cdots+k_{n-r}\eta_{n-r},$$

于是得到方程组的通解

$$X=\eta_0+k_1\eta_1+k_2\eta_2+\cdots+k_{n-r}\eta_{n-r},$$

其中 $\eta_1,\eta_2,\cdots,\eta_{n-r}$ 为导出组的一个基础解系，$k_1,k_2,\cdots,k_{n-r}$ 为任意一组常数.

证毕.

由定理 4.2.3 可以看出，要求非齐次线性方程组的通解，只要分别求出它的一个特解 η_0 和导出组的一个基础解系 $\eta_1,\eta_2,\cdots,\eta_{n-r}$ 即可.

定理 4.2.3 还可以理解为：设 $\boldsymbol{\eta}_0$ 为非齐次线性方程组 $\boldsymbol{AX}=\boldsymbol{\beta}$ 的一个特解，$\boldsymbol{\eta}$ 为导出组 $\boldsymbol{AX}=\boldsymbol{0}$ 的通解，则 $\boldsymbol{X}=\boldsymbol{\eta}_0+\boldsymbol{\eta}$ 是 $\boldsymbol{AX}=\boldsymbol{\beta}$ 的通解. 即要求出非齐次线性方程组的通解就是要求出 $\boldsymbol{AX}=\boldsymbol{\beta}$ 的特解和导出组 $\boldsymbol{AX}=\boldsymbol{0}$ 的通解.

4.2.3 非齐次线性方程组的求通解方法

利用初等行变换把增广矩阵化成阶梯形矩阵，根据阶梯形矩阵的秩来判断方程组解的情况.

例 1 设非齐次线性方程组

$$\begin{cases} x_1+2x_2+3x_3+4x_4=2, \\ x_1+x_2-x_3-x_4=2, \\ 3x_1+4x_2+x_3+2x_4=6, \end{cases}$$

求它的通解.

解 第一步：判断方程组解的情况.

对增广矩阵作初等行变换：

$$\tilde{\boldsymbol{A}}=\left(\begin{array}{cccc:c} 1 & 2 & 3 & 4 & 2 \\ 1 & 1 & -1 & -1 & 2 \\ 3 & 4 & 1 & 2 & 6 \end{array}\right)\to\left(\begin{array}{cccc:c} 1 & 2 & 3 & 4 & 2 \\ 0 & 1 & 4 & 5 & 0 \\ 0 & 0 & 0 & 0 & 0 \end{array}\right)\to\left(\begin{array}{cccc:c} 1 & 0 & -5 & -6 & 2 \\ 0 & 1 & 4 & 5 & 0 \\ 0 & 0 & 0 & 0 & 0 \end{array}\right),$$

得 $r\left(\tilde{\boldsymbol{A}}\right)=r\left(\boldsymbol{A}\right)=2<n=4$，故方程组有无穷多组解.

第二步：求非齐次线性方程组的一个特解.

相应的阶梯形方程组为

$$\begin{cases} x_1 \quad -5x_3-6x_4=2, \\ \quad x_2+4x_3+5x_4=0, \end{cases}$$

写出一般解

$$\boldsymbol{X}=\begin{pmatrix} 2+5x_3+6x_4 \\ -4x_3-5x_4 \\ x_3 \\ x_4 \end{pmatrix},$$

其中 x_3,x_4 是自由未知量.

令 $x_3=0,x_4=0$，得特解

$$\boldsymbol{\eta}_0=\left(2,0,0,0\right)^{\mathrm{T}}.$$

第三步：求导出组的一个基础解系.

导出组相应的阶梯形方程组为

$$\begin{cases} x_1 \quad -5x_3-6x_4=0, \\ \quad x_2+4x_3+5x_4=0, \end{cases}$$

写出一般解

$$\boldsymbol{X}=\begin{pmatrix} 5x_3+6x_4 \\ -4x_3-5x_4 \\ x_3 \\ x_4 \end{pmatrix},$$

其中 x_3, x_4 是自由未知量.

令 $x_3=1, x_4=0$，得

$$\boldsymbol{\eta}_1=(5,-4,1,0)^{\mathrm{T}};$$

又令 $x_3=0, x_4=1$，得

$$\boldsymbol{\eta}_2=(6,-5,0,1)^{\mathrm{T}}.$$

$\boldsymbol{\eta}_1, \boldsymbol{\eta}_2$ 是导出组的基础解系.

第四步：写出通解.

原方程组的通解为

$$\begin{aligned}\boldsymbol{X}&=\boldsymbol{\eta}_0+k_1\boldsymbol{\eta}_1+k_2\boldsymbol{\eta}_2\\&=\begin{pmatrix}2\\0\\0\\0\end{pmatrix}+k_1\begin{pmatrix}5\\-4\\1\\0\end{pmatrix}+k_2\begin{pmatrix}6\\-5\\0\\1\end{pmatrix},\end{aligned}$$

其中 k_1, k_2 为任意的常数.

这里注意，非齐次线性方程组的特解不是唯一的，只要找到满足非齐次线性方程组的一个解即可. 若令 $x_3=1, x_4=1$，得特解 $\boldsymbol{\eta}_0=(13,-9,1,1)^{\mathrm{T}}$. 这里一般找比较简单的解，即把自由未知量的值都取为 0.

例 2　求非齐次线性方程组

$$\begin{cases}x_1-x_2+x_4-x_5=1,\\2x_1+x_3-x_5=2,\\3x_1-x_2-x_3-x_4-x_5=0\end{cases}$$

的通解.

解　第一步：判断方程组解的情况.

对增广矩阵作初等行变换：

$$\tilde{\boldsymbol{A}}=\left(\begin{array}{ccccc:c}1&-1&0&1&-1&1\\2&0&1&0&-1&2\\3&-1&-1&-1&-1&0\end{array}\right)\to\left(\begin{array}{ccccc:c}1&-1&0&1&-1&1\\0&2&1&-2&1&0\\0&0&2&2&-1&3\end{array}\right)\to\left(\begin{array}{ccccc:c}1&0&0&-\frac{1}{2}&-\frac{1}{4}&\frac{1}{4}\\0&1&0&-\frac{3}{2}&\frac{3}{4}&-\frac{3}{4}\\0&0&1&1&-\frac{1}{2}&\frac{3}{2}\end{array}\right),$$

得 $r(\tilde{\boldsymbol{A}})=r(\boldsymbol{A})=3<n=5$, 故方程组有无穷多组解.

第二步：求方程组的一个特解.

写出原方程组的一般解为

$$\boldsymbol{X}=\begin{pmatrix}\frac{1}{2}x_4+\frac{1}{4}x_5+\frac{1}{4}\\\frac{3}{2}x_4-\frac{3}{4}x_5-\frac{3}{4}\\-x_4+\frac{1}{2}x_5+\frac{3}{2}\\x_4\\x_5\end{pmatrix},$$

其中 x_4, x_5 为自由未知量.

当 $x_4=0, x_5=0$ 时，得特解

$$\boldsymbol{\eta}_0=\left(\frac{1}{4},-\frac{3}{4},\frac{3}{2},0,0\right)^{\mathrm{T}}.$$

第三步：求导出组的一个基础解系.

写出导出组的一般解

$$\boldsymbol{X}=\begin{pmatrix}\frac{1}{2}x_4+\frac{1}{4}x_5\\ \frac{3}{2}x_4-\frac{3}{4}x_5\\ -x_4+\frac{1}{2}x_5\\ x_4\\ x_5\end{pmatrix},$$

其中 x_4, x_5 为自由未知量.

令 $x_4=1, x_5=0$，得

$$\boldsymbol{\eta}_1=\left(\frac{1}{2},\frac{3}{2},-1,1,0\right)^{\mathrm{T}};$$

又令 $x_4=0, x_5=1$，得

$$\boldsymbol{\eta}_2=\left(\frac{1}{4},-\frac{3}{4},\frac{1}{2},0,1\right)^{\mathrm{T}}.$$

$\boldsymbol{\eta}_1, \boldsymbol{\eta}_2$ 是导出组的基础解系.

第四步：写出通解.

原方程组的通解为

$$\boldsymbol{X}=\boldsymbol{\eta}_0+k_1\boldsymbol{\eta}_1+k_2\boldsymbol{\eta}_2=\begin{pmatrix}\frac{1}{4}\\ -\frac{3}{4}\\ \frac{3}{2}\\ 0\\ 0\end{pmatrix}+k_1\begin{pmatrix}\frac{1}{2}\\ \frac{3}{2}\\ -1\\ 1\\ 0\end{pmatrix}+k_2\begin{pmatrix}\frac{1}{4}\\ -\frac{3}{4}\\ \frac{1}{2}\\ 0\\ 1\end{pmatrix},$$

其中 k_1, k_2 为任意的常数.

这里要说明一点，在例 2 中，求导出组的基础解系 $\boldsymbol{\eta}_1, \boldsymbol{\eta}_2$ 时，可以令 $x_4=2, x_5=0$，得 $\boldsymbol{\eta}_1=(1,3,-2,2,0)^{\mathrm{T}}$；令 $x_4=0, x_5=4$，得 $\boldsymbol{\eta}_2=(1,-3,2,0,4)^{\mathrm{T}}$. 这样使求得的 $\boldsymbol{\eta}_1, \boldsymbol{\eta}_2$ 的分量为整数，这时仍满足两个自由未知量所取的两组数值构成的行列式 $\begin{vmatrix}2&0\\0&4\end{vmatrix}\neq 0$ 的条件，因而所求得的 $\boldsymbol{\eta}_1, \boldsymbol{\eta}_2$ 仍为导出组的一个基础解系. 但是，按例 1、例 2 中求基础解系时自由未知量的取值方法是计算最方便的.

另外，将一般解进行变形可得

$$X=\begin{pmatrix}\frac{1}{4}\\-\frac{3}{4}\\\frac{3}{2}\\0\\0\end{pmatrix}+x_4\begin{pmatrix}\frac{1}{2}\\\frac{3}{2}\\-1\\1\\0\end{pmatrix}+x_5\begin{pmatrix}\frac{1}{4}\\-\frac{3}{4}\\\frac{1}{2}\\0\\1\end{pmatrix}=\begin{pmatrix}\frac{1}{4}\\-\frac{3}{4}\\\frac{3}{2}\\0\\0\end{pmatrix}+k_1\begin{pmatrix}\frac{1}{2}\\\frac{3}{2}\\-1\\1\\0\end{pmatrix}+k_2\begin{pmatrix}\frac{1}{4}\\-\frac{3}{4}\\\frac{1}{2}\\0\\1\end{pmatrix}.$$

这里自由未知量x_4,x_5换成k_1,k_2就得线性方程组的通解，并且很明显地可以看出特解和基础解系分别是什么. 这样做比较简单，但是思路不清晰，对各个解之间的关系有点混乱.

求齐次线性方程组的通解和用高斯消元法求出的一般解仅仅是表达形式上不同，它们都表达了方程组的无穷多个解，但是用通解来表示更可以反映无穷多个解之间的关系，为解的理论讨论提供了方便.

例 3 设非齐次线性方程组的三个解为

$$X_1=(6,1,-1,3)^{\mathrm{T}},X_2=(-2,2,2,1)^{\mathrm{T}},X_3=(-2,-1,1,-1)^{\mathrm{T}},$$

它的系数矩阵A的秩为 2，求通解.

解 由题意知，线性方程组的未知量个数是 4，$n-r(A)=2$，故导出组的基础解系中解向量的个数是 2. 关键是要找导出组的 2 个线性无关的解，由性质 4.2.1 得

$$X_2-X_1=(-8,1,3,-2)^{\mathrm{T}},X_3-X_2=(0,-3,-1,-2)^{\mathrm{T}}$$

是导出组的解. 故所求通解为

$$X=X_1+k_1(X_2-X_1)+k_2(X_3-X_2),$$

其中k_1,k_2是任意的常数.

例 4 已知线性方程组

$$\begin{cases}x_1+x_2+x_3+x_4=0,\\x_2+2x_3+2x_4=1,\\-x_2+(a-3)x_3-2x_4=b,\\3x_1+2x_2+x_3+ax_4=-1,\end{cases}$$

问a,b取何值时，方程组有

（1）唯一解？

（2）无解？

（3）无穷多组解？并求出通解.

解 将增广矩阵用初等行变换化为阶梯形矩阵

$$\tilde{A}=\left(\begin{array}{cccc:c}1&1&1&1&0\\0&1&2&2&1\\0&-1&a-3&-2&b\\3&2&1&a&-1\end{array}\right)\to\left(\begin{array}{cccc:c}1&1&1&1&0\\0&1&2&2&1\\0&0&a-1&0&b+1\\0&0&0&a-1&0\end{array}\right).$$

当$a\neq1$时，$r(A)=r(\tilde{A})=4$，方程组有唯一解.

当$a=1,b\neq-1$时，$r(A)=2<r(\tilde{A})=3$，方程组无解.

当$a=1,b=-1$时，$r(A)=r(\tilde{A})=2<4$，方程组有无穷多组解. 此时

$$\tilde{A} \to \begin{pmatrix} 1 & 1 & 1 & 1 & \vdots & 0 \\ 0 & 1 & 2 & 2 & \vdots & 1 \\ 0 & 0 & 0 & 0 & \vdots & 0 \\ 0 & 0 & 0 & 0 & \vdots & 0 \end{pmatrix} \to \begin{pmatrix} 1 & 0 & -1 & -1 & \vdots & -1 \\ 0 & 1 & 2 & 2 & \vdots & 1 \\ 0 & 0 & 0 & 0 & \vdots & 0 \\ 0 & 0 & 0 & 0 & \vdots & 0 \end{pmatrix},$$

相应的阶梯形方程组为

$$\begin{cases} x_1 \quad -x_3 - x_4 = -1, \\ x_2 + 2x_3 + 2x_4 = 1, \end{cases}$$

写出一般解为

$$X = \begin{pmatrix} x_3 + x_4 - 1 \\ -2x_3 - 2x_4 + 1 \\ x_3 \\ x_4 \end{pmatrix},$$

其中 x_3, x_4 是自由未知量.

令 $x_3 = x_4 = 0$，得特解

$$\eta_0 = (-1, 1, 0, 0)^{\mathrm{T}}.$$

对应的齐次线性方程组的一般解为

$$X = \begin{pmatrix} x_3 + x_4 \\ -2x_3 - 2x_4 \\ x_3 \\ x_4 \end{pmatrix},$$

其中 x_3, x_4 是自由未知量.

令 $x_3 = 1, x_4 = 0$，得

$$\eta_1 = (1, -2, 1, 0)^{\mathrm{T}};$$

令 $x_3 = 0, x_4 = 1$，得

$$\eta_2 = (1, -2, 0, 1)^{\mathrm{T}}.$$

η_1, η_2 是导出组的基础解系.

故原方程组的通解为

$$X = \eta_0 + k_1\eta_1 + k_2\eta_2,$$

其中 k_1, k_2 是任意的常数.

4.3 线性方程组的应用实例

矩阵的秩与线性方程组是密切相关的，所以一些有关矩阵的问题可以转化为线性方程组来讨论．同样，对于一些几何中的问题，也可用线性方程组来讨论.

例 1 当 a, b 值为多少时，三个平面 $x + z = 2, x + 2y - z = 0, 2x + y - az = b$ 交于一条直线？并求出该直线方程.

解 由题意，三平面相交所得方程组为

$$\begin{cases} x+z=2, \\ x+2y-z=0, \\ 2x+y-az=b. \end{cases}$$

由题意，此方程组必有无穷多组解，且由空间直线参数方程的形式知，上述方程组的通解中应含有一个独立的参数，故方程组的基础解系中有$n-r(\boldsymbol{A})=1$个解向量，其中$\boldsymbol{A}$表示方程组的系数矩阵. 因此$r(\boldsymbol{A})=2$.

由于方程组的增广矩阵

$$\tilde{\boldsymbol{A}}=\left(\begin{array}{ccc:c} 1 & 0 & 1 & 2 \\ 1 & 2 & -1 & 0 \\ 2 & 1 & -a & b \end{array}\right) \xrightarrow{\text{行}} \left(\begin{array}{ccc:c} 1 & 0 & 1 & 2 \\ 0 & 1 & -1 & -1 \\ 0 & 0 & -a-1 & b-3 \end{array}\right),$$

当$a=-1, b=3$时，$r(\tilde{\boldsymbol{A}})=r(\boldsymbol{A})=2<n=3$，此时方程组有无穷多组解，且有

$$\tilde{\boldsymbol{A}} \to \left(\begin{array}{ccc:c} 1 & 0 & 1 & 2 \\ 0 & 1 & -1 & -1 \\ 0 & 0 & 0 & 0 \end{array}\right),$$

于是有

$$\begin{cases} x=-z+2, \\ y=z-1, \\ z=z. \end{cases}$$

此时，这三个平面交于直线

$$\begin{cases} x=-t+2, \\ y=t-1, \\ z=t. \end{cases}$$

例 2 配平化学方程式.

化学方程式表示化学反应中消耗和产生的物质. 配平化学方程式就是必须找出一组数，使得方程式左右两端的各类原子的总数对应相等. 一个系统的方法就是建立能够描述反应过程中每种原子数目的向量方程，然后找出该方程组的最简的正整数解. 下面利用这个思路来配平如下化学反应方程式：

$$x_1\mathrm{KMnO_4}+x_2\mathrm{MnSO_4}+x_3\mathrm{H_2O} \to x_4\mathrm{MnO_2}+x_5\mathrm{K_2SO_4}+x_6\mathrm{H_2SO_4},$$

其中$x_1, x_2, x_3, x_4, x_5, x_6$均取正整数.

解 上述化学反应式中包含 5 种不同的原子（钾、锰、氧、硫、氢），因此可用如下向量表示每一种反应物和生成物：

$$\mathrm{KMnO_4}=\begin{pmatrix}1\\1\\4\\0\\0\end{pmatrix}, \mathrm{MnSO_4}=\begin{pmatrix}0\\1\\4\\1\\0\end{pmatrix}, \mathrm{H_2O}=\begin{pmatrix}0\\0\\1\\0\\2\end{pmatrix},$$

$$\mathrm{MnO_2}=\begin{pmatrix}0\\1\\2\\0\\0\end{pmatrix}, \mathrm{K_2SO_4}=\begin{pmatrix}2\\0\\4\\1\\0\end{pmatrix}, \mathrm{H_2SO_4}=\begin{pmatrix}0\\0\\4\\1\\2\end{pmatrix}.$$

为配平化学方程式，系数 x_1,x_2,x_3,x_4,x_5,x_6 应该满足

$$x_1\begin{pmatrix}1\\1\\4\\0\\0\end{pmatrix}+x_2\begin{pmatrix}0\\1\\4\\1\\0\end{pmatrix}+x_3\begin{pmatrix}0\\0\\1\\0\\2\end{pmatrix}=x_4\begin{pmatrix}0\\1\\2\\0\\0\end{pmatrix}+x_5\begin{pmatrix}2\\0\\4\\1\\0\end{pmatrix}+x_6\begin{pmatrix}0\\0\\4\\1\\2\end{pmatrix},$$

写成方程组形式为

$$\begin{cases}x_1 - 2x_5 = 0,\\ x_1 + x_2 - x_4 = 0,\\ 4x_1+4x_2+x_3-2x_4-4x_5-4x_6=0,\\ x_2 - x_5 - x_6 = 0,\\ 2x_3 - 2x_6 = 0.\end{cases}$$

求解该齐次线性方程组，得到通解

$$\boldsymbol{X}=k(2,3,2,5,1,2)^{\mathrm{T}},\quad k\in\mathbf{R}.$$

由于化学方程式通常取最简的正整数，因此得到配平后的化学方程式为

$$2KMnO_4+3MnSO_4+2H_2O\rightarrow 5MnO_2+K_2SO_4+2H_2SO_4.$$

小　结

一、基本概念

1．齐次线性方程组与非齐次线性方程组以及它们的解.

2．齐次线性方程组的基础解系以及通解.

3．非齐次线性方程组的通解.

二、基本结论与公式

1．齐次线性方程组的任意有限个解的线性组合都是它的解；而非齐次线性方程组的解的线性组合未必是它的解.

2．非齐次线性方程组的任意两个解的差是所对应的齐次线性方程组的解.

3．齐次线性方程组 $\boldsymbol{AX}=\boldsymbol{0}$ 只有全零解 $\Leftrightarrow r(\boldsymbol{A})=n$，此时，它没有基础解系；

齐次线性方程组 $\boldsymbol{AX}=\boldsymbol{0}$ 有非零解 $\Leftrightarrow r(\boldsymbol{A})<n$，此时，它有无穷多个基础解系.

4．设 $\boldsymbol{A}$ 是 n 阶方阵，则

（1）$|\boldsymbol{A}|\neq 0 \Leftrightarrow$ 方程组 $\boldsymbol{AX}=\boldsymbol{0}$ 只有全零解；

（2）$|\boldsymbol{A}|=0 \Leftrightarrow$ 方程组 $\boldsymbol{AX}=\boldsymbol{0}$ 有非零解.

5．非齐次线性方程组 $\boldsymbol{A}_{m\times n}\boldsymbol{X}=\boldsymbol{\beta}$ 的解的情况如下.

（1）当 $r(\tilde{\boldsymbol{A}})\neq r(\boldsymbol{A})$ 时，方程组 $\boldsymbol{AX}=\boldsymbol{\beta}$ 无解；

（2）当 $r(\tilde{\boldsymbol{A}})=r(\boldsymbol{A})=n$ 时，方程组 $\boldsymbol{AX}=\boldsymbol{\beta}$ 有唯一解；

（3）当 $r(\tilde{\boldsymbol{A}})=r(\boldsymbol{A})<n$ 时，方程组有无穷多个解.

6．设 $\boldsymbol{A}$ 是 n 阶方阵，则 $\boldsymbol{AX}=\boldsymbol{\beta}$ 的解的情况如下.

（1）当$|\boldsymbol{A}|\neq 0$时，方程组有唯一解$\boldsymbol{X}=\boldsymbol{A}^{-1}\boldsymbol{\beta}$；

（2）当$|\boldsymbol{A}|=0$时，如果$r(\tilde{\boldsymbol{A}})=r(\boldsymbol{A})$，则方程组有无穷多个解；如果$r(\tilde{\boldsymbol{A}})\neq r(\boldsymbol{A})$，则方程组无解.

三、重点练习内容

1．求齐次线性方程组$\boldsymbol{AX}=\boldsymbol{0}$的通解，只用初等行变换把系数矩阵化成阶梯形矩阵，列出同解方程组，求出基础解系中$n-r(\boldsymbol{A})$个解向量，并写出通解.

2．判定带参数的非齐次线性方程组$\boldsymbol{AX}=\boldsymbol{\beta}$是否有解.

3．求非齐次线性方程组$\boldsymbol{AX}=\boldsymbol{\beta}$的通解，只用初等行变换把增广矩阵化成阶梯形矩阵，列出同解方程组，求出非齐次线性方程组的一个特解$\boldsymbol{\eta}_0$，求出导出组的$n-r(\boldsymbol{A})$个线性无关的解$\boldsymbol{\eta}_1,\boldsymbol{\eta}_2,\cdots,\boldsymbol{\eta}_{n-r(A)}$作为基础解系，并写出通解

$$\boldsymbol{X}=\boldsymbol{\eta}_0+k_1\boldsymbol{\eta}_1+k_2\boldsymbol{\eta}_2+\cdots+k_{n-r(A)}\boldsymbol{\eta}_{n-r(A)}.$$

习题四

1．求下列齐次线性方程组的一个基础解系，并写出通解.

（1）$\begin{cases}x_1+2x_2+x_3-x_4=0,\\3x_1+6x_2-x_3-3x_4=0,\\5x_1+10x_2+x_3-5x_4=0;\end{cases}$　（2）$\begin{cases}x_1+x_2+2x_3-x_4=0,\\2x_1+x_2+x_3-x_4=0,\\2x_1+2x_2+x_3+2x_4=0;\end{cases}$

（3）$\begin{cases}x_1-x_2-2x_3+3x_4+2x_5=0,\\3x_1-3x_2-x_3+5x_4-x_5=0,\\2x_1-2x_2+x_3+2x_4-3x_5=0;\end{cases}$　（4）$\begin{cases}2x_1+3x_2+7x_3+5x_4=0,\\3x_1+x_2+2x_3+4x_4=0,\\4x_1-x_2-3x_3+6x_4=0,\\x_1-2x_2-4x_3-x_4=0.\end{cases}$

2．设齐次线性方程组

$$\begin{cases}x_1+2x_2+ax_3=0,\\ax_1+x_2-2x_3=0,\\3x_1+2x_2+x_3=0,\end{cases}$$

问a为何值时方程组有非零解；在有非零解时，求出方程组的基础解系和通解.

3. 设$\boldsymbol{\alpha}_1,\boldsymbol{\alpha}_2,\boldsymbol{\alpha}_3$是某个齐次线性方程组$\boldsymbol{AX}=\boldsymbol{0}$的基础解系，问以下向量组是不是它的基础解系？说明理由.

（1）$\boldsymbol{\alpha}_1,\boldsymbol{\alpha}_1-\boldsymbol{\alpha}_2,\boldsymbol{\alpha}_1-\boldsymbol{\alpha}_2-\boldsymbol{\alpha}_3$；

（2）$\boldsymbol{\alpha}_1-\boldsymbol{\alpha}_2,\boldsymbol{\alpha}_2-\boldsymbol{\alpha}_3,\boldsymbol{\alpha}_3-\boldsymbol{\alpha}_1$.

4．求下列非齐次线性方程组的通解.

（1）$\begin{cases}x_1+x_2-2x_4+x_5=-1,\\-2x_1-x_2+x_3-4x_4+2x_5=1,\\-x_1+x_2-x_3-2x_4+x_5=2;\end{cases}$　（2）$\begin{cases}2x_1+x_2-x_3+x_4=1,\\x_1+2x_2+x_3-x_4=2,\\x_1+x_2+2x_3+x_4=3;\end{cases}$

（3）$\begin{cases}2x_1+x_2-x_3+x_4=1,\\3x_1-2x_2+2x_3-3x_4=2,\\5x_1+x_2-x_3+2x_4=-1,\\2x_1-x_2+x_3-3x_4=4;\end{cases}$　（4）$\begin{cases}2x_1+7x_2+3x_3+x_4=6,\\3x_1+5x_2+2x_3+2x_4=4,\\9x_1+4x_2+x_3+7x_4=2.\end{cases}$

5．已知非齐次线性方程组

$$\begin{cases} ax_1 + x_2 + x_3 = 1, \\ (a+1)x_1 + (a+1)x_2 + 2x_3 = 2, \\ (2a+1)x_1 + 3x_2 + (a+2)x_3 = 3, \end{cases}$$

问 a 为何值时，方程组有唯一解？有无穷多组解及无解？并求有无穷多组解时的通解.

6．λ 为何值时，线性方程组

$$\begin{cases} \lambda x_1 + x_2 + x_3 = \lambda - 3, \\ x_1 + \lambda x_2 + x_3 = -2, \\ x_1 + x_2 + \lambda x_3 = -2 \end{cases}$$

有唯一解？有无穷多组解及无解？并求有无穷多组解时的通解.

7．设四元齐次线性方程组

$$（\text{I}）\begin{cases} x_1 + x_2 = 0, \\ x_2 - x_4 = 0; \end{cases} \qquad （\text{II}）\begin{cases} x_1 - x_2 + x_3 = 0, \\ x_2 - x_3 + x_4 = 0. \end{cases}$$

求：(1) 方程组（Ⅰ）与（Ⅱ）的基础解系；(2)（Ⅰ）与（Ⅱ）的公共解.

8．证明：若任一个 n 维向量都是齐次线性方程组

$$\begin{cases} a_{11}x_1 + a_{12}x_2 + \cdots + a_{1n}x_n = 0, \\ a_{21}x_1 + a_{22}x_2 + \cdots + a_{2n}x_n = 0, \\ \cdots\cdots \\ a_{s1}x_1 + a_{s2}x_2 + \cdots + a_{sn}x_n = 0 \end{cases}$$

的解向量，则这个方程组的所有系数都为零，即 $a_{ij} = 0\left(i = 1,\cdots,s; j = 1,\cdots,n\right)$.

9．证明：若齐次线性方程组

$$\begin{cases} a_{11}x_1 + a_{12}x_2 + \cdots + a_{1n}x_n = 0, \\ a_{21}x_1 + a_{22}x_2 + \cdots + a_{2n}x_n = 0, \\ \cdots\cdots \\ a_{s1}x_1 + a_{s2}x_2 + \cdots + a_{sn}x_n = 0 \end{cases}$$

的系数矩阵的秩是 $r\left(r < n\right)$，又若 $\boldsymbol{\alpha}_1, \boldsymbol{\alpha}_2, \cdots, \boldsymbol{\alpha}_t$ 是此方程组的解，则

$$r\left(\boldsymbol{\alpha}_1, \boldsymbol{\alpha}_2, \cdots, \boldsymbol{\alpha}_t\right) \leqslant n - r.$$

10．证明：若 $\boldsymbol{\alpha}_1, \boldsymbol{\alpha}_2, \cdots, \boldsymbol{\alpha}_t$ 都是线性方程组

$$\begin{cases} a_{11}x_1 + a_{12}x_2 + \cdots + a_{1n}x_n = b_1, \\ a_{21}x_1 + a_{22}x_2 + \cdots + a_{2n}x_n = b_2, \\ \cdots\cdots \\ a_{s1}x_1 + a_{s2}x_2 + \cdots + a_{sn}x_n = b_s \end{cases}$$

的解，并且有一组数 $k_1, k_2, \cdots, k_t$ 满足 $k_1 + k_2 + \cdots + k_t = 1$，则 $k_1\boldsymbol{\alpha}_1 + k_2\boldsymbol{\alpha}_2 + \cdots + k_t\boldsymbol{\alpha}_t$ 也是上述线性方程组的解.

11．设下列两个齐次线性方程组

$$\begin{cases} a_{11}x_1 + a_{12}x_2 + \cdots + a_{1n}x_n = 0, \\ a_{21}x_1 + a_{22}x_2 + \cdots + a_{2n}x_n = 0, \\ \cdots\cdots \\ a_{s1}x_1 + a_{s2}x_2 + \cdots + a_{sn}x_n = 0 \end{cases} \text{和} \begin{cases} b_{11}x_1 + b_{12}x_2 + \cdots + b_{1n}x_n = 0, \\ b_{21}x_1 + b_{22}x_2 + \cdots + b_{2n}x_n = 0, \\ \cdots\cdots \\ b_{s1}x_1 + b_{s2}x_2 + \cdots + b_{sn}x_n = 0 \end{cases}$$

同解，它们的系数矩阵分别为 $\boldsymbol{A}$ 和 $\boldsymbol{B}$，证明：$r(\boldsymbol{A})=r(\boldsymbol{B})$.

12．已知 $\boldsymbol{\eta}_1,\boldsymbol{\eta}_2,\boldsymbol{\eta}_3$ 是非齐次线性方程组 $\boldsymbol{AX}=\boldsymbol{\beta}$ 的三个解向量，其中

$$\boldsymbol{\eta}_1=\begin{pmatrix}1\\2\\3\\4\end{pmatrix},\boldsymbol{\eta}_2+\boldsymbol{\eta}_3=\begin{pmatrix}2\\-4\\2\\0\end{pmatrix},$$

且 $r(\boldsymbol{A})=3$，求此方程组的通解.

13．设线性方程组

$$\begin{cases}x_1-x_2=a_1,\\x_2-x_3=a_2,\\x_3-x_4=a_3,\\x_4-x_5=a_4,\\x_5-x_1=a_5.\end{cases}$$

求证该方程组有解的充分必要条件是 $\sum\limits_{i=1}^{5}a_i=0$，并在有解时，求出通解.

14．设 n 阶方阵 $\boldsymbol{A}$ 的各行元素之和都为 0，且 $r(\boldsymbol{A})=n-1$，求方程组 $\boldsymbol{AX}=\boldsymbol{0}$ 的通解.

15．已知四阶方阵 $\boldsymbol{A}=(\boldsymbol{\alpha}_1,\boldsymbol{\alpha}_2,\boldsymbol{\alpha}_3,\boldsymbol{\alpha}_4)$，其中 $\boldsymbol{\alpha}_2,\boldsymbol{\alpha}_3,\boldsymbol{\alpha}_4$ 线性无关，$\boldsymbol{\alpha}_1=2\boldsymbol{\alpha}_2-\boldsymbol{\alpha}_3$，如果 $\boldsymbol{\beta}=\boldsymbol{\alpha}_1+\boldsymbol{\alpha}_2+\boldsymbol{\alpha}_3+\boldsymbol{\alpha}_4$，求线性方程组 $\boldsymbol{AX}=\boldsymbol{\beta}$ 的通解.

16．已知非齐次线性方程组

$$\begin{cases}x_1+x_2+x_3+x_4=-1,\\4x_1+3x_2+5x_3-x_4=-1,\\ax_1+x_2+3x_3+bx_4=1\end{cases}$$

有三个线性无关的解，证明方程组系数矩阵 $\boldsymbol{A}$ 的秩为 2；求 a,b 的值及方程组的通解.

第5章 方阵的特征值与特征向量

线性微分方程组的求解，工程技术中的振动问题和稳定性问题，往往可以归结为求一个方阵的特征值与特征向量的问题. 相似变换是矩阵的一种重要变换，在理论研究和实际应用中，常常要求我们把一个矩阵化成与之相似的对角形矩阵或其他形式较简单的矩阵，这一问题与矩阵的特征值与特征向量的概念是密切相关的.

本章主要介绍方阵的特征值与特征向量的定义、基本性质和矩阵的对角化问题. 本章讨论的方阵都是复的方阵（5.3 节除外）.

5.1 特征值与特征向量

定义 5.1.1 设 n 阶方阵 $\boldsymbol{A}=\left(a_{ij}\right)_{n\times n}$，$\lambda$ 是一个变量，矩阵 $\lambda\boldsymbol{I}-\boldsymbol{A}$ 称为矩阵 $\boldsymbol{A}$ 的特征矩阵. 它的行列式

$$|\lambda\boldsymbol{I}-\boldsymbol{A}|=\begin{vmatrix}\lambda-a_{11} & -a_{12} & \cdots & -a_{1n}\\ -a_{21} & \lambda-a_{22} & \cdots & -a_{2n}\\ \vdots & \vdots & & \vdots\\ -a_{n1} & -a_{n2} & \cdots & \lambda-a_{nn}\end{vmatrix}$$

是 λ 的一个首项系数为 1 的 n 次多项式，称它为 $\boldsymbol{A}$ 的**特征多项式**，记为 $f(\lambda)$. 在复数范围内，$\boldsymbol{A}$ 的特征多项式一定有 n 个根，称为 $\boldsymbol{A}$ 的**特征值**或**特征根**，记为 $\lambda_1,\lambda_2,\cdots,\lambda_n$. 对于 $\boldsymbol{A}$ 的每一个特征值 $\lambda_i\left(i=1,2,\cdots,n\right)$，我们考虑齐次线性方程组

$$\left(\lambda_i\boldsymbol{I}-\boldsymbol{A}\right)\boldsymbol{X}=\boldsymbol{0},\tag{5.1.1}$$

由于方程组（5.1.1）的系数行列式 $|\lambda_i\boldsymbol{I}-\boldsymbol{A}|=0$，故它一定有非零解，称每一个非零解为矩阵 $\boldsymbol{A}$ 属于特征值 λ_i 的**特征向量**.

由特征值的定义，有

$$\lambda_i\text{ 是方阵 }\boldsymbol{A}\text{ 的特征值}\Leftrightarrow|\lambda_i\boldsymbol{I}-\boldsymbol{A}|=0 .$$

例 1 设三阶矩阵 $\boldsymbol{A}$ 使 $\boldsymbol{I}-\boldsymbol{A},\boldsymbol{I}+\boldsymbol{A},3\boldsymbol{A}-\boldsymbol{I}$ 不可逆，求 $\boldsymbol{A}$ 的特征值.

解 由已知，有

$$|\boldsymbol{I}-\boldsymbol{A}|=|\boldsymbol{I}+\boldsymbol{A}|=|3\boldsymbol{A}-\boldsymbol{I}|=0 .$$

由

$$|\boldsymbol{I}-\boldsymbol{A}|=0,$$

得 $\boldsymbol{A}$ 的第一个特征值

$$\lambda_1=1 .$$

又由

$$|\boldsymbol{I}+\boldsymbol{A}|=|-(-\boldsymbol{I}-\boldsymbol{A})|=(-1)^3|-\boldsymbol{I}-\boldsymbol{A}|=0,$$

有 $|-\boldsymbol{I}-\boldsymbol{A}|=0$，于是得 $\boldsymbol{A}$ 的第二个特征值

$$\lambda_2=-1.$$

再由

$$|3\boldsymbol{A}-\boldsymbol{I}|=\left|-3\left(\frac{1}{3}\boldsymbol{I}-\boldsymbol{A}\right)\right|=(-3)^3\left|\frac{1}{3}\boldsymbol{I}-\boldsymbol{A}\right|=0,$$

有$\left|\frac{1}{3}\boldsymbol{I}-\boldsymbol{A}\right|=0$，于是得$\boldsymbol{A}$的第三个特征值

$$\lambda_3=\frac{1}{3},$$

故$\boldsymbol{A}$的特征值为$1,-1,\frac{1}{3}$.

根据特征值与特征向量的定义，还可得到一些结论. 作以下几点说明.

（1）由于$f(\lambda)=|\lambda\boldsymbol{I}-\boldsymbol{A}|=\lambda^n+a_1\lambda^{n-1}+\cdots+a_n=(\lambda-\lambda_1)(\lambda-\lambda_2)\cdots(\lambda-\lambda_n)$对任何$\lambda$都成立，取$\lambda=0$，有$|-\boldsymbol{A}|=(-1)^n|\boldsymbol{A}|=a_n=(-1)^n\lambda_1\lambda_2\cdots\lambda_n$. 于是有$|\boldsymbol{A}|=\lambda_1\lambda_2\cdots\lambda_n$，即$n$阶矩阵$\boldsymbol{A}$的行列式等于$\boldsymbol{A}$的$n$个特征值的乘积.

（2）由定义可知，若非零向量$\boldsymbol{X}_i$是$\boldsymbol{A}$属于特征值λ_i的特征向量，则有$(\lambda_i\boldsymbol{I}-\boldsymbol{A})\boldsymbol{X}_i=\boldsymbol{0}$，即

$$\boldsymbol{A}\boldsymbol{X}_i=\lambda_i\boldsymbol{X}_i, \tag{5.1.2}$$

反之也成立. 式（5.1.2）更清楚地反映了特征值、特征向量和矩阵$\boldsymbol{A}$之间的特殊关系.

（3）根据齐次线性方程组解的性质和结构可知，若向量$\boldsymbol{X}_i$是$\boldsymbol{A}$属于特征值λ_i的一个特征向量，则$k\boldsymbol{X}_i\,(k\neq 0)$也是$\boldsymbol{A}$属于特征值$\lambda_i$的特征向量.

由定义 5.1.1，要求出矩阵$\boldsymbol{A}$属于特征值λ_i的全部特征向量（无穷多个），只要先求出齐次线性方程组

$$(\lambda_i\boldsymbol{I}-\boldsymbol{A})\boldsymbol{X}=\boldsymbol{0}$$

的一个基础解系$\boldsymbol{\eta}_1,\boldsymbol{\eta}_2,\cdots,\boldsymbol{\eta}_{n-r_i}$，其中$r_i=r(\lambda_i\boldsymbol{I}-\boldsymbol{A})$. 于是$\boldsymbol{A}$属于特征值$\lambda_i$的全部特征向量可表示为

$$\boldsymbol{X}=k_1\boldsymbol{\eta}_1+k_2\boldsymbol{\eta}_2+\cdots+k_{n-r_i}\boldsymbol{\eta}_{n-r_i},$$

其中$k_1,k_2,\cdots,k_{n-r_i}$为不全为零的任意常数.

例 2 设

$$\boldsymbol{A}=\begin{pmatrix}1&-2&2\\-2&-2&4\\2&4&-2\end{pmatrix},$$

求矩阵$\boldsymbol{A}$的特征值和特征向量.

解 （1）计算$\boldsymbol{A}$的特征多项式$|\lambda\boldsymbol{I}-\boldsymbol{A}|$，求出它的根即为$\boldsymbol{A}$的特征值.

$$|\lambda\boldsymbol{I}-\boldsymbol{A}|=\begin{vmatrix}\lambda-1&2&-2\\2&\lambda+2&-4\\-2&-4&\lambda+2\end{vmatrix}=\begin{vmatrix}\lambda-1&2&-2\\2&\lambda+2&-4\\0&\lambda-2&\lambda-2\end{vmatrix}$$

$$=(\lambda-2)\begin{vmatrix}\lambda-1&4&-2\\2&\lambda+6&-4\\0&0&1\end{vmatrix}=(\lambda+7)(\lambda-2)^2,$$

所以$\boldsymbol{A}$的特征值为$\lambda_1=-7,\lambda_2=\lambda_3=2$（二重根）.

（2）对于$\boldsymbol{A}$的每个不同特征值，求出其特征向量.

对于 $\lambda_1=-7$，解齐次线性方程组

$$(-7\boldsymbol{I}-\boldsymbol{A})\boldsymbol{X}=\boldsymbol{0},$$

其中

$$-7\boldsymbol{I}-\boldsymbol{A}=\begin{pmatrix}-8 & 2 & -2\\ 2 & -5 & -4\\ -2 & -4 & -5\end{pmatrix}\to\begin{pmatrix}1 & 0 & \frac{1}{2}\\ 0 & 1 & 1\\ 0 & 0 & 0\end{pmatrix},$$

从而得一般解为

$$\boldsymbol{X}=\begin{pmatrix}-\frac{1}{2}x_3\\ -x_3\\ x_3\end{pmatrix}.$$

求得一个基础解系为

$$\boldsymbol{\eta}_1=\begin{pmatrix}1\\ 2\\ -2\end{pmatrix},$$

从而矩阵 $\boldsymbol{A}$ 属于 $\lambda_1=-7$ 的全部特征向量为

$$k_1\boldsymbol{\eta}_1=k_1\begin{pmatrix}1\\ 2\\ -2\end{pmatrix},$$

其中 k_1 是任意非零常数.

对于 $\lambda_2=2$，解齐次线性方程组

$$(2\boldsymbol{I}-\boldsymbol{A})\boldsymbol{X}=\boldsymbol{0},$$

其中

$$2\boldsymbol{I}-\boldsymbol{A}=\begin{pmatrix}1 & 2 & -2\\ 2 & 4 & -4\\ -2 & -4 & 4\end{pmatrix}\to\begin{pmatrix}1 & 2 & -2\\ 0 & 0 & 0\\ 0 & 0 & 0\end{pmatrix},$$

从而得一般解为

$$\boldsymbol{X}=\begin{pmatrix}-2x_2+2x_3\\ x_2\\ x_3\end{pmatrix}.$$

求得一个基础解系为

$$\boldsymbol{\eta}_2=\begin{pmatrix}-2\\ 1\\ 0\end{pmatrix},\quad \boldsymbol{\eta}_3=\begin{pmatrix}2\\ 0\\ 1\end{pmatrix},$$

从而矩阵 $\boldsymbol{A}$ 属于 $\lambda_2=2$ 的全部特征向量为

$$k_2\boldsymbol{\eta}_2+k_3\boldsymbol{\eta}_3=k_2\begin{pmatrix}-2\\ 1\\ 0\end{pmatrix}+k_3\begin{pmatrix}2\\ 0\\ 1\end{pmatrix},$$

其中 k_2,k_3 是任意不全为零的常数.

例 3 设

$$A=\begin{pmatrix}-1&1&0\\-4&3&0\\1&0&2\end{pmatrix},$$

求矩阵 A 的特征值和特征向量.

解 因为

$$|\lambda I-A|=\begin{vmatrix}\lambda+1&-1&0\\4&\lambda-3&0\\-1&0&\lambda-2\end{vmatrix}=(\lambda-2)(\lambda-1)^2,$$

所以 A 的特征值为 $\lambda_1=2,\lambda_2=\lambda_3=1$（二重根）.

对于 $\lambda_1=2$，解齐次线性方程组

$$(2I-A)X=0,$$

得一个基础解系为

$$\eta_1=\begin{pmatrix}0\\0\\1\end{pmatrix},$$

从而矩阵 A 属于 $\lambda_1=2$ 的全部特征向量为

$$k_1\eta_1=k_1\begin{pmatrix}0\\0\\1\end{pmatrix},$$

其中 k_1 是任意非零常数.

对于 $\lambda_2=1$，解齐次线性方程组

$$(I-A)X=0,$$

得一个基础解系为

$$\eta_2=\begin{pmatrix}-1\\-2\\1\end{pmatrix},$$

从而矩阵 A 属于 $\lambda_2=1$ 的全部特征向量为

$$k_2\eta_2=k_2\begin{pmatrix}-1\\-2\\1\end{pmatrix},$$

其中 k_2 是任意非零常数.

定义 5.1.2 设 A 为 n 阶矩阵，若存在可逆矩阵 U，使得

$$B=U^{-1}AU,$$

则称 A 相似于 B，或称 B 是 A 的相似矩阵，记为 $A\sim B$. 对 A 进行运算 $U^{-1}AU$，称为对 A 进行相似变换，可逆矩阵 U 称为把 A 变成 B 的相似变换矩阵.

例 4 证明相似矩阵具有相同的特征值.

证 设 $A\sim B$，则存在可逆矩阵 U，使得

$$B = U^{-1}AU\ .$$

则

$$\begin{aligned}|\lambda I - B| &= |\lambda I - U^{-1}AU| = |U^{-1}(\lambda I)U - U^{-1}AU| = |U^{-1}(\lambda I - A)U| \\ &= |U^{-1}|\,|\lambda I - A|\,|U| = |\lambda I - A|\,,\end{aligned}$$

即相似矩阵具有相同的特征多项式，于是它们有相同的特征值.

证毕.

因为相似矩阵有相同的特征值，且矩阵的行列式等于所有特征值的乘积，所以相似矩阵有相同的行列式. 相似矩阵还有不少其他共同的性质，在 5.4 节作详细的阐述.

例 5 设 A 为 n 阶可逆矩阵，λ_i 为 A 的特征值，η_i 为属于 λ_i 的特征向量. 证明：

（1）A 的任一特征值 $\lambda_i \neq 0$；

（2）$\dfrac{1}{\lambda_i}$ 是 A^{-1} 的特征值，且 η_i 是属于 $\dfrac{1}{\lambda_i}$ 的特征向量.

证 （1）由条件知 $A\eta_i = \lambda_i\eta_i$，其中 $\eta_i \neq 0$. 若 $\lambda_i=0$，则 $A\eta_i = 0$. 而 A 为可逆矩阵，从而可得 $\eta_i = 0$，与条件产生矛盾，故 $\lambda_i \neq 0$.

（2）由 $A\eta_i = \lambda_i\eta_i$，有 $A^{-1}A\eta_i = \lambda_i A^{-1}\eta_i = \eta_i$. 由于 $\lambda_i \neq 0$，于是有 $A^{-1}\eta_i = \dfrac{1}{\lambda_i}\eta_i$，这说明 $\dfrac{1}{\lambda_i}$ 是 A^{-1} 的特征值，且 η_i 是属于 $\dfrac{1}{\lambda_i}$ 的特征向量.

证毕.

例 6 若 λ_0 是方阵 A 的一个特征值，证明 λ_0^k 是 A^k 的一个特征值，其中 k 为正整数.

证 设 η 是 A 属于特征值 λ_0 的特征向量，则 $A\eta = \lambda_0\eta$. 于是

$$A^k\eta = A^{k-1}A\eta = \lambda_0 A^{k-1}\eta = \lambda_0 A^{k-2}A\eta = \lambda_0^2 A^{k-2}\eta\,,$$

再连续重复以上的步骤 $k-2$ 次，可得

$$A^k\eta = \lambda_0^k\eta\,,$$

这说明了 λ_0^k 是 A^k 的一个特征值，η 是 A^k 属于特征值 λ_0^k 的特征向量.

证毕.

例 7 设 A 为 n 阶方阵，$f(x) = a_m x^m + a_{m-1}x^{m-1} + \cdots + a_1 x + a_0$ 为 x 的一元多项式，λ_0 为 A 的特征值，证明：$f(\lambda_0)$ 为 $f(A)$ 的特征值，这里 $f(A)$ 为矩阵 A 的多项式.

证 设 η 是 A 属于特征值 λ_0 的特征向量，由例 6 可知 $A^k\eta = \lambda_0^k\eta$，其中 k 为任意正整数. 于是有

$$\begin{aligned}f(A)\eta &= a_m A^m\eta + a_{m-1}A^{m-1}\eta + \cdots + a_1 A\eta + a_0 I\eta \\ &= a_m\lambda_0^m\eta + a_{m-1}\lambda_0^{m-1}\eta + \cdots + a_1\lambda_0\eta + a_0\eta \\ &= (a_m\lambda_0^m + a_{m-1}\lambda_0^{m-1} + \cdots + a_1\lambda_0 + a_0)\eta \\ &= f(\lambda_0)\eta\,,\end{aligned}$$

这就说明了 $f(\lambda_0)$ 为 $f(A)$ 的特征值，η 是 $f(A)$ 属于特征值 $f(\lambda_0)$ 的特征向量.

证毕.

例 8 设三阶矩阵 A 的特征值为 1，2，3，且 $A \sim B$.

（1）证明 A 可逆，并求矩阵 $|A|A^{-1}$ 的特征值；

（2）求 $B^2 - B + I$ 的特征值；

*（3）求 $\left(A^*\right)^2-A+I$ 的特征值.

解 设 A 的任一特征值为 λ_i，$i=1,2,3$.

（1）因为 $|A|=1\cdot2\cdot3=6\neq0$，故 A 可逆.

$|A|A^{-1}=6A^{-1}$ 的特征值为 $\dfrac{6}{\lambda_i}$，即为 6,3,2.

（2）因为 $A\sim B$，所以 B 和 A 的特征值相同，于是 $f(B)=B^2-B+I$ 的特征值为 $f(\lambda_i)=\lambda_i^2-\lambda_i+1$，即 1，3，7.

（3）$\left(A^*\right)^2-A+I$ 的特征值为 $\left(\dfrac{|A|}{\lambda_i}\right)^2-\lambda_i+1$，即 36，8，2.

*最后，我们要指出特征多项式的一个重要性质：设 A 是一个 n 阶方阵，$f(\lambda)=|\lambda I-A|$ 是 A 的特征多项式，则 $f(A)=O$.

5.2 矩阵的对角化

定义 5.2.1 若 n 阶矩阵 A 能和对角形矩阵相似，即存在可逆矩阵 U 和对角形矩阵 $\Lambda=\mathrm{diag}(d_1,d_2,\cdots,d_n)$，使得

$$U^{-1}AU=\Lambda=\begin{pmatrix}d_1&&&\\&d_2&&\\&&\ddots&\\&&&d_n\end{pmatrix},$$

则称矩阵 A **可对角化**，对角形矩阵 Λ 称为矩阵 A 的**对角标准形**.

那么，对于已知的矩阵 A，它是否可对角化，在什么条件下才可对角化呢？

引例 在 5.1 节例 2 中，三阶矩阵 A 的三个特征值为 $\lambda_1=-7,\lambda_2=\lambda_3=2$，属于它们的特征向量分别为 $\eta_1=\begin{pmatrix}1\\2\\-2\end{pmatrix}$，$\eta_2=\begin{pmatrix}-2\\1\\0\end{pmatrix}$，$\eta_3=\begin{pmatrix}2\\0\\1\end{pmatrix}$，易知它们是线性无关的，而其余特征向量均可由它们线性表示. 这说明 A 有三个线性无关的特征向量. 取 $U=(\eta_1\ \eta_2\ \eta_3)$，则显然 U 可逆，且

$$U^{-1}AU=\Lambda=\begin{pmatrix}-7&&\\&2&\\&&2\end{pmatrix}.$$

要验证上述矩阵等式仅需验证 $AU=U\Lambda$ 即可，留给读者自行验证. 这表明三阶方阵 A 有三个线性无关的特征向量是 A 可对角化的充分条件. 而实际上，它也是必要条件. 更一般的结论如下.

定理 5.2.1 一个 n 阶矩阵 A 可对角化的充分必要条件是 A 有 n 个线性无关的特征向量.

证 必要性. 设

$$U^{-1}AU=\Lambda=\begin{pmatrix}d_1&&&\\&d_2&&\\&&\ddots&\\&&&d_n\end{pmatrix},$$

则

$$AU = U\Lambda .$$

将 U 按列分块，列向量为 $u_1, u_2, \cdots, u_n$，显然它们是线性无关的. 于是上式可写为

$$A(u_1\ u_2 \cdots u_n) = (u_1\ u_2 \cdots u_n)\begin{pmatrix} d_1 & & & \\ & d_2 & & \\ & & \ddots & \\ & & & d_n \end{pmatrix},$$

即

$$(Au_1\ Au_2 \cdots Au_n) = (d_1u_1\ d_2u_2 \cdots d_nu_n),$$

于是有

$$Au_i = d_iu_i\ (i = 1, 2, \cdots, n).$$

这就说明 d_i 是 A 的特征值，u_i 是 A 属于 d_i 的特征向量，于是 A 有 n 个线性无关的特征向量，必要性得证.

充分性. 设 A 有 n 个线性无关的特征向量 $u_1, u_2, \cdots, u_n$，它们分别属于特征值 $\lambda_1, \lambda_2, \cdots, \lambda_n$，于是有

$$Au_i = \lambda_iu_i\ (i = 1, 2, \cdots, n).$$

取 $U = (u_1\ u_2 \cdots u_n)$，则 U 可逆，且有

$$AU = U\begin{pmatrix} \lambda_1 & & & \\ & \lambda_2 & & \\ & & \ddots & \\ & & & \lambda_n \end{pmatrix},$$

即

$$U^{-1}AU = \begin{pmatrix} \lambda_1 & & & \\ & \lambda_2 & & \\ & & \ddots & \\ & & & \lambda_n \end{pmatrix} = \Lambda .$$

这说明了 A 可对角化，充分性得证.

证毕.

注意：从定理 5.2.1 的证明可以看出，若 n 阶矩阵 A 可对角化，则 A 的对角标准形 Λ 的主对角线上的元素是 A 的 n 个特征值（包括重根），即 $\Lambda = \mathrm{diag}(\lambda_1, \lambda_2, \cdots, \lambda_n)$；而对应的相似变换矩阵 U 是以 A 的 n 个线性无关的特征向量 $u_1, u_2, \cdots, u_n$ 作为列向量形成的，即 $U = (u_1\ u_2 \cdots u_n)$，其中 $Au_i = \lambda_iu_i\ (i = 1, 2, \cdots, n)$. 此时应满足等式 $U^{-1}AU = \Lambda$. 因此，若 A 可对角化，且 λ 为 A 的 k 重特征值，则属于 λ 的线性无关的特征向量一定是 k 个.

在 5.1 节例 3 中，三阶矩阵 A 属于特征值 λ_1=2 的线性无关的特征向量为 $\eta_1 = \begin{pmatrix} 0 \\ 0 \\ 1 \end{pmatrix}$，属于特征值 λ_2=λ_3=1 的线性无关的特征向量为 $\eta_2 = \begin{pmatrix} -1 \\ -2 \\ 1 \end{pmatrix}$. 不难验证，$\eta_1, \eta_2$ 是线性无关的，而其余特征向量均可由它们线性表示. 这说明三阶矩阵 A 只有 2 个线性无关的特征向量，因此它不可对角化.

下面再看几个例子.

例 1 设

$$A=\begin{pmatrix}3&-2&1\\1&-1&1\\-2&2&0\end{pmatrix},$$

问 A 可对角化吗？若可以，求相似变换矩阵 U 和 A 的对角标准形.

解 由于

$$|\lambda I-A|=(\lambda-1)(\lambda-2)(\lambda+1),$$

所以 A 的特征值为 $\lambda_1=1,\lambda_2=2,\lambda_3=-1$.

对于 $\lambda_1=1$，求得线性无关的特征向量为 $\eta_1=\begin{pmatrix}0\\1\\2\end{pmatrix}$.

对于 $\lambda_2=2$，求得线性无关的特征向量为 $\eta_2=\begin{pmatrix}1\\0\\-1\end{pmatrix}$.

对于 $\lambda_3=-1$，求得线性无关的特征向量为 $\eta_3=\begin{pmatrix}2\\3\\-2\end{pmatrix}$.

容易验证 η_1,η_2,η_3 是线性无关的，而其余特征向量均可由它们线性表示，这说明三阶矩阵 A 有且至多有 3 个线性无关的特征向量，因此它可对角化.

取

$$U=(\eta_1\ \eta_2\ \eta_3)=\begin{pmatrix}0&1&2\\1&0&3\\2&-1&-2\end{pmatrix},$$

就有

$$U^{-1}AU=\begin{pmatrix}1&&\\&2&\\&&-1\end{pmatrix}.$$

注意：(1) 相似变换矩阵 U 的选取不唯一. 事实上 U 中列向量 η_1,η_2,η_3 的顺序可任取. 例如，若取 $U=(\eta_3\ \eta_2\ \eta_1)=\begin{pmatrix}2&1&0\\3&0&1\\-2&-1&2\end{pmatrix}$，这时 $U^{-1}AU=\begin{pmatrix}-1&&\\&2&\\&&1\end{pmatrix}$.

(2) 在不计较对角标准形中主对角线上特征值的排列次序的条件下，矩阵 A 的对角标准形是唯一的.

例 2 设

$$A=\begin{pmatrix}4&6&0\\-3&-5&0\\-3&-6&1\end{pmatrix},$$

问 A 可对角化吗？若可以，求相似变换矩阵 U 和 A 的对角标准形.

解 由于

$$|\lambda \boldsymbol{I}-\boldsymbol{A}|=(\lambda-1)^2(\lambda+2),$$

所以 $\boldsymbol{A}$ 的特征值为 $\lambda_1=-2,\lambda_2=\lambda_3=1$.

对于 $\lambda_1=-2$，求得线性无关的特征向量为 $\boldsymbol{\eta}_1=\begin{pmatrix}-1\\1\\1\end{pmatrix}$.

对于 $\lambda_2=1$，求得线性无关的特征向量为 $\boldsymbol{\eta}_2=\begin{pmatrix}-2\\1\\0\end{pmatrix}$，$\boldsymbol{\eta}_3=\begin{pmatrix}0\\0\\1\end{pmatrix}$.

容易验证 $\boldsymbol{\eta}_1,\boldsymbol{\eta}_2,\boldsymbol{\eta}_3$ 是线性无关的，而其余特征向量均可由它们线性表示，这说明三阶矩阵 $\boldsymbol{A}$ 有且至多有 3 个线性无关的特征向量，因此它可对角化.

取

$$\boldsymbol{U}=(\boldsymbol{\eta}_1\ \boldsymbol{\eta}_2\ \boldsymbol{\eta}_3)=\begin{pmatrix}-1&-2&0\\1&1&0\\1&0&1\end{pmatrix},$$

就有

$$\boldsymbol{U}^{-1}\boldsymbol{A}\boldsymbol{U}=\begin{pmatrix}-2&&\\&1&\\&&1\end{pmatrix}.$$

例 3 设

$$\boldsymbol{A}=\begin{pmatrix}2&0&0\\1&1&0\\1&1&1\end{pmatrix},$$

问 $\boldsymbol{A}$ 可对角化吗?

解 由于

$$|\lambda \boldsymbol{I}-\boldsymbol{A}|=(\lambda-1)^2(\lambda-2),$$

所以 $\boldsymbol{A}$ 的特征值为 $\lambda_1=2,\lambda_2=\lambda_3=1$.

对于 $\lambda_1=2$，求得线性无关的特征向量为 $\boldsymbol{\eta}_1=\begin{pmatrix}1\\1\\2\end{pmatrix}$.

对于 $\lambda_2=1$，求得线性无关的特征向量为 $\boldsymbol{\eta}_2=\begin{pmatrix}0\\0\\1\end{pmatrix}$.

容易验证 $\boldsymbol{\eta}_1,\boldsymbol{\eta}_2$ 是线性无关的，而其余特征向量均可由它们线性表示，这说明三阶矩阵 $\boldsymbol{A}$ 至多有 2 个线性无关的特征向量，因此它不可对角化.

从例 1 到例 3 我们可看出，矩阵 $\boldsymbol{A}$ 是否可对角化仅仅和 $\boldsymbol{A}$ 的线性无关特征向量的最大个数有关，而这最大个数就是将 $\boldsymbol{A}$ 的每个不同的特征值的线性无关的特征向量"合"在一起的个数. 若 $\boldsymbol{A}$ 的线性无关特征向量的最大个数等于矩阵 $\boldsymbol{A}$ 的阶数，则 $\boldsymbol{A}$ 可对角化（如例 1、例 2）；若 $\boldsymbol{A}$ 的线性无关特征向量的最大个数小于矩阵 $\boldsymbol{A}$ 的阶数，则 $\boldsymbol{A}$ 不可对角化（如例 3）. 所以在判断矩阵 $\boldsymbol{A}$ 是否可对角化且不要求求出$\boldsymbol{U}$时，我们不需要具体求出特征向量，而只需要找出$\boldsymbol{A}$的线性无关特征向量的最大个数即可，这样可简化运算过程. 为从理论上证明上述结论，我们要进一步讨论特征向量的相关特性.

在例 1 中，$\boldsymbol{\eta}_1,\boldsymbol{\eta}_2,\boldsymbol{\eta}_3$是三阶矩阵$\boldsymbol{A}$属于不同特征值的特征向量，而它们是线性无关的. 我们可把此结论推广至一般情况.

定理 5.2.2 设$\lambda_1,\lambda_2,\cdots,\lambda_s$是矩阵$\boldsymbol{A}$的$s$个互不相同的特征值，$\boldsymbol{\eta}_1,\boldsymbol{\eta}_2,\cdots,\boldsymbol{\eta}_s$是分别属于它们的特征向量，则$\boldsymbol{\eta}_1,\boldsymbol{\eta}_2,\cdots,\boldsymbol{\eta}_s$线性无关.

***证** （反证法）假设$\boldsymbol{\eta}_1,\boldsymbol{\eta}_2,\cdots,\boldsymbol{\eta}_s$线性相关，于是存在一组不全为零的常数$k_1,k_2,\cdots,k_s$，使

$$k_1\boldsymbol{\eta}_1+k_2\boldsymbol{\eta}_2+\cdots+k_s\boldsymbol{\eta}_s=\boldsymbol{0}. \tag{5.2.1}$$

不妨设$k_1\neq 0$. 在式（5.2.1）两端左乘矩阵$\boldsymbol{A}$，得

$$k_1\boldsymbol{A}\boldsymbol{\eta}_1+k_2\boldsymbol{A}\boldsymbol{\eta}_2+\cdots+k_s\boldsymbol{A}\boldsymbol{\eta}_s=\boldsymbol{0}.$$

利用条件$\boldsymbol{A}\boldsymbol{\eta}_i=\lambda_i\boldsymbol{\eta}_i\,(i=1,2,\cdots,s)$，有

$$k_1\lambda_1\boldsymbol{\eta}_1+k_2\lambda_2\boldsymbol{\eta}_2+\cdots+k_s\lambda_s\boldsymbol{\eta}_s=\boldsymbol{0}. \tag{5.2.2}$$

在式（5.2.1）两端乘λ_s，再与式（5.2.2）相减消去$\boldsymbol{\eta}_s$，得

$$k_1(\lambda_s-\lambda_1)\boldsymbol{\eta}_1+k_2(\lambda_s-\lambda_2)\boldsymbol{\eta}_2+\cdots+k_{s-1}(\lambda_s-\lambda_{s-1})\boldsymbol{\eta}_{s-1}=\boldsymbol{0}.$$

由于$k_1(\lambda_s-\lambda_1)\neq 0$，所以$\boldsymbol{\eta}_1,\boldsymbol{\eta}_2,\cdots,\boldsymbol{\eta}_{s-1}$线性相关.

继续用同样的办法，可得到下面一系列向量组$\boldsymbol{\eta}_1,\boldsymbol{\eta}_2,\cdots,\boldsymbol{\eta}_{s-2}$; … ; $\boldsymbol{\eta}_1,\boldsymbol{\eta}_2$; $\boldsymbol{\eta}_1$都线性相关. 但是$\boldsymbol{\eta}_1\neq\boldsymbol{0}$，即$\boldsymbol{\eta}_1$是线性无关的，形成矛盾，于是前面的假设不成立，即$\boldsymbol{\eta}_1,\boldsymbol{\eta}_2,\cdots,\boldsymbol{\eta}_s$是线性无关的.

证毕.

定理 5.2.2 告诉我们，矩阵$\boldsymbol{A}$属于不同特征值的特征向量是线性无关的.

推论 5.2.1 若n阶矩阵$\boldsymbol{A}$的n个特征值互不相同，则$\boldsymbol{A}$一定有n个线性无关的特征向量，因而$\boldsymbol{A}$一定可对角化.

例如，在例 1 中，三阶矩阵$\boldsymbol{A}$的三个特征值互不相同，故$\boldsymbol{A}$一定可对角化.

在例 2 中，三阶矩阵$\boldsymbol{A}$有两个互不相同的特征值$\lambda_1=-2,\lambda_2=1$，属于$\lambda_1=-2$的线性无关的特征向量$\boldsymbol{\eta}_1$，属于$\lambda_2=1$的线性无关的特征向量$\boldsymbol{\eta}_2,\boldsymbol{\eta}_3$，将$\boldsymbol{A}$的两个不同特征值的线性无关的特征向量“合”在一起得$\boldsymbol{\eta}_1,\boldsymbol{\eta}_2,\boldsymbol{\eta}_3$，而特征向量组$\boldsymbol{\eta}_1,\boldsymbol{\eta}_2,\boldsymbol{\eta}_3$仍是线性无关的. 此结论也可推广至一般情况，得到下面的定理.

定理 5.2.3 设n阶矩阵$\boldsymbol{A}$有s个互不相同的特征值$\lambda_1,\lambda_2,\cdots,\lambda_s$，求解齐次线性方程组$(\lambda_i\boldsymbol{I}-\boldsymbol{A})\boldsymbol{X}=\boldsymbol{0}$的基础解系得矩阵$\boldsymbol{A}$属于$\lambda_i$的线性无关的特征向量$\boldsymbol{\eta}_1^{(i)},\boldsymbol{\eta}_2^{(i)},\cdots,\boldsymbol{\eta}_{n-r_i}^{(i)}$，其中$r_i=r(\lambda_i\boldsymbol{I}-\boldsymbol{A})(i=1,2,\cdots,s)$. 把$\boldsymbol{A}$的$s$个不同特征值的线性无关的特征向量“合”在一起得特征向量组

$$\underbrace{\boldsymbol{\eta}_1^{(1)},\boldsymbol{\eta}_2^{(1)},\cdots,\boldsymbol{\eta}_{n-r_1}^{(1)}}_{\text{属于}\lambda_1},\ \underbrace{\boldsymbol{\eta}_1^{(2)},\boldsymbol{\eta}_2^{(2)},\cdots,\boldsymbol{\eta}_{n-r_2}^{(2)}}_{\text{属于}\lambda_2},\ \cdots,\ \underbrace{\boldsymbol{\eta}_1^{(s)},\boldsymbol{\eta}_2^{(s)},\cdots,\boldsymbol{\eta}_{n-r_s}^{(s)}}_{\text{属于}\lambda_s}, \tag{5.2.3}$$

则该特征向量组必线性无关.

定理 5.2.3 的证明方法类似定理 5.2.2，此处略去.

定理 5.2.3 告诉我们，把矩阵$\boldsymbol{A}$的不同特征值的线性无关的特征向量“合”在一起所得的特征向量组(5.2.3)仍线性无关. 而且很明显，其余的特征向量都可由它线性表示，于是特征向量组(5.2.3)中含有属于矩阵$\boldsymbol{A}$的最多个线性无关的特征向量，即$\boldsymbol{A}$的线性无关特征向量的最大个数就是特征向量组（5.2.3）里的向量个数，为$\sum\limits_{i=1}^{s}(n-r_i)$个. 因此结合定理 5.2.1，我们得到如下结论.

推论 5.2.2 设 n 阶矩阵 $\boldsymbol{A}$ 有 s 个互不相同的特征值 $\lambda_1,\lambda_2,\cdots,\lambda_s$，于是

（1）若 $\sum_{i=1}^{s}(n-r_i)=n$，则矩阵 $\boldsymbol{A}$ 可对角化；

（2）若 $\sum_{i=1}^{s}(n-r_i)<n$，则矩阵 $\boldsymbol{A}$ 不可对角化.

其中 $r_i=r(\lambda_i\boldsymbol{I}-\boldsymbol{A})(i=1,2,\cdots,s)$.

注意：这里 $\sum_{i=1}^{s}(n-r_i)>n$ 不会出现. 若不然，向量组（5.2.3）为 n 维向量组，若其向量个数大于 n，则它必线性相关. 与定理 5.2.3 形成矛盾，故 $\sum_{i=1}^{s}(n-r_i)$ 不大于 n.

例 4 判断下列矩阵是否可对角化，若可以，写出对角标准形.

（1）$\boldsymbol{A}=\begin{pmatrix}1&1&0\\0&2&1\\0&0&3\end{pmatrix}$；（2）$\boldsymbol{A}=\begin{pmatrix}2&2&-2\\2&5&-4\\-2&-4&5\end{pmatrix}$；（3）$\boldsymbol{A}=\begin{pmatrix}2&3&2\\1&8&2\\-2&-14&-3\end{pmatrix}$.

解 （1）由

$$|\lambda\boldsymbol{I}-\boldsymbol{A}|=(\lambda-1)(\lambda-2)(\lambda-3),$$

故 $\boldsymbol{A}$ 的特征值为 $\lambda_1=1,\lambda_2=2,\lambda_3=3$. 因为 $\boldsymbol{A}$ 的特征值互不相同，所以由推论 5.2.1 知 $\boldsymbol{A}$ 可对角化，它的对角标准形为 $\begin{pmatrix}1&&\\&2&\\&&3\end{pmatrix}$.

（2）由

$$|\lambda\boldsymbol{I}-\boldsymbol{A}|=(\lambda-10)(\lambda-1)^2,$$

得 $\boldsymbol{A}$ 的特征值为 $\lambda_1=10,\lambda_2=\lambda_3=1$.

由

$$\lambda_1\boldsymbol{I}-\boldsymbol{A}=\begin{pmatrix}8&-2&2\\-2&5&4\\2&4&5\end{pmatrix}\to\begin{pmatrix}2&4&5\\0&1&1\\0&0&0\end{pmatrix},$$

有 $r_1=r(\lambda_1\boldsymbol{I}-\boldsymbol{A})=2$.

由

$$\lambda_2\boldsymbol{I}-\boldsymbol{A}=\begin{pmatrix}-1&-2&2\\-2&-4&4\\2&4&-4\end{pmatrix}\to\begin{pmatrix}-1&-2&2\\0&0&0\\0&0&0\end{pmatrix},$$

有 $r_2=r(\boldsymbol{\lambda}_2\boldsymbol{I}-\boldsymbol{A})=1$.

于是有 $\sum_{i=1}^{2}(3-r_i)=3$，从而由推论 5.2.2 可知 $\boldsymbol{A}$ 可对角化，它的对角标准形为

$$\begin{pmatrix}10&&\\&1&\\&&1\end{pmatrix}.$$

（3）由

$$|\lambda\boldsymbol{I}-\boldsymbol{A}|=(\lambda-1)(\lambda-3)^2,$$

故 $\boldsymbol{A}$ 的特征值为 $\lambda_1=1,\lambda_2=3$（二重）.

由 $r_1=r(\lambda_1\boldsymbol{I}-\boldsymbol{A})=2$，$r_2=r(\lambda_2\boldsymbol{I}-\boldsymbol{A})=2$，有 $\sum_{i=1}^{2}(3-r_i)=2<3$，从而由推论 5.2.2 知 $\boldsymbol{A}$ 不可对角化.

通过前面的例 4 我们看到，当矩阵 $\boldsymbol{A}$ 的所有特征值互不相同时，利用推论 5.2.1 可直接得到 $\boldsymbol{A}$ 可对角化；当矩阵 $\boldsymbol{A}$ 的特征值出现重根时，则利用推论 5.2.2 去判别矩阵 $\boldsymbol{A}$ 是否可对角化. 当矩阵 $\boldsymbol{A}$ 可对角化时，若还需要求出相应的相似变换矩阵 $\boldsymbol{U}$，我们则需要进一步求出矩阵 $\boldsymbol{A}$ 的特征向量.

推论 5.2.3 设 n 阶矩阵 $\boldsymbol{A}$ 的全体互不相同的特征值为 $\lambda_1,\lambda_2,\cdots,\lambda_s$，重数依次为 $k_1,k_2,\cdots,k_s$，则 $\boldsymbol{A}$ 可对角化的充要条件是，对应于每个特征值 λ_i，$\boldsymbol{A}$ 有 k_i 个线性无关的特征向量.

证 必要性. 由定理 5.2.1 显然可得.

充分性. 因为 $\boldsymbol{A}$ 是 n 阶矩阵，故 $\boldsymbol{A}$ 的特征值的总个数 $k_1+k_2+\cdots+k_s=n$. 假设特征值 λ_i 对应的线性无关的特征向量为 $\boldsymbol{\eta}_1^{(i)},\boldsymbol{\eta}_2^{(i)},\cdots,\boldsymbol{\eta}_{k_i}^{(i)}$，由定理 5.2.3 可以知道，$n$ 个特征向量 $\boldsymbol{\eta}_1^{(1)},\boldsymbol{\eta}_2^{(1)},\cdots,\boldsymbol{\eta}_{k_1}^{(1)},\boldsymbol{\eta}_1^{(2)}$，$\boldsymbol{\eta}_2^{(2)},\cdots,\boldsymbol{\eta}_{k_2}^{(2)}$，$\cdots$，$\boldsymbol{\eta}_1^{(s)},\boldsymbol{\eta}_2^{(s)},\cdots,\boldsymbol{\eta}_{k_s}^{(s)}$ 线性无关. 由定理 5.2.1，$\boldsymbol{A}$ 可对角化.

证毕.

注意：当 $\boldsymbol{A}$ 的特征值有重根时，我们还可以利用推论 5.2.3 判断 $\boldsymbol{A}$ 是否可对角化. 由推论 5.2.3，当矩阵 $\boldsymbol{A}$ 的特征值 $\lambda_i\ (i=1,2,\cdots,s)$ 是 k_i 重根时，判断 $\boldsymbol{A}$ 是否可对角化的关键是 λ_i 是否对应有 k_i 个线性无关的特征向量. 若是，则 $\boldsymbol{A}$ 可对角化，否则，$\boldsymbol{A}$ 不可对角化. 例如，在例 4(3)中，当 $\lambda_1=1$ 时，$3-r(\boldsymbol{I}-\boldsymbol{A})=3-2=1$，对应于 $\lambda_1=1$ 的线性无关的特征向量的个数为 1；当 $\lambda_2=3$ 时，$3-r(3\boldsymbol{I}-\boldsymbol{A})=3-2=1$，对应于 $\lambda_2=3$ 的线性无关的特征向量的个数为 1，不等于特征值 $\lambda_2=3$ 的重数 2，故 $\boldsymbol{A}$ 不可对角化.

例 5 设矩阵 $\boldsymbol{A}=\begin{pmatrix}1&-1&-1\\-1&1&-1\\-1&-1&1\end{pmatrix}$.

（1）证明矩阵 $\boldsymbol{A}$ 可对角化，并求相似变换矩阵 $\boldsymbol{U}$ 和 $\boldsymbol{A}$ 的对角标准形 $\boldsymbol{\Lambda}$.

*（2）求 $\boldsymbol{A}^m$（m 是正整数）.

解 （1）$|\lambda\boldsymbol{I}-\boldsymbol{A}|=\begin{vmatrix}\lambda-1&1&1\\1&\lambda-1&1\\1&1&\lambda-1\end{vmatrix}=(\lambda+1)(\lambda-2)^2$，

故 $\boldsymbol{A}$ 的特征值为 $\lambda_1=-1,\lambda_2=\lambda_3=2$.

由 $r_1=r(\lambda_1\boldsymbol{I}-\boldsymbol{A})=2$，$r_2=r(\lambda_2\boldsymbol{I}-\boldsymbol{A})=1$，有 $\sum_{i=1}^{2}(3-r_i)=3$，从而 $\boldsymbol{A}$ 可对角化.

对于 $\lambda_1=-1$，求得 $(\lambda_1\boldsymbol{I}-\boldsymbol{A})\boldsymbol{X}=\boldsymbol{0}$ 的基础解系为 $\boldsymbol{\eta}_1=\begin{pmatrix}1\\1\\1\end{pmatrix}$.

对于 $\lambda_2=2$，求得 $(\lambda_2\boldsymbol{I}-\boldsymbol{A})\boldsymbol{X}=\boldsymbol{0}$ 的基础解系为 $\boldsymbol{\eta}_2=\begin{pmatrix}-1\\1\\0\end{pmatrix}$，$\boldsymbol{\eta}_3=\begin{pmatrix}-1\\0\\1\end{pmatrix}$.

由定理 5.2.3，$\boldsymbol{\eta}_1,\boldsymbol{\eta}_2,\boldsymbol{\eta}_3$ 是 $\boldsymbol{A}$ 的三个线性无关的特征向量.

令

$$U=(\eta_1\ \eta_2\ \eta_3)=\begin{pmatrix}1&-1&-1\\1&1&0\\1&0&1\end{pmatrix},$$

则

$$U^{-1}AU=\begin{pmatrix}-1&&\\&2&\\&&2\end{pmatrix}=\Lambda.$$

（2）由（1）得 $A=U\Lambda U^{-1}$，有

$$A^m=U\Lambda U^{-1}\,U\Lambda U^{-1}\cdots U\Lambda U^{-1}=U\Lambda^m U^{-1}.$$

而 $U^{-1}=\dfrac{1}{3}\begin{pmatrix}1&1&1\\-1&2&-1\\-1&-1&2\end{pmatrix}$，$\Lambda^m=\begin{pmatrix}(-1)^m&&\\&2^m&\\&&2^m\end{pmatrix}$，代入计算可得

$$\begin{aligned}A^m&=\begin{pmatrix}1&-1&-1\\1&1&0\\1&0&1\end{pmatrix}\begin{pmatrix}(-1)^m&&\\&2^m&\\&&2^m\end{pmatrix}\cdot\frac{1}{3}\begin{pmatrix}1&1&1\\-1&2&-1\\-1&-1&2\end{pmatrix}\\&=\frac{1}{3}\begin{pmatrix}(-1)^m+2^{m+1}&(-1)^m-2^m&(-1)^m-2^m\\(-1)^m-2^m&(-1)^m+2^{m+1}&(-1)^m-2^m\\(-1)^m-2^m&(-1)^m-2^m&(-1)^m+2^{m+1}\end{pmatrix}.\end{aligned}$$

5.3 实对称矩阵的对角化

我们知道方阵不一定可对角化，本节将指出一类特殊的矩阵——实对称矩阵必定可对角化，而且对于任一实对称矩阵 A，总可以找到正交矩阵 T（何为正交矩阵，本节中将介绍），使得 $T^{-1}AT$ 为对角形矩阵. 为此，我们先介绍向量正交概念，正交化方法，正交矩阵以及实对称矩阵的特征值，特征向量的特性.

5.3.1 向量的正交概念和施密特正交化

以下讨论的向量都是指 n 维实向量（即分量全是实数），数为实数.

定义 5.3.1 设两个 n 维向量

$$\alpha=\begin{pmatrix}a_1\\a_2\\\vdots\\a_n\end{pmatrix},\quad \beta=\begin{pmatrix}b_1\\b_2\\\vdots\\b_n\end{pmatrix},$$

它们确定了一个实数 $\sum\limits_{i=1}^{n}a_ib_i$，称此实数为向量 α,β 的内积，记为 (α,β)，即

$$(\boldsymbol{\alpha}, \boldsymbol{\beta}) = \sum_{i=1}^{n} a_i b_i .$$

两个同维向量的内积是对应分量的乘积之和. 向量$\boldsymbol{\alpha}, \boldsymbol{\beta}$的内积可用矩阵乘法表示为

$$(\boldsymbol{\alpha}, \boldsymbol{\beta}) = \boldsymbol{\alpha}^{\mathrm{T}} \boldsymbol{\beta} = \boldsymbol{\beta}^{\mathrm{T}} \boldsymbol{\alpha} .$$

例 1 求向量$\boldsymbol{\alpha} = (1,-1,2)^{\mathrm{T}}$, $\boldsymbol{\beta} = (2,-1,1)^{\mathrm{T}}$的内积.

解 $(\boldsymbol{\alpha}, \boldsymbol{\beta}) = 1 \times 2 + (-1) \times (-1) + 2 \times 1 = 5$.

根据内积定义，易知向量内积有以下基本性质.

(1) **对称性**：$(\boldsymbol{\alpha}, \boldsymbol{\beta}) = (\boldsymbol{\beta}, \boldsymbol{\alpha})$.

(2) **线性性**：$(k\boldsymbol{\alpha}, \boldsymbol{\beta}) = (\boldsymbol{\alpha}, k\boldsymbol{\beta}) = k(\boldsymbol{\alpha}, \boldsymbol{\beta})$；$(\boldsymbol{\alpha}+\boldsymbol{\beta}, \boldsymbol{\gamma}) = (\boldsymbol{\alpha}, \boldsymbol{\gamma}) + (\boldsymbol{\beta}, \boldsymbol{\gamma})$.

(3) **正定性**：$(\boldsymbol{\alpha}, \boldsymbol{\alpha}) \geqslant 0$，且$(\boldsymbol{\alpha}, \boldsymbol{\alpha}) = 0 \Leftrightarrow \boldsymbol{\alpha} = \mathbf{0}$.

其中$\boldsymbol{\alpha}, \boldsymbol{\beta}, \boldsymbol{\gamma}$均为$n$维实向量，$k$为实数.

定义 5.3.2 对于向量$\boldsymbol{\alpha} = (a_1, a_2, \cdots, a_n)^{\mathrm{T}}$，称$\sqrt{(\boldsymbol{\alpha}, \boldsymbol{\alpha})}$为向量$\boldsymbol{\alpha}$的**长度**，记为$|\boldsymbol{\alpha}|$，即$|\boldsymbol{\alpha}| = \sqrt{(\boldsymbol{\alpha}, \boldsymbol{\alpha})}$. 当$|\boldsymbol{\alpha}| = 1$时，称$\boldsymbol{\alpha}$为**单位向量**.

向量$\boldsymbol{\alpha} = (a_1, a_2, \cdots, a_n)^{\mathrm{T}}$的长度的计算公式为

$$|\boldsymbol{\alpha}| = \sqrt{\sum_{i=1}^{n} a_i^{\,2}} .$$

$\boldsymbol{\alpha} = (a_1, a_2, \cdots, a_n)^{\mathrm{T}}$为单位向量当且仅当$\sum_{i=1}^{n} a_i^{\,2} = 1$.

任意一个非零向量$\boldsymbol{\alpha}$都可以**单位化**（或**标准化**）：

$$\tilde{\boldsymbol{\alpha}} = \frac{\boldsymbol{\alpha}}{|\boldsymbol{\alpha}|} .$$

事实上，可以验证

$$|\tilde{\boldsymbol{\alpha}}| = \left| \frac{\boldsymbol{\alpha}}{|\boldsymbol{\alpha}|} \right| = \frac{1}{|\boldsymbol{\alpha}|} |\boldsymbol{\alpha}| = 1 .$$

这说明如此求出的$\tilde{\boldsymbol{\alpha}}$必是单位向量.

定义 5.3.3 若两个n维向量$\boldsymbol{\alpha}, \boldsymbol{\beta}$，满足$(\boldsymbol{\alpha}, \boldsymbol{\beta}) = 0$，则称$\boldsymbol{\alpha}$与$\boldsymbol{\beta}$**正交**，记为$\boldsymbol{\alpha} \perp \boldsymbol{\beta}$.

两个向量$\boldsymbol{\alpha} = (a_1, a_2, \cdots, a_n)^{\mathrm{T}}$与$\boldsymbol{\beta} = (b_1, b_2, \cdots, b_n)^{\mathrm{T}}$正交当且仅当$\sum_{i=1}^{n} a_i b_i = 0$. 而且可以知道，零向量与任何向量都正交.

定义 5.3.4 如果一个同维向量组中不含零向量，且其中任意两个向量都是正交的（简称为两两正交），则称这个向量组为**正交向量组**.

定义 5.3.5 若向量组$\boldsymbol{\alpha}_1, \boldsymbol{\alpha}_2, \cdots, \boldsymbol{\alpha}_s \ (s \geqslant 2)$是一个正交向量组，且其中每个向量都是单位向量，则称这个向量组为**标准正交向量组**.

我们常把标准正交向量组所满足的两个条件合并写成内积等式：

$$(\boldsymbol{\alpha}_i, \boldsymbol{\alpha}_j) = \delta_{ij} = \begin{cases} 1, & i = j, \\ 0, & i \neq j \end{cases} (i, j = 1, 2, 3, \cdots, s),$$

其中专用记号δ_{ij}称为 Kronecker 符号.

确切地说，这种向量组应该称为两两正交的单位向量组. 为了简洁起见，习惯上称为标准正交向量组. 这里的“标准向量”指的是“单位向量”.

例 2 n维基本向量组$\boldsymbol{\varepsilon}_1=(1,0,\cdots,0)^{\mathrm{T}},\boldsymbol{\varepsilon}_2=(0,1,\cdots,0)^{\mathrm{T}},\cdots,\boldsymbol{\varepsilon}_n=(0,0,\cdots,1)^{\mathrm{T}}$显然是标准正交向量组. 不难检验以下三个三维向量也是标准正交向量组：

$$\boldsymbol{\alpha}_1=\frac{1}{3}(2,-1,2)^{\mathrm{T}},\ \boldsymbol{\alpha}_2=\frac{1}{3}(2,2,-1)^{\mathrm{T}},\ \boldsymbol{\alpha}_3=\frac{1}{3}(1,-2,-2)^{\mathrm{T}}.$$

例 3 求与向量$\boldsymbol{\alpha}_1=(1,2,0)^{\mathrm{T}},\boldsymbol{\alpha}_2=(-1,-1,2)^{\mathrm{T}}$均正交的单位向量$\boldsymbol{q}$.

解 设与向量$\boldsymbol{\alpha}_1,\boldsymbol{\alpha}_2$均正交的向量为$\boldsymbol{\beta}=(x_1,x_2,x_3)^{\mathrm{T}}$，则由向量正交定义有

$$\begin{cases} x_1+2x_2 \qquad =0, \\ -x_1-\ x_2+2x_3=0. \end{cases}$$

解其一般解得$\boldsymbol{\beta}=(4x_3,-2x_3,x_3)^{\mathrm{T}}$，其中$x_3$任取. 再将$\boldsymbol{\beta}$标准化，得

$$\boldsymbol{q}=\frac{\boldsymbol{\beta}}{|\boldsymbol{\beta}|}=\frac{1}{\sqrt{21}|x_3|}(4x_3,-2x_3,x_3)^{\mathrm{T}}=\pm\frac{1}{\sqrt{21}}(4,-2,1)^{\mathrm{T}}.$$

命题 任一正交向量组必是线性无关的向量组.

证 设向量组$\boldsymbol{\alpha}_1,\boldsymbol{\alpha}_2,\cdots,\boldsymbol{\alpha}_s\ (s\geqslant 2)$是一个正交向量组. 如果有向量等式

$$k_1\boldsymbol{\alpha}_1+k_2\boldsymbol{\alpha}_2+\cdots+k_s\boldsymbol{\alpha}_s=\mathbf{0},$$

两端分别与$\boldsymbol{\alpha}_1$作内积，有

$$(k_1\boldsymbol{\alpha}_1+k_2\boldsymbol{\alpha}_2+\cdots+k_s\boldsymbol{\alpha}_s,\boldsymbol{\alpha}_1)=(\mathbf{0},\boldsymbol{\alpha}_1)=0.$$

于是由向量内积的性质以及向量之间的两两正交性，有

$$k_1(\boldsymbol{\alpha}_1,\boldsymbol{\alpha}_1)+k_2(\boldsymbol{\alpha}_2,\boldsymbol{\alpha}_1)+\cdots+k_s(\boldsymbol{\alpha}_s,\boldsymbol{\alpha}_1)=k_1(\boldsymbol{\alpha}_1,\boldsymbol{\alpha}_1)=0.$$

由$\boldsymbol{\alpha}_1\neq\mathbf{0}$知$(\boldsymbol{\alpha}_1,\boldsymbol{\alpha}_1)\neq 0$，于是$k_1=0$. 同理可推出$k_2$，$k_3$，$\cdots,k_s$都为零. 于是我们得到向量组$\boldsymbol{\alpha}_1,\boldsymbol{\alpha}_2,\cdots,\boldsymbol{\alpha}_s$线性无关.

证毕.

注意：该命题的逆命题不成立，即线性无关的向量组未必是正交向量组.

既然线性无关的向量组不一定是正交向量组，所以自然会提出问题：如何根据已给的线性无关的向量组，构造出与它等价的正交向量组或标准正交向量组. 为此，我们介绍**施密特（Schmidt）标准正交化**方法.

设向量组$\boldsymbol{\alpha}_1,\boldsymbol{\alpha}_2,\cdots,\boldsymbol{\alpha}_s\ (s\geqslant 2)$为一线性无关的向量组. 取

$$\boldsymbol{\beta}_1=\boldsymbol{\alpha}_1,$$

然后取

$$\boldsymbol{\beta}_2=\boldsymbol{\alpha}_2+k_1\boldsymbol{\beta}_1,$$

其中常数k_1待定. 我们使$\boldsymbol{\beta}_2$和$\boldsymbol{\beta}_1$正交，有

$$(\boldsymbol{\beta}_2,\boldsymbol{\beta}_1)=(\boldsymbol{\alpha}_2,\boldsymbol{\beta}_1)+k_1(\boldsymbol{\beta}_1,\boldsymbol{\beta}_1)=0.$$

因此，只需取$k_1=-\dfrac{(\boldsymbol{\alpha}_2,\boldsymbol{\beta}_1)}{(\boldsymbol{\beta}_1,\boldsymbol{\beta}_1)}$. 于是

$$\boldsymbol{\beta}_2=\boldsymbol{\alpha}_2-\frac{(\boldsymbol{\alpha}_2,\boldsymbol{\beta}_1)}{(\boldsymbol{\beta}_1,\boldsymbol{\beta}_1)}\boldsymbol{\beta}_1.$$

再取

$$\boldsymbol{\beta}_3=\boldsymbol{\alpha}_3+k_1\boldsymbol{\beta}_1+k_2\boldsymbol{\beta}_2,$$

其中常数k_1,k_2待定. 我们使$\boldsymbol{\beta}_3$与$\boldsymbol{\beta}_1$，$\boldsymbol{\beta}_2$均正交，有

$$(\boldsymbol{\beta}_3,\boldsymbol{\beta}_1)=(\boldsymbol{\alpha}_3,\boldsymbol{\beta}_1)+k_1(\boldsymbol{\beta}_1,\boldsymbol{\beta}_1)=0,\ (\boldsymbol{\beta}_3,\boldsymbol{\beta}_2)=(\boldsymbol{\alpha}_3,\boldsymbol{\beta}_2)+k_2(\boldsymbol{\beta}_2,\boldsymbol{\beta}_2)=0.$$

由此可知，只需取$k_1=-\dfrac{(\boldsymbol{\alpha}_3,\boldsymbol{\beta}_1)}{(\boldsymbol{\beta}_1,\boldsymbol{\beta}_1)}$，$k_2=-\dfrac{(\boldsymbol{\alpha}_3,\boldsymbol{\beta}_2)}{(\boldsymbol{\beta}_2,\boldsymbol{\beta}_2)}$. 于是

$$\boldsymbol{\beta}_3=\boldsymbol{\alpha}_3-\frac{(\boldsymbol{\alpha}_3,\boldsymbol{\beta}_1)}{(\boldsymbol{\beta}_1,\boldsymbol{\beta}_1)}\boldsymbol{\beta}_1-\frac{(\boldsymbol{\alpha}_3,\boldsymbol{\beta}_2)}{(\boldsymbol{\beta}_2,\boldsymbol{\beta}_2)}\boldsymbol{\beta}_2.$$

于是如此得到的$\boldsymbol{\beta}_1$，$\boldsymbol{\beta}_2$，$\boldsymbol{\beta}_3$是正交向量组.

如上继续下去，可得如下计算公式.

$$\boldsymbol{\beta}_1=\boldsymbol{\alpha}_1,$$

$$\boldsymbol{\beta}_2=\boldsymbol{\alpha}_2-\frac{(\boldsymbol{\alpha}_2,\boldsymbol{\beta}_1)}{(\boldsymbol{\beta}_1,\boldsymbol{\beta}_1)}\boldsymbol{\beta}_1,$$

$$\boldsymbol{\beta}_3=\boldsymbol{\alpha}_3-\frac{(\boldsymbol{\alpha}_3,\boldsymbol{\beta}_1)}{(\boldsymbol{\beta}_1,\boldsymbol{\beta}_1)}\boldsymbol{\beta}_1-\frac{(\boldsymbol{\alpha}_3,\boldsymbol{\beta}_2)}{(\boldsymbol{\beta}_2,\boldsymbol{\beta}_2)}\boldsymbol{\beta}_2,$$

……

$$\boldsymbol{\beta}_s=\boldsymbol{\alpha}_s-\frac{(\boldsymbol{\alpha}_s,\boldsymbol{\beta}_1)}{(\boldsymbol{\beta}_1,\boldsymbol{\beta}_1)}\boldsymbol{\beta}_1-\frac{(\boldsymbol{\alpha}_s,\boldsymbol{\beta}_2)}{(\boldsymbol{\beta}_2,\boldsymbol{\beta}_2)}\boldsymbol{\beta}_2-\cdots-\frac{(\boldsymbol{\alpha}_s,\boldsymbol{\beta}_{s-1})}{(\boldsymbol{\beta}_{s-1},\boldsymbol{\beta}_{s-1})}\boldsymbol{\beta}_{s-1}.$$

通过以上计算过程得到的向量组$\boldsymbol{\beta}_1$，$\boldsymbol{\beta}_2$，$\boldsymbol{\beta}_3,\cdots,\boldsymbol{\beta}_s$是正交向量组，故我们把以上的计算过程称为**施密特正交化过程**. 然后再把此正交向量组中的每一个向量都单位化（标准化），得

$$\boldsymbol{q}_1=\frac{\boldsymbol{\beta}_1}{|\boldsymbol{\beta}_1|},\ \boldsymbol{q}_2=\frac{\boldsymbol{\beta}_2}{|\boldsymbol{\beta}_2|},\ \cdots,\ \boldsymbol{q}_s=\frac{\boldsymbol{\beta}_s}{|\boldsymbol{\beta}_s|}.$$

单位化后正交性不变，故由此得到的向量组$\boldsymbol{q}_1,\boldsymbol{q}_2,\cdots,\boldsymbol{q}_s$为一个标准正交向量组. 由$\boldsymbol{q}_1,\boldsymbol{q}_2,\cdots,\boldsymbol{q}_s$的构造过程不难看出，向量组$\boldsymbol{\alpha}_1,\boldsymbol{\alpha}_2,\cdots,\boldsymbol{\alpha}_s$和向量组$\boldsymbol{q}_1,\boldsymbol{q}_2,\cdots,\boldsymbol{q}_s$可以互相线性表示，即它们是等价的（这一点读者可自行证明）.

例 4 将$\boldsymbol{\alpha}_1=\begin{pmatrix}0\\1\\1\end{pmatrix},\boldsymbol{\alpha}_2=\begin{pmatrix}0\\-1\\2\end{pmatrix},\boldsymbol{\alpha}_3=\begin{pmatrix}1\\-1\\-1\end{pmatrix}$化成标准正交向量组.

解 $\boldsymbol{\beta}_1=\boldsymbol{\alpha}_1=\begin{pmatrix}0\\1\\1\end{pmatrix}$.

$$\boldsymbol{\beta}_2=\boldsymbol{\alpha}_2-\frac{(\boldsymbol{\alpha}_2,\boldsymbol{\beta}_1)}{(\boldsymbol{\beta}_1,\boldsymbol{\beta}_1)}\boldsymbol{\beta}_1=\begin{pmatrix}0\\-1\\2\end{pmatrix}-\frac{1}{2}\begin{pmatrix}0\\1\\1\end{pmatrix}=\begin{pmatrix}0\\-\frac{3}{2}\\\frac{3}{2}\end{pmatrix}=\frac{3}{2}\begin{pmatrix}0\\-1\\1\end{pmatrix}.$$

$$\boldsymbol{\beta}_3=\boldsymbol{\alpha}_3-\frac{(\boldsymbol{\alpha}_3,\boldsymbol{\beta}_1)}{(\boldsymbol{\beta}_1,\boldsymbol{\beta}_1)}\boldsymbol{\beta}_1-\frac{(\boldsymbol{\alpha}_3,\boldsymbol{\beta}_2)}{(\boldsymbol{\beta}_2,\boldsymbol{\beta}_2)}\boldsymbol{\beta}_2=\begin{pmatrix}1\\-1\\-1\end{pmatrix}-\frac{-2}{2}\begin{pmatrix}0\\1\\1\end{pmatrix}-\frac{0}{(\boldsymbol{\beta}_2,\boldsymbol{\beta}_2)}\boldsymbol{\beta}_2=\begin{pmatrix}1\\0\\0\end{pmatrix}.$$

再把它们单位化可以求得

$$\boldsymbol{q}_1=\frac{\boldsymbol{\beta}_1}{|\boldsymbol{\beta}_1|}=\frac{1}{\sqrt{2}}\begin{pmatrix}0\\1\\1\end{pmatrix},\quad \boldsymbol{q}_2=\frac{\boldsymbol{\beta}_2}{|\boldsymbol{\beta}_2|}=\frac{1}{\sqrt{2}}\begin{pmatrix}0\\-1\\1\end{pmatrix},\quad \boldsymbol{q}_3=\frac{\boldsymbol{\beta}_3}{|\boldsymbol{\beta}_3|}=\begin{pmatrix}1\\0\\0\end{pmatrix}.$$

$\boldsymbol{q}_1,\boldsymbol{q}_2,\boldsymbol{q}_3$ 即为所求的标准正交向量组.

注意：这里将 $\boldsymbol{\beta}_2=\frac{3}{2}\begin{pmatrix}0\\-1\\1\end{pmatrix}$ 单位化的结果和将向量 $\begin{pmatrix}0\\-1\\1\end{pmatrix}$ 单位化的结果是相同的，故要对 $\boldsymbol{\beta}_2$ 单位化，只需对 $\begin{pmatrix}0\\-1\\1\end{pmatrix}$ 单位化即可，这样可节省计算量.

事实上，若 $\boldsymbol{\beta}=k\boldsymbol{\alpha}\neq\boldsymbol{0}$，则 $\boldsymbol{\beta}$ 的单位化向量

$$\tilde{\boldsymbol{\beta}}=\frac{\boldsymbol{\beta}}{|\boldsymbol{\beta}|}=\frac{k\boldsymbol{\alpha}}{|k\boldsymbol{\alpha}|}=\pm\frac{\boldsymbol{\alpha}}{|\boldsymbol{\alpha}|}=\pm\tilde{\boldsymbol{\alpha}},$$

其中 $\tilde{\boldsymbol{\alpha}}$ 为 $\boldsymbol{\alpha}$ 的单位化向量. 这说明，当 k 为正数时，$\boldsymbol{\beta}$ 的单位化向量就是 $\boldsymbol{\alpha}$ 的单位化向量；当 k 为负数时，两者异号. 因此，当 $\boldsymbol{\beta}=k\boldsymbol{\alpha}\neq\boldsymbol{0}$，$k>0$ 时，要对 $\boldsymbol{\beta}$ 单位化，只需对 $\boldsymbol{\alpha}$ 单位化即可.

5.3.2 正交矩阵

设 $\boldsymbol{A}$ 为 n 阶实方阵，则可求出 $\boldsymbol{A}^{\mathrm{T}}$，若 $\boldsymbol{A}$ 可逆，则 $\boldsymbol{A}^{-1}$ 存在. 一般而言，$\boldsymbol{A}^{\mathrm{T}}$ 和 $\boldsymbol{A}^{-1}$ 不相等，而若 $\boldsymbol{A}^{\mathrm{T}}=\boldsymbol{A}^{-1}$，则称 $\boldsymbol{A}$ 为正交矩阵. 条件 $\boldsymbol{A}^{\mathrm{T}}=\boldsymbol{A}^{-1}$ 等价于 $\boldsymbol{A}^{\mathrm{T}}\boldsymbol{A}=\boldsymbol{I}$ 或 $\boldsymbol{A}\boldsymbol{A}^{\mathrm{T}}=\boldsymbol{I}$，于是得到：

定义 5.3.6 如果 n 阶实方阵 $\boldsymbol{A}$ 满足 $\boldsymbol{A}^{\mathrm{T}}\boldsymbol{A}=\boldsymbol{I}$ 或 $\boldsymbol{A}\boldsymbol{A}^{\mathrm{T}}=\boldsymbol{I}$，则称 $\boldsymbol{A}$ 为**正交矩阵**.

易得单位矩阵 $\boldsymbol{I}$ 是正交矩阵.

例 5 证明 $\boldsymbol{A}=\begin{pmatrix}\cos\theta & -\sin\theta\\ \sin\theta & \cos\theta\end{pmatrix}$ 是正交矩阵.

证 $\boldsymbol{A}\boldsymbol{A}^{\mathrm{T}}=\begin{pmatrix}\cos\theta & -\sin\theta\\ \sin\theta & \cos\theta\end{pmatrix}\begin{pmatrix}\cos\theta & \sin\theta\\ -\sin\theta & \cos\theta\end{pmatrix}=\boldsymbol{I}$.

证毕.

设三阶矩阵 $\boldsymbol{A}$ 的三个列向量为 $\boldsymbol{\beta}_1,\boldsymbol{\beta}_2,\boldsymbol{\beta}_3$，则由分块矩阵运算法则得到

$$\boldsymbol{A}^{\mathrm{T}}\boldsymbol{A}=\begin{pmatrix}\boldsymbol{\beta}_1^{\mathrm{T}}\\ \boldsymbol{\beta}_2^{\mathrm{T}}\\ \boldsymbol{\beta}_3^{\mathrm{T}}\end{pmatrix}\begin{pmatrix}\boldsymbol{\beta}_1 & \boldsymbol{\beta}_2 & \boldsymbol{\beta}_3\end{pmatrix}=\begin{pmatrix}\boldsymbol{\beta}_1^{\mathrm{T}}\boldsymbol{\beta}_1 & \boldsymbol{\beta}_1^{\mathrm{T}}\boldsymbol{\beta}_2 & \boldsymbol{\beta}_1^{\mathrm{T}}\boldsymbol{\beta}_3\\ \boldsymbol{\beta}_2^{\mathrm{T}}\boldsymbol{\beta}_1 & \boldsymbol{\beta}_2^{\mathrm{T}}\boldsymbol{\beta}_2 & \boldsymbol{\beta}_2^{\mathrm{T}}\boldsymbol{\beta}_3\\ \boldsymbol{\beta}_3^{\mathrm{T}}\boldsymbol{\beta}_1 & \boldsymbol{\beta}_3^{\mathrm{T}}\boldsymbol{\beta}_2 & \boldsymbol{\beta}_3^{\mathrm{T}}\boldsymbol{\beta}_3\end{pmatrix}=\begin{pmatrix}1 & & \\ & 1 & \\ & & 1\end{pmatrix}$$

$$\Leftrightarrow \boldsymbol{\beta}_i^{\mathrm{T}}\boldsymbol{\beta}_j=\left(\boldsymbol{\beta}_i,\boldsymbol{\beta}_j\right)=\begin{cases}1, & i=j,\\ 0, & i\neq j\end{cases}\ (i,j=1,2,3),$$

即 $\boldsymbol{A}$ 是正交矩阵当且仅当 $\boldsymbol{\beta}_1,\boldsymbol{\beta}_2,\boldsymbol{\beta}_3$ 是标准正交向量组. 同理，我们可以得到三阶矩阵 $\boldsymbol{A}$ 是正交矩阵当且仅当 $\boldsymbol{A}$ 的行向量组是标准正交向量组. 这个结论可直接推广到 n 阶正交矩阵的情形，得到正交矩阵的性质 5.3.1.

性质 5.3.1 n 阶实方阵 $\boldsymbol{A}$ 是正交矩阵 $\Leftrightarrow$ $\boldsymbol{A}$ 的列（或行）向量组是标准正交向量组.

我们可以利用性质 5.3.1 来验证已知的矩阵是否为正交矩阵. 验证方法如下：若矩阵的每个列向

量中的各个分量的平方之和都为 1，且任意两个列向量中对应分量乘积之和都为 0，则该矩阵为正交矩阵；否则该矩阵不为正交矩阵.

例 6 检验下列矩阵是否为正交矩阵.

（1）$A=\begin{pmatrix}1&0&1\\0&1&0\\0&0&1\end{pmatrix}$；（2）$A=\begin{pmatrix}\frac{\sqrt{2}}{2}&0&\frac{\sqrt{2}}{2}\\\frac{\sqrt{2}}{2}&0&\frac{\sqrt{2}}{2}\\0&1&0\end{pmatrix}$；（3）$A=\begin{pmatrix}\frac{\sqrt{2}}{2}&\frac{\sqrt{2}}{6}&\frac{2}{3}\\0&-\frac{2\sqrt{2}}{3}&\frac{1}{3}\\-\frac{\sqrt{2}}{2}&\frac{\sqrt{2}}{6}&\frac{2}{3}\end{pmatrix}$.

解 （1）先看矩阵 A 的每个列向量中的各个分量的平方之和是否都为 1. 由于第三列元素的平方之和为 $2\neq1$，所以该矩阵不是正交矩阵.

（2）首先矩阵 A 的每个列向量中的各个分量的平方之和都为 1，再看矩阵 A 的任意两个列向量中对应分量乘积之和是否都为 0. 该矩阵第一列和第三列对应元素乘积之和为 $1\neq0$，所以该矩阵也不是正交矩阵.

（3）首先，该矩阵的每个列向量中的各个分量的平方之和都为 1. 其次，任意两个列向量中对应分量乘积之和都为 0，故该矩阵为正交矩阵.

性质 5.3.2 设 A 是正交矩阵，则 A^{-1} 仍是正交矩阵.

这是因为 $\left(A^{-1}\right)^{\mathrm{T}}A^{-1}=\left(A^{\mathrm{T}}\right)^{\mathrm{T}}A^{-1}=AA^{-1}=I$.

性质 5.3.3 设 A,B 均为正交矩阵，则 AB 也是正交矩阵.

这是因为 $(AB)^{\mathrm{T}}(AB)=B^{\mathrm{T}}\left(A^{\mathrm{T}}A\right)B=B^{\mathrm{T}}IB=B^{\mathrm{T}}B=I$.

但必须注意，当 A,B 均为正交矩阵时，$A+B,kA(k\neq1)$ 不一定是正交矩阵. 读者可自行举例说明.

性质 5.3.4 正交矩阵的行列式必等于 1 或者 -1.

证 设 A 是正交矩阵，则 $A^{\mathrm{T}}A=I$. 两边取行列式有，$\left|A^{\mathrm{T}}A\right|=\left|A^{\mathrm{T}}\right|\left|A\right|=\left|A\right|^2=1$，于是 $\left|A\right|=\pm1$. 证毕.

5.3.3 实对称矩阵的对角化

实对称矩阵的特征值和特征向量有一些特殊的性质.

虽然一般实矩阵的特征多项式是实系数多项式，但其特征值可能是复数. 如矩阵 $\begin{pmatrix}0&-1\\1&0\end{pmatrix}$ 的特征值为 $\pm i$. 然而实对称矩阵的特征值全是实数. 下面给以证明.

定理 5.3.1 实对称矩阵的任一个特征值一定是实数.

***证** 设 λ 是实对称矩阵 A 的任一特征值，$\eta=(b_1,b_2,\cdots,b_n)^{\mathrm{T}}$ 是属于 λ 的特征向量，则 $A\eta=\lambda\eta$. 设 $\overline{\lambda}$ 是 λ 的共轭复数，$\overline{\eta}=\left(\overline{b_1},\overline{b_2},\cdots,\overline{b_n}\right)^{\mathrm{T}}$，称 $\overline{\eta}$ 是 η 的共轭向量，其中 $\overline{b_i}$ 是 b_i 的共轭复数. 在 $A\eta=\lambda\eta$ 两端左乘 $\overline{\eta}^{\mathrm{T}}$，有

$$\overline{\eta}^{\mathrm{T}}A\eta=\lambda\overline{\eta}^{\mathrm{T}}\eta.$$

上式两边取转置，再取共轭，得 $\overline{\eta}^{\mathrm{T}}A\eta=\overline{\lambda}\overline{\eta}^{\mathrm{T}}\eta$. 于是

$$(\lambda-\bar{\lambda})\bar{\boldsymbol{\eta}}^{\mathrm{T}}\boldsymbol{\eta}=0.$$

而 $\bar{\boldsymbol{\eta}}^{\mathrm{T}}\boldsymbol{\eta}=\left(\bar{b}_1,\bar{b}_2,\cdots,\bar{b}_n\right)\begin{pmatrix}b_1\\b_2\\\vdots\\b_n\end{pmatrix}=\bar{b}_1b_1+\bar{b}_2b_2+\cdots+\bar{b}_nb_n>0$，故 $\lambda=\bar{\lambda}$，即 λ 是实数.

证毕.

注意：对称矩阵的特征值未必全是实数. 如矩阵 $\begin{pmatrix}i&0\\0&1\end{pmatrix}$ 的特征值为 $i,1$.

由 5.2 节知道，对于一般的方阵 $\boldsymbol{A}$，属于不同特征值的特征向量是线性无关的. 如果在此结论里把一般的方阵 $\boldsymbol{A}$ 改成实对称矩阵，结论如下.

定理 5.3.2 实对称矩阵属于不同特征值的特征向量一定正交.

***证** 设 λ_1,λ_2 是实对称矩阵 $\boldsymbol{A}$ 的两个不同的特征值，而 $\boldsymbol{\eta}_1,\boldsymbol{\eta}_2$ 是分别属于 λ_1,λ_2 的两个特征向量，于是有

$$\boldsymbol{A}\boldsymbol{\eta}_1=\lambda_1\boldsymbol{\eta}_1, \tag{5.3.1}$$

$$\boldsymbol{A}\boldsymbol{\eta}_2=\lambda_2\boldsymbol{\eta}_2. \tag{5.3.2}$$

式（5.3.1）两边左乘 $\boldsymbol{\eta}_2^{\mathrm{T}}$，得

$$\boldsymbol{\eta}_2^{\mathrm{T}}\boldsymbol{A}\boldsymbol{\eta}_1=\lambda_1\boldsymbol{\eta}_2^{\mathrm{T}}\boldsymbol{\eta}_1.$$

式（5.3.2）两边转置，再右乘 $\boldsymbol{\eta}_1$，得

$$\boldsymbol{\eta}_2^{\mathrm{T}}\boldsymbol{A}\boldsymbol{\eta}_1=\lambda_2\boldsymbol{\eta}_2^{\mathrm{T}}\boldsymbol{\eta}_1.$$

从而得 $\lambda_1\boldsymbol{\eta}_2^{\mathrm{T}}\boldsymbol{\eta}_1=\lambda_2\boldsymbol{\eta}_2^{\mathrm{T}}\boldsymbol{\eta}_1$. 又 $\lambda_1\neq\lambda_2$，得 $\boldsymbol{\eta}_2^{\mathrm{T}}\boldsymbol{\eta}_1=0$，即 $\boldsymbol{\eta}_1\perp\boldsymbol{\eta}_2$.

证毕.

下面的定理告诉我们任意一个实对称矩阵都可对角化.

定理 5.3.3 任意一个 n 阶实对称矩阵 $\boldsymbol{A}$，一定正交相似于一个实对角形矩阵，即存在一个正交矩阵（不仅是可逆）$\boldsymbol{T}$，使得

$$\boldsymbol{T}^{-1}\boldsymbol{A}\boldsymbol{T}=\boldsymbol{T}^{\mathrm{T}}\boldsymbol{A}\boldsymbol{T}=\begin{pmatrix}\lambda_1&&&\\&\lambda_2&&\\&&\ddots&\\&&&\lambda_n\end{pmatrix}=\boldsymbol{\Lambda}.$$

这里 $\boldsymbol{\Lambda}$ 是 $\boldsymbol{A}$ 的对角标准形，其主对角线上的元素是 $\boldsymbol{A}$ 的 n 个实特征值.

证明略.

那么对于实对称矩阵 $\boldsymbol{A}$，如何求正交矩阵 $\boldsymbol{T}$ 呢？下面针对矩阵 $\boldsymbol{A}$ 的特征值都是单根和有重根两种情况，用例子说明求 $\boldsymbol{T}$ 的方法.

例 7 设

$$\boldsymbol{A}=\begin{pmatrix}1&2&0\\2&2&-2\\0&-2&3\end{pmatrix},$$

求正交矩阵 $\boldsymbol{T}$，使 $\boldsymbol{T}^{-1}\boldsymbol{A}\boldsymbol{T}$ 为对角形矩阵，并写出对角标准形.

解 （1）求矩阵 $\boldsymbol{A}$ 的三个线性无关的特征向量.

$$|\lambda \boldsymbol{I}-\boldsymbol{A}|=\begin{vmatrix}\lambda-1 & -2 & 0\\ -2 & \lambda-2 & 2\\ 0 & 2 & \lambda-3\end{vmatrix}=(\lambda+1)(\lambda-2)(\lambda-5),$$

所以 $\lambda_1=-1, \lambda_2=2, \lambda_3=5$.

对于 $\lambda_1=-1$，解 $(\lambda_1\boldsymbol{I}-\boldsymbol{A})\boldsymbol{X}=\boldsymbol{0}$ 得线性无关的特征向量为 $\boldsymbol{\eta}_1=\begin{pmatrix}-2\\2\\1\end{pmatrix}$.

对于 $\lambda_2=2$，解 $(\lambda_2\boldsymbol{I}-\boldsymbol{A})\boldsymbol{X}=\boldsymbol{0}$ 得线性无关的特征向量为 $\boldsymbol{\eta}_2=\begin{pmatrix}2\\1\\2\end{pmatrix}$.

对于 $\lambda_3=5$，解 $(\lambda_3\boldsymbol{I}-\boldsymbol{A})\boldsymbol{X}=\boldsymbol{0}$ 得线性无关的特征向量为 $\boldsymbol{\eta}_3=\begin{pmatrix}1\\2\\-2\end{pmatrix}$.

于是 $\boldsymbol{\eta}_1,\boldsymbol{\eta}_2,\boldsymbol{\eta}_3$ 是 $\boldsymbol{A}$ 的三个线性无关的特征向量.

（2）由 $\boldsymbol{A}$ 的三个线性无关的特征向量 $\boldsymbol{\eta}_1,\boldsymbol{\eta}_2,\boldsymbol{\eta}_3$，求 $\boldsymbol{A}$ 的三个标准正交的特征向量.

因为 $\boldsymbol{\eta}_1,\boldsymbol{\eta}_2,\boldsymbol{\eta}_3$ 是属于不同特征值的特征向量，根据定理 5.3.2，$\boldsymbol{\eta}_1,\boldsymbol{\eta}_2,\boldsymbol{\eta}_3$ 一定是正交向量组，故只需对 $\boldsymbol{\eta}_1,\boldsymbol{\eta}_2,\boldsymbol{\eta}_3$ 单位化. 得到

$$\boldsymbol{q}_1=\frac{\boldsymbol{\eta}_1}{|\boldsymbol{\eta}_1|}=\begin{pmatrix}-\frac{2}{3}\\ \frac{2}{3}\\ \frac{1}{3}\end{pmatrix},\quad \boldsymbol{q}_2=\frac{\boldsymbol{\eta}_2}{|\boldsymbol{\eta}_2|}=\begin{pmatrix}\frac{2}{3}\\ \frac{1}{3}\\ \frac{2}{3}\end{pmatrix},\quad \boldsymbol{q}_3=\frac{\boldsymbol{\eta}_3}{|\boldsymbol{\eta}_3|}=\begin{pmatrix}\frac{1}{3}\\ \frac{2}{3}\\ -\frac{2}{3}\end{pmatrix}.$$

注意到单位化后的 $\boldsymbol{q}_1,\boldsymbol{q}_2,\boldsymbol{q}_3$ 仍是矩阵 $\boldsymbol{A}$ 分别属于 $\lambda_1=-1,\lambda_2=2,\lambda_3=5$ 的线性无关的特征向量，于是 $\boldsymbol{q}_1,\boldsymbol{q}_2,\boldsymbol{q}_3$ 即为 $\boldsymbol{A}$ 的三个标准正交的特征向量.

（3）写出结果.

取

$$\boldsymbol{T}=(\boldsymbol{q}_1\ \boldsymbol{q}_2\ \boldsymbol{q}_3)=\begin{pmatrix}-\frac{2}{3} & \frac{2}{3} & \frac{1}{3}\\ \frac{2}{3} & \frac{1}{3} & \frac{2}{3}\\ \frac{1}{3} & \frac{2}{3} & -\frac{2}{3}\end{pmatrix},$$

则有

$$\boldsymbol{T}^{-1}\boldsymbol{A}\boldsymbol{T}=\boldsymbol{T}^{\mathrm{T}}\boldsymbol{A}\boldsymbol{T}=\begin{pmatrix}-1 & & \\ & 2 & \\ & & 5\end{pmatrix}.$$

例 8 设

$$\boldsymbol{A}=\begin{pmatrix}0 & -1 & 1\\ -1 & 0 & 1\\ 1 & 1 & 0\end{pmatrix},$$

求正交矩阵 $\boldsymbol{T}$ ，使 $\boldsymbol{T}^{-1}\boldsymbol{A}\boldsymbol{T}$ 为对角形矩阵，并写出对角标准形.

解 （1）求矩阵 $\boldsymbol{A}$ 的三个线性无关的特征向量.

$$|\lambda\boldsymbol{I}-\boldsymbol{A}|=\begin{vmatrix}\lambda & 1 & -1\\ 1 & \lambda & -1\\ -1 & -1 & \lambda\end{vmatrix}=(\lambda-1)^2(\lambda+2),$$

所以 $\lambda_1=\lambda_2=1, \lambda_3=-2$.

对 $\lambda_1=\lambda_2=1$，解 $(\lambda_1\boldsymbol{I}-\boldsymbol{A})\boldsymbol{X}=\boldsymbol{0}$ 得线性无关的特征向量为 $\boldsymbol{\eta}_1=\begin{pmatrix}1\\0\\1\end{pmatrix}$， $\boldsymbol{\eta}_2=\begin{pmatrix}0\\1\\1\end{pmatrix}$.

对于 $\lambda_3=-2$ ，解 $(\lambda_3\boldsymbol{I}-\boldsymbol{A})\boldsymbol{X}=\boldsymbol{0}$ 得线性无关的特征向量为 $\boldsymbol{\eta}_3=\begin{pmatrix}1\\1\\-1\end{pmatrix}$.

于是 $\boldsymbol{\eta}_1,\boldsymbol{\eta}_2,\boldsymbol{\eta}_3$ 是 $\boldsymbol{A}$ 的三个线性无关的特征向量.

（2）由 $\boldsymbol{A}$ 的三个线性无关的特征向量 $\boldsymbol{\eta}_1,\boldsymbol{\eta}_2,\boldsymbol{\eta}_3$，求 $\boldsymbol{A}$ 的三个标准正交的特征向量.

根据定理 5.3.2， $\boldsymbol{\eta}_1\perp\boldsymbol{\eta}_3$， $\boldsymbol{\eta}_2\perp\boldsymbol{\eta}_3$. 而 $\boldsymbol{\eta}_1,\boldsymbol{\eta}_2$ 为属于相同特征值的特征向量，经计算知它们不正交，故只需对 $\boldsymbol{\eta}_1,\boldsymbol{\eta}_2$ 正交化.

令

$$\boldsymbol{\beta}_1=\boldsymbol{\eta}_1=\begin{pmatrix}1\\0\\1\end{pmatrix},$$

$$\boldsymbol{\beta}_2=\boldsymbol{\eta}_2-\frac{(\boldsymbol{\eta}_2,\boldsymbol{\beta}_1)}{(\boldsymbol{\beta}_1,\boldsymbol{\beta}_1)}\boldsymbol{\beta}_1=\begin{pmatrix}0\\1\\1\end{pmatrix}-\frac{1}{2}\begin{pmatrix}1\\0\\1\end{pmatrix}=\begin{pmatrix}-\frac{1}{2}\\1\\\frac{1}{2}\end{pmatrix}=\frac{1}{2}\begin{pmatrix}-1\\2\\1\end{pmatrix}.$$

$\boldsymbol{\beta}_1,\boldsymbol{\beta}_2,\boldsymbol{\eta}_3$ 是正交向量组. 再把 $\boldsymbol{\beta}_1,\boldsymbol{\beta}_2,\boldsymbol{\eta}_3$ 单位化，得

$$\boldsymbol{q}_1=\frac{1}{\sqrt{2}}\begin{pmatrix}1\\0\\1\end{pmatrix}，\quad \boldsymbol{q}_2=\frac{1}{\sqrt{6}}\begin{pmatrix}-1\\2\\1\end{pmatrix}，\quad \boldsymbol{q}_3=\frac{1}{\sqrt{3}}\begin{pmatrix}1\\1\\-1\end{pmatrix}.$$

因为 $\boldsymbol{q}_1,\boldsymbol{q}_2$ 可以由 $\boldsymbol{\eta}_1,\boldsymbol{\eta}_2$ 线性表出，所以 $\boldsymbol{q}_1,\boldsymbol{q}_2$ 仍然是矩阵 $\boldsymbol{A}$ 属于 $\lambda_1=1$ 的线性无关的特征向量，且 $\boldsymbol{q}_3$ 是 $\boldsymbol{A}$ 属于 $\lambda_3=-2$ 的线性无关的特征向量，因而 $\boldsymbol{q}_1,\boldsymbol{q}_2,\boldsymbol{q}_3$ 为 $\boldsymbol{A}$ 的三个标准正交的特征向量.

（3）写出结果.

取

$$\boldsymbol{T}=(\boldsymbol{q}_1\ \boldsymbol{q}_2\ \boldsymbol{q}_3)=\begin{pmatrix}\frac{1}{\sqrt{2}} & -\frac{1}{\sqrt{6}} & \frac{1}{\sqrt{3}}\\ 0 & \frac{2}{\sqrt{6}} & \frac{1}{\sqrt{3}}\\ \frac{1}{\sqrt{2}} & \frac{1}{\sqrt{6}} & -\frac{1}{\sqrt{3}}\end{pmatrix},$$

则有

$$T^{-1}AT = T^{\mathrm{T}}AT = \begin{pmatrix} 1 & & \\ & 1 & \\ & & -2 \end{pmatrix}.$$

注意：(1) 例 7、例 8 中如何检验求解结果的正确性？先检验求出来的矩阵 $\boldsymbol{T}$ 是否为正交矩阵，再检验矩阵等式 $\boldsymbol{T}^{\mathrm{T}}\boldsymbol{A}\boldsymbol{T}=$ 对角标准形 $\boldsymbol{\Lambda}$ 或者 $\boldsymbol{AT}=\boldsymbol{T\Lambda}$ 是否成立. 若都是，则说明求解过程正确，否则说明求解过程有误.

(2) 正交矩阵 $\boldsymbol{T}$ 是不唯一的. 例如，还可以取 $\boldsymbol{T}=(\boldsymbol{q}_2\ \boldsymbol{q}_3\ \boldsymbol{q}_1)$.

5.4 相似矩阵

前面曾讲到矩阵相似的概念以及相似的矩阵有不少共同的性质，本节就相似矩阵作专门的叙述.

定义 5.4.1 设 $\boldsymbol{A}$ 为 n 阶矩阵，若存在可逆矩阵 $\boldsymbol{U}$，使得

$$\boldsymbol{B}=\boldsymbol{U}^{-1}\boldsymbol{A}\boldsymbol{U},$$

则称 $\boldsymbol{A}$ **相似于** $\boldsymbol{B}$，或称 $\boldsymbol{B}$ 是 $\boldsymbol{A}$ 的**相似矩阵**，记为 $\boldsymbol{A}\sim\boldsymbol{B}$. 对 $\boldsymbol{A}$ 进行运算 $\boldsymbol{U}^{-1}\boldsymbol{A}\boldsymbol{U}$，称为对 $\boldsymbol{A}$ 进行**相似变换**，可逆矩阵 $\boldsymbol{U}$ 称为把 $\boldsymbol{A}$ 变成 $\boldsymbol{B}$ 的**相似变换矩阵**.

相似是反映矩阵之间的一种关系，这种关系具有以下的性质.

(1) **反身性**：对任意一个 n 阶矩阵 $\boldsymbol{A}$，有 $\boldsymbol{A}\sim\boldsymbol{A}$；

(2) **对称性**：若 $\boldsymbol{A}\sim\boldsymbol{B}$，则 $\boldsymbol{B}\sim\boldsymbol{A}$；

(3) **传递性**：若 $\boldsymbol{A}\sim\boldsymbol{B}$，$\boldsymbol{B}\sim\boldsymbol{C}$，则 $\boldsymbol{A}\sim\boldsymbol{C}$.

以上三个性质的证明留给读者.

相似矩阵还有许多共同的性质，现罗列如下.

(1) 相似矩阵有相同的行列式和秩.

(2) 相似矩阵或者都可逆或者都不可逆. 且当它们可逆时，逆矩阵也相似.

证 该性质的前半部分是显然的，下面证后半部分.

设 $\boldsymbol{A}\sim\boldsymbol{B}$，存在可逆矩阵 $\boldsymbol{U}$，使得 $\boldsymbol{B}=\boldsymbol{U}^{-1}\boldsymbol{A}\boldsymbol{U}$. 从而得 $\boldsymbol{B}^{-1}=\boldsymbol{U}^{-1}\boldsymbol{A}^{-1}\boldsymbol{U}$，则 $\boldsymbol{A}^{-1}\sim\boldsymbol{B}^{-1}$.

证毕.

(3) 若 $\boldsymbol{A}\sim\boldsymbol{B}$，则 $\boldsymbol{A}^k\sim\boldsymbol{B}^k$，其中 k 是任意非负整数.

证 当 $k=0$ 时，$\boldsymbol{A}^0=\boldsymbol{B}^0=\boldsymbol{I}$，显然 $\boldsymbol{I}\sim\boldsymbol{I}$.

当 $k>0$ 时，若 $\boldsymbol{B}=\boldsymbol{U}^{-1}\boldsymbol{A}\boldsymbol{U}$，则

$$\boldsymbol{B}^k=\boldsymbol{U}^{-1}\boldsymbol{A}\boldsymbol{U}\ \boldsymbol{U}^{-1}\boldsymbol{A}\boldsymbol{U}\cdots\boldsymbol{U}^{-1}\boldsymbol{A}\boldsymbol{U}=\boldsymbol{U}^{-1}\boldsymbol{A}^k\boldsymbol{U},$$

于是 $\boldsymbol{A}^k\sim\boldsymbol{B}^k$.

证毕.

例 1 设多项式 $f(x)=a_0+a_1x+\cdots+a_mx^m$，矩阵 $\boldsymbol{A}\sim\boldsymbol{B}$，证明：$f(\boldsymbol{A})\sim f(\boldsymbol{B})$.

证 若 $\boldsymbol{A}\sim\boldsymbol{B}$，则存在可逆矩阵 $\boldsymbol{U}$，使得 $\boldsymbol{B}=\boldsymbol{U}^{-1}\boldsymbol{A}\boldsymbol{U}$. 由性质 (3) 的证明知，对任意正整数 k，有 $\boldsymbol{B}^k=\boldsymbol{U}^{-1}\boldsymbol{A}^k\boldsymbol{U}$. 于是

$$\begin{aligned} f(\boldsymbol{B}) &= a_0\boldsymbol{I}+a_1\boldsymbol{B}+\cdots+a_m\boldsymbol{B}^m \\ &= \boldsymbol{U}^{-1}(a_0\boldsymbol{I})\boldsymbol{U}+\boldsymbol{U}^{-1}(a_1\boldsymbol{A})\boldsymbol{U}+\cdots+\boldsymbol{U}^{-1}(a_m\boldsymbol{A}^m)\boldsymbol{U} \end{aligned}$$

$$=\boldsymbol{U}^{-1}(a_0\boldsymbol{I}+a_1\boldsymbol{A}+\cdots+a_m\boldsymbol{A}^m)\boldsymbol{U}$$
$$=\boldsymbol{U}^{-1}f(\boldsymbol{A})\boldsymbol{U}\ ,$$

故 $f(\boldsymbol{A})\sim f(\boldsymbol{B})$.

证毕.

（4）相似矩阵有相同的特征多项式，从而有相同的特征值.

注意：这个结论的逆命题不成立，即有相同特征值的矩阵不一定相似. 例如，对于矩阵 $\boldsymbol{I}=\begin{pmatrix}1&0\\0&1\end{pmatrix}$ 和 $\boldsymbol{A}=\begin{pmatrix}1&1\\0&1\end{pmatrix}$，它们有相同的特征值，但它们一定不相似. 因为否则有 $\boldsymbol{A}=\boldsymbol{U}^{-1}\boldsymbol{I}\boldsymbol{U}=\boldsymbol{I}$，而这是不成立的.

下面再引进矩阵的一个重要概念.

***定义 5.4.2** 设矩阵 $\boldsymbol{A}=\left(a_{ij}\right)_{n\times n}$，称矩阵 $\boldsymbol{A}$ 主对角线上的元素之和为矩阵 $\boldsymbol{A}$ 的**迹**，记为 $\mathrm{Tr}\left(\boldsymbol{A}\right)$，即 $\mathrm{Tr}\left(\boldsymbol{A}\right)=\sum_{i=1}^{n}a_{ii}$.

虽然矩阵的乘法不满足交换律，但是对于任意两个 n 阶方阵 $\boldsymbol{A},\boldsymbol{B}$，有 $\mathrm{Tr}\left(\boldsymbol{AB}\right)=\mathrm{Tr}\left(\boldsymbol{BA}\right)$. 这个结论不难根据定义得到. 利用这个结论，可证明如下性质.

*（5）相似矩阵有相同的迹.

证 设 $\boldsymbol{A}\sim\boldsymbol{B}$，则存在可逆矩阵 $\boldsymbol{U}$，使得 $\boldsymbol{B}=\boldsymbol{U}^{-1}\boldsymbol{AU}$. 于是得到

$$\mathrm{Tr}\left(\boldsymbol{B}\right)=\mathrm{Tr}\left(\boldsymbol{U}^{-1}\boldsymbol{AU}\right)=\mathrm{Tr}\left(\boldsymbol{AUU}^{-1}\right)=\mathrm{Tr}\left(\boldsymbol{A}\right).$$

证毕.

5.5 方阵的特征值与特征向量的应用

方阵的特征值和特征向量的理论在科学研究和工程技术中的许多问题，如信息系统设计、非线性最优化、经济分析、生命科学和环境保护等领域都有着广泛而重要的应用. 下面介绍在经济发展与环境污染的增长模型及求著名的 Fibonacci 数列的通项中的应用.

5.5.1 经济发展与环境污染的增长模型

经济发展与环境污染是当今世界亟待解决的两个突出问题. 为研究某地区的经济发展与环境污染之间的关系，可建立如下数学模型.

设 x_0,y_0 分别为某地区目前的环境污染水平与经济发展水平，x_1,y_1 分别为某地区一年后的环境污染水平与经济发展水平，且有如下关系：

$$\begin{cases}x_1=3x_0+\ \ y_0,\\ y_1=2x_0+2y_0.\end{cases}\tag{5.5.1}$$

令

$$\boldsymbol{\alpha}_0=\begin{pmatrix}x_0\\y_0\end{pmatrix},\boldsymbol{\alpha}_1=\begin{pmatrix}x_1\\y_1\end{pmatrix},\boldsymbol{A}=\begin{pmatrix}3&1\\2&2\end{pmatrix},$$

则式（5.5.1）写成矩阵形式为

$$\boldsymbol{\alpha}_1 = \boldsymbol{A}\boldsymbol{\alpha}_0. \tag{5.5.2}$$

此式反映了该地区当前和一年后的环境污染水平与经济发展水平之间的关系.

例如，若 $\boldsymbol{\alpha}_0 = \begin{pmatrix} x_0 \\ y_0 \end{pmatrix} = \begin{pmatrix} 1 \\ 1 \end{pmatrix}$，则由式（5.5.2）得

$$\boldsymbol{\alpha}_1 = \boldsymbol{A}\boldsymbol{\alpha}_0 = \begin{pmatrix} 3 & 1 \\ 2 & 2 \end{pmatrix}\begin{pmatrix} 1 \\ 1 \end{pmatrix} = \begin{pmatrix} 4 \\ 4 \end{pmatrix} = 4\begin{pmatrix} 1 \\ 1 \end{pmatrix} = 4\boldsymbol{\alpha}_0.$$

由此可预测该地区一年后的环境污染水平与经济发展水平.

一般地，若令 x_t, y_t 分别表示该地区 t 年后的环境污染水平和经济发展水平，则环境污染水平与经济发展水平的增长模型为

$$\begin{cases} x_t = 3x_{t-1} + \quad y_{t-1}, \\ y_t = 2x_{t-1} + 2y_{t-1}. \end{cases} \quad (t = 1, 2, \cdots, k) \tag{5.5.3}$$

令

$$\boldsymbol{\alpha}_t = \begin{pmatrix} x_t \\ y_t \end{pmatrix},$$

则式（5.5.3）写成矩阵形式为

$$\boldsymbol{\alpha}_t = \boldsymbol{A}\boldsymbol{\alpha}_{t-1}, \ t = 1, 2, \cdots, k. \tag{5.5.4}$$

由式（5.5.4），有

$$\begin{aligned} \boldsymbol{\alpha}_1 &= \boldsymbol{A}\boldsymbol{\alpha}_0, \\ \boldsymbol{\alpha}_2 &= \boldsymbol{A}\boldsymbol{\alpha}_1 = \boldsymbol{A}^2\boldsymbol{\alpha}_0, \\ \boldsymbol{\alpha}_3 &= \boldsymbol{A}\boldsymbol{\alpha}_2 = \boldsymbol{A}^3\boldsymbol{\alpha}_0, \\ &\cdots\cdots \\ \boldsymbol{\alpha}_t &= \boldsymbol{A}\boldsymbol{\alpha}_{t-1} = \cdots = \boldsymbol{A}^t\boldsymbol{\alpha}_0. \end{aligned} \tag{5.5.5}$$

利用上述递推式，可预测该地区 t 年后的环境污染水平和经济发展水平.

由矩阵 $\boldsymbol{A}$ 的特征多项式

$$|\lambda\boldsymbol{I} - \boldsymbol{A}| = \begin{vmatrix} \lambda-3 & -1 \\ -2 & \lambda-2 \end{vmatrix} = (\lambda-4)(\lambda-1),$$

得 $\boldsymbol{A}$ 的特征值为 $\lambda_1 = 4, \lambda_2 = 1$.

对 $\lambda_1 = 4$，解方程组 $(4\boldsymbol{I} - \boldsymbol{A})\boldsymbol{X} = \boldsymbol{0}$，得特征向量

$$\boldsymbol{\eta}_1 = \begin{pmatrix} 1 \\ 1 \end{pmatrix}.$$

对 $\lambda_2 = 1$，解方程组 $(\boldsymbol{I} - \boldsymbol{A})\boldsymbol{X} = \boldsymbol{0}$，得特征向量

$$\boldsymbol{\eta}_2 = \begin{pmatrix} 1 \\ -2 \end{pmatrix}.$$

显然，$\boldsymbol{\eta}_1, \boldsymbol{\eta}_2$ 线性无关. 下面分几种情况作进一步讨论.

1．$\boldsymbol{\alpha}_0 = \boldsymbol{\eta}_1 = \begin{pmatrix} 1 \\ 1 \end{pmatrix}$

由式（5.5.5）及特征值与特征向量的性质知，

$$\boldsymbol{\alpha}_t = \boldsymbol{A}^t\boldsymbol{\alpha}_0 = \boldsymbol{A}^t\boldsymbol{\eta}_1 = \lambda_1^t\boldsymbol{\eta}_1 = 4^t\begin{pmatrix}1\\1\end{pmatrix},$$

即

$$\begin{pmatrix}x_t\\y_t\end{pmatrix} = 4^t\begin{pmatrix}1\\1\end{pmatrix},$$

或

$$x_t = y_t = 4^t.$$

此式表明：在当前的环境污染水平和经济发展水平的前提下，t 年后，当经济发展水平达到较高程度时，环境污染也保持着同步恶化趋势.

2．$\boldsymbol{\alpha}_0 = \boldsymbol{\eta}_2 = \begin{pmatrix}1\\-2\end{pmatrix}$

因为 $y_0 = -2 < 0$，说明经济负增长，所以不讨论这种情况.

3．$\boldsymbol{\alpha}_0 = \begin{pmatrix}1\\7\end{pmatrix}$

由于 $\boldsymbol{\alpha}_0$ 不是 $\boldsymbol{A}$ 的特征向量，所以不能类似分析. 但是 $\boldsymbol{\alpha}_0$ 可以唯一表示成 $\boldsymbol{\eta}_1,\boldsymbol{\eta}_2$ 的线性组合

$$\boldsymbol{\alpha}_0 = 3\boldsymbol{\eta}_1 - 2\boldsymbol{\eta}_2,$$

再由式（5.5.5）及特征值与特征向量的性质知，

$$\begin{aligned}\boldsymbol{\alpha}_t &= \boldsymbol{A}^t\boldsymbol{\alpha}_0 = \boldsymbol{A}^t\left(3\boldsymbol{\eta}_1 - 2\boldsymbol{\eta}_2\right) = 3\boldsymbol{A}^t\boldsymbol{\eta}_1 - 2\boldsymbol{A}^t\boldsymbol{\eta}_2\\ &= 3\lambda_1^t\boldsymbol{\eta}_1 - 2\lambda_2^t\boldsymbol{\eta}_2 = 3\cdot 4^t\begin{pmatrix}1\\1\end{pmatrix} - 2\begin{pmatrix}1\\-2\end{pmatrix} = \begin{pmatrix}3\cdot 4^t - 2\\3\cdot 4^t + 4\end{pmatrix},\end{aligned}$$

即

$$\begin{pmatrix}x_t\\y_t\end{pmatrix} = \begin{pmatrix}3\cdot 4^t - 2\\3\cdot 4^t + 4\end{pmatrix},$$

或

$$x_t = 3\cdot 4^t - 2, y_t = 3\cdot 4^t + 4 .$$

由此关系式即可预测该地区若干年后的环境污染水平和经济发展水平.

注意：$\boldsymbol{\eta}_2$ 因无实际意义而在第 2 种情况中未作讨论，但在第 3 种情况的讨论中仍起到了重要的作用.

由经济发展与环境污染的增长模型易见，特征值和特征向量的理论在模型的分析和研究中获得了成功的应用.

5.5.2 斐波那契数列的通项

斐波那契（Fibonacci）在十三世纪初提出一个问题：现有小兔一对，第二个月成年，第三个月产下小兔一对，以后每个月都产下小兔一对. 而所生的小兔也在第二个月成年，第三个月开始每个月产下小兔一对. 假设每产一对小兔必有一雌一雄，并且均无死亡，试问 k 个月后会有多少对兔子？

以对为单位，设 F_k 表示第 k 个月兔子的对数，于是形成一个数列，这便是著名的 Fibonacci 数列：

$$0, 1, 1, 2, 3, 5, 8, 13, \cdots .$$

此数列 F_k 满足条件：

$$F_0=0, F_1=1, F_{k+2}=F_{k+1}+F_k\left(k=0,1,2,\cdots\right).$$

下面我们运用矩阵的工具来求出数列 F_k 的通项.

将关系式

$$\begin{cases}F_{k+2}=F_{k+1}+F_k,\\ F_{k+1}=F_{k+1}\end{cases}\quad\left(k=0,1,2,\cdots\right)$$

写成矩阵形式为

$$\boldsymbol{\alpha}_{k+1}=\boldsymbol{A}\boldsymbol{\alpha}_k\left(k=0,1,2,\cdots\right),\tag{5.5.6}$$

其中

$$\boldsymbol{A}=\begin{pmatrix}1&1\\1&0\end{pmatrix},\boldsymbol{\alpha}_k=\begin{pmatrix}F_{k+1}\\F_k\end{pmatrix},\boldsymbol{\alpha}_0=\begin{pmatrix}F_1\\F_0\end{pmatrix}=\begin{pmatrix}1\\0\end{pmatrix}.$$

由式（5.5.6）递推可得

$$\boldsymbol{\alpha}_k=\boldsymbol{A}^k\boldsymbol{\alpha}_0\left(k=1,2,3,\cdots\right).$$

于是求 F_k 的问题就归结为求 $\boldsymbol{\alpha}_k$，即求 $\boldsymbol{A}^k$ 的问题.

由

$$\left|\lambda\boldsymbol{I}-\boldsymbol{A}\right|=\begin{vmatrix}\lambda-1&-1\\-1&\lambda\end{vmatrix}=\lambda^2-\lambda-1=0,$$

得 $\boldsymbol{A}$ 的特征值为

$$\lambda_1=\frac{1+\sqrt{5}}{2},\lambda_2=\frac{1-\sqrt{5}}{2}.$$

对应于 λ_1,λ_2 的特征向量分别为

$$\boldsymbol{\eta}_1=\begin{pmatrix}\lambda_1\\1\end{pmatrix},\boldsymbol{\eta}_2=\begin{pmatrix}\lambda_2\\1\end{pmatrix}.$$

令 $\boldsymbol{U}=\begin{pmatrix}\lambda_1&\lambda_2\\1&1\end{pmatrix}$，则 $\boldsymbol{U}^{-1}\boldsymbol{A}\boldsymbol{U}=\begin{pmatrix}\lambda_1&\\&\lambda_2\end{pmatrix}$. 又由 $\boldsymbol{U}^{-1}=\dfrac{1}{\lambda_1-\lambda_2}\begin{pmatrix}1&-\lambda_2\\-1&\lambda_1\end{pmatrix}$，于是

$$\begin{aligned}\boldsymbol{A}^k&=\boldsymbol{U}\begin{pmatrix}\lambda_1&\\&\lambda_2\end{pmatrix}^k\boldsymbol{U}^{-1}=\boldsymbol{U}\begin{pmatrix}\lambda_1^k&\\&\lambda_2^k\end{pmatrix}\boldsymbol{U}^{-1}\\&=\frac{1}{\lambda_1-\lambda_2}\begin{pmatrix}\lambda_1^{k+1}-\lambda_2^{k+1}&\lambda_1\lambda_2^{k+1}-\lambda_2\lambda_1^{k+1}\\\lambda_1^k-\lambda_2^k&\lambda_1\lambda_2^k-\lambda_2\lambda_1^k\end{pmatrix},\end{aligned}$$

所以

$$\begin{aligned}\boldsymbol{\alpha}_k=\boldsymbol{A}^k\boldsymbol{\alpha}_0&=\frac{1}{\lambda_1-\lambda_2}\begin{pmatrix}\lambda_1^{k+1}-\lambda_2^{k+1}&\lambda_1\lambda_2^{k+1}-\lambda_2\lambda_1^{k+1}\\\lambda_1^k-\lambda_2^k&\lambda_1\lambda_2^k-\lambda_2\lambda_1^k\end{pmatrix}\begin{pmatrix}1\\0\end{pmatrix}\\&=\frac{1}{\lambda_1-\lambda_2}\begin{pmatrix}\lambda_1^{k+1}-\lambda_2^{k+1}\\\lambda_1^k-\lambda_2^k\end{pmatrix},\end{aligned}$$

即

$$\begin{pmatrix}F_{k+1}\\F_k\end{pmatrix}=\boldsymbol{\alpha}_k=\frac{1}{\lambda_1-\lambda_2}\begin{pmatrix}\lambda_1^{k+1}-\lambda_2^{k+1}\\\lambda_1^k-\lambda_2^k\end{pmatrix}.$$

将 $\lambda_1=\dfrac{1+\sqrt{5}}{2},\lambda_2=\dfrac{1-\sqrt{5}}{2}$ 代入上式，得

$$F_k=\frac{1}{\sqrt{5}}\left[\left(\frac{1+\sqrt{5}}{2}\right)^k-\left(\frac{1-\sqrt{5}}{2}\right)^k\right]. \tag{5.5.7}$$

这就是 Fibonacci 数列的通项公式.

对于任何正整数 k，由式（5.5.7）求得的 F_k 都是正整数．当 $k=20$ 时，$F_{20}=6765$，即 20 个月后有 6765 对兔子.

小　　结

一、基本概念

1．方阵的特征值与特征向量.

2．相似矩阵，方阵的相似变换，相似变换矩阵，矩阵的对角化，矩阵的对角标准形.

3．向量内积，向量长度，单位向量，向量的正交性，标准正交向量组，正交矩阵.

*4．方阵的迹.

二、基本结论与公式

1．λ_i 为方阵 $\boldsymbol{A}$ 的特征值 $\Leftrightarrow\left|\lambda_i\boldsymbol{I}-\boldsymbol{A}\right|=0$.

2．λ_i 为方阵 $\boldsymbol{A}$ 的特征值，$\boldsymbol{\eta}_i$ 为属于 λ_i 的特征向量 $\Leftrightarrow \boldsymbol{A\eta}_i=\lambda_i\boldsymbol{\eta}_i$（$\boldsymbol{\eta}_i\neq\boldsymbol{0}$）.

3．若 $\lambda_1,\lambda_2,\cdots,\lambda_n$ 为方阵 $\boldsymbol{A}$ 的特征值，则 $\left|\boldsymbol{A}\right|=\lambda_1\lambda_2\cdots\lambda_n$.

4．相似矩阵具有相同的特征值、行列式和迹.

5．设 λ_i 为方阵 $\boldsymbol{A}$ 的特征值，$f(x)$ 为 x 的 m 次多项式，则 λ_i^k 是 $\boldsymbol{A}^k$ 的特征值（$k=0,1,2,\cdots$），$f(\lambda_i)$ 是 $f(\boldsymbol{A})$ 的特征值．当 $\boldsymbol{A}$ 可逆时，$\dfrac{1}{\lambda_i}$ 是 $\boldsymbol{A}^{-1}$ 的特征值.

6．一个 n 阶矩阵 $\boldsymbol{A}$ 可对角化的充要条件是 $\boldsymbol{A}$ 有 n 个线性无关的特征向量.

7．若 n 阶可逆矩阵 $\boldsymbol{U}=(\boldsymbol{\eta}_1\ \boldsymbol{\eta}_2\cdots\boldsymbol{\eta}_n)$ 使 $\boldsymbol{U}^{-1}\boldsymbol{AU}=\begin{pmatrix}\lambda_1 & & & \\ & \lambda_2 & & \\ & & \ddots & \\ & & & \lambda_n\end{pmatrix}$，则 $\lambda_1,\lambda_2,\cdots,\lambda_n$ 为方阵 $\boldsymbol{A}$ 的特征值，且 $\boldsymbol{A\eta}_i=\lambda_i\boldsymbol{\eta}_i$（$\boldsymbol{\eta}_i\neq\boldsymbol{0}$）.

8．方阵 $\boldsymbol{A}$ 属于不同特征值的特征向量线性无关.

9．若 $\boldsymbol{A}$ 的特征值均为单根，则 $\boldsymbol{A}$ 可对角化．当 $\boldsymbol{A}$ 的特征值有重根时，若 $\sum\limits_{i=1}^{s}(n-r(\lambda_i\boldsymbol{I}-\boldsymbol{A}))=n$，则 $\boldsymbol{A}$ 可对角化；若 $\sum\limits_{i=1}^{s}(n-r(\lambda_i\boldsymbol{I}-\boldsymbol{A}))<n$，则 $\boldsymbol{A}$ 不可对角化.

10．设 n 阶矩阵 $\boldsymbol{A}$ 的全体互不相同的特征值为 $\lambda_1,\lambda_2,\cdots,\lambda_s$，重数依次为 $k_1,k_2,\cdots,k_s$，则 $\boldsymbol{A}$ 可对角化的充要条件是，对应于每个特征值 λ_i，$\boldsymbol{A}$ 有 k_i 个线性无关的特征向量.

11．设 $\boldsymbol{A}$ 是 n 阶正交矩阵，则 $\boldsymbol{A}^{\mathrm{T}}=\boldsymbol{A}^{-1}$；$\boldsymbol{A}$ 的列（或行）向量组是标准正交向量组；$\boldsymbol{A}^{-1}$ 仍是正交矩阵；$\left|\boldsymbol{A}\right|=\pm1$．两个正交矩阵的乘积仍是正交矩阵.

12．实对称矩阵的特征值全是实数，属于不同特征值的特征向量正交.

13．任意一个n阶实对称矩阵$\boldsymbol{A}$，一定正交相似于一个实对角形矩阵，即存在一个正交矩阵（不仅是可逆）$\boldsymbol{T}$，使得

$$\boldsymbol{T}^{-1}\boldsymbol{A}\boldsymbol{T}=\boldsymbol{T}^{\mathrm{T}}\boldsymbol{A}\boldsymbol{T}=\begin{pmatrix}\lambda_1 & & & \\ & \lambda_2 & & \\ & & \ddots & \\ & & & \lambda_n\end{pmatrix}=\boldsymbol{\Lambda}.$$

这里$\boldsymbol{\Lambda}$是$\boldsymbol{A}$的对角标准形，其主对角线上的元素是$\boldsymbol{A}$的n个实特征值.

三、重点练习内容

1．求矩阵$\boldsymbol{A}$的特征值与特征向量.

2．已知矩阵$\boldsymbol{A}$的特征值，求$\boldsymbol{A}$的多项式$f(\boldsymbol{A})$，$\boldsymbol{A}^{-1}$（若$\boldsymbol{A}$可逆）等矩阵的特征值以及$|\boldsymbol{A}|$.

3．判断方阵$\boldsymbol{A}$是否可对角化，若可以，求可逆矩阵$\boldsymbol{U}$，使$\boldsymbol{U}^{-1}\boldsymbol{A}\boldsymbol{U}$为对角形矩阵，并写出$\boldsymbol{A}$的对角标准形.

4．将线性无关的向量组利用施密特标准正交化方法化为标准正交向量组.

5．验证已知方阵是否为正交矩阵.

6．对于实对称矩阵$\boldsymbol{A}$，求正交矩阵$\boldsymbol{T}$，使$\boldsymbol{T}^{-1}\boldsymbol{A}\boldsymbol{T}$为对角形矩阵，并写出$\boldsymbol{A}$的对角标准形.

习题五

1．求下列矩阵的特征值和特征向量.

（1）$\boldsymbol{A}=\begin{pmatrix}2 & -2\\ -8 & -4\end{pmatrix}$；　（2）$\boldsymbol{A}=\begin{pmatrix}3 & -1 & 1\\ 2 & 0 & 1\\ 1 & -1 & 2\end{pmatrix}$；　（3）$\boldsymbol{A}=\begin{pmatrix}2 & 0 & 0\\ 1 & 1 & 1\\ 1 & -1 & 3\end{pmatrix}$；

（4）$\boldsymbol{A}=\begin{pmatrix}2 & -2 & 0\\ -2 & 1 & -2\\ 0 & -2 & 0\end{pmatrix}$；　（5）$\boldsymbol{A}=\begin{pmatrix}7 & -12 & 6\\ 10 & -19 & 10\\ 12 & -24 & 13\end{pmatrix}$；　（6）$\boldsymbol{A}=\begin{pmatrix}2 & 1 & 0 & 0\\ 0 & 2 & 0 & 0\\ 0 & 0 & 4 & 0\\ 0 & 0 & 0 & 6\end{pmatrix}$.

2．三阶矩阵$\boldsymbol{A}$的行列式$|\boldsymbol{A}|=3$，$\boldsymbol{A}+3\boldsymbol{I}$为不可逆矩阵，且$\boldsymbol{A}\boldsymbol{\eta}_0=\boldsymbol{\eta}_0$（$\boldsymbol{\eta}_0$为三维非零向量），求$\boldsymbol{A}$的三个特征值，$\boldsymbol{A}$的特征多项式，$\boldsymbol{A}^{-1}+\boldsymbol{I}$的三个特征值以及行列式$|\boldsymbol{A}^2+\boldsymbol{I}|$.

3．设矩阵$\boldsymbol{A}=\begin{pmatrix}0 & 0 & 1\\ 0 & -1 & 0\\ 4 & 0 & 0\end{pmatrix}$，矩阵$\boldsymbol{B}\sim\boldsymbol{A}$，求$|\boldsymbol{B}|$，矩阵$2\boldsymbol{B},2\boldsymbol{B}^{-1}+\boldsymbol{I}$的特征值以及行列式$\left|\dfrac{1}{2}\boldsymbol{B}^2-2\boldsymbol{I}\right|$.

4．设矩阵$\boldsymbol{A}=\begin{pmatrix}1 & 0 & 1\\ 0 & 2 & 0\\ 1 & 0 & a\end{pmatrix}$有特征值$\lambda_1=0$，求$a$.

5．证明方阵$\boldsymbol{A}$和$\boldsymbol{A}^{\mathrm{T}}$有相同的特征值.

6．若一个n阶矩阵$\boldsymbol{A}$，满足$\boldsymbol{A}^2=\boldsymbol{A}$，则称$\boldsymbol{A}$是幂等矩阵．试证幂等矩阵的特征值只能是1或者0.

7．若$\boldsymbol{B}=\boldsymbol{U}^{-1}\boldsymbol{A}\boldsymbol{U}$，向量$\boldsymbol{\eta}$是矩阵$\boldsymbol{A}$属于特征值$\lambda_0$的一个特征向量，证明：$\boldsymbol{U}^{-1}\boldsymbol{\eta}$是矩阵$\boldsymbol{B}$属于$\lambda_0$的一个特征向量.

8．判断下列矩阵是否可对角化，若可以，求$\boldsymbol{A}$的对角标准形和对应的相似变换矩阵$\boldsymbol{U}$.

（1）$\boldsymbol{A}=\begin{pmatrix}5&4&2\\4&5&2\\2&2&2\end{pmatrix}$；（2）$\boldsymbol{A}=\begin{pmatrix}-1&4&-2\\-3&4&0\\-3&1&3\end{pmatrix}$；（3）$\boldsymbol{A}=\begin{pmatrix}0&0&0\\0&0&0\\3&0&1\end{pmatrix}$；

（4）$\boldsymbol{A}=\begin{pmatrix}19&-9&-6\\25&-11&-9\\17&-9&-4\end{pmatrix}$；（5）$\boldsymbol{A}=\begin{pmatrix}a&1&0\\0&a&1\\0&0&a\end{pmatrix}$；（6）$\boldsymbol{A}=\begin{pmatrix}5&0&0\\0&3&-2\\0&-2&3\end{pmatrix}$.

9．设矩阵$\boldsymbol{A}=\begin{pmatrix}2&-1&2\\5&a&3\\-1&b&-2\end{pmatrix}$的一个特征向量为$\boldsymbol{\eta}_1=\begin{pmatrix}1\\1\\-1\end{pmatrix}$.

（1）确定$\boldsymbol{A}$中参数a,b，并求出特征向量$\boldsymbol{\eta}_1$对应的特征值λ_1.

（2）问$\boldsymbol{A}$是否可对角化，说明理由.

*10．已知三阶矩阵$\boldsymbol{A}=\begin{pmatrix}2&-1&1\\0&1&1\\-k&k&2\end{pmatrix}$可对角化.

（1）求出矩阵$\boldsymbol{A}$中k的值.

（2）求可逆矩阵$\boldsymbol{U}$使$\boldsymbol{U}^{-1}\boldsymbol{A}\boldsymbol{U}$为对角形矩阵，并写出矩阵$\boldsymbol{A}$的对角标准形.

*11．设$\boldsymbol{A}=\begin{pmatrix}0&10&6\\1&-3&-3\\-2&10&8\end{pmatrix}$，求$\boldsymbol{A}^{10}$.

12. 设λ_1,λ_2是n阶方阵$\boldsymbol{A}$的两个不同的特征值，属于λ_1和λ_2的线性无关的特征向量分别为$\boldsymbol{\eta}_1$和ξ_1,ξ_2，证明：$\boldsymbol{\eta}_1,\xi_1,\xi_2$线性无关.

13．设上三角矩阵

$$\boldsymbol{A}=\begin{pmatrix}a_{11}&a_{12}&\cdots&a_{1n}\\&a_{22}&\cdots&a_{2n}\\&&\ddots&\vdots\\&&&a_{nn}\end{pmatrix},$$

证明：当$a_{ii}\neq a_{jj}\,(i\neq j)$时，$\boldsymbol{A}$一定可对角化．问逆命题“若上三角矩阵$\boldsymbol{A}$可对角化，则$a_{ii}\neq a_{jj}\,(i\neq j)$”是否成立？说明理由.

14．已知向量$\boldsymbol{\beta}$与向量$\boldsymbol{\alpha}_1,\boldsymbol{\alpha}_2,\cdots,\boldsymbol{\alpha}_s$均正交，试证$\boldsymbol{\beta}$与$\boldsymbol{\alpha}_1,\boldsymbol{\alpha}_2,\cdots,\boldsymbol{\alpha}_s$的任意一个线性组合$k_1\boldsymbol{\alpha}_1+k_2\boldsymbol{\alpha}_2+\cdots+k_s\boldsymbol{\alpha}_s$也正交.

15．求与向量$\boldsymbol{\alpha}_1=(1,1,1)^{\mathrm{T}},\boldsymbol{\alpha}_2=(1,-2,1)^{\mathrm{T}}$都正交的单位向量.

16．求齐次线性方程组$\boldsymbol{AX}=\boldsymbol{0}$的一个基础解系，使它构成一个标准正交向量组，其中

$$A=\begin{pmatrix}2&1&-1&1&-3\\1&1&1&0&1\\3&2&-1&1&-2\end{pmatrix}.$$

17．将$\boldsymbol{\alpha}_1=\begin{pmatrix}1\\1\\-1\end{pmatrix},\boldsymbol{\alpha}_2=\begin{pmatrix}-1\\4\\1\end{pmatrix},\boldsymbol{\alpha}_3=\begin{pmatrix}4\\-1\\2\end{pmatrix}$化成标准正交向量组.

18．检验下列矩阵是否为正交矩阵.

（1）$A=\frac{1}{\sqrt{2}}\begin{pmatrix}1&0&1\\-1&0&1\\0&\sqrt{2}&0\end{pmatrix}$；（2）$A=\frac{1}{9}\begin{pmatrix}1&-8&-4\\-8&1&-4\\-4&-4&7\end{pmatrix}$；（3）$A=\begin{pmatrix}1&-\frac{1}{2}&\frac{1}{3}\\-\frac{1}{2}&1&\frac{1}{2}\\\frac{1}{3}&\frac{1}{2}&-1\end{pmatrix}$.

19．对下列实对称矩阵A，求正交矩阵T，使$T^{-1}AT$为对角形矩阵，并写出对角标准形.

（1）$A=\begin{pmatrix}3&-2&0\\-2&2&-2\\0&-2&1\end{pmatrix}$；（2）$A=\begin{pmatrix}1&2&4\\2&-2&2\\4&2&1\end{pmatrix}$；（3）$A=\begin{pmatrix}0&-2&2\\-2&-3&4\\2&4&-3\end{pmatrix}$.

*20．三阶实对称矩阵A的特征值为$\lambda_1=\lambda_2=1,\lambda_3=-1$，$A$属于特征值 1 的线性无关的特征向量为$\boldsymbol{\eta}_1=(0,1,-1)^{\mathrm{T}}$，$\boldsymbol{\eta}_2=(-1,2,-1)^{\mathrm{T}}$.

（1）求A的属于特征值$\lambda_3=-1$的特征向量$\boldsymbol{\eta}_3$.

（2）求正交矩阵T，使$T^{-1}AT$为对角形矩阵，并写出对角标准形.

（3）求矩阵A^{10}.

21．若$A\sim B$，证明：$kA\sim kB$（k为常数）.

22．证明：若A可逆，则$AB\sim BA$.

23．证明：若$A_1\sim B_1, A_2\sim B_2$，则$\begin{pmatrix}A_1&O\\O&A_2\end{pmatrix}\sim\begin{pmatrix}B_1&O\\O&B_2\end{pmatrix}$.

24．证明：如果A,B都是n阶实对称矩阵，且它们有相同的特征多项式，则$A\sim B$.

实二次型 第6章

二次型就是一个二次齐次多项式，它是一类重要的多项式. 在数学、物理以及其他学科中都有重要的应用. 例如，在解析几何里，关于平面上的二次曲线与空间中的二次曲面的研究，实质上都是关于二次型的研究.

在本章中，我们把在第 5 章中所建立的实对称矩阵的基本定理，具体运用到求实二次型的标准形问题，并讨论正定二次型和正定矩阵.

6.1 实二次型及其标准形

6.1.1 二次型及其矩阵表示

我们先看一个实例.

例 1 直接计算以下矩阵乘法：

$$f(x_1,x_2,x_3)=(x_1\ x_2\ x_3)\begin{pmatrix}1&-2&0\\-2&0&0.5\\0&0.5&-3\end{pmatrix}\begin{pmatrix}x_1\\x_2\\x_3\end{pmatrix}$$
$$=x_1^2-3x_3^2-4x_1x_2+x_2x_3.$$

这是一个三元二次齐次多项式. 如果记

$$\boldsymbol{X}=\begin{pmatrix}x_1\\x_2\\x_3\end{pmatrix},\quad \boldsymbol{A}=\begin{pmatrix}1&-2&0\\-2&0&0.5\\0&0.5&-3\end{pmatrix},$$

则可把它简写成

$$f(x_1,x_2,x_3)=\boldsymbol{X}^{\mathrm{T}}\boldsymbol{A}\boldsymbol{X},$$

其中 $\boldsymbol{A}=(a_{ij})_{3\times3}$ 是三阶对称矩阵.

$\boldsymbol{A}$ 的主对角线上的三个元素分别是 $f(x_1,x_2,x_3)$ 中平方项 x_1^2,x_2^2,x_3^2 的系数；$\boldsymbol{A}$ 的其余元素是 $f(x_1,x_2,x_3)$ 中对应项系数的一半，即 $\boldsymbol{A}$ 的 (i,j) 元是 $f(x_1,x_2,x_3)$ 中 x_ix_j 这一项系数的一半（$i\neq j$）. 这样就可以根据给出的二次齐次多项式 f，直接写出对应的对称矩阵 $\boldsymbol{A}$；反之，也可根据给出的对称矩阵 $\boldsymbol{A}$，直接写出对应的二次齐次多项式 f.

据此实例，我们引进实二次型的一般定义.

定义 6.1.1 n 元实二次型是指含有 n 个实变量 $x_1,x_2,\cdots,x_n$ 的二次齐次多项式：

$$\begin{aligned}f(x_1,x_2,\cdots,x_n)=&a_{11}x_1^2+2a_{12}x_1x_2+2a_{13}x_1x_3+\cdots+2a_{1n}x_1x_n\\&+a_{22}x_2^2\quad+2a_{23}x_2x_3+\cdots+2a_{2n}x_2x_n\\&+\cdots\\&+a_{nn}x_n^2,\end{aligned}\tag{6.1.1}$$

其中 a_{ij} 是实数，且 $a_{ij}=a_{ji}\left(i,j=1,2,\cdots,n\right)$．它可简写成矩阵形式：

$$f\left(x_1,x_2,\cdots,x_n\right)=\boldsymbol{X}^{\mathrm{T}}\boldsymbol{A}\boldsymbol{X}, \tag{6.1.2}$$

其中

$$\boldsymbol{X}=\begin{pmatrix}x_1\\x_2\\\vdots\\x_n\end{pmatrix},\quad \boldsymbol{A}=\begin{pmatrix}a_{11}&a_{12}&\cdots&a_{1n}\\a_{12}&a_{22}&\cdots&a_{2n}\\\vdots&\vdots&&\vdots\\a_{1n}&a_{2n}&\cdots&a_{nn}\end{pmatrix},$$

$\boldsymbol{A}$ 为 n 阶实对称矩阵．称式（6.1.2）为实二次型（6.1.1）的**矩阵表达式**．一旦选定未知量 $x_1,x_2,\cdots,x_n$，则实二次型（6.1.1）与 n 阶实对称矩阵 $\boldsymbol{A}$ 是互相唯一确定的．称实对称矩阵 $\boldsymbol{A}$ 是实二次型（6.1.1）的**系数矩阵**，简称为**实二次型的矩阵**．矩阵 $\boldsymbol{A}$ 的秩称为**实二次型的秩**．由此可见，n 元实二次型与 n 阶实对称矩阵之间密切相关，完全可以用第 5 章中实对称矩阵的结论讨论二次型.

注意：在 $f\left(x_1,x_2,\cdots,x_n\right)=\boldsymbol{X}^{\mathrm{T}}\boldsymbol{A}\boldsymbol{X}$ 中，只有当 $\boldsymbol{A}$ 为实对称矩阵时，才称为二次型的矩阵表达式．例如，可以写

$$\begin{aligned}f\left(x_1,x_2\right)&=x_1^2+x_2^2+3x_1x_2\\&=\left(x_1\ x_2\right)\begin{pmatrix}1&3\\0&1\end{pmatrix}\begin{pmatrix}x_1\\x_2\end{pmatrix}\\&=\left(x_1\ x_2\right)\begin{pmatrix}1&\frac{3}{2}\\\frac{3}{2}&1\end{pmatrix}\begin{pmatrix}x_1\\x_2\end{pmatrix},\end{aligned}$$

但前者不是二次型 $f\left(x_1,x_2\right)$ 的矩阵表达式，后者才是 $f\left(x_1,x_2\right)$ 的矩阵表达式.

在本章中只讨论实二次型，因此往往省略一个“实”字.

例 2　写出二次型 $f\left(x_1,x_2,x_3\right)=x_1^2-2x_2^2-2x_3^2-4x_1x_2+4x_1x_3+8x_2x_3$ 的矩阵表达式.

解　此二次型的系数矩阵为

$$\boldsymbol{A}=\begin{pmatrix}1&-2&2\\-2&-2&4\\2&4&-2\end{pmatrix},$$

故它的矩阵表达式为

$$f\left(x_1,x_2,x_3\right)=\left(x_1\ x_2\ x_3\right)\begin{pmatrix}1&-2&2\\-2&-2&4\\2&4&-2\end{pmatrix}\begin{pmatrix}x_1\\x_2\\x_3\end{pmatrix}.$$

6.1.2　化二次型为标准形

先看两组变量 $x_1,x_2,\cdots,x_n$ 与 $y_1,y_2,\cdots,y_n$ 之间的一个变量替换：

$$\begin{cases}x_1=c_{11}y_1+c_{12}y_2+\cdots+c_{1n}y_n,\\x_2=c_{21}y_1+c_{22}y_2+\cdots+c_{2n}y_n,\\\qquad\cdots\cdots\\x_n=c_{n1}y_1+c_{n2}y_2+\cdots+c_{nn}y_n,\end{cases}$$

因为在这个替换中，变量之间的关系都是线性关系，因此称这个变量替换为**线性变换**.

令

$$C=\begin{pmatrix} c_{11} & c_{12} & \cdots & c_{1n} \\ c_{21} & c_{22} & \cdots & c_{2n} \\ \vdots & \vdots & & \vdots \\ c_{n1} & c_{n2} & \cdots & c_{nn} \end{pmatrix},\quad X=\begin{pmatrix} x_1 \\ x_2 \\ \vdots \\ x_n \end{pmatrix},\quad Y=\begin{pmatrix} y_1 \\ y_2 \\ \vdots \\ y_n \end{pmatrix},$$

则上述线性变换可以写成矩阵形式

$$X=CY. \tag{6.1.3}$$

若 C 可逆，则称线性变换（6.1.3）为**可逆线性变换**.

下面提到的可逆线性变换均是指矩阵 C 为实的可逆矩阵.

将二次型（6.1.2）作一个可逆线性变换（6.1.3），可得

$$f(x_1,x_2,\cdots,x_n)=Y^{\mathrm{T}}C^{\mathrm{T}}ACY=Y^{\mathrm{T}}BY=f_1(y_1,y_2,\cdots,y_n), \tag{6.1.4}$$

其中 $B=C^{\mathrm{T}}AC$. 因为 $B^{\mathrm{T}}=\left(C^{\mathrm{T}}AC\right)^{\mathrm{T}}=C^{\mathrm{T}}A^{\mathrm{T}}C=C^{\mathrm{T}}AC=B$，所以 B 为实对称矩阵. 因此式（6.1.4）中 $f_1(y_1,y_2,\cdots,y_n)=Y^{\mathrm{T}}BY$ 是一个系数矩阵为 B、变量为 $y_1,y_2,\cdots,y_n$ 的二次型. 由此得到下面的结论.

定理 6.1.1 对二次型 $f(x_1,x_2,\cdots,x_n)=X^{\mathrm{T}}AX$ 作一个可逆线性变换 $X=CY$，则仍得一个二次型 $f_1(y_1,y_2,\cdots,y_n)=Y^{\mathrm{T}}BY$，且系数矩阵之间有 $B=C^{\mathrm{T}}AC$.

定义 6.1.2 对于两个 n 阶矩阵 A,B，若存在可逆矩阵 C，使得

$$B=C^{\mathrm{T}}AC,$$

则称矩阵 A 与 B **合同**，记为 $A\simeq B$.

与方阵之间的等价关系与相似关系一样，方阵之间的合同关系也有如下三条性质.

（1）**反身性**：对任意一个 n 阶矩阵 A，有 $A\simeq A$；

（2）**对称性**：若 $A\simeq B$，则 $B\simeq A$；

（3）**传递性**：若 $A\simeq B$，$B\simeq C$，则 $A\simeq C$.

显然合同矩阵的秩是不变的. 于是定理 6.1.1 又可以叙述成：一个二次型作可逆线性变换后仍得一个二次型，且系数矩阵之间是合同的.

注意：两个矩阵相似和合同是两个不同的概念，要注意区别. 但是当两个矩阵正交相似时，它们之间既相似又合同.

推论 6.1.1 一个二次型经过可逆线性变换后秩不变.

这里要指出，在变换二次型时，我们总要求线性变换是可逆的. 因为在 $X=CY$ 中，当 C 可逆时，有 $Y=C^{-1}X$. 这也是一个可逆线性变换，且可以将所得的二次型还原. 这样，就使我们可以从所得二次型的性质来推断出原来二次型的一些性质. 推论 6.1.1 的结论就是例子.

在 n 元二次型中，我们自然认为最简单的二次型是只含有平方项，即

$$f(x_1,x_2,\cdots,x_n)=a_{11}x_1^2+a_{22}x_2^2+\cdots+a_{nn}x_n^2,$$

这种形式称为**二次型的标准形**. 它的系数矩阵为对角形矩阵

$$A=\begin{pmatrix} a_{11} & & & \\ & a_{22} & & \\ & & \ddots & \\ & & & a_{nn} \end{pmatrix}.$$

现在要讨论的问题是，对于一个一般的二次型 $f(x_1,x_2,\cdots,x_n)=\boldsymbol{X}^{\mathrm{T}}\boldsymbol{AX}$，是否存在一个可逆线性变换 $\boldsymbol{X}=\boldsymbol{CY}$，能将此二次型化为标准形呢？由于二次型与实对称矩阵一一对应以及定理 6.1.1 的结论，于是此问题用矩阵的语言描述就是：对于一个实对称矩阵 $\boldsymbol{A}$，能否找到一个可逆矩阵 $\boldsymbol{C}$，使 $\boldsymbol{C}^{\mathrm{T}}\boldsymbol{AC}$ 成为对角形矩阵？

由于 $\boldsymbol{A}$ 是实对称矩阵，由 5.3 节可知，必存在一个正交矩阵 $\boldsymbol{T}$，使得

$$\boldsymbol{T}^{-1}\boldsymbol{AT}=\boldsymbol{T}^{\mathrm{T}}\boldsymbol{AT}=\begin{pmatrix}\lambda_1 & & & \\ & \lambda_2 & & \\ & & \ddots & \\ & & & \lambda_n\end{pmatrix}=\boldsymbol{\Lambda}.$$

这里 $\boldsymbol{\Lambda}$ 是 $\boldsymbol{A}$ 的对角标准形，其主对角线上的元素是 $\boldsymbol{A}$ 的 n 个实特征值．令 $\boldsymbol{X}=\boldsymbol{TY}$（当然这是个可逆线性变换，又因为 $\boldsymbol{T}$ 是正交矩阵，故又称**正交变换**），有

$$\begin{aligned}f(x_1,x_2,\cdots,x_n)&=\boldsymbol{X}^{\mathrm{T}}\boldsymbol{AX}=\boldsymbol{Y}^{\mathrm{T}}\boldsymbol{T}^{\mathrm{T}}\boldsymbol{ATY}\\&=\boldsymbol{Y}^{\mathrm{T}}\begin{pmatrix}\lambda_1 & & & \\ & \lambda_2 & & \\ & & \ddots & \\ & & & \lambda_n\end{pmatrix}\boldsymbol{Y}=\lambda_1y_1^2+\lambda_2y_2^2+\cdots+\lambda_ny_n^2\\&=f_1(y_1,y_2,\cdots,y_n).\end{aligned}$$

这样就把原二次型化为了标准形：

$$f_1(y_1,y_2,\cdots,y_n)=\lambda_1y_1^2+\lambda_2y_2^2+\cdots+\lambda_ny_n^2,$$

其中系数是矩阵 $\boldsymbol{A}$ 的全部特征值．由此得如下结论．

定理 6.1.2　任何一个二次型总能找到一个可逆线性变换将它化为标准形．

如何将一个二次型化为标准形呢？定理 6.1.2 的推理过程已经给出了一个办法：先求出正交变换 $\boldsymbol{X}=\boldsymbol{TY}$，它可将二次型化为标准形．这是我们要介绍的化二次型为标准形的**第一种方法**，称之为**正交变换法**．

例 3　将二次型 $f(x_1,x_2,x_3)=x_1^2+4x_2^2+x_3^2-4x_1x_2-8x_1x_3-4x_2x_3$ 用正交变换法化为标准形，并写出正交变换和二次型的标准形．

解　（1）写出二次型的系数矩阵：

$$\boldsymbol{A}=\begin{pmatrix}1 & -2 & -4\\ -2 & 4 & -2\\ -4 & -2 & 1\end{pmatrix}.$$

（2）对实对称矩阵 $\boldsymbol{A}$，求正交矩阵 $\boldsymbol{T}$，使得 $\boldsymbol{T}^{-1}\boldsymbol{AT}=\boldsymbol{T}^{\mathrm{T}}\boldsymbol{AT}=\boldsymbol{A}$ 的对角标准形．

$$|\lambda\boldsymbol{I}-\boldsymbol{A}|=\begin{vmatrix}\lambda-1 & 2 & 4\\ 2 & \lambda-4 & 2\\ 4 & 2 & \lambda-1\end{vmatrix}=(\lambda-5)^2(\lambda+4),$$

故 $\boldsymbol{A}$ 的特征值为 $\lambda_1=\lambda_2=5$，$\lambda_3=-4$．

对于 $\lambda_1=5$，特征向量为 $\boldsymbol{\eta}_1=\begin{pmatrix}1\\0\\-1\end{pmatrix}$，$\boldsymbol{\eta}_2=\begin{pmatrix}1\\-2\\0\end{pmatrix}$．

对于 $\lambda_3=-4$，特征向量为 $\boldsymbol{\eta}_3=\begin{pmatrix}2\\1\\2\end{pmatrix}$.

将 $\boldsymbol{\eta}_1,\boldsymbol{\eta}_2$ 正交化：

$$\boldsymbol{\beta}_1=\boldsymbol{\eta}_1=\begin{pmatrix}1\\0\\-1\end{pmatrix},\quad \boldsymbol{\beta}_2=\boldsymbol{\eta}_2-\frac{(\boldsymbol{\eta}_2,\boldsymbol{\beta}_1)}{(\boldsymbol{\beta}_1,\boldsymbol{\beta}_1)}\boldsymbol{\beta}_1=\begin{pmatrix}\frac{1}{2}\\-2\\\frac{1}{2}\end{pmatrix}=\frac{1}{2}\begin{pmatrix}1\\-4\\1\end{pmatrix}.$$

再将 $\boldsymbol{\beta}_1,\boldsymbol{\beta}_2,\boldsymbol{\eta}_3$ 单位化：

$$\boldsymbol{q}_1=\frac{\boldsymbol{\beta}_1}{|\boldsymbol{\beta}_1|}=\begin{pmatrix}\frac{1}{\sqrt{2}}\\0\\-\frac{1}{\sqrt{2}}\end{pmatrix},\quad \boldsymbol{q}_2=\frac{\boldsymbol{\beta}_2}{|\boldsymbol{\beta}_2|}=\begin{pmatrix}\frac{1}{3\sqrt{2}}\\-\frac{4}{3\sqrt{2}}\\\frac{1}{3\sqrt{2}}\end{pmatrix},\ \boldsymbol{q}_3=\frac{\boldsymbol{\eta}_3}{|\boldsymbol{\eta}_3|}=\begin{pmatrix}\frac{2}{3}\\\frac{1}{3}\\\frac{2}{3}\end{pmatrix}.$$

令

$$\boldsymbol{T}=(\boldsymbol{q}_1\ \boldsymbol{q}_2\ \boldsymbol{q}_3)=\begin{pmatrix}\frac{1}{\sqrt{2}} & \frac{1}{3\sqrt{2}} & \frac{2}{3}\\ 0 & -\frac{4}{3\sqrt{2}} & \frac{1}{3}\\ -\frac{1}{\sqrt{2}} & \frac{1}{3\sqrt{2}} & \frac{2}{3}\end{pmatrix},$$

则

$$\boldsymbol{T}^{-1}\boldsymbol{A}\boldsymbol{T}=\boldsymbol{T}^{\mathrm{T}}\boldsymbol{A}\boldsymbol{T}=\begin{pmatrix}5 & & \\ & 5 & \\ & & -4\end{pmatrix}.$$

（3）对二次型作正交变换：

$$\boldsymbol{X}=\boldsymbol{T}\boldsymbol{Y}=\begin{pmatrix}\frac{1}{\sqrt{2}} & \frac{1}{3\sqrt{2}} & \frac{2}{3}\\ 0 & -\frac{4}{3\sqrt{2}} & \frac{1}{3}\\ -\frac{1}{\sqrt{2}} & \frac{1}{3\sqrt{2}} & \frac{2}{3}\end{pmatrix}\boldsymbol{Y},$$

能化二次型为标准形：

$$f=5y_1^2+5y_2^2-4y_3^2.$$

这里指出，用正交变换法化二次型为标准形时，要牵涉到前面学过的如计算矩阵的特征值和特征向量，将特征向量组标准正交化等计算，计算比较长且比较复杂；并且除特别要求外，在不少场合只是要求用一个可逆线性变换（不是正交变换）化二次型为标准形. 因此，我们在化二次型为标准形时，可以简化一些运算，采用化二次型为标准形的**第二种方法——配方法***.

例 4 用配方法将二次型 $f(x_1,x_2,x_3)=x_1^2+2x_2^2+5x_3^2+2x_1x_2+4x_2x_3$ 化为标准形，写出所作的可逆线性变换 $\boldsymbol{X}=\boldsymbol{CY}$ 及二次型的标准形.

解 此二次型的特点是含有平方项. 我们可以先利用 x_1 的平方项来配方（当然还可以先利用 x_2 或 x_3 的平方项来配方）. 把含有 x_1 的项全部找出来，再配方，有

$$\begin{aligned}f(x_1,x_2,x_3)&=(x_1^2+2x_1x_2)+2x_2^2+5x_3^2+4x_2x_3\\&=(x_1^2+2x_1x_2+x_2^2)+x_2^2+5x_3^2+4x_2x_3\\&=(x_1+x_2)^2+x_2^2+5x_3^2+4x_2x_3.\end{aligned}$$

上式中前面一项已经配成平方项，后面三项可以再利用 x_2（或 x_3）的平方项来配方. 把含有 x_2 的项全部找出来，再配方，有

$$\begin{aligned}f(x_1,x_2,x_3)&=(x_1+x_2)^2+(x_2^2+4x_2x_3+4x_3^2)+x_3^2\\&=(x_1+x_2)^2+(x_2+2x_3)^2+x_3^2.\end{aligned}$$

令

$$\begin{cases}y_1=x_1+x_2,\\y_2=\qquad x_2+2x_3,\\y_3=\qquad\qquad x_3,\end{cases}\tag{6.1.5}$$

有 $f=y_1^2+y_2^2+y_3^2$，此为原二次型的标准形.

由式（6.1.5），有

$$\begin{cases}x_1=y_1-y_2+2y_3,\\x_2=\qquad y_2-2y_3,\\x_3=\qquad\qquad y_3,\end{cases}$$

即

$$\boldsymbol{X}=\begin{pmatrix}1&-1&2\\0&1&-2\\0&0&1\end{pmatrix}\boldsymbol{Y},$$

此为所作的可逆线性变换.

注意：我们可利用矩阵运算验证结果. 先写出标准形的系数矩阵 $\boldsymbol{B}$，再检验矩阵等式 $\boldsymbol{C}^{\mathrm{T}}\boldsymbol{AC}=\boldsymbol{B}$ 是否成立，若是，说明结果正确；若不是，说明结果不正确.

例 5 用配方法将 $f(x_1,x_2,x_3)=2x_1^2+4x_2^2+31x_3^2-8x_1x_2+16x_1x_3-28x_2x_3$ 化为标准形，写出所作的可逆线性变换及二次型的标准形.

解 把含有 x_1 的项全部找出来，再配方，有

$$\begin{aligned}f(x_1,x_2,x_3)&=2(x_1^2-4x_1x_2+8x_1x_3)+4x_2^2+31x_3^2-28x_2x_3\\&=2[x_1^2-2x_1(2x_2-4x_3)+(2x_2-4x_3)^2]\\&\quad-2(2x_2-4x_3)^2+4x_2^2+31x_3^2-28x_2x_3\\&=2(x_1-2x_2+4x_3)^2-4x_2^2-x_3^2+4x_2x_3\\&=2(x_1-2x_2+4x_3)^2-(4x_2^2-4x_2x_3+x_3^2)\\&=2(x_1-2x_2+4x_3)^2-(2x_2-x_3)^2.\end{aligned}$$

令

$$\begin{cases}y_1=x_1-2x_2+4x_3,\\y_2=\qquad 2x_2-\ x_3,\\y_3=\qquad\qquad x_3,\end{cases}\tag{6.1.6}$$

则可得原二次型的标准形：$f = 2y_1^2 - y_2^2$．

由式（6.1.6），有

$$\begin{cases} x_1 = y_1 + y_2 - 3y_3, \\ x_2 = \frac{1}{2}y_2 + \frac{1}{2}y_3, \\ x_3 = y_3, \end{cases}$$

即

$$\boldsymbol{X} = \begin{pmatrix} 1 & 1 & -3 \\ 0 & \frac{1}{2} & \frac{1}{2} \\ 0 & 0 & 1 \end{pmatrix} \boldsymbol{Y},$$

此为所作的可逆线性变换.

注意在式（6.1.6）中不要漏掉 $y_3 = x_3$．另外，此例中还可对二次型作如下配方：

$$f(x_1, x_2, x_3) = 2(x_1 - 2x_2 + 4x_3)^2 - 4\left(x_2 - \frac{1}{2}x_3\right)^2,$$

令

$$\begin{cases} y_1 = x_1 - 2x_2 + 4x_3, \\ y_2 = x_2 - \frac{1}{2}x_3, \\ y_3 = x_3, \end{cases}$$

即

$$\begin{cases} x_1 = y_1 + 2y_2 - 3y_3, \\ x_2 = y_2 + \frac{1}{2}y_3, \\ x_3 = y_3, \end{cases}$$

亦即

$$\boldsymbol{X} = \begin{pmatrix} 1 & 2 & -3 \\ 0 & 1 & \frac{1}{2} \\ 0 & 0 & 1 \end{pmatrix} \boldsymbol{Y}, \tag{6.1.7}$$

则可得原二次型的标准形：

$$f = 2y_1^2 - 4y_2^2 .$$

由此看出，二次型的标准形不唯一，所作的可逆线性变换也不唯一.

例 6 用配方法将 $f(x_1, x_2, x_3) = x_1x_2 + 4x_2x_3$ 化为标准形，写出所作的可逆线性变换及二次型的标准形.

解 此二次型的特点是不含平方项，不能像前面的例题一样配方，所以先作一个可逆线性变换，使之出现平方项．令

$$\begin{cases} x_1 = y_1 + y_2, \\ x_2 = y_1 - y_2, \\ x_3 = y_3, \end{cases} \tag{6.1.8}$$

代入原二次型，并按例 4、例 5 的方法配方，有

$$\begin{aligned}f(x_1,x_2,x_3) &= y_1^2 - y_2^2 + 4y_1y_3 - 4y_2y_3 \\ &= (y_1+2y_3)^2 - y_2^2 - 4y_2y_3 - 4y_3^2 \\ &= (y_1+2y_3)^2 - (y_2+2y_3)^2 .\end{aligned}$$

令

$$\begin{cases} z_1 = y_1 + 2y_3, \\ z_2 = y_2 + 2y_3, \\ z_3 = \qquad y_3, \end{cases}$$

即

$$\begin{cases} y_1 = z_1 - 2z_3, \\ y_2 = z_2 - 2z_3, \\ y_3 = \qquad z_3, \end{cases} \tag{6.1.9}$$

得原二次型的标准形：$f = z_1^2 - z_2^2$.

把式（6.1.9）代入式（6.1.8），有

$$\begin{cases} x_1 = z_1 + z_2 - 4z_3, \\ x_2 = z_1 - z_2, \\ x_3 = \qquad\qquad z_3, \end{cases}$$

即

$$\boldsymbol{X} = \begin{pmatrix} 1 & 1 & -4 \\ 1 & -1 & 0 \\ 0 & 0 & 1 \end{pmatrix} \boldsymbol{Z} ,$$

此为所作的可逆线性变换.

例 7 设 $f(x_1,x_2,x_3,x_4) = x_1^2 + 4x_3^2 + 3x_4^2 + 4x_1x_3 - 2x_1x_4 + x_2x_3 - 4x_3x_4$ ，用配方法将此二次型化为标准形，写出所作的可逆线性变换及二次型的标准形.

解
$$\begin{aligned}f(x_1,x_2,x_3,x_4) &= (x_1^2 + 4x_1x_3 - 2x_1x_4) + 4x_3^2 + 3x_4^2 + x_2x_3 - 4x_3x_4 \\ &= [x_1^2 + 2x_1(2x_3 - x_4) + (2x_3 - x_4)^2] \\ &\quad - (2x_3 - x_4)^2 + 4x_3^2 + 3x_4^2 + x_2x_3 - 4x_3x_4 \\ &= (x_1 + 2x_3 - x_4)^2 + x_2x_3 + 2x_4^2 ,\end{aligned}$$

这样的形式，就不能继续配方，利用例 6 的方法. 令

$$\begin{cases} y_1 = x_1 \quad + 2x_3 - x_4, \\ x_2 = \quad y_2 + y_3, \\ x_3 = \quad y_2 - y_3, \\ y_4 = \qquad\qquad x_4, \end{cases} \tag{6.1.10}$$

得原二次型的标准形：$f = y_1^2 + y_2^2 - y_3^2 + 2y_4^2$.

由式（6.1.10），得

$$\begin{cases} x_1 = y_1 - 2y_2 + 2y_3 + y_4, \\ x_2 = \qquad y_2 + y_3, \\ x_3 = \qquad y_2 - y_3, \\ x_4 = \qquad\qquad\quad y_4, \end{cases}$$

即

$$X=\begin{pmatrix}1&-2&2&1\\0&1&1&0\\0&1&-1&0\\0&0&0&1\end{pmatrix}Y,$$

此为所作的可逆线性变换.

一般地，任何一个二次型都可用配方法化成标准形. 要注意的是，配方法所得到的标准形中平方项的系数不一定是二次型的矩阵的特征值.

6.1.3 二次型的规范形

由前所述，任何一个二次型均可以利用正交变换法或配方法化为标准形. 不管是通过哪一种方法得到的标准形，都可以进一步化简. 我们先看实例.

例 8 在例 3 中我们将二次型

$$f(x_1,x_2,x_3)=x_1^2+4x_2^2+x_3^2-4x_1x_2-8x_1x_3-4x_2x_3$$

利用正交变换 $X=TY$ 化为了标准形：$f=5y_1^2+5y_2^2-4y_3^2$. 在此标准形中令

$$\begin{cases}z_1=\sqrt{5}y_1,\\z_2=\sqrt{5}y_2,\\z_3=2y_3,\end{cases}$$

即

$$\begin{cases}y_1=\dfrac{1}{\sqrt{5}}z_1,\\y_2=\dfrac{1}{\sqrt{5}}z_2,\\y_3=\dfrac{1}{2}z_3,\end{cases}$$

亦即

$$Y=\begin{pmatrix}\dfrac{1}{\sqrt{5}}&&\\&\dfrac{1}{\sqrt{5}}&\\&&\dfrac{1}{2}\end{pmatrix}Z,\tag{6.1.11}$$

则得原二次型的另一标准形：

$$f=z_1^2+z_2^2-z_3^2.\tag{6.1.12}$$

把式（6.1.11）代入 $X=TY$，得所作的可逆线性变换为

$$X=\begin{pmatrix}\dfrac{1}{\sqrt{10}}&\dfrac{1}{3\sqrt{10}}&\dfrac{1}{3}\\0&-\dfrac{4}{3\sqrt{10}}&\dfrac{1}{6}\\-\dfrac{1}{\sqrt{10}}&\dfrac{1}{3\sqrt{10}}&\dfrac{1}{3}\end{pmatrix}Z.$$

又如在例 5 中我们用配方法将二次型

$$f\left(x_1,x_2,x_3\right)=2x_1^2+4x_2^2+31x_3^2-8x_1x_2+16x_1x_3-28x_2x_3$$

化为了标准形 $f=2y_1^2-4y_2^2+0y_3^2$. 在此标准形中令

$$\begin{cases} z_1=\sqrt{2}y_1, \\ z_2=\qquad 2y_2, \\ z_3=\qquad\qquad y_3, \end{cases}$$

即

$$\begin{cases} y_1=\dfrac{1}{\sqrt{2}}z_1, \\ y_2=\qquad \dfrac{1}{2}z_2, \\ y_3=\qquad\qquad z_3, \end{cases}$$

亦即

$$\boldsymbol{Y}=\begin{pmatrix} \dfrac{1}{\sqrt{2}} & & \\ & \dfrac{1}{2} & \\ & & 1 \end{pmatrix}\boldsymbol{Z}, \tag{6.1.13}$$

则得原二次型的另一标准形:

$$f=z_1^2-z_2^2. \tag{6.1.14}$$

把式（6.1.13）代入式（6.1.7），得所作的可逆线性变换为

$$\boldsymbol{X}=\begin{pmatrix} \dfrac{\sqrt{2}}{2} & 1 & -3 \\ 0 & \dfrac{1}{2} & \dfrac{1}{2} \\ 0 & 0 & 1 \end{pmatrix}\boldsymbol{Z}.$$

式（6.1.12）和式（6.1.14）中的标准形是一种最简单的标准形，它只含变量的平方项，而且其系数只可能是$1,-1,0$. 我们把这种形式的标准形称为**二次型的规范形**.

一般地，任何一个二次型总可以找到合适的可逆线性变换将它化为规范形.

事实上，一个二次型 $f\left(x_1,x_2,\cdots,x_n\right)=\boldsymbol{X}^{\mathrm{T}}\boldsymbol{A}\boldsymbol{X}$ 在用正交变换 $\boldsymbol{X}=\boldsymbol{T}\boldsymbol{Y}$ 化成标准形时，我们总可以适当排列特征值的顺序（此时 $\boldsymbol{T}$ 中特征向量的顺序随特征值的顺序确定），使标准形成为

$$f=\lambda_1y_1^2+\lambda_2y_2^2+\cdots+\lambda_py_p^2-\lambda_{p+1}y_{p+1}^2-\cdots-\lambda_ry_r^2, \tag{6.1.15}$$

其中 $\lambda_1,\lambda_2,\cdots,\lambda_p,-\lambda_{p+1},\cdots,-\lambda_r$ 为系数矩阵 $\boldsymbol{A}$ 的全部非零特征值，$\lambda_i>0\left(i=1,2,\cdots,r\right)$，$r=r\left(\boldsymbol{A}\right)$，$0\leqslant p\leqslant r\leqslant n$. 令

$$\begin{cases} z_1 = \sqrt{\lambda_1} y_1, \\ \quad \cdots\cdots \\ z_r = \sqrt{\lambda_r} y_r, \\ z_{r+1} = y_{r+1}, \\ \quad \cdots\cdots \\ z_n = y_n, \end{cases} \tag{6.1.16}$$

则把式（6.1.15）中标准形化成规范形：

$$f = z_1^2 + z_2^2 + \cdots + z_p^2 - z_{p+1}^2 - \cdots - z_r^2 . \tag{6.1.17}$$

所作的可逆线性变换由 $\boldsymbol{X} = \boldsymbol{TY}$ 和式（6.1.16）决定.

注意：把二次型用配方法化为标准形后，也可再经过一个适当的可逆线性变换把二次型化为规范形. 这里不再赘述.

由规范形（6.1.17）可看出，二次型的规范形由 r 和 p 确定，其中

$r =$ 规范形中系数不为 0 的平方项的总项数 $= r(\boldsymbol{A}) = \boldsymbol{A}$ 的非零特征值的个数，

$p =$ 规范形中正平方项的总项数 $= \boldsymbol{A}$ 的正特征值的个数.

而 r 已经由 $r(\boldsymbol{A})$ 唯一确定，那么 p 也是唯一确定的吗？可以证明 p 也是唯一确定的（这里不证了，读者可参考其他相关书籍）. 于是可以得到任何一个二次型的规范形是唯一确定的，从而得到下面的定理.

定理 6.1.3 任何一个二次型总能找到一个适当的可逆线性变换化为规范形，且规范形是唯一确定的.

定理 6.1.3 通常称为**惯性定理**. 规范形中正平方项项数 p（唯一确定）称为二次型的**正惯性指数**；负平方项项数 $r-p$ 称为**负惯性指数**；它们的差 $2p-r$ 称为**符号差**.

例 9 （1）设二次型 $f(x_1,x_2,x_3) = \boldsymbol{X}^{\mathrm{T}}\boldsymbol{AX}$ 的系数矩阵 $\boldsymbol{A}$ 的特征值为 $-2, 0, 3$，写出它的一个标准形、规范形及 $r(\boldsymbol{A})$.

（2）设二次型 $f(x_1,x_2,x_3,x_4) = \boldsymbol{X}^{\mathrm{T}}\boldsymbol{AX}$，$\boldsymbol{A}$ 是实对称矩阵，$r(\boldsymbol{A}) = 3$，正惯性指数 $p = 2$，写出此二次型的规范形.

解 （1）二次型的标准形为

$$f = -2y_1^2 + 3y_2^2 .$$

由标准形可直接得到规范形为

$$f = z_1^2 - z_2^2 .$$

$r(\boldsymbol{A})$ 等于规范形中系数不为 0 的平方项的总项数，即等于 2.

（2）由 $r(\boldsymbol{A}) = 3$，知规范形中系数不为 0 的平方项的总项数为 3；由 $p = 2$，知规范形中正平方项的总项数为 2，从而得此二次型的规范形为

$$f = z_1^2 + z_2^2 - z_3^2 .$$

6.2 正定二次型和正定矩阵

6.2.1 正定二次型的概念及判别法

正定二次型是一类特殊的二次型. 我们先来看它的定义.

定义 6.2.1 对于二次型 $f(x_1,x_2,\cdots,x_n)=\boldsymbol{X}^{\mathrm{T}}\boldsymbol{A}\boldsymbol{X}$，若对任意 $\boldsymbol{X}\in\mathbf{R}^n$，$\boldsymbol{X}\neq\mathbf{0}$，恒有

$$f(x_1,x_2,\cdots,x_n)=\boldsymbol{X}^{\mathrm{T}}\boldsymbol{A}\boldsymbol{X}>0,$$

则称此二次型是**正定二次型**（或称**二次型正定**），而且称正定二次型的系数矩阵为**正定矩阵**（或称**对称正定矩阵**）.

例 1 判定下列三元二次型是否正定，并写出各二次型的正惯性指数 p.

（1）$f(x_1,x_2,x_3)=x_1^2+3x_2^2+2x_3^2$；

（2）$f(x_1,x_2,x_3)=x_1^2+x_2^2+x_3^2$；

（3）$f(x_1,x_2,x_3)=2x_1^2-x_2^2-x_3^2$；

（4）$f(x_1,x_2,x_3)=x_1^2+x_2^2$.

解 （1）对于任意 $\boldsymbol{X}=(x_1,x_2,x_3)^{\mathrm{T}}\neq\mathbf{0}$，都有 $f=x_1^2+3x_2^2+2x_3^2>0$，所以 f 为正定二次型. $p=3$.

（2）同理，此二次型也正定. $p=3$.

（3）由于对 $\boldsymbol{X}=(0,1,1)^{\mathrm{T}}\neq\mathbf{0}$，有 $f(0,1,1)=-2<0$，故此二次型不正定. $p=1$.

（4）由于对 $\boldsymbol{X}=(0,0,1)^{\mathrm{T}}\neq\mathbf{0}$，有 $f(0,0,1)=0$（不大于 0），故此二次型不正定. $p=2$.

对于例 1 中的三元二次型，当 $p=3$ 时正定（如（1）和（2）中的）；当 $p<3$ 时不正定（如（3）和（4）中的）. 更一般地，我们有：

定理 6.2.1 一个 n 元二次型 $f(x_1,x_2,\cdots,x_n)$ 正定的充分必要条件是它的正惯性指数 $p=n$.

为了证明这个定理，先看下面的引理.

引理 可逆线性变换不改变二次型的正定性.

证 设 $f(x_1,x_2,\cdots,x_n)=\boldsymbol{X}^{\mathrm{T}}\boldsymbol{A}\boldsymbol{X}$ 是正定二次型，则对任意 $\boldsymbol{X}\in\mathbf{R}^n$, $\boldsymbol{X}\neq\mathbf{0}$，恒有 $f(x_1,x_2,\cdots,x_n)=\boldsymbol{X}^{\mathrm{T}}\boldsymbol{A}\boldsymbol{X}>0$. 又设此二次型经过可逆线性变换 $\boldsymbol{X}=\boldsymbol{C}\boldsymbol{Y}$ 后化为二次型 $\boldsymbol{Y}^{\mathrm{T}}\boldsymbol{B}\boldsymbol{Y}$，其中 $\boldsymbol{B}=\boldsymbol{C}^{\mathrm{T}}\boldsymbol{A}\boldsymbol{C}$. 下面证 $\boldsymbol{Y}^{\mathrm{T}}\boldsymbol{B}\boldsymbol{Y}$ 也是正定二次型.

对于任意 $\boldsymbol{Y}\in\mathbf{R}^n$，$\boldsymbol{Y}\neq\mathbf{0}$，由 $\boldsymbol{X}=\boldsymbol{C}\boldsymbol{Y}$，其中 $\boldsymbol{C}$ 为可逆矩阵，必可推出 $\boldsymbol{X}\neq\mathbf{0}$，从而 $\boldsymbol{Y}^{\mathrm{T}}\boldsymbol{B}\boldsymbol{Y}=\boldsymbol{Y}^{\mathrm{T}}(\boldsymbol{C}^{\mathrm{T}}\boldsymbol{A}\boldsymbol{C})\boldsymbol{Y}=(\boldsymbol{C}\boldsymbol{Y})^{\mathrm{T}}\boldsymbol{A}(\boldsymbol{C}\boldsymbol{Y})=\boldsymbol{X}^{\mathrm{T}}\boldsymbol{A}\boldsymbol{X}>0$，即 $\boldsymbol{Y}^{\mathrm{T}}\boldsymbol{B}\boldsymbol{Y}$ 也是正定二次型.

证毕.

*下面是定理 6.2.1 的证明.

由 6.1 节可知，对于二次型 $f(x_1,x_2,\cdots,x_n)=\boldsymbol{X}^{\mathrm{T}}\boldsymbol{A}\boldsymbol{X}$，必存在可逆线性变换 $\boldsymbol{X}=\boldsymbol{C}\boldsymbol{Z}$，将它化为规范形：

$$f=z_1^2+z_2^2+\cdots+z_p^2-z_{p+1}^2-\cdots-z_r^2, \tag{6.2.1}$$

其中 $0\leqslant p\leqslant r\leqslant n$. 由上述引理，要讨论原二次型的正定性，只需讨论其规范形（6.2.1）的正定性.

若 $p=r=n$，$f=z_1^2+z_2^2+\cdots+z_n^2$，显然是正定的.

反之，若二次型（6.2.1）正定，则一方面式（6.2.1）中不能有负的平方项，即 $p=r$，否则由定义知二次型（6.2.1）不正定. 此时式（6.2.1）变为

$$f=z_1^2+z_2^2+\cdots+z_r^2. \tag{6.2.2}$$

另一方面式（6.2.2）中非零平方项的项数 r 不能小于 n，即 $r=n$，否则由定义知二次型（6.2.1）也是不正定的. 此时

$$f=z_1^2+z_2^2+\cdots+z_n^2.$$

综合两方面可以得到 $p=n$.

证毕.

由定理 6.2.1 的证明易得如下推论.

推论 6.2.1 一个 n 元二次型 $f(x_1,x_2,\cdots,x_n)$ 正定的充分必要条件是它的规范形为

$$f=z_1^2+z_2^2+\cdots+z_n^2.$$

推论 6.2.2 一个 n 元二次型 $f(x_1,x_2,\cdots,x_n)=\boldsymbol{X}^{\mathrm{T}}\boldsymbol{AX}$ 正定的充分必要条件是二次型的矩阵 $\boldsymbol{A}$ 的特征值全大于零.

证 由 6.1 节和定理 6.2.1 可知：

$f(x_1,x_2,\cdots,x_n)=\boldsymbol{X}^{\mathrm{T}}\boldsymbol{AX}$ 正定 $\Leftrightarrow$ $p=n=\boldsymbol{A}$ 的正特征值的个数 $\Leftrightarrow$ $\boldsymbol{A}$ 的 n 个特征值全大于 0.

证毕.

例如，对三元二次型 $f(x_1,x_2,x_3)=\boldsymbol{X}^{\mathrm{T}}\boldsymbol{AX}$，若它的矩阵 $\boldsymbol{A}$ 的特征值为 1，2，0，则二次型不正定；若 $\boldsymbol{A}$ 的特征值为 1，-2，3，则二次型也不正定；若 $\boldsymbol{A}$ 的特征值为 1，2，2，则二次型正定.

推论 6.2.3 若二次型 $f(x_1,x_2,\cdots,x_n)=\boldsymbol{X}^{\mathrm{T}}\boldsymbol{AX}$ 正定，则它的平方项的系数 a_{ii} 必大于零.

证 取 $\boldsymbol{X}_i=(0,\cdots,0,1,0,\cdots,0)^{\mathrm{T}}$，$\boldsymbol{X}_i$ 的第 i 个分量为 1. 因为 $f=\boldsymbol{X}^{\mathrm{T}}\boldsymbol{AX}$ 正定，故

$$\boldsymbol{X}_i^{\mathrm{T}}\boldsymbol{AX}_i=a_{ii}>0\,(i=1,2,\cdots,n).$$

证毕.

注意：（1）推论 6.2.3 的逆命题不成立，即一个二次型平方项的系数全大于 0，不能保证此二次型正定. 如二次型 $f(x_1,x_2,x_3)=x_1^2+x_2^2+x_3^2-10x_1x_2$，它的平方项的系数全大于 0，但是它不正定（由于 $f(1,1,0)=-8<0$）.

（2）推论 6.2.3 的逆否命题成立，即若一个二次型的平方项的系数不全大于 0，则此二次型不正定. 如二次型 $f(x_1,x_2,x_3)=x_1^2+2x_2^2+2x_1x_2$，由于它的 x_3^2 项的系数为 0（不大于 0），故此二次型不正定.

定义 6.2.2 设矩阵 $\boldsymbol{A}=\begin{pmatrix} a_{11} & a_{12} & \cdots & a_{1n} \\ a_{21} & a_{22} & \cdots & a_{2n} \\ \vdots & \vdots & & \vdots \\ a_{n1} & a_{n2} & \cdots & a_{nn} \end{pmatrix}$，称它的 n 个子式

$$|a_{11}|,\ \begin{vmatrix} a_{11} & a_{12} \\ a_{21} & a_{22} \end{vmatrix},\ \begin{vmatrix} a_{11} & a_{12} & a_{13} \\ a_{21} & a_{22} & a_{23} \\ a_{31} & a_{32} & a_{33} \end{vmatrix},\ \cdots,\ \begin{vmatrix} a_{11} & a_{12} & \cdots & a_{1n} \\ a_{21} & a_{22} & \cdots & a_{2n} \\ \vdots & \vdots & & \vdots \\ a_{n1} & a_{n2} & \cdots & a_{nn} \end{vmatrix}$$

为矩阵 $\boldsymbol{A}$ 的顺序主子式.

定理 6.2.2 一个 n 元二次型 $f(x_1,x_2,\cdots,x_n)=\boldsymbol{X}^{\mathrm{T}}\boldsymbol{AX}$ 正定的充分必要条件是 $\boldsymbol{A}$ 的顺序主子式全大于零.

证明略.

例 2 判断下列二次型是否正定，说明理由.

（1）$f(x_1,x_2,x_3)=2x_1^2+x_2^2-x_3^2-2x_1x_2+x_2x_3$；

（2）$f(x_1,x_2,x_3)=5x_1^2+x_2^2+5x_3^2+4x_1x_2-8x_1x_3-4x_2x_3$.

解 （1）由于 x_3^2 项系数 -1 小于 0，由推论 6.2.3 可知它不正定.

（2）二次型的矩阵为

$$A=\begin{pmatrix}5 & 2 & -4\\ 2 & 1 & -2\\ -4 & -2 & 5\end{pmatrix}.$$

它的各阶顺序主子式

$$5>0，\begin{vmatrix}5 & 2\\ 2 & 1\end{vmatrix}>0，\begin{vmatrix}5 & 2 & -4\\ 2 & 1 & -2\\ -4 & -2 & 5\end{vmatrix}>0，$$

所以此二次型正定.

注意：例 2 中（2）还可利用求矩阵 A 的特征值的方法来判定二次型是否正定，即求出 A 的特征值全大于 0，得出二次型正定. 判定二次型是否正定还有一些其他的办法，在本章小结中详细给出，以供读者参考.

与正定二次型相仿，还有下面的概念.

***定义 6.2.3** 对于二次型 $f(x_1,x_2,\cdots,x_n)=X^{\mathrm{T}}AX$，若对任意 $X\in\mathbf{R}^n$，$X\neq\mathbf{0}$，恒有 $f(x_1,x_2,\cdots,x_n)=X^{\mathrm{T}}AX<0$，则称此二次型是**负定二次型**（或称**二次型负定**）；若恒有 $f(x_1,x_2,\cdots,x_n)=X^{\mathrm{T}}AX\geqslant 0$，则称**二次型半正定**；若恒有 $f=X^{\mathrm{T}}AX\leqslant 0$，则称**二次型半负定**；如果一个二次型既不半正定也不半负定（当然也不可能是正定或负定），则称**二次型不定**. 而且负定二次型、半正定二次型、半负定二次型的矩阵分别称为**负定矩阵**、**半正定矩阵**、**半负定矩阵**.

如果 A 是正定（半正定）矩阵，则 $-A$ 是负定（半负定）矩阵.

6.2.2 正定矩阵

我们知道，一个正定矩阵与一个正定二次型是相对应的. 因此，要证明矩阵 A 是正定矩阵，首先要证明 A 是一个实对称矩阵，然后要证明以 A 为系数矩阵的二次型是正定二次型. 同时，从前面正定二次型的一些已知结论，也不难推出正定矩阵的一些判别方法. 现将这些结论罗列如下，并做些简单的说明.

由推论 6.2.1 可知，一个二次型 $f(x_1,x_2,\cdots,x_n)=X^{\mathrm{T}}AX$ 正定的充要条件是存在一个可逆线性变换 $X=CZ$，将它化为如下规范形：

$$f=z_1^2+z_2^2+\cdots+z_n^2.$$

而规范形的系数矩阵是单位矩阵 I，因此用矩阵的语言，可得下面的结论（1）.

（1）实矩阵 A 正定 $\Leftrightarrow$ 存在可逆矩阵 C，使 $C^{\mathrm{T}}AC=I$，即 A 与 I 合同.

（2）实矩阵 A 正定 $\Leftrightarrow$ 存在可逆矩阵 D，使 $A=D^{\mathrm{T}}D$.

证 若 A 正定，由（1）可知存在可逆矩阵 C，使 $C^{\mathrm{T}}AC=I$. 于是

$$A=(C^{\mathrm{T}})^{-1}IC^{-1}=(C^{-1})^{\mathrm{T}}C^{-1}.$$

取 $D=C^{-1}$，则 D 可逆，且 $A=D^{\mathrm{T}}D$.

反之，如果 $A=D^{\mathrm{T}}D$，则 $A=D^{\mathrm{T}}ID$. 又 D 为可逆矩阵，于是 A 与 I 合同，从而由（1）知 A 正定. 证毕.

（3）实对称矩阵 A 正定 $\Leftrightarrow$ 它的特征值全大于零.

（4）实对称矩阵 A 正定 $\Leftrightarrow$ 它的各阶顺序主子式全大于零.

显然，（3）和（4）可由推论 6.2.2 和定理 6.2.2 推出.

注意：利用（1）和（2）的结论证明 $\boldsymbol{A}$ 是正定矩阵时，无需先验证 $\boldsymbol{A}$ 是实对称矩阵，因为 $\boldsymbol{C}^{\mathrm{T}}\boldsymbol{A}\boldsymbol{C}=\boldsymbol{I}$ 和 $\boldsymbol{A}=\boldsymbol{D}^{\mathrm{T}}\boldsymbol{D}$ 已经保证 $\boldsymbol{A}$ 是实对称矩阵；而利用（3）和（4）证明 $\boldsymbol{A}$ 是正定矩阵时，必须先验证 $\boldsymbol{A}$ 是实对称矩阵.

例 3 证明：如果 n 阶实对称矩阵 $\boldsymbol{A}$ 是正定矩阵，则 $\boldsymbol{A}^{-1}$ 也是正定矩阵.

证 若 $\boldsymbol{A}$ 是正定矩阵，则存在可逆矩阵 $\boldsymbol{D}$，使 $\boldsymbol{A}=\boldsymbol{D}^{\mathrm{T}}\boldsymbol{D}$．于是 $\boldsymbol{A}$ 可逆，且

$$\boldsymbol{A}^{-1}=\boldsymbol{D}^{-1}(\boldsymbol{D}^{\mathrm{T}})^{-1}=\boldsymbol{D}^{-1}(\boldsymbol{D}^{-1})^{\mathrm{T}}.$$

记 $\boldsymbol{D}_1=(\boldsymbol{D}^{-1})^{\mathrm{T}}$，则 $\boldsymbol{D}_1$ 可逆，且 $\boldsymbol{A}^{-1}=\boldsymbol{D}_1^{\mathrm{T}}\boldsymbol{D}_1$，于是 $\boldsymbol{A}^{-1}$ 也是正定矩阵.

证毕.

6.3 实二次型的应用实例

例 1 多元函数的极值问题.

一般地，对于 n 个实变量的函数 $f(x_1,x_2,\cdots,x_n)$，满足 $\left.\dfrac{\partial f}{\partial x_i}\right|_{x=x_0}=0\left(i=1,2,\cdots,n\right)$ 的点 $\boldsymbol{x}_0=\left(x_1^0,x_2^0,\cdots,x_n^0\right)$ 称为函数 $f(x_1,x_2,\cdots,x_n)$ 的驻点，其二阶偏导数构成的矩阵

$$H_f\left(\boldsymbol{x}\right)=\begin{pmatrix}\dfrac{\partial^2 f}{\partial x_1^2} & \dfrac{\partial^2 f}{\partial x_1\partial x_2} & \cdots & \dfrac{\partial^2 f}{\partial x_1\partial x_n}\\ \dfrac{\partial^2 f}{\partial x_2\partial x_1} & \dfrac{\partial^2 f}{\partial x_2^2} & \cdots & \dfrac{\partial^2 f}{\partial x_2\partial x_n}\\ \vdots & \vdots & & \vdots\\ \dfrac{\partial^2 f}{\partial x_n\partial x_1} & \dfrac{\partial^2 f}{\partial x_n\partial x_2} & \cdots & \dfrac{\partial^2 f}{\partial x_n^2}\end{pmatrix}=\left(\dfrac{\partial^2 f}{\partial x_i\partial x_j}\right)_{n\times n}$$

称为 Hessian 矩阵，它是一个实对称矩阵.

由多元泰勒公式可证得：在驻点 $\boldsymbol{x}=\boldsymbol{x}_0$ 处，若 $H_f\left(\boldsymbol{x}_0\right)$ 正定，则 $\boldsymbol{x}_0$ 是函数 $f(x_1,x_2,\cdots,x_n)$ 的极小值点；若 $H_f\left(\boldsymbol{x}_0\right)$ 负定，则 $\boldsymbol{x}_0$ 是函数 $f(x_1,x_2,\cdots,x_n)$ 的极大值点；若 $H_f\left(\boldsymbol{x}_0\right)$ 不定，则 $\boldsymbol{x}_0$ 不是函数 $f(x_1,x_2,\cdots,x_n)$ 的极值点. 例如，设某企业用一种原料生产甲、乙两种产品，产量分别为 x,y 单位，原料消耗量为 $a\left(x^{\alpha}+y^{\beta}\right)$ 单位（$a>0,\alpha>1,\beta>1$），若原料、甲、乙产品的价格分别为 r,m,n（万元/单位），问在只考虑原料成本的情况下，甲、乙产品产量分别为多少时，企业利润最高？

解 企业的利润函数为 $f\left(x,y\right)=mx+ny-ra\left(x^{\alpha}+y^{\beta}\right)$，由

$$\begin{cases}\dfrac{\partial f}{\partial x}=m-ra\alpha x^{\alpha-1}=0,\\ \dfrac{\partial f}{\partial y}=n-ra\beta y^{\beta-1}=0,\end{cases}$$

得驻点

$$\left(x_0,y_0\right)=\left(\left(\frac{m}{ra\alpha}\right)^{\frac{1}{\alpha-1}},\left(\frac{n}{ra\beta}\right)^{\frac{1}{\beta-1}}\right).$$

由于

$$H_f(x_0,y_0)=\begin{pmatrix}-ra\alpha(\alpha-1)x_0^{\alpha-2} & 0\\ 0 & -ra\beta(\beta-1)y_0^{\beta-2}\end{pmatrix}$$

为负定矩阵，故企业利润在驻点达到极大（也为最大）. 这时，甲产品的产量为 $x_0=\left(\dfrac{m}{ra\alpha}\right)^{\frac{1}{\alpha-1}}$ 单位，乙产品的产量为 $y_0=\left(\dfrac{n}{ra\beta}\right)^{\frac{1}{\beta-1}}$ 单位.

例 2　二次曲面问题.

将二次曲面方程

$$2x_1^2-4x_1x_2+x_2^2-4x_2x_3=4$$

化成标准方程，并指出曲面的名称.

解　曲面方程可以写成 $\boldsymbol{X}^{\mathrm{T}}\boldsymbol{AX}=4$，其中

$$\boldsymbol{A}=\begin{pmatrix}2 & -2 & 0\\ -2 & 1 & -2\\ 0 & -2 & 0\end{pmatrix},\ \boldsymbol{X}=\begin{pmatrix}x_1\\ x_2\\ x_3\end{pmatrix}.$$

经计算可得：$\boldsymbol{A}$ 的特征值为 $-2,4,1$，同时可得正交矩阵 $\boldsymbol{T}=\dfrac{1}{3}\begin{pmatrix}1 & 2 & 2\\ 2 & -2 & 1\\ 2 & 1 & -2\end{pmatrix}$，使得

$$\boldsymbol{T}^{\mathrm{T}}\boldsymbol{AT}=\begin{pmatrix}-2 & & \\ & 4 & \\ & & 1\end{pmatrix}=\boldsymbol{\Lambda}.$$

经正交变换 $\boldsymbol{X}=\boldsymbol{TY}$，二次曲面方程化为 $\boldsymbol{Y}^{\mathrm{T}}\boldsymbol{\Lambda Y}=4$，即 $-2y_1^2+4y_2^2+y_3^2=4$，于是二次曲面的标准方程为

$$-\frac{y_1^2}{2}+y_2^2+\frac{y_3^2}{4}=1,$$

故此二次曲面为单叶双曲面.

小　结

一、基本概念

1. 二次型的（系数）矩阵，矩阵表达式，二次型的秩.

2. 矩阵的合同，二次型的标准形.

3. 二次型的规范形，正惯性指数.

4. 正定二次型，正定矩阵.

二、基本结论与方法

1. 二次型 $f(x_1,x_2,\cdots,x_n)=\boldsymbol{X}^{\mathrm{T}}\boldsymbol{AX}$ 经可逆线性变换 $\boldsymbol{X}=\boldsymbol{CY}$，得新的二次型的矩阵 $\boldsymbol{B}$ 与原二次型的矩阵 $\boldsymbol{A}$ 合同，即 $\boldsymbol{B}=\boldsymbol{C}^{\mathrm{T}}\boldsymbol{AC}$.

2．对于二次型 $f(x_1,x_2,\cdots,x_n)=\boldsymbol{X}^{\mathrm{T}}\boldsymbol{A}\boldsymbol{X}$，必存在正交变换 $\boldsymbol{X}=\boldsymbol{T}\boldsymbol{Y}$，使得

$$f=\lambda_1 y_1^2+\lambda_2 y_2^2+\cdots+\lambda_n y_n^2 .$$

也存在可逆线性变换 $\boldsymbol{X}=\boldsymbol{C}\boldsymbol{Z}$，将它化为规范形：

$$f=z_1^2+z_2^2+\cdots+z_p^2-z_{p+1}^2-\cdots-z_r^2 ,$$

其中 $0\leqslant p\leqslant r\leqslant n$，正惯性指数 p 和 r 由 $\boldsymbol{A}$ 唯一确定，且 $r=r(\boldsymbol{A})=\boldsymbol{A}$ 的非零特征值的个数，$p=\boldsymbol{A}$ 的正特征值的个数.

3．n 元二次型 $f=\boldsymbol{X}^{\mathrm{T}}\boldsymbol{A}\boldsymbol{X}$ 正定 $\Leftrightarrow$ 对任意非零 $\boldsymbol{X}\in\mathbf{R}^n$，恒有 $f=\boldsymbol{X}^{\mathrm{T}}\boldsymbol{A}\boldsymbol{X}>0$.

$\Leftrightarrow$ 正惯性指数 $p=n$.

$\Leftrightarrow$ 它的规范形为 $f=z_1^2+z_2^2+\cdots+z_n^2$.

$\Leftrightarrow$ 二次型的矩阵 $\boldsymbol{A}$ 的特征值全大于零.

$\Leftrightarrow$ $\boldsymbol{A}$ 的顺序主子式全大于零.

4．若二次型 $f=\boldsymbol{X}^{\mathrm{T}}\boldsymbol{A}\boldsymbol{X}$ 正定，则它的平方项的系数 a_{ii} 必大于零.

5．实对称矩阵 $\boldsymbol{A}$ 正定 $\Leftrightarrow$ 它对应的二次型 $f=\boldsymbol{X}^{\mathrm{T}}\boldsymbol{A}\boldsymbol{X}$ 正定.

$\Leftrightarrow$ 存在可逆矩阵 $\boldsymbol{C}$，使 $\boldsymbol{C}^{\mathrm{T}}\boldsymbol{A}\boldsymbol{C}=\boldsymbol{I}$，即 $\boldsymbol{A}$ 与 $\boldsymbol{I}$ 合同.

$\Leftrightarrow$ 存在可逆矩阵 $\boldsymbol{D}$，使 $\boldsymbol{A}=\boldsymbol{D}^{\mathrm{T}}\boldsymbol{D}$.

$\Leftrightarrow$ 它的特征值全大于零.

$\Leftrightarrow$ 它的各阶顺序主子式全大于零.

6．判定一个二次型 $f=\boldsymbol{X}^{\mathrm{T}}\boldsymbol{A}\boldsymbol{X}$ 是否正定的方法：

（1）若二次型平方项的系数不全大于零，则不正定.

（2）求出二次型的正惯性指数 p（可用配方法求标准形），若 $p=n$，则正定；否则不正定.

（3）求二次型矩阵的特征值，均为正则正定；否则不正定.

（4）求二次型矩阵的各阶顺序主子式，均大于零则正定；否则不正定.

（5）有些题，特别是证明题，往往用定义来判断二次型是否正定.

（6）判断二次型的矩阵是否为正定矩阵.

三、重点练习内容

1．用正交变换法将二次型化为标准形，并写出所用的正交变换，二次型的标准形和规范形.

2．用配方法将二次型化为标准形，并写出所用的可逆线性变换，二次型的标准形和规范形.

3．判定二次型是否为正定二次型.

习题六

1．下面两式是否是二次型，说明理由.

（1）$x_1^2+3x_2^2+2x_2+x_1x_2$；

（2）$4x_1^2+3x_2+x_1x_2+4$.

2．写出下列二次型的矩阵表达式.

（1） $f(x_1,x_2,x_3)=(ax_1+bx_2+cx_3)^2$；

（2） $f(x_1,x_2,x_3,x_4)=x_1^2+3x_3^2+x_4^2-2x_1x_2+6x_1x_4-4x_2x_3-2x_3x_4$，并求此二次型的秩.

3．用正交变换法化下列二次型为标准形，写出正交变换，标准形及规范形.

（1） $f(x_1,x_2,x_3)=2x_1^2+x_2^2-4x_1x_2-4x_2x_3$；

（2） $f(x_1,x_2,x_3)=2x_1^2+5x_2^2+5x_3^2+4x_1x_2-4x_1x_3-8x_2x_3$；

（3） $f(x_1,x_2,x_3)=2x_1x_2+2x_1x_3-2x_2x_3$.

*4．用配方法化下列二次型为标准形，写出可逆线性变换，标准形及规范形.

（1） $f(x_1,x_2,x_3)=x_1^2+5x_1x_2-3x_2x_3$；

（2） $f(x_1,x_2,x_3)=2x_1^2+4x_2^2+4x_3^2+4x_1x_2-4x_1x_3-8x_2x_3$；

（3） $f(x_1,x_2,x_3,x_4)=x_1x_2+x_2x_3+x_3x_4$.

5．设三阶矩阵 $\boldsymbol{A}=\begin{pmatrix}2&-1&3\\0&-2&-2\\0&1&1\end{pmatrix}$，实对称矩阵 $\boldsymbol{B}$ 与 $\boldsymbol{A}$ 相似，求二次型 $f(x_1,x_2,x_3)=\boldsymbol{X}^{\mathrm{T}}\boldsymbol{B}\boldsymbol{X}$ 的规范形和秩.

*6．证明一个秩为 r 的实对称矩阵可以表示成 r 个秩为 1 的实对称矩阵之和.

7．判断下列二次型是否正定.

（1） $f(x_1,x_2,x_3)=5x_1^2+6x_2^2+4x_3^2-4x_1x_2-4x_2x_3$；

（2） $f(x_1,x_2,x_3)=10x_1^2+2x_2^2+x_3^2+8x_1x_2+24x_1x_3-28x_2x_3$；

（3） $f(x_1,x_2,x_3)=99x_1^2+130x_2^2+71x_3^2-12x_1x_2+48x_1x_3-60x_2x_3$；

（4） $f(x_1,x_2,x_3,x_4)=x_1^2+x_2^2+4x_3^2+7x_4^2+6x_1x_3+4x_1x_4-4x_2x_3+2x_2x_4+4x_3x_4$.

8． t 取何值时，下列二次型是正定的.

（1） $f(x_1,x_2,x_3)=x_1^2+x_2^2+5x_3^2+2tx_1x_2-2x_1x_3+4x_2x_3$；

（2） $f(x_1,x_2,x_3)=2x_1^2+x_2^2+x_3^2+2x_1x_2+tx_2x_3$.

9．证明：如果 n 阶实对称矩阵 $\boldsymbol{A},\boldsymbol{B}$ 都是正定矩阵，则 $\boldsymbol{A}+\boldsymbol{B}$ 也是正定矩阵.

10．证明：若 n 阶实对称矩阵 $\boldsymbol{A}$ 是正定矩阵，则 $\boldsymbol{A}$ 的伴随矩阵 $\boldsymbol{A}^*$ 也是正定矩阵.

11．证明：与一个正定矩阵 $\boldsymbol{A}$ 合同的矩阵仍是正定矩阵.

12．证明：（1）一个正定矩阵 $\boldsymbol{A}$ 的行列式必大于零.

（2）一个正定矩阵主对角线上的元素全大于零.

线性空间与线性变换 第7章

线性空间是线性代数的基本研究对象之一，是向量空间的抽象化．在第 3 章中已经介绍了 n 维向量，定义了向量的加法与数乘运算，讨论了向量空间中向量的线性相关性．本章要将这些概念和运算进行推广，使其更具一般性．当然，推广后的向量和向量空间的概念更加抽象．本章首先给出线性空间的概念与性质，然后介绍基、维数和坐标的概念，以及基变换与坐标变换，最后简单介绍线性变换及线性变换的矩阵表示．

7.1 线性空间的定义与性质

7.1.1 线性空间的基本概念

在引入线性空间概念之前，先看两个例子．

例 1 二维空间中的向量可以按照平行四边形法则相加，也可以与实数相乘，且所得结果仍然是二维空间中的向量．

例 2 在第 3 章中讨论的 n 维向量空间中的向量，可以作加法，也可以作数量乘法，即

$$(a_1,a_2,\cdots,a_n)+(b_1,b_2,\cdots,b_n)=(a_1+b_1,a_2+b_2,\cdots,a_n+b_n),$$

$$\lambda(a_1,a_2,\cdots,a_n)=(\lambda a_1,\lambda a_2,\cdots,\lambda a_n),$$

且所得结果仍然是 n 维向量空间中的向量．

由上面例 1 和例 2 可以看出，虽然问题研究的对象不同，但它们有一个共同点，就是都有加法和数量乘法这两种运算．当然，对象不同，相应运算的定义法则也有所不同，若仅仅从代数运算的运算律上看，它们与有序数组组成的向量运算律并没有本质的区别，所以，就把这些元素统称为“向量”，为了方便研究它们的共同点，引入线性空间的概念．

定义 7.1.1 设 V 是一个非空集合，F 是一个数域，在 V 中定义了两种运算，一种是加法，即对于 V 中的任意两个元素 $\boldsymbol{\alpha}$ 与 $\boldsymbol{\beta}$，在 V 中都有唯一的一个元素 $\boldsymbol{\gamma}$ 与它们对应，称为 $\boldsymbol{\alpha}$ 与 $\boldsymbol{\beta}$ 的**和**，记为 $\boldsymbol{\gamma}=\boldsymbol{\alpha}+\boldsymbol{\beta}$．另一种运算称为**数量乘法**，即对于数域 F 中的任一数 k 和 V 中的任意一个元素 $\boldsymbol{\alpha}$，在 V 中都有唯一的一个元素 $\boldsymbol{\delta}$ 与它对应，称为 k 与 $\boldsymbol{\alpha}$ 的数量乘法（简称数乘），记为 $\boldsymbol{\delta}=k\boldsymbol{\alpha}$．如果这两种运算又满足以下八条运算律：

（1）$\boldsymbol{\alpha}+\boldsymbol{\beta}=\boldsymbol{\beta}+\boldsymbol{\alpha}$；

（2）$(\boldsymbol{\alpha}+\boldsymbol{\beta})+\boldsymbol{\gamma}=\boldsymbol{\alpha}+(\boldsymbol{\beta}+\boldsymbol{\gamma})$；

（3）在 V 中存在零元素 $\mathbf{0}$，对任意的 $\boldsymbol{\alpha}\in V$，都有 $\mathbf{0}+\boldsymbol{\alpha}=\boldsymbol{\alpha}$；

（4）对于 V 中的每一个元素 $\boldsymbol{\alpha}$，在 V 中存在一个元素 $\boldsymbol{\beta}$，使得 $\boldsymbol{\alpha}+\boldsymbol{\beta}=\mathbf{0}$（此时称元素 $\boldsymbol{\beta}$ 为 $\boldsymbol{\alpha}$ 的负元素，记为 $\boldsymbol{\beta}=-\boldsymbol{\alpha}$）；

（5）$1\boldsymbol{\alpha}=\boldsymbol{\alpha}$；

（6）$(kl)\boldsymbol{\alpha}=k(l\boldsymbol{\alpha})$；

（7）$(k+l)\boldsymbol{\alpha}=k\boldsymbol{\alpha}+l\boldsymbol{\alpha}$；

（8）$k(\boldsymbol{\alpha}+\boldsymbol{\beta})=k\boldsymbol{\alpha}+k\boldsymbol{\beta}$.

则称V是数域F上的一个**线性空间**，V中的元素统称为**向量**. 这里$\boldsymbol{\alpha},\boldsymbol{\beta},\boldsymbol{\gamma}$是$V$中的任意元素，而$k,l$是$F$中的任意数.

满足以上八条规律的加法及数乘运算，称为V上的线性运算. 由定义 7.1.1 可以看出$\boldsymbol{\gamma},\boldsymbol{\delta}$仍在集合$V$中，即线性空间对线性运算是封闭的. 反之，若不满足条件，则集合就不能构成一个线性空间. 线性空间中的元素统称为向量，这里向量的概念不仅仅局限于有序数组了，而是在有序数组的基础上抽象化了，可以是矩阵，也可以是多项式等；当然线性空间中的运算也不仅仅局限于通常意义下的加法和数乘运算. 再看一些例子.

例 3 显然n维实向量的全体$\mathbf{R}^n$对于通常向量的加法与数乘是一个线性空间.

例 4 设所有的$m\times n$阶实矩阵组成的集合为$\mathbf{R}^{m\times n}$，按照矩阵的加法和数乘也构成一个线性空间.

例 5 记次数不超过n的多项式的全体为$P(x)_n$，即

$$P(x)_n=\{p=a_nx^n+\cdots+a_1x+a_0\mid a_n,\cdots,a_1,a_0\in\mathbf{R}\},$$

验证它对通常的多项式的加法与数乘运算构成一个线性空间.

证 易知通常的多项式的加法与数乘运算满足八条运算律，且

$$(a_nx^n+\cdots+a_1x+a_0)+(b_nx^n+\cdots+b_1x+b_0)=(a_n+b_n)x^n+\cdots+(a_1+b_1)x+(a_0+b_0)\in P(x)_n,$$

$$\lambda(a_nx^n+\cdots+a_1x+a_0)=(\lambda a_n)x^n+\cdots+(\lambda a_1)x+(\lambda a_0)\in P(x)_n,$$

即$P(x)_n$对线性运算封闭，因此$P(x)_n$构成一个线性空间.

证毕.

例 6 证明所有的n次多项式的全体$Q(x)_n$，即

$$Q(x)_n=\{q=a_nx^n+\cdots+a_1x+a_0\mid a_n,\cdots,a_1,a_0\in\mathbf{R},a_n\neq 0\}$$

对于通常的多项式的加法与数乘运算不能构成一个线性空间.

证 因为$0q=0(a_nx^n+\cdots+a_1x+a_0)=0\notin Q(x)_n$，故$Q(x)_n$对于数乘运算不封闭，因而$Q(x)_n$不能构成一个线性空间.

证毕.

例 7 证明实系数齐次线性方程组$\boldsymbol{AX}=\mathbf{0}$的所有实数解，对于向量的加法和数乘构成一个线性空间，称为方程组的**解空间**. 而一个实系数非齐次线性方程组$\boldsymbol{AX}=\boldsymbol{\beta}$的解集合不构成一个线性空间.

证 为书写方便，记实系数齐次线性方程组$\boldsymbol{AX}=\mathbf{0}$的解集合为$S=\{\boldsymbol{x}\mid\boldsymbol{Ax}=\mathbf{0}\}$，对任意的$\boldsymbol{\eta}_1\in S,\boldsymbol{\eta}_2\in S$，有$\boldsymbol{A\eta}_1=\mathbf{0},\boldsymbol{A\eta}_2=\mathbf{0}$，因此$\boldsymbol{A}(\boldsymbol{\eta}_1+\boldsymbol{\eta}_2)=\boldsymbol{A\eta}_1+\boldsymbol{A\eta}_2=\mathbf{0}$，所以$\boldsymbol{\eta}_1+\boldsymbol{\eta}_2\in S$，即解集合对于加法运算是封闭的. 再设对任意的$k\in\mathbf{R},\boldsymbol{\eta}\in S$，有$\boldsymbol{A}(k\boldsymbol{\eta})=k(\boldsymbol{A\eta})=k\mathbf{0}=\mathbf{0}$，所以$k\boldsymbol{\eta}\in S$，即解集合对于数乘运算也封闭，因而解集合$S=\{\boldsymbol{x}\mid\boldsymbol{Ax}=\mathbf{0}\}$构成一个线性空间.

记实系数非齐次线性方程组$\boldsymbol{AX}=\boldsymbol{\beta}$的解集合为$M=\{\boldsymbol{x}\mid\boldsymbol{Ax}=\boldsymbol{\beta}\}$，对任意的$\boldsymbol{\eta}_1\in M,\boldsymbol{\eta}_2\in M$，有$\boldsymbol{A\eta}_1=\boldsymbol{\beta},\boldsymbol{A\eta}_2=\boldsymbol{\beta}$，因此$\boldsymbol{A}(\boldsymbol{\eta}_1+\boldsymbol{\eta}_2)=\boldsymbol{A\eta}_1+\boldsymbol{A\eta}_2=2\boldsymbol{\beta}$，很显然当$\boldsymbol{\beta}\neq\mathbf{0}$时，$2\boldsymbol{\beta}\neq\boldsymbol{\beta}$，所以$\boldsymbol{\eta}_1+\boldsymbol{\eta}_2\notin M$，即$M$对加法运算不封闭，所以$M$不构成一个线性空间.

证毕.

例 8 定义在闭区间$[a,b]$上的所有实连续函数对于函数的加法和函数与数的乘法构成实数域上

的线性空间.

例 9 正实数的全体，记为 $\mathbf{R}^+$，在其中定义加法和数乘运算为

$$a \oplus b = ab\,(a,b \in \mathbf{R}^+),$$
$$k \circ a = a^k\ (k \in \mathbf{R}, a \in \mathbf{R}^+),$$

验证 $\mathbf{R}^+$ 对上述定义的加法与数乘运算构成一个线性空间.

证 易知 $\mathbf{R}^+$ 对加法与数乘运算封闭，下证满足八条运算律.

（1）$a \oplus b = ab = ba = b \oplus a$；

（2）$(a \oplus b) \oplus c = (ab) \oplus c = (ab)c = a(bc) = a \oplus (b \oplus c)$；

（3）在 $\mathbf{R}^+$ 中存在零元素 1，对任意的 $a \in \mathbf{R}^+$，都有 $a \oplus 1 = a \cdot 1 = a$；

（4）对于 $\forall a \in \mathbf{R}^+$，有负元素 $a^{-1} \in \mathbf{R}^+$，使得 $a \oplus a^{-1} = a \cdot a^{-1} = 1$；

（5）$1 \circ a = a^1 = a$；

（6）$(kl) \circ a = a^{kl} = (a^k)^l = l \circ a^k = k \circ (l \circ a)$；

（7）$(k+l) \circ a = a^{(k+l)} = a^k a^l = a^k \oplus a^l = (k \circ a) \oplus (l \circ a)$；

（8）$k \circ (a \oplus b) = k \circ (ab) = (ab)^k = a^k b^k = a^k \oplus b^k = (k \circ a) \oplus (k \circ b)$.

所以 $\mathbf{R}^+$ 对上述定义的加法与数乘运算构成一个线性空间.

证毕.

例 10 设 $\boldsymbol{\alpha}, \boldsymbol{\beta}$ 为 n 维向量，则集合 $L = \{\boldsymbol{x} = k\boldsymbol{\alpha} + l\boldsymbol{\beta} \mid k, l \in \mathbf{R}\}$ 对向量的加法与向量的数乘构成一个线性空间，称这个线性空间为**由向量 $\boldsymbol{\alpha}, \boldsymbol{\beta}$ 所生成的线性空间**.

一般地，集合 $L = \{\boldsymbol{x} = k_1\boldsymbol{\alpha}_1 + k_2\boldsymbol{\alpha}_2 + \cdots + k_m\boldsymbol{\alpha}_m \mid k_1, k_2, \cdots k_m \in \mathbf{R}\}$ 是一个线性空间，称其为**由向量组 $\boldsymbol{\alpha}_1, \boldsymbol{\alpha}_2, \cdots, \boldsymbol{\alpha}_m$ 所生成的线性空间**，记为 $L(\boldsymbol{\alpha}_1, \boldsymbol{\alpha}_2, \cdots, \boldsymbol{\alpha}_m)$.

7.1.2 线性空间的子空间

定义 7.1.2 设 V 是数域 F 上的一个线性空间，而 W 是 V 的一个非空子集合. 如果 W 对 V 中定义的两种运算也构成数域 F 上的线性空间，则称 W 是 V 的一个**线性子空间**（简称**子空间**）.

由子空间的定义可知，任意一个线性空间 V 都可以看作是它自身的子空间. 由单独一个元素零元素构成的子集 $\{\mathbf{0}\}$ 也是 V 的子空间，称为**零子空间**，零子空间和 V 称为 V 的**平凡子空间**，而其他子空间称为非平凡子空间. 例如，例 7 中实系数齐次线性方程组 $\boldsymbol{AX} = \mathbf{0}$ 的解空间是 n 维实向量 $\mathbf{R}^n$ 的一个子空间.

例 11 在所有的 n 阶实矩阵组成的线性空间 $\mathbf{R}^{n \times n}$ 中，对称矩阵、反对称矩阵、上三角矩阵分别构成它的子空间.

例 12 讨论下列 $\mathbf{R}^n$ 中的子集合是否构成线性子空间.

（1）$L_1 = \{(a_1, 0, \cdots, 0, a_n) | a_1, a_n \in \mathbf{R}\}$；

（2）$L_2 = \{(a_1, a_2, \cdots, a_n) | a_i \in \mathbf{N}\}$.

解 （1）构成子空间.

设 $\boldsymbol{\alpha} = (a_1, 0, \cdots, 0, a_n)$，$\boldsymbol{\beta} = (b_1, 0, \cdots, 0, b_n)$，$\boldsymbol{\alpha}, \boldsymbol{\beta} \in L_1, k \in \mathbf{R}$，则有

$$\boldsymbol{\alpha} + \boldsymbol{\beta} = (a_1 + b_1, 0, \cdots, 0, a_n + b_n) \in L_1,$$
$$k\boldsymbol{\alpha} = (ka_1, 0, \cdots, 0, ka_n) \in L_1.$$

所以 L_1 构成子空间.

（2）不构成子空间.

设 $\boldsymbol{\alpha}=(3,a_2,\cdots,a_n)\in L_2, k=\dfrac{1}{2}\in \mathbf{R}$，则有

$$k\boldsymbol{\alpha}=\left(\frac{3}{2},\frac{a_2}{2},\cdots,\frac{a_n}{2}\right)\notin L_2,$$

即 L_2 对数乘运算不封闭，所以 L_2 不构成子空间.

关于子空间的例子还有很多，这里就不再多讲了，感兴趣的读者可自行阅读一些相关书籍.

7.2 线性空间的基、维数与坐标

本节将介绍线性空间的基、维数及线性空间的坐标.

7.2.1 线性空间的基、维数

在 7.1 节，我们知道了线性空间概念实际上是对 n 维向量空间概念的进一步概括、抽象和推广. 在第 3 章中，我们对 n 维向量空间也作了较多的研究，介绍了线性组合、线性表示、等价、线性相关、线性无关、极大线性无关组、秩等概念，并得到了一系列的结论. 在不涉及 n 元有序数组的具体表示时，所有这些概念和结论及论证的方法在一般的线性空间中都成立，以后将直接使用，不再列出.

定义 7.2.1 设 V 是一个线性空间，$\boldsymbol{\alpha}_1,\boldsymbol{\alpha}_2,\cdots,\boldsymbol{\alpha}_r$ 是 V 中的 r 个向量，如果 $\boldsymbol{\alpha}_1,\boldsymbol{\alpha}_2,\cdots,\boldsymbol{\alpha}_r$ 满足：

（1）$\boldsymbol{\alpha}_1,\boldsymbol{\alpha}_2,\cdots,\boldsymbol{\alpha}_r$ 线性无关；

（2）V 中的任一向量都能由 $\boldsymbol{\alpha}_1,\boldsymbol{\alpha}_2,\cdots,\boldsymbol{\alpha}_r$ 线性表示，

则称向量组 $\boldsymbol{\alpha}_1,\boldsymbol{\alpha}_2,\cdots,\boldsymbol{\alpha}_r$ 为线性空间 V 的一组**基**，称数 r 为线性空间 V 的**维数**，记作 $\dim V=r$，并称 V 为 r **维线性空间**. 此时也称 V 是**有限维线性空间**，否则称 V 是**无限维线性空间**. 有限维线性空间和无限维线性空间在研究方法上有很大的差别，以后只讨论有限维线性空间.

若向量组 $\boldsymbol{\alpha}_1,\boldsymbol{\alpha}_2,\cdots,\boldsymbol{\alpha}_r$ 为线性空间 V 的一组基，且 $\boldsymbol{\alpha}_1,\boldsymbol{\alpha}_2,\cdots,\boldsymbol{\alpha}_r$ 均为两两正交的单位向量，则称 $\boldsymbol{\alpha}_1,\boldsymbol{\alpha}_2,\cdots,\boldsymbol{\alpha}_r$ 为线性空间 V 的一组**标准正交基**. 注意到，若把线性空间 V 看作是一个向量组，则由极大线性无关组的等价定义可知，V 的基就是向量组的极大线性无关组，V 的维数就是向量组的秩，因此 V 的维数是唯一确定的，但基一般不唯一.

注意：零空间只含有一个零向量，没有基，规定其维数为 0.

例 1 确定由 n 维实向量的全体构成的线性空间 $\mathbf{R}^n$ 的一组基和维数.

解 在 n 维实向量的全体构成的线性空间 $\mathbf{R}^n$ 中，取 n 维基本向量组

$$\boldsymbol{\varepsilon}_1=\begin{pmatrix}1\\0\\\vdots\\0\end{pmatrix},\boldsymbol{\varepsilon}_2=\begin{pmatrix}0\\1\\\vdots\\0\end{pmatrix},\cdots,\boldsymbol{\varepsilon}_n=\begin{pmatrix}0\\0\\\vdots\\1\end{pmatrix}.$$

对任意实数 $k_1,k_2,\cdots,k_n$，若 $k_1\boldsymbol{\varepsilon}_1+k_2\boldsymbol{\varepsilon}_2+\cdots+k_n\boldsymbol{\varepsilon}_n=\mathbf{0}$，有 $k_1\boldsymbol{\varepsilon}_1+k_2\boldsymbol{\varepsilon}_2+\cdots+k_n\boldsymbol{\varepsilon}_n=(k_1,k_2,\cdots,k_n)^{\mathrm{T}}=\mathbf{0}$，则有 $k_1=k_2=\cdots=k_n=0$，故 $\boldsymbol{\varepsilon}_1,\boldsymbol{\varepsilon}_2,\cdots,\boldsymbol{\varepsilon}_n$ 线性无关. 且对任意的向量 $\boldsymbol{\alpha}=(a_1,a_2,\cdots,a_n)^{\mathrm{T}}\in\mathbf{R}^n$，有 $\boldsymbol{\alpha}=a_1\boldsymbol{\varepsilon}_1+a_2\boldsymbol{\varepsilon}_2+\cdots+$

$a_n\boldsymbol{\varepsilon}_n$，所以 $\boldsymbol{\varepsilon}_1,\boldsymbol{\varepsilon}_2,\cdots,\boldsymbol{\varepsilon}_n$ 是 $\mathbf{R}^n$ 的一组基．由向量内积的定义可知

$$(\boldsymbol{\varepsilon}_i,\boldsymbol{\varepsilon}_j)=\begin{cases}0 & i\neq j,\\ 1 & i=j,\end{cases}\quad i,j=1,2,\cdots,n,$$

所以 $\boldsymbol{\varepsilon}_1,\boldsymbol{\varepsilon}_2,\cdots,\boldsymbol{\varepsilon}_n$ 是 $\mathbf{R}^n$ 的一组标准正交基，以后称 $\boldsymbol{\varepsilon}_1,\boldsymbol{\varepsilon}_2,\cdots,\boldsymbol{\varepsilon}_n$ 为 n 维实向量空间 $\mathbf{R}^n$ 的**自然基**．由此可知 $\mathbf{R}^n$ 的维数为 n．以后 $\mathbf{R}^n$ 简称为 **n 维实向量空间**．

例 2　由第 7.1 节例 4 可知所有的二阶实矩阵组成的集合 $\mathbf{R}^{2\times2}$，按照矩阵的加法和数乘构成一个线性空间，试求出 $\mathbf{R}^{2\times2}$ 的一组基和维数．

解　取 $\mathbf{R}^{2\times2}$ 中的矩阵

$$\boldsymbol{E}_{11}=\begin{pmatrix}1&0\\0&0\end{pmatrix},\boldsymbol{E}_{12}=\begin{pmatrix}0&1\\0&0\end{pmatrix},\boldsymbol{E}_{21}=\begin{pmatrix}0&0\\1&0\end{pmatrix},\boldsymbol{E}_{22}=\begin{pmatrix}0&0\\0&1\end{pmatrix},$$

有

$$k_1\boldsymbol{E}_{11}+k_2\boldsymbol{E}_{12}+k_3\boldsymbol{E}_{21}+k_4\boldsymbol{E}_{22}=\begin{pmatrix}k_1&k_2\\k_3&k_4\end{pmatrix},$$

因此

$$k_1\boldsymbol{E}_{11}+k_2\boldsymbol{E}_{12}+k_3\boldsymbol{E}_{21}+k_4\boldsymbol{E}_{22}=\boldsymbol{O}=\begin{pmatrix}0&0\\0&0\end{pmatrix}\Leftrightarrow k_1=k_2=k_3=k_4=0,$$

即 $\boldsymbol{E}_{11},\boldsymbol{E}_{12},\boldsymbol{E}_{21},\boldsymbol{E}_{22}$ 线性无关．对任意的二阶实矩阵 $\boldsymbol{A}=\begin{pmatrix}a_{11}&a_{12}\\a_{21}&a_{22}\end{pmatrix}\in\mathbf{R}^{2\times2}$，有

$$\boldsymbol{A}=a_{11}\boldsymbol{E}_{11}+a_{12}\boldsymbol{E}_{12}+a_{21}\boldsymbol{E}_{21}+a_{22}\boldsymbol{E}_{22},$$

从而 $\boldsymbol{E}_{11},\boldsymbol{E}_{12},\boldsymbol{E}_{21},\boldsymbol{E}_{22}$ 是 $\mathbf{R}^{2\times2}$ 的一组基，且 $\dim\mathbf{R}^{2\times2}=4$．

例 3　由 7.1 节例 5 可知次数不超过 n 的多项式的全体为 $P(x)_n$，即

$$P(x)_n=\{p=a_nx^n+\cdots+a_1x+a_0\mid a_n,\cdots,a_1,a_0\in\mathbf{R}\},$$

对通常的多项式的加法与数乘运算构成一个线性空间．写出该线性空间的一组基和维数．

解　在此线性空间中，$e_0=1,e_1=x,e_2=x^2,\cdots,e_n=x^n$ 是 $n+1$ 个线性无关的向量，$P(x)_n$ 中任意一个次数不超过 n 的多项式 $p(x)=a_nx^n+\cdots+a_1x+a_0$ 均可被它们线性表示出来，因此 $e_0=1,e_1=x,e_2=x^2,\cdots,e_n=x^n$ 是 $P(x)_n$ 的一组基，且 $P(x)_n$ 的维数是 $n+1$．

例 4　确定由向量组 $\boldsymbol{\alpha}_1,\boldsymbol{\alpha}_2,\cdots,\boldsymbol{\alpha}_m$ 所生成的线性空间

$$L=\{\boldsymbol{x}=k_1\boldsymbol{\alpha}_1+k_2\boldsymbol{\alpha}_2+\cdots+k_m\boldsymbol{\alpha}_m\,|\,k_1,k_2,\cdots,k_m\in\mathbf{R}\}$$

的一组基和维数．

解　设 $\boldsymbol{\beta}_1,\boldsymbol{\beta}_2,\cdots,\boldsymbol{\beta}_r$ 是向量组 $\boldsymbol{\alpha}_1,\boldsymbol{\alpha}_2,\cdots,\boldsymbol{\alpha}_m$ 的一个极大线性无关组，因为线性空间 L 的任意向量均可由 $\boldsymbol{\alpha}_1,\boldsymbol{\alpha}_2,\cdots,\boldsymbol{\alpha}_m$ 线性表示，从而可以由 $\boldsymbol{\beta}_1,\boldsymbol{\beta}_2,\cdots,\boldsymbol{\beta}_r$ 线性表示，所以向量组 $\boldsymbol{\beta}_1,\boldsymbol{\beta}_2,\cdots,\boldsymbol{\beta}_r$ 就是 L 的一组基，r 就是 L 的维数．

由基的定义，如果向量组 $\boldsymbol{\alpha}_1,\boldsymbol{\alpha}_2,\cdots,\boldsymbol{\alpha}_r$ 是线性空间 V 的一组基，则 V 中任一个向量都可由 $\boldsymbol{\alpha}_1,\boldsymbol{\alpha}_2,\cdots,\boldsymbol{\alpha}_r$ 线性表示，从而 V 可以表示为

$$V=\{\boldsymbol{x}=k_1\boldsymbol{\alpha}_1+k_2\boldsymbol{\alpha}_2+\cdots+k_r\boldsymbol{\alpha}_r\,|\,k_1,k_2,\cdots,k_r\in\mathbf{R}\},$$

即 V 是基 $\boldsymbol{\alpha}_1,\boldsymbol{\alpha}_2,\cdots,\boldsymbol{\alpha}_r$ 所生成的线性空间，这就比较清晰地给出了线性空间 V 的构造．例如，对实系数齐次线性方程组的解空间 $S=\{\boldsymbol{x}\mid\boldsymbol{A}\boldsymbol{x}=\boldsymbol{0}\}$，由第 4 章知识可知，基础解系 $\boldsymbol{\eta}_1,\boldsymbol{\eta}_2,\cdots,\boldsymbol{\eta}_{n-r}$ 是解空间的一组基，并且

$$S=\{\boldsymbol{x}=k_1\boldsymbol{\eta}_1+k_2\boldsymbol{\eta}_2+\cdots+k_{n-r}\boldsymbol{\eta}_{n-r}\,|\,k_1,k_2,\cdots,k_{n-r}\in\mathbf{R}\},$$

也就是说解空间 $S=\{\boldsymbol{x}\mid \boldsymbol{A}\boldsymbol{x}=\boldsymbol{0}\}$ 可以看作是由基础解系 $\boldsymbol{\eta}_1,\boldsymbol{\eta}_2,\cdots,\boldsymbol{\eta}_{n-r}$ 所生成的线性空间.

7.2.2 线性空间的坐标

如果向量组 $\boldsymbol{\alpha}_1,\boldsymbol{\alpha}_2,\cdots,\boldsymbol{\alpha}_r$ 是线性空间 V 的一组基，则 V 中的任一向量均可由 $\boldsymbol{\alpha}_1,\boldsymbol{\alpha}_2,\cdots,\boldsymbol{\alpha}_r$ 线性表示出来，那么线性表示出来的方法是否是唯一的呢？

对任意的 $\boldsymbol{\alpha}\in V$，设有两种线性表示的方法：

$$\boldsymbol{\alpha}=k_1\boldsymbol{\alpha}_1+k_2\boldsymbol{\alpha}_2+\cdots+k_r\boldsymbol{\alpha}_r,$$
$$\boldsymbol{\alpha}=l_1\boldsymbol{\alpha}_1+l_2\boldsymbol{\alpha}_2+\cdots+l_r\boldsymbol{\alpha}_r,$$

则有

$$k_1\boldsymbol{\alpha}_1+k_2\boldsymbol{\alpha}_2+\cdots+k_r\boldsymbol{\alpha}_r=l_1\boldsymbol{\alpha}_1+l_2\boldsymbol{\alpha}_2+\cdots+l_r\boldsymbol{\alpha}_r,$$

移项整理得

$$(k_1-l_1)\boldsymbol{\alpha}_1+(k_2-l_2)\boldsymbol{\alpha}_2+\cdots+(k_r-l_r)\boldsymbol{\alpha}_r=\boldsymbol{0},$$

又因为 $\boldsymbol{\alpha}_1,\boldsymbol{\alpha}_2,\cdots,\boldsymbol{\alpha}_r$ 是线性空间 V 的一组基，$\boldsymbol{\alpha}_1,\boldsymbol{\alpha}_2,\cdots,\boldsymbol{\alpha}_r$ 是线性无关的，所以

$$k_1=l_1,k_2=l_2,\cdots,k_r=l_r.$$

这说明向量空间中的任意一个向量不仅可以由基向量线性表示，而且表示的方法是唯一的. 这样 V 的元素 $\boldsymbol{\alpha}$ 与有序数组 $(k_1,k_2,\cdots,k_r)^{\mathrm{T}}$ 之间存在着一种一一对应关系，因此可以用有序数组来表示元素 $\boldsymbol{\alpha}$，于是我们有：

定义 7.2.2 设在线性空间 V 中取定一组基 $\boldsymbol{\alpha}_1,\boldsymbol{\alpha}_2,\cdots,\boldsymbol{\alpha}_r$，那么 V 中的任意一个向量 $\boldsymbol{\alpha}$ 都可以唯一地表示为 $\boldsymbol{\alpha}=k_1\boldsymbol{\alpha}_1+k_2\boldsymbol{\alpha}_2+\cdots+k_r\boldsymbol{\alpha}_r$，这个有序数组就称为 $\boldsymbol{\alpha}$ 在 $\boldsymbol{\alpha}_1,\boldsymbol{\alpha}_2,\cdots,\boldsymbol{\alpha}_r$ 这个基下的**坐标**，记为 $(k_1,k_2,\cdots,k_r)^{\mathrm{T}}$.

例如在 $\mathbf{R}^{2\times2}$ 中有向量 $\boldsymbol{A}=\begin{pmatrix}2&3\\1&4\end{pmatrix}$，因为

$$\begin{pmatrix}2&3\\1&4\end{pmatrix}=2\boldsymbol{E}_{11}+3\boldsymbol{E}_{12}+1\boldsymbol{E}_{21}+4\boldsymbol{E}_{22}=(\boldsymbol{E}_{11},\boldsymbol{E}_{12},\boldsymbol{E}_{21},\boldsymbol{E}_{22})\begin{pmatrix}2\\3\\1\\4\end{pmatrix},$$

故该向量在所在基下的坐标为 $(2,3,1,4)^{\mathrm{T}}$.

例 5 在 n 维线性空间 $\mathbf{R}^n$ 中，显然 $\boldsymbol{\varepsilon}_1,\boldsymbol{\varepsilon}_2,\cdots,\boldsymbol{\varepsilon}_n$ 为 $\mathbf{R}^n$ 的一组基，任意向量 $\boldsymbol{\alpha}=(a_1,a_2,\cdots,a_n)^{\mathrm{T}}\in\mathbf{R}^n$ 在自然基 $\boldsymbol{\varepsilon}_1,\boldsymbol{\varepsilon}_2,\cdots,\boldsymbol{\varepsilon}_n$ 下的坐标为 $(a_1,a_2,\cdots,a_n)^{\mathrm{T}}$. 又

$$\boldsymbol{e}_1=\begin{pmatrix}1\\1\\\vdots\\1\end{pmatrix},\boldsymbol{e}_2=\begin{pmatrix}0\\1\\\vdots\\1\end{pmatrix},\cdots,\boldsymbol{e}_n=\begin{pmatrix}0\\0\\\vdots\\1\end{pmatrix}$$

也是线性空间 $\mathbf{R}^n$ 中的 n 个线性无关的向量，从而也是 $\mathbf{R}^n$ 的一组基，对于向量 $\boldsymbol{\alpha}=(a_1,a_2,\cdots,a_n)^{\mathrm{T}}$，有

$$\boldsymbol{\alpha}=a_1\boldsymbol{e}_1+(a_2-a_1)\boldsymbol{e}_2+\cdots+(a_n-a_{n-1})\boldsymbol{e}_n,$$

因此 $\boldsymbol{\alpha}$ 在基 $\boldsymbol{e}_1,\boldsymbol{e}_2,\cdots,\boldsymbol{e}_n$ 下的坐标为 $(a_1,a_2-a_1,\cdots,a_n-a_{n-1})$.

例 6 设有向量

$$\boldsymbol{\alpha}_1=\begin{pmatrix}2\\2\\-1\end{pmatrix},\boldsymbol{\alpha}_2=\begin{pmatrix}2\\-1\\2\end{pmatrix},\boldsymbol{\alpha}_3=\begin{pmatrix}-1\\2\\2\end{pmatrix},\boldsymbol{b}_1=\begin{pmatrix}1\\0\\-4\end{pmatrix},\boldsymbol{b}_2=\begin{pmatrix}4\\3\\2\end{pmatrix},$$

验证 $\boldsymbol{\alpha}_1,\boldsymbol{\alpha}_2,\boldsymbol{\alpha}_3$ 是 $\mathbf{R}^3$ 的一组基，并求 $\boldsymbol{b}_1,\boldsymbol{b}_2$ 在该组基下的坐标.

解 要验证 $\boldsymbol{\alpha}_1,\boldsymbol{\alpha}_2,\boldsymbol{\alpha}_3$ 是 $\mathbf{R}^3$ 的一组基，只要证明 $\boldsymbol{\alpha}_1,\boldsymbol{\alpha}_2,\boldsymbol{\alpha}_3$ 线性无关. 考虑矩阵

$$\boldsymbol{A}=(\boldsymbol{\alpha}_1,\boldsymbol{\alpha}_2,\boldsymbol{\alpha}_3)=\begin{pmatrix}2&2&-1\\2&-1&2\\-1&2&2\end{pmatrix},$$

因为

$$|\boldsymbol{A}|=\begin{vmatrix}2&2&-1\\2&-1&2\\-1&2&2\end{vmatrix}=-27\neq 0,$$

因此由第 3 章的知识可知 $\boldsymbol{\alpha}_1,\boldsymbol{\alpha}_2,\boldsymbol{\alpha}_3$ 线性无关，对于任意一个 $\boldsymbol{x}\in\mathbf{R}^3$，可由 $\boldsymbol{\alpha}_1,\boldsymbol{\alpha}_2,\boldsymbol{\alpha}_3$ 线性表示，因此 $\boldsymbol{\alpha}_1,\boldsymbol{\alpha}_2,\boldsymbol{\alpha}_3$ 是 $\mathbf{R}^3$ 的一组基.

设 $\boldsymbol{b}_1=x_{11}\boldsymbol{\alpha}_1+x_{21}\boldsymbol{\alpha}_2+x_{31}\boldsymbol{\alpha}_3,\boldsymbol{b}_2=x_{12}\boldsymbol{\alpha}_1+x_{22}\boldsymbol{\alpha}_2+x_{32}\boldsymbol{\alpha}_3$，即有

$$(\boldsymbol{b}_1,\boldsymbol{b}_2)=(\boldsymbol{\alpha}_1,\boldsymbol{\alpha}_2,\boldsymbol{\alpha}_3)\begin{pmatrix}x_{11}&x_{12}\\x_{21}&x_{22}\\x_{31}&x_{32}\end{pmatrix},$$

按矩阵记法，记 $\boldsymbol{B}=\boldsymbol{AX}$，则 $\boldsymbol{X}=\boldsymbol{A}^{-1}\boldsymbol{B}$，下面来求这个矩阵方程的解.

$$(\boldsymbol{A}\,\vdots\,\boldsymbol{B})=\left(\begin{array}{ccc:cc}2&2&-1&1&4\\2&-1&2&0&3\\-1&2&2&-4&2\end{array}\right)\to\left(\begin{array}{ccc:cc}1&1&1&-1&3\\0&-3&0&2&-3\\0&3&3&-5&5\end{array}\right)$$

$$\to\left(\begin{array}{ccc:cc}1&1&1&-1&3\\0&1&0&-\frac{2}{3}&1\\0&1&1&-\frac{5}{3}&\frac{5}{3}\end{array}\right)\to\left(\begin{array}{ccc:cc}1&0&0&\frac{2}{3}&\frac{4}{2}\\0&1&0&-\frac{2}{3}&1\\0&0&1&-1&\frac{2}{3}\end{array}\right),$$

因此

$$\boldsymbol{X}=\begin{pmatrix}\frac{2}{3}&\frac{4}{3}\\-\frac{2}{3}&1\\-1&\frac{2}{3}\end{pmatrix},$$

即 $\boldsymbol{b}_1,\boldsymbol{b}_2$ 在这组基下的坐标分别为 $\left(\frac{2}{3},-\frac{2}{3},-1\right)^{\mathrm{T}}$ 和 $\left(\frac{4}{3},1,\frac{2}{3}\right)^{\mathrm{T}}$.

7.3 基变换与坐标变换

本节讨论线性空间的基变换与坐标变换，并给出相应的变换公式.

在 n 维线性空间 V 中，任意 n 个线性无关的向量都可以作为 V 的一组基，对于不同的基，同一个向量的坐标是不同的，如 7.2 节例 5. 那么基的改变与向量的坐标之间有什么关系呢？为此，我们先考虑基与基的关系.

定义 7.3.1 设 $\boldsymbol{\alpha}_1,\boldsymbol{\alpha}_2,\cdots,\boldsymbol{\alpha}_n$ 与 $\boldsymbol{\beta}_1,\boldsymbol{\beta}_2,\cdots,\boldsymbol{\beta}_n$ 是 n 维线性空间 V 的两组基，则它们是等价的，即可以互相线性表示．设

$$\begin{cases}\boldsymbol{\beta}_1 = a_{11}\boldsymbol{\alpha}_1 + a_{21}\boldsymbol{\alpha}_2 + \cdots + a_{n1}\boldsymbol{\alpha}_n, \\ \boldsymbol{\beta}_2 = a_{12}\boldsymbol{\alpha}_1 + a_{22}\boldsymbol{\alpha}_2 + \cdots + a_{n2}\boldsymbol{\alpha}_n, \\ \qquad\cdots\cdots \\ \boldsymbol{\beta}_n = a_{1n}\boldsymbol{\alpha}_1 + a_{2n}\boldsymbol{\alpha}_2 + \cdots + a_{nn}\boldsymbol{\alpha}_n,\end{cases}$$

则根据分块矩阵的乘法，上式可以表示为

$$(\boldsymbol{\beta}_1,\boldsymbol{\beta}_2,\cdots,\boldsymbol{\beta}_n) = (\boldsymbol{\alpha}_1,\boldsymbol{\alpha}_2,\cdots,\boldsymbol{\alpha}_n)\begin{pmatrix} a_{11} & a_{12} & \cdots & a_{1n} \\ a_{21} & a_{22} & \cdots & a_{2n} \\ \vdots & \vdots & & \vdots \\ a_{n1} & a_{n2} & \cdots & a_{nn} \end{pmatrix}. \tag{7.3.1}$$

简记为 $(\boldsymbol{\beta}_1,\boldsymbol{\beta}_2,\cdots,\boldsymbol{\beta}_n)=(\boldsymbol{\alpha}_1,\boldsymbol{\alpha}_2,\cdots,\boldsymbol{\alpha}_n)\boldsymbol{A}$，其中 $\boldsymbol{A}=(a_{ij})_{n\times n}$ 称为由基 $\boldsymbol{\alpha}_1,\boldsymbol{\alpha}_2,\cdots,\boldsymbol{\alpha}_n$ 到基 $\boldsymbol{\beta}_1,\boldsymbol{\beta}_2,\cdots,\boldsymbol{\beta}_n$ 的**过渡矩阵**，$\boldsymbol{A}$ 的每一列元素分别是基 $\boldsymbol{\beta}_1,\boldsymbol{\beta}_2,\cdots,\boldsymbol{\beta}_n$ 在基 $\boldsymbol{\alpha}_1,\boldsymbol{\alpha}_2,\cdots,\boldsymbol{\alpha}_n$ 下的坐标，式（7.3.1）称为**基变换公式**.

设 $\boldsymbol{\alpha}\in V$ 在基 $\boldsymbol{\alpha}_1,\boldsymbol{\alpha}_2,\cdots,\boldsymbol{\alpha}_n$ 和基 $\boldsymbol{\beta}_1,\boldsymbol{\beta}_2,\cdots,\boldsymbol{\beta}_n$ 下的坐标分别为 $(x_1,x_2,\cdots,x_n)^{\mathrm{T}}$ 和 $(y_1,y_2,\cdots,y_n)^{\mathrm{T}}$，即

$$\boldsymbol{\alpha} = x_1\boldsymbol{\alpha}_1 + x_2\boldsymbol{\alpha}_2 + \cdots + x_n\boldsymbol{\alpha}_n = y_1\boldsymbol{\beta}_1 + y_2\boldsymbol{\beta}_2 + \cdots + y_n\boldsymbol{\beta}_n,$$

也可以记为

$$\boldsymbol{\alpha} = (\boldsymbol{\alpha}_1,\boldsymbol{\alpha}_2,\cdots,\boldsymbol{\alpha}_n)\begin{pmatrix} x_1 \\ x_2 \\ \vdots \\ x_n \end{pmatrix} = (\boldsymbol{\beta}_1,\boldsymbol{\beta}_2,\cdots,\boldsymbol{\beta}_n)\begin{pmatrix} y_1 \\ y_2 \\ \vdots \\ y_n \end{pmatrix}.$$

从而有如下定理.

定理 7.3.1 设 $\boldsymbol{\alpha}_1,\boldsymbol{\alpha}_2,\cdots,\boldsymbol{\alpha}_n$ 与 $\boldsymbol{\beta}_1,\boldsymbol{\beta}_2,\cdots,\boldsymbol{\beta}_n$ 是 n 维线性空间 V 的两组基，由基 $\boldsymbol{\alpha}_1,\boldsymbol{\alpha}_2,\cdots,\boldsymbol{\alpha}_n$ 到 $\boldsymbol{\beta}_1,\boldsymbol{\beta}_2,\cdots,\boldsymbol{\beta}_n$ 的过渡矩阵为 $\boldsymbol{A}$，则 $\boldsymbol{A}$ 为可逆矩阵，如果 $\boldsymbol{\alpha}\in V$ 在基 $\boldsymbol{\alpha}_1,\boldsymbol{\alpha}_2,\cdots,\boldsymbol{\alpha}_n$ 和基 $\boldsymbol{\beta}_1,\boldsymbol{\beta}_2,\cdots,\boldsymbol{\beta}_n$ 下的坐标分别为 $(x_1,x_2,\cdots,x_n)^{\mathrm{T}}$ 和 $(y_1,y_2,\cdots,y_n)^{\mathrm{T}}$，那么

$$\begin{pmatrix} x_1 \\ x_2 \\ \vdots \\ x_n \end{pmatrix} = \begin{pmatrix} a_{11} & a_{12} & \cdots & a_{1n} \\ a_{21} & a_{22} & \cdots & a_{2n} \\ \vdots & \vdots & & \vdots \\ a_{n1} & a_{n2} & \cdots & a_{nn} \end{pmatrix}\begin{pmatrix} y_1 \\ y_2 \\ \vdots \\ y_n \end{pmatrix}.$$

证 考虑以过渡矩阵 $\boldsymbol{A}$ 为系数矩阵的 n 元齐次线性方程组 $\boldsymbol{AX}=\boldsymbol{0}$，设 $\boldsymbol{x}=(k_1,k_2,\cdots,k_n)^{\mathrm{T}}$ 为该方程组的任意一个解，则

$$k_1\boldsymbol{\beta}_1 + k_2\boldsymbol{\beta}_2 + \cdots + k_n\boldsymbol{\beta}_n = (\boldsymbol{\beta}_1,\boldsymbol{\beta}_2,\cdots,\boldsymbol{\beta}_n)\begin{pmatrix} k_1 \\ k_2 \\ \vdots \\ k_n \end{pmatrix} = (\boldsymbol{\alpha}_1,\boldsymbol{\alpha}_2,\cdots,\boldsymbol{\alpha}_n)\boldsymbol{A}\boldsymbol{x} = \boldsymbol{0}.$$

又因为 $\boldsymbol{\beta}_1,\boldsymbol{\beta}_2,\cdots,\boldsymbol{\beta}_n$ 线性无关，所以得

$$k_1 = k_2 = \cdots = k_n = 0,$$

说明齐次线性方程组 $\boldsymbol{AX} = \boldsymbol{0}$ 仅有全零解，从而 $|\boldsymbol{A}| \neq 0$，所以 $\boldsymbol{A}$ 可逆.

又由

$$\boldsymbol{\alpha} = (\boldsymbol{\alpha}_1, \boldsymbol{\alpha}_2, \cdots, \boldsymbol{\alpha}_n)\begin{pmatrix} x_1 \\ x_2 \\ \vdots \\ x_n \end{pmatrix} = (\boldsymbol{\beta}_1, \boldsymbol{\beta}_2, \cdots, \boldsymbol{\beta}_n)\begin{pmatrix} y_1 \\ y_2 \\ \vdots \\ y_n \end{pmatrix}$$

$$= (\boldsymbol{\alpha}_1, \boldsymbol{\alpha}_2, \cdots, \boldsymbol{\alpha}_n)\begin{pmatrix} a_{11} & a_{12} & \cdots & a_{1n} \\ a_{21} & a_{22} & \cdots & a_{2n} \\ \vdots & \vdots & & \vdots \\ a_{n1} & a_{n2} & \cdots & a_{nn} \end{pmatrix}\begin{pmatrix} y_1 \\ y_2 \\ \vdots \\ y_n \end{pmatrix},$$

且向量在一组基下的坐标是唯一的，故必有

$$\begin{pmatrix} x_1 \\ x_2 \\ \vdots \\ x_n \end{pmatrix} = \begin{pmatrix} a_{11} & a_{12} & \cdots & a_{1n} \\ a_{21} & a_{22} & \cdots & a_{2n} \\ \vdots & \vdots & & \vdots \\ a_{n1} & a_{n2} & \cdots & a_{nn} \end{pmatrix}\begin{pmatrix} y_1 \\ y_2 \\ \vdots \\ y_n \end{pmatrix}, \tag{7.3.2}$$

或者

$$\begin{pmatrix} y_1 \\ y_2 \\ \vdots \\ y_n \end{pmatrix} = \begin{pmatrix} a_{11} & a_{12} & \cdots & a_{1n} \\ a_{21} & a_{22} & \cdots & a_{2n} \\ \vdots & \vdots & & \vdots \\ a_{n1} & a_{n2} & \cdots & a_{nn} \end{pmatrix}^{-1}\begin{pmatrix} x_1 \\ x_2 \\ \vdots \\ x_n \end{pmatrix}. \tag{7.3.3}$$

证毕.

称式（7.3.2）或式（7.3.3）为**坐标变换公式**.

利用两组基之间的过渡矩阵 $\boldsymbol{A}$ 可逆这个性质，如果已知 V 的一组基 $\boldsymbol{\alpha}_1, \boldsymbol{\alpha}_2, \cdots, \boldsymbol{\alpha}_n$ 和一个 n 阶可逆矩阵 $\boldsymbol{A}$，由基变换公式就可以构造出 V 的另外一组基 $\boldsymbol{\beta}_1, \boldsymbol{\beta}_2, \cdots, \boldsymbol{\beta}_n$，并且使已知的可逆矩阵 $\boldsymbol{A}$ 成为这两组基之间的过渡矩阵.

例 1 设 $\boldsymbol{\alpha}_1, \boldsymbol{\alpha}_2, \boldsymbol{\alpha}_3$ 与 $\boldsymbol{\beta}_1, \boldsymbol{\beta}_2, \boldsymbol{\beta}_3$ 是 $\mathbf{R}^3$ 的两组基，且基 $\boldsymbol{\alpha}_1, \boldsymbol{\alpha}_2, \boldsymbol{\alpha}_3$ 到基 $\boldsymbol{\beta}_1, \boldsymbol{\beta}_2, \boldsymbol{\beta}_3$ 的过渡矩阵为

$$\boldsymbol{A} = \begin{pmatrix} 1 & -1 & 0 \\ 0 & 1 & -1 \\ 0 & 0 & 1 \end{pmatrix}.$$

（1）求由基 $\boldsymbol{\beta}_1, \boldsymbol{\beta}_2, \boldsymbol{\beta}_3$ 到 $\boldsymbol{\alpha}_1, \boldsymbol{\alpha}_2, \boldsymbol{\alpha}_3$ 的过渡矩阵 $\boldsymbol{B}$；

（2）若 $\boldsymbol{\alpha}_1 = (2,-1,3)^{\mathrm{T}}$，$\boldsymbol{\alpha}_2 = (-1,1,-1)^{\mathrm{T}}$，$\boldsymbol{\alpha}_3 = (1,2,0)^{\mathrm{T}}$，求 $\boldsymbol{\beta}_1, \boldsymbol{\beta}_2, \boldsymbol{\beta}_3$；

（3）若 $\boldsymbol{\beta}_1 = (2,-1,3)^{\mathrm{T}}$，$\boldsymbol{\beta}_2 = (-1,1,-1)^{\mathrm{T}}$，$\boldsymbol{\beta}_3 = (1,2,0)^{\mathrm{T}}$，求 $\boldsymbol{\alpha}_1, \boldsymbol{\alpha}_2, \boldsymbol{\alpha}_3$.

解 （1）因为基 $\boldsymbol{\alpha}_1, \boldsymbol{\alpha}_2, \boldsymbol{\alpha}_3$ 到基 $\boldsymbol{\beta}_1, \boldsymbol{\beta}_2, \boldsymbol{\beta}_3$ 的过渡矩阵为 $\boldsymbol{A} = \begin{pmatrix} 1 & -1 & 0 \\ 0 & 1 & -1 \\ 0 & 0 & 1 \end{pmatrix}$，即

$$(\boldsymbol{\beta}_1, \boldsymbol{\beta}_2, \boldsymbol{\beta}_3) = (\boldsymbol{\alpha}_1, \boldsymbol{\alpha}_2, \boldsymbol{\alpha}_3)\boldsymbol{A},$$

又因为 $\boldsymbol{A}$ 可逆，所以

$$(\boldsymbol{\alpha}_1, \boldsymbol{\alpha}_2, \boldsymbol{\alpha}_3) = (\boldsymbol{\beta}_1, \boldsymbol{\beta}_2, \boldsymbol{\beta}_3)\boldsymbol{A}^{-1},$$

因此

$$B = A^{-1} = \begin{pmatrix} 1 & 1 & 1 \\ 0 & 1 & 1 \\ 0 & 0 & 1 \end{pmatrix}.$$

（2）因为基 $\boldsymbol{\alpha}_1, \boldsymbol{\alpha}_2, \boldsymbol{\alpha}_3$ 到基 $\boldsymbol{\beta}_1, \boldsymbol{\beta}_2, \boldsymbol{\beta}_3$ 的过渡矩阵为 $A = \begin{pmatrix} 1 & -1 & 0 \\ 0 & 1 & -1 \\ 0 & 0 & 1 \end{pmatrix}$，所以

$$(\boldsymbol{\beta}_1, \boldsymbol{\beta}_2, \boldsymbol{\beta}_3) = (\boldsymbol{\alpha}_1, \boldsymbol{\alpha}_2, \boldsymbol{\alpha}_3)A = \begin{pmatrix} 2 & -1 & 1 \\ -1 & 1 & 2 \\ 3 & -1 & 0 \end{pmatrix}\begin{pmatrix} 1 & -1 & 0 \\ 0 & 1 & -1 \\ 0 & 0 & 1 \end{pmatrix}$$

$$= \begin{pmatrix} 2 & -3 & 2 \\ -1 & 2 & 1 \\ 3 & -4 & 1 \end{pmatrix},$$

即

$$\boldsymbol{\beta}_1 = (2,-1,3)^{\mathrm{T}}, \quad \boldsymbol{\beta}_2 = (-3,2,-4)^{\mathrm{T}}, \quad \boldsymbol{\beta}_3 = (2,1,1)^{\mathrm{T}}.$$

（3）根据（1），有

$$(\boldsymbol{\alpha}_1, \boldsymbol{\alpha}_2, \boldsymbol{\alpha}_3) = (\boldsymbol{\beta}_1, \boldsymbol{\beta}_2, \boldsymbol{\beta}_3)A^{-1} = \begin{pmatrix} 2 & -1 & 1 \\ -1 & 1 & 2 \\ 3 & -1 & 0 \end{pmatrix}\begin{pmatrix} 1 & 1 & 1 \\ 0 & 1 & 1 \\ 0 & 0 & 1 \end{pmatrix}$$

$$= \begin{pmatrix} 2 & 1 & 2 \\ -1 & 0 & 2 \\ 3 & 2 & 2 \end{pmatrix},$$

即

$$\boldsymbol{\alpha}_1 = (2,-1,3)^{\mathrm{T}}, \quad \boldsymbol{\alpha}_2 = (1,0,2)^{\mathrm{T}}, \quad \boldsymbol{\alpha}_3 = (2,2,2)^{\mathrm{T}}.$$

例 2 设在 $\mathbf{R}^{2\times 2}$ 中有两组基为

$$E_{11} = \begin{pmatrix} 1 & 0 \\ 0 & 0 \end{pmatrix}, E_{12} = \begin{pmatrix} 0 & 1 \\ 0 & 0 \end{pmatrix}, E_{21} = \begin{pmatrix} 0 & 0 \\ 1 & 0 \end{pmatrix}, E_{22} = \begin{pmatrix} 0 & 0 \\ 0 & 1 \end{pmatrix}$$

和

$$\boldsymbol{e}_1 = \begin{pmatrix} -1 & 0 \\ 0 & 2 \end{pmatrix}, \boldsymbol{e}_2 = \begin{pmatrix} 0 & 3 \\ -1 & 4 \end{pmatrix}, \boldsymbol{e}_3 = \begin{pmatrix} 2 & 0 \\ 1 & 0 \end{pmatrix}, \boldsymbol{e}_4 = \begin{pmatrix} 1 & -3 \\ 0 & 2 \end{pmatrix}.$$

（1）求由基 $E_{11}, E_{12}, E_{21}, E_{22}$ 到基 $\boldsymbol{e}_1, \boldsymbol{e}_2, \boldsymbol{e}_3, \boldsymbol{e}_4$ 的过渡矩阵；

（2）求矩阵 $B = \begin{pmatrix} -1 & 3 \\ 0 & 2 \end{pmatrix}$ 在上述两组基下的坐标；

（3）已知由基 $E_{11}, E_{12}, E_{21}, E_{22}$ 到基 $\boldsymbol{e}_1', \boldsymbol{e}_2', \boldsymbol{e}_3', \boldsymbol{e}_4'$ 的过渡矩阵为 $A = \begin{pmatrix} 1 & 2 & 0 & 0 \\ 3 & 4 & 0 & 0 \\ 0 & 0 & 1 & 3 \\ 0 & 0 & 2 & 4 \end{pmatrix}$，试求出基 $\boldsymbol{e}_1', \boldsymbol{e}_2', \boldsymbol{e}_3', \boldsymbol{e}_4'$.

解 （1）因为

$$\begin{cases} e_1 = -E_{11} + 2E_{22}, \\ e_2 = 3E_{12} - E_{21} + 4E_{22}, \\ e_3 = 2E_{11} + E_{21}, \\ e_4 = E_{11} - 3E_{12} + 2E_{22}, \end{cases}$$

即有

$$(e_1, e_2, e_3, e_4) = (E_{11}, E_{12}, E_{21}, E_{22}) \begin{pmatrix} -1 & 0 & 2 & 1 \\ 0 & 3 & 0 & -3 \\ 0 & -1 & 1 & 0 \\ 2 & 4 & 0 & 2 \end{pmatrix},$$

所以由基 $E_{11}, E_{12}, E_{21}, E_{22}$ 到基 e_1, e_2, e_3, e_4 的过渡矩阵为

$$A = \begin{pmatrix} -1 & 0 & 2 & 1 \\ 0 & 3 & 0 & -3 \\ 0 & -1 & 1 & 0 \\ 2 & 4 & 0 & 2 \end{pmatrix}.$$

（2）显然矩阵 $B = \begin{pmatrix} -1 & 3 \\ 0 & 2 \end{pmatrix}$ 在基 $E_{11}, E_{12}, E_{21}, E_{22}$ 下的坐标为 $(-1,3,0,2)^{\mathrm{T}}$．设 B 在基 e_1, e_2, e_3, e_4 下的坐标为 $(y_1, y_2, y_3, y_4)^{\mathrm{T}}$，则有

$$\begin{pmatrix} y_1 \\ y_2 \\ y_3 \\ y_4 \end{pmatrix} = A^{-1} \begin{pmatrix} -1 \\ 3 \\ 0 \\ 2 \end{pmatrix}.$$

而

$$A^{-1} = \begin{pmatrix} -\frac{1}{2} & 0 & 1 & \frac{1}{4} \\ \frac{1}{6} & \frac{1}{9} & -\frac{1}{3} & \frac{1}{12} \\ \frac{1}{6} & \frac{1}{9} & \frac{2}{3} & \frac{1}{12} \\ \frac{1}{6} & -\frac{2}{9} & -\frac{1}{3} & \frac{1}{12} \end{pmatrix},$$

得

$$\begin{pmatrix} y_1 \\ y_2 \\ y_3 \\ y_4 \end{pmatrix} = \begin{pmatrix} 1 \\ \frac{1}{3} \\ \frac{1}{3} \\ -\frac{2}{3} \end{pmatrix}.$$

（3）由条件可知

$$(e_1', e_2', e_3', e_4') = (E_{11}, E_{12}, E_{21}, E_{22}) \begin{pmatrix} 1 & 2 & 0 & 0 \\ 3 & 4 & 0 & 0 \\ 0 & 0 & 1 & 3 \\ 0 & 0 & 2 & 4 \end{pmatrix},$$

即

$$(e_1',e_2',e_3',e_4')=(E_{11}+3E_{12},2E_{11}+4E_{12},E_{21}+2E_{22},3E_{21}+4E_{22}),$$

所以得

$$e_1'=\begin{pmatrix}1&3\\0&0\end{pmatrix},e_2'=\begin{pmatrix}2&4\\0&0\end{pmatrix},e_3'=\begin{pmatrix}0&0\\1&2\end{pmatrix},e_4'=\begin{pmatrix}0&0\\3&4\end{pmatrix}.$$

例 3 在 $P(x)_3$ 中取两组基

$$p_1=x^3+2x^2-x,p_2=x^3-x^2+x+1,p_3=-x^3+2x^2+x+1,p_4=-x^3-x^2+1;$$
$$q_1=2x^3+x^2+1,q_2=x^2+2x+2,q_3=-2x^3+x^2+x+2,q_4=x^3+3x^2+x+2,$$

求这两组基之间的坐标变换公式.

解 先求 p_1,p_2,p_3,p_4 到基 q_1,q_2,q_3,q_4 的过渡矩阵为 $\boldsymbol{P}$，取 $P(x)_3$ 的基 $1,x,x^2,x^3$，由

$$(p_1,p_2,p_3,p_4)=(x^3,x^2,x,1)\boldsymbol{A},$$
$$(q_1,q_2,q_3,q_4)=(x^3,x^2,x,1)\boldsymbol{B},$$

其中

$$\boldsymbol{A}=\begin{pmatrix}1&1&-1&-1\\2&-1&2&-1\\-1&1&1&0\\0&1&1&1\end{pmatrix},\quad \boldsymbol{B}=\begin{pmatrix}2&0&-2&1\\1&1&1&3\\0&2&1&1\\1&2&2&2\end{pmatrix},$$

得

$$(q_1,q_2,q_3,q_4)=(p_1,p_2,p_3,p_4)\boldsymbol{A}^{-1}\boldsymbol{B},$$

于是，从基 p_1,p_2,p_3,p_4 到基 q_1,q_2,q_3,q_4 的过渡矩阵为

$$\boldsymbol{P}=\boldsymbol{A}^{-1}\boldsymbol{B}=\begin{pmatrix}1&0&0&1\\1&1&0&1\\0&1&1&1\\0&0&1&0\end{pmatrix}.$$

设 α 是 $P(x)_3$ 中的任一多项式，且 α 在基 p_1,p_2,p_3,p_4 下的坐标为 $(x_1,x_2,x_3,x_4)^{\mathrm{T}}$，在基 q_1,q_2,q_3,q_4 下的坐标为 $(y_1,y_2,y_3,y_4)^{\mathrm{T}}$，则坐标变换公式为

$$\begin{pmatrix}x_1\\x_2\\x_3\\x_4\end{pmatrix}=\begin{pmatrix}1&0&0&1\\1&1&0&1\\0&1&1&1\\0&0&1&0\end{pmatrix}\begin{pmatrix}y_1\\y_2\\y_3\\y_4\end{pmatrix}.$$

7.4 线性变换及其性质

在这一节，我们将研究线性空间中向量之间的联系，这种联系是通过线性空间到线性空间的映射来实现的，为此我们先介绍映射的概念，然后再严格地给出线性变换的数学定义，并讨论与线性变换相关的一些性质.

7.4.1 映射与变换

定义 7.4.1 设 M 与 M' 是两个非空集合．所谓集合 M 到 M' 的一个**映射** T，是指一个法则，它使 M 中的每一个元素 $\boldsymbol{\alpha}$ 都有 M' 中的一个确定的元素 $\boldsymbol{\alpha}'$ 与之对应．如果映射 T 使元素 $\boldsymbol{\alpha}' \in M'$ 与元素 $\boldsymbol{\alpha} \in M$ 对应，就记作 $T(\boldsymbol{\alpha}) = \boldsymbol{\alpha}'$，称 $\boldsymbol{\alpha}'$ 为 $\boldsymbol{\alpha}$ 在映射 T 下的**像**，而称 $\boldsymbol{\alpha}$ 为 $\boldsymbol{\alpha}'$ 在映射 T 下的一个**原像**．M 称为映射 T 的**原集**，像的全体所构成的集合称为**像集**，记作 $T(M)$，即 $T(M) = \{\boldsymbol{\beta} = T(\boldsymbol{\alpha}) \mid \boldsymbol{\alpha} \in M\}$．显然 $T(M) \subset M'$．

注意：映射的概念实际上是函数概念的推广．

集合 M 到自身的映射，有时也称为 M 到自身的变换．因此线性空间 V 到其自身的映射，就是 V 的一个变换．看下面的例子．

例 1 设 M 是全体整数的集合，M' 是全体偶数的集合，定义

$$T(n) = 2n, \quad n \in M, \quad 2n \in M'$$

这是 M 到 M' 的一个映射．

例 2 设 M 是全体 n 阶实矩阵的集合，定义

$$T(\boldsymbol{A}) = |\boldsymbol{A}|, \quad \boldsymbol{A} \in M, \quad |\boldsymbol{A}| \in \mathbf{R},$$

这是 M 到实数集 $\mathbf{R}$ 的一个映射．

又定义

$$T_1(\boldsymbol{A}) = \boldsymbol{A}^*,$$

其中 $\boldsymbol{A}^*$ 是 $\boldsymbol{A}$ 的伴随矩阵，则 T_1 是 M 到 M 的一个映射．

例 3 设 $\mathbf{R}^n$ 是全体 n 维实向量的集合，定义

$$T(\boldsymbol{\alpha}) = \boldsymbol{A\alpha}, \quad \boldsymbol{\alpha} \in \mathbf{R}^n,$$

$\boldsymbol{A}$ 是已知的 n 阶实可逆矩阵，这也是 $\mathbf{R}^n$ 中的一个变换．

例 4 任意一个定义在 $(-\infty, +\infty)$ 上的实函数 $y = f(x)$ 是实数集 $\mathbf{R}$ 中的一个变换．

7.4.2 线性变换

定义 7.4.2 设 V_n 与 U_m 分别是实数域 $\mathbf{R}$ 上的 n 维和 m 维线性空间，T 是一个从 V_n 到 U_m 的映射，如果 T 满足：

（1）$\forall \boldsymbol{\alpha}_1, \boldsymbol{\alpha}_2 \in V_n$，有 $T(\boldsymbol{\alpha}_1 + \boldsymbol{\alpha}_2) = T(\boldsymbol{\alpha}_1) + T(\boldsymbol{\alpha}_2)$；

（2）$\forall \boldsymbol{\alpha} \in V_n$，$\lambda \in \mathbf{R}$，有 $T(\lambda\boldsymbol{\alpha}) = \lambda T(\boldsymbol{\alpha})$，

那么称 T 是一个从 V_n 到 U_m 的**线性变换**．

注意：（1）线性变换是保持向量的加法和数乘运算的变换；

（2）若 $V_n = U_m$，则 T 就是一个从线性空间 V_n 到其自身的线性变换，称为线性空间 V_n 中的线性变换．

下面看几个线性变换的例子．

例 5 设 V 为线性空间，若对 $\forall \boldsymbol{\alpha} \in V$，有变换 $T(\boldsymbol{\alpha}) = \boldsymbol{\alpha}$，则称 T 是 V 上的**恒等变换**；若对 $\forall \boldsymbol{\alpha} \in V$，有变换 $T(\boldsymbol{\alpha}) = \mathbf{0}$，则称 T 是 V 上的**零变换**．

例 6 设T是$\mathbf{R}^3$上的一个变换，对$\forall\boldsymbol{\alpha}\in\mathbf{R}^3$，$k\in\mathbf{R}$有$T(\boldsymbol{\alpha})=k\boldsymbol{\alpha}$，则对$\forall\boldsymbol{\alpha}$，$\boldsymbol{\beta}\in\mathbf{R}^3$，$m\in\mathbf{R}$，有

$$T(\boldsymbol{\alpha}+\boldsymbol{\beta})=k(\boldsymbol{\alpha}+\boldsymbol{\beta})=k\boldsymbol{\alpha}+k\boldsymbol{\beta}=T(\boldsymbol{\alpha})+T(\boldsymbol{\beta}),$$
$$T(m\boldsymbol{\alpha})=k(m\boldsymbol{\alpha})=m(k\boldsymbol{\alpha})=mT(\boldsymbol{\alpha}),$$

因此T是$\mathbf{R}^3$上的一个线性变换，称为由数k决定的数乘变换．其几何意义是如果$k>1$，则变换将$\boldsymbol{\alpha}$放大k倍；如果$0<k<1$，则变换将$\boldsymbol{\alpha}$缩小k倍；特别地，若$k=1$，即为恒等变换，若$k=0$则为零变换．

例 7 平面上所有从原点出发的向量构成一个二维线性空间$\mathbf{R}^2$．由**旋转公式**知，若设向量$\boldsymbol{\alpha}=\begin{pmatrix}x\\y\end{pmatrix}\in\mathbf{R}^2$围绕坐标原点逆时针旋转$\theta$角$(\theta>0)$，得到$\boldsymbol{\beta}=\begin{pmatrix}x'\\y'\end{pmatrix}$，则有

$$\begin{cases}x'=x\cos\theta-y\sin\theta,\\y'=x\sin\theta+y\cos\theta,\end{cases}\quad \boldsymbol{A}=\begin{pmatrix}\cos\theta & -\sin\theta\\ \sin\theta & \cos\theta\end{pmatrix},$$

则$T(\boldsymbol{\alpha})=\boldsymbol{A}\boldsymbol{\alpha}$称为$\mathbf{R}^2$中的**旋转变换**，根据定义容易证明旋转变换是一个线性变换．

例 8 设T是$\mathbf{R}^3$的一个线性变换，对$\forall\boldsymbol{\alpha}=\begin{pmatrix}a_1\\a_2\\a_3\end{pmatrix}\in\mathbf{R}^3$，定义

$$T(\boldsymbol{\alpha})=T\begin{pmatrix}a_1\\a_2\\a_3\end{pmatrix}=\begin{pmatrix}a_1\\a_2\\0\end{pmatrix},$$

这是$\mathbf{R}^3$的一个线性变换，其几何意义是将向量$\boldsymbol{\alpha}$投影到xOy平面上．因此也称这个线性变换为**投影变换**．

例 9 设在线性空间$C[a,b]$中，定义变换：

$$T(f(x))=\int_a^x f(t)\mathrm{d}t,$$

证明T是$C[a,b]$中的一个线性变换．

证 因为

$$T(f(x)+g(x))=\int_a^x[f(t)+g(t)]\mathrm{d}t=\int_a^x f(t)\mathrm{d}t+\int_a^x g(t)\mathrm{d}t=T(f(x))+T(g(x)),$$
$$T(kf(x))=\int_a^x kf(t)\mathrm{d}t=k\int_a^x f(t)\mathrm{d}t=kT(f(x)),$$

其中$\forall f(x),g(x)\in C[a,b],k\in\mathbf{R}$，因此$T$是$C[a,b]$中的一个线性变换．

证毕．

例 10 设T是线性空间$\mathbf{R}^3$上的一个变换，对$\forall\boldsymbol{\alpha}=\begin{pmatrix}a_1\\a_2\\a_3\end{pmatrix}\in\mathbf{R}^3$，定义

$$T(\boldsymbol{\alpha})=T\begin{pmatrix}a_1\\a_2\\a_3\end{pmatrix}=\begin{pmatrix}2a_1\\a_2^2\\a_3^3\end{pmatrix},$$

判断T是否是$\mathbf{R}^3$上的一个线性变换．

解 因为对$\forall k\in\mathbf{R}$，$T(k\boldsymbol{\alpha})=T\begin{pmatrix}ka_1\\ka_2\\ka_3\end{pmatrix}=\begin{pmatrix}2ka_1\\k^2a_2^2\\k^3a_3^3\end{pmatrix}$，而

$$kT(\boldsymbol{\alpha})=kT\begin{pmatrix}a_1\\a_2\\a_3\end{pmatrix}=k\begin{pmatrix}2a_1\\a_2^2\\a_3^3\end{pmatrix}=\begin{pmatrix}2ka_1\\ka_2^2\\ka_3^3\end{pmatrix},$$

当 $k\neq 1$ 时，显然 $T(k\boldsymbol{\alpha})\neq kT(\boldsymbol{\alpha})$，因此 T 不是 $\mathbf{R}^3$ 上的一个线性变换.

7.4.3 线性变换的基本性质

由定义 7.4.2，容易得到线性变换有以下基本性质.

（1）设 T 是线性空间 V 的线性变换，则 $T(\mathbf{0})=\mathbf{0}, T(-\boldsymbol{\alpha})=-T(\boldsymbol{\alpha})$，这是因为

$$T(\mathbf{0})=T(0\boldsymbol{\alpha})=0T(\boldsymbol{\alpha})=\mathbf{0}, T(-\boldsymbol{\alpha})=T((-1)\boldsymbol{\alpha})=(-1)T(\boldsymbol{\alpha})=-T(\boldsymbol{\alpha}).$$

（2）线性变换保持线性组合的线性关系式不变，即如果向量 $\boldsymbol{\beta}$ 是 $\boldsymbol{\alpha}_1,\boldsymbol{\alpha}_2,\cdots,\boldsymbol{\alpha}_s$ 的线性组合，设

$$\boldsymbol{\beta}=k_1\boldsymbol{\alpha}_1+k_2\boldsymbol{\alpha}_2+\cdots+k_s\boldsymbol{\alpha}_s,$$

则经过线性变换 T 后，$T(\boldsymbol{\beta})$ 是 $T(\boldsymbol{\alpha}_1),T(\boldsymbol{\alpha}_2),\cdots,T(\boldsymbol{\alpha}_s)$ 同样的线性组合

$$T(\boldsymbol{\beta})=k_1T(\boldsymbol{\alpha}_1)+k_2T(\boldsymbol{\alpha}_2)+\cdots+k_sT(\boldsymbol{\alpha}_s).$$

又如果 $\boldsymbol{\alpha}_1,\boldsymbol{\alpha}_2,\cdots,\boldsymbol{\alpha}_s$ 之间有线性关系式

$$l_1\boldsymbol{\alpha}_1+l_2\boldsymbol{\alpha}_2+\cdots+l_s\boldsymbol{\alpha}_s=\mathbf{0},$$

则它们的像 $T(\boldsymbol{\alpha}_1),T(\boldsymbol{\alpha}_2),\cdots,T(\boldsymbol{\alpha}_s)$ 之间也有同样的关系式

$$l_1T(\boldsymbol{\alpha}_1)+l_2T(\boldsymbol{\alpha}_2)+\cdots+l_sT(\boldsymbol{\alpha}_s)=\mathbf{0}.$$

由此得到如下性质.

（3）线性变换将线性相关的向量组变为线性相关的向量组，即线性相关的向量组经过线性变换后，其像构成的向量组仍然线性相关．但要注意，它的逆命题不成立．即线性无关的向量组经过线性变换后，可能会变成线性相关的向量组．最简单的例子就是零变换.

（4）线性变换 T 的像集 $T(V_n)$ 是一个线性空间，称为线性变换 T 的**像空间**，这是因为 $\forall\boldsymbol{\beta}_1,\boldsymbol{\beta}_2\in T(V_n)$，有 $\boldsymbol{\alpha}_1,\boldsymbol{\alpha}_2\in V_n$，使

$$T(\boldsymbol{\alpha}_1)=\boldsymbol{\beta}_1, T(\boldsymbol{\alpha}_2)=\boldsymbol{\beta}_2,$$

从而

$$\boldsymbol{\beta}_1+\boldsymbol{\beta}_2=T(\boldsymbol{\alpha}_1)+T(\boldsymbol{\alpha}_2)=T(\boldsymbol{\alpha}_1+\boldsymbol{\alpha}_2)\in T(V_n),$$
$$k\boldsymbol{\beta}_1=kT(\boldsymbol{\alpha}_1)=T(k\boldsymbol{\alpha}_1)\in T(V_n),$$

说明它对 V_n 中的线性运算封闭，故它是一个线性空间.

（5）使 $T(\boldsymbol{\alpha})=\mathbf{0}$ 的 $\boldsymbol{\alpha}$ 的全体 $S_T=\{\boldsymbol{\alpha}\,|\,\boldsymbol{\alpha}\in V_n, T(\boldsymbol{\alpha})=\mathbf{0}\}$ 也是一个线性空间，且称 S_T 为线性变换 T 的**核**.

例 11 设有 n 阶矩阵

$$\boldsymbol{A}=\begin{pmatrix}a_{11}&a_{12}&\dots&a_{1n}\\a_{21}&a_{22}&\dots&a_{2n}\\\vdots&\vdots&&\vdots\\a_{n1}&a_{n2}&\dots&a_{nn}\end{pmatrix}=(\boldsymbol{\alpha}_1,\boldsymbol{\alpha}_2,\cdots,\boldsymbol{\alpha}_n),$$

其中 $\boldsymbol{\alpha}_i=\begin{pmatrix}a_{1i}\\a_{2i}\\\vdots\\a_{ni}\end{pmatrix}(i=1,2,\cdots,n)$，定义 $\mathbf{R}^n$ 中的变换为

$$T(\boldsymbol{x})=\boldsymbol{A}\boldsymbol{x}\,(\boldsymbol{x}\in\mathbf{R}^n),$$

试证 T 为线性变换.

证 因为对 $\forall\boldsymbol{\alpha},\boldsymbol{\beta}\in\mathbf{R}^n$，有

$$T(\boldsymbol{\alpha}+\boldsymbol{\beta})=\boldsymbol{A}(\boldsymbol{\alpha}+\boldsymbol{\beta})=\boldsymbol{A}\boldsymbol{\alpha}+\boldsymbol{A}\boldsymbol{\beta}=T(\boldsymbol{\alpha})+T(\boldsymbol{\beta}),$$

而

$$T(k\boldsymbol{\alpha})=\boldsymbol{A}(k\boldsymbol{\alpha})=k\boldsymbol{A}\boldsymbol{\alpha}=kT(\boldsymbol{\alpha}),$$

即 T 是 $\mathbf{R}^n$ 上的一个线性变换．且可得 T 的像空间就是由 $\boldsymbol{\alpha}_1,\boldsymbol{\alpha}_2,\cdots,\boldsymbol{\alpha}_n$ 所生成的向量空间：

$$T(\mathbf{R}^n)=\{\boldsymbol{y}=x_1\boldsymbol{\alpha}_1+x_2\boldsymbol{\alpha}_2+\cdots+x_n\boldsymbol{\alpha}_n\mid x_1,x_2,\cdots,x_n\in\mathbf{R}\};$$

T 的核 S_T 就是齐次线性方程组 $\boldsymbol{A}\boldsymbol{X}=\mathbf{0}$ 的解空间.

证毕.

7.5 线性变换的矩阵表示

在 7.4 节例 11 中，关系式 $T(\boldsymbol{x})=\boldsymbol{A}\boldsymbol{x}\,(\boldsymbol{x}\in\mathbf{R}^n)$，简单明了地表示出一个线性变换，我们自然希望 $\mathbf{R}^n$ 中任何一个线性变换都能用这样的关系式来表示，为此，考虑到

$$\boldsymbol{\alpha}_1=\boldsymbol{A}\boldsymbol{\varepsilon}_1,\cdots,\boldsymbol{\alpha}_n=\boldsymbol{A}\boldsymbol{\varepsilon}_n,\ \text{即}\ \boldsymbol{\alpha}_i=T(\boldsymbol{\varepsilon}_i)\,(i=1,2,\cdots,n),$$

可见如果线性变换 T 有关系式 $T(\boldsymbol{x})=\boldsymbol{A}\boldsymbol{x}$，那么矩阵 $\boldsymbol{A}$ 应以 $T(\boldsymbol{\varepsilon}_i)$ 为列向量．反之，如果一个线性变换 T 使

$$T(\boldsymbol{\varepsilon}_i)=\boldsymbol{\alpha}_i\ (i=1,2,\cdots,n),$$

那么必有关系式

$$\begin{aligned}T(\boldsymbol{x})&=T[(\boldsymbol{\varepsilon}_1,\boldsymbol{\varepsilon}_2,\cdots,\boldsymbol{\varepsilon}_n)\boldsymbol{x}]=T(x_1\boldsymbol{\varepsilon}_1+x_2\boldsymbol{\varepsilon}_2+\cdots+x_n\boldsymbol{\varepsilon}_n)=x_1T(\boldsymbol{\varepsilon}_1)+x_2T(\boldsymbol{\varepsilon}_2)+\cdots+x_nT(\boldsymbol{\varepsilon}_n)\\&=(T(\boldsymbol{\varepsilon}_1),T(\boldsymbol{\varepsilon}_2),\cdots,T(\boldsymbol{\varepsilon}_n))\boldsymbol{x}=(\boldsymbol{\alpha}_1,\boldsymbol{\alpha}_2,\cdots,\boldsymbol{\alpha}_n)\boldsymbol{x}=\boldsymbol{A}\boldsymbol{x}.\end{aligned}$$

总之，$\mathbf{R}^n$ 中的任何线性变换 T，都能用关系式 $T(\boldsymbol{x})=\boldsymbol{A}\boldsymbol{x}\,(\boldsymbol{x}\in\mathbf{R}^n)$ 表示，其中 $\boldsymbol{A}=(T(\boldsymbol{\varepsilon}_1),T(\boldsymbol{\varepsilon}_2),\cdots,T(\boldsymbol{\varepsilon}_n))$，把上面的讨论推广到一般的线性空间.

7.5.1 线性变换在给定基下的矩阵

定义 7.5.1 设 T 是线性空间 V_n 中的线性变换，在 V_n 中取定一组基 $\boldsymbol{\alpha}_1,\boldsymbol{\alpha}_2,\cdots,\boldsymbol{\alpha}_n$，如果这组基在变换 T 下的像为

$$\begin{cases}T(\boldsymbol{\alpha}_1)=a_{11}\boldsymbol{\alpha}_1+a_{21}\boldsymbol{\alpha}_2+\cdots+a_{n1}\boldsymbol{\alpha}_n,\\T(\boldsymbol{\alpha}_2)=a_{12}\boldsymbol{\alpha}_1+a_{22}\boldsymbol{\alpha}_2+\cdots+a_{n2}\boldsymbol{\alpha}_n,\\\qquad\cdots\cdots\\T(\boldsymbol{\alpha}_n)=a_{1n}\boldsymbol{\alpha}_1+a_{2n}\boldsymbol{\alpha}_2+\cdots+a_{nn}\boldsymbol{\alpha}_n,\end{cases}$$

记 $T(\boldsymbol{\alpha}_1,\boldsymbol{\alpha}_2,\cdots,\boldsymbol{\alpha}_n)=(\boldsymbol{\alpha}_1,\boldsymbol{\alpha}_2,\cdots,\boldsymbol{\alpha}_n)\boldsymbol{A}$，其中

$$\boldsymbol{A}=\begin{pmatrix}a_{11}&a_{12}&\dots&a_{1n}\\a_{21}&a_{22}&\dots&a_{2n}\\\vdots&\vdots&&\vdots\\a_{n1}&a_{n2}&\dots&a_{nn}\end{pmatrix},$$

那么，称 $\boldsymbol{A}$ 为**线性变换 T 在基 $\boldsymbol{\alpha}_1,\boldsymbol{\alpha}_2,\cdots,\boldsymbol{\alpha}_n$ 下的矩阵**．显然矩阵 $\boldsymbol{A}$ 由基的像 $T(\boldsymbol{\alpha}_1),T(\boldsymbol{\alpha}_2),\cdots,T(\boldsymbol{\alpha}_n)$ 唯一确定．相反，对于任意一个 n 阶矩阵 $\boldsymbol{A}$，在一组基 $\boldsymbol{\alpha}_1,\boldsymbol{\alpha}_2,\cdots,\boldsymbol{\alpha}_n$ 下，它也确定了一个线性变换与之对应．因为 $(\boldsymbol{\alpha}_1,\boldsymbol{\alpha}_2,\cdots,\boldsymbol{\alpha}_n)\boldsymbol{A}$ 确定了一个向量组 $\boldsymbol{u}_1,\boldsymbol{u}_2,\cdots,\boldsymbol{u}_n$，可形式地记为 $(\boldsymbol{u}_1,\boldsymbol{u}_2,\cdots,\boldsymbol{u}_n)$，对 V_n 中任意一个向量 $\boldsymbol{\alpha}$，有

$$\boldsymbol{\alpha}=(\boldsymbol{\alpha}_1,\boldsymbol{\alpha}_2,\cdots,\boldsymbol{\alpha}_n)\begin{pmatrix}x_1\\x_2\\\vdots\\x_n\end{pmatrix},$$

令变换 T 为

$$T(\boldsymbol{\alpha})=(\boldsymbol{u}_1,\boldsymbol{u}_2,\cdots,\boldsymbol{u}_n)\begin{pmatrix}x_1\\x_2\\\vdots\\x_n\end{pmatrix}=(\boldsymbol{\alpha}_1,\boldsymbol{\alpha}_2,\cdots,\boldsymbol{\alpha}_n)\boldsymbol{A}\begin{pmatrix}x_1\\x_2\\\vdots\\x_n\end{pmatrix},$$

这个变换 T 是由矩阵 $\boldsymbol{A}$ 和一组基唯一确定的，而且它是线性变换．

例 1　在 $P(x)_3$ 中，取一组基 $p_1=x^3,p_2=x^2,p_3=x,p_4=1$，求微分运算 D 的矩阵．

解　因为

$$\begin{aligned}D(p_1)&=3x^2=0p_1+3p_2+0p_3+0p_4,\\D(p_2)&=2x=0p_1+0p_2+2p_3+0p_4,\\D(p_3)&=1=0p_1+0p_2+0p_3+1p_4,\\D(p_4)&=0=0p_1+0p_2+0p_3+0p_4,\end{aligned}$$

所以 D 在这组基下的矩阵为

$$\boldsymbol{A}=\begin{pmatrix}0&0&0&0\\3&0&0&0\\0&2&0&0\\0&0&1&0\end{pmatrix}.$$

例 2　（$\mathbf{R}^2$ 中的对称变换）设任意点 $p(x,y)$ 关于直线 $y=kx(k\neq 0)$ 的对称点为 $p'(x',y')$，则有

$$\begin{cases}\dfrac{y+y'}{2}=k\dfrac{x+x'}{2},\\\dfrac{y-y'}{x-x'}=-\dfrac{1}{k},\end{cases}$$

利用矩阵的乘法，可表示为

$$\begin{pmatrix}x'\\y'\end{pmatrix}=\begin{pmatrix}\dfrac{1-k^2}{1+k^2}&\dfrac{2k}{1+k^2}\\\dfrac{2k}{1+k^2}&\dfrac{k^2-1}{1+k^2}\end{pmatrix}\begin{pmatrix}x\\y\end{pmatrix},$$

因此对称变换的矩阵为

$$\begin{pmatrix}\dfrac{1-k^2}{1+k^2}&\dfrac{2k}{1+k^2}\\\dfrac{2k}{1+k^2}&\dfrac{k^2-1}{1+k^2}\end{pmatrix}.$$

7.5.2 线性变换与其矩阵的关系

在 V_n 中取定一组基后，由线性变换 T 可唯一地确定一个矩阵 $\boldsymbol{A}$，由一个矩阵 $\boldsymbol{A}$ 也可以唯一地确定一个线性变换 T，故在基给定的条件下，线性变换与矩阵是一一对应的.

例 3 在 $\mathbf{R}^3$ 中，T 表示将向量投影到 xOy 平面的线性变换，即 $T(x\boldsymbol{i}+y\boldsymbol{j}+z\boldsymbol{k})=x\boldsymbol{i}+y\boldsymbol{j}$.

（1）取基 $\boldsymbol{i},\boldsymbol{j},\boldsymbol{k}$，求 T 的矩阵；

（2）取基 $\boldsymbol{\alpha}=\boldsymbol{i},\boldsymbol{\beta}=\boldsymbol{j},\boldsymbol{\gamma}=\boldsymbol{i}+\boldsymbol{j}+\boldsymbol{k}$，求 T 的矩阵.

解 （1）因为

$$\begin{cases}T\boldsymbol{i}=\boldsymbol{i},\\ T\boldsymbol{j}=\boldsymbol{j},\\ T\boldsymbol{k}=\boldsymbol{0},\end{cases}$$

即

$$T(\boldsymbol{i},\boldsymbol{j},\boldsymbol{k})=(\boldsymbol{i},\boldsymbol{j},\boldsymbol{k})\begin{pmatrix}1&0&0\\0&1&0\\0&0&0\end{pmatrix},$$

所以所求矩阵为

$$\boldsymbol{A}=\begin{pmatrix}1&0&0\\0&1&0\\0&0&0\end{pmatrix}.$$

（2）因为

$$\begin{cases}T\boldsymbol{\alpha}=\boldsymbol{i}=\boldsymbol{\alpha},\\ T\boldsymbol{\beta}=\boldsymbol{j}=\boldsymbol{\beta},\\ T\boldsymbol{\gamma}=\boldsymbol{i}+\boldsymbol{j}=\boldsymbol{\alpha}+\boldsymbol{\beta},\end{cases}$$

即

$$T(\boldsymbol{\alpha},\boldsymbol{\beta},\boldsymbol{\gamma})=(\boldsymbol{\alpha},\boldsymbol{\beta},\boldsymbol{\gamma})\begin{pmatrix}1&0&1\\0&1&1\\0&0&0\end{pmatrix},$$

所以所求矩阵为

$$\boldsymbol{A}=\begin{pmatrix}1&0&1\\0&1&1\\0&0&0\end{pmatrix}.$$

由此可见，同一线性变换在不同基下的矩阵一般不相同．但这些不同矩阵之间是否有内在的联系呢？

定理 7.5.1 设在线性空间 V_n 中有两组基 $\boldsymbol{\alpha}_1,\boldsymbol{\alpha}_2,\cdots,\boldsymbol{\alpha}_n$ 和 $\boldsymbol{\beta}_1,\boldsymbol{\beta}_2,\cdots,\boldsymbol{\beta}_n$，设由基 $\boldsymbol{\alpha}_1,\boldsymbol{\alpha}_2,\cdots,\boldsymbol{\alpha}_n$ 到 $\boldsymbol{\beta}_1,\boldsymbol{\beta}_2,\cdots,\boldsymbol{\beta}_n$ 的过渡矩阵为 $\boldsymbol{P}$，V_n 中的线性变换 T 在这两组基下的矩阵分别为 $\boldsymbol{A}$ 和 $\boldsymbol{B}$，则 $\boldsymbol{B}=\boldsymbol{P}^{-1}\boldsymbol{A}\boldsymbol{P}$.

证 由条件可得

$$(\boldsymbol{\beta}_1,\boldsymbol{\beta}_2,\cdots,\boldsymbol{\beta}_n)=(\boldsymbol{\alpha}_1,\boldsymbol{\alpha}_2,\cdots,\boldsymbol{\alpha}_n)\boldsymbol{P},$$

$$T(\boldsymbol{\alpha}_1,\boldsymbol{\alpha}_2,\cdots,\boldsymbol{\alpha}_n)=(\boldsymbol{\alpha}_1,\boldsymbol{\alpha}_2,\cdots,\boldsymbol{\alpha}_n)\boldsymbol{A}；\ T(\boldsymbol{\beta}_1,\boldsymbol{\beta}_2,\cdots,\boldsymbol{\beta}_n)=(\boldsymbol{\beta}_1,\boldsymbol{\beta}_2,\cdots,\boldsymbol{\beta}_n)\boldsymbol{B}，$$

则有

$$\begin{aligned}(\boldsymbol{\beta}_1,\boldsymbol{\beta}_2,\cdots,\boldsymbol{\beta}_n)\boldsymbol{B}&=T(\boldsymbol{\beta}_1,\boldsymbol{\beta}_2,\cdots,\boldsymbol{\beta}_n)=T[(\boldsymbol{\alpha}_1,\boldsymbol{\alpha}_2,\cdots,\boldsymbol{\alpha}_n)\boldsymbol{P}]\\&=T(\boldsymbol{\alpha}_1,\boldsymbol{\alpha}_2,\cdots,\boldsymbol{\alpha}_n)\boldsymbol{P}=(\boldsymbol{\alpha}_1,\boldsymbol{\alpha}_2,\cdots,\boldsymbol{\alpha}_n)\boldsymbol{AP}=(\boldsymbol{\beta}_1,\boldsymbol{\beta}_2,\cdots,\boldsymbol{\beta}_n)\boldsymbol{P}^{-1}\boldsymbol{AP}，\end{aligned}$$

又 $\boldsymbol{\beta}_1,\boldsymbol{\beta}_2,\cdots,\boldsymbol{\beta}_n$ 线性无关，从而 $\boldsymbol{B}=\boldsymbol{P}^{-1}\boldsymbol{AP}$.

证毕.

例 4 设 $\mathbf{R}^{2\times2}$ 中的线性变换 T 在基 $\boldsymbol{\alpha},\boldsymbol{\beta}$ 下的矩阵为 $\boldsymbol{A}=\begin{pmatrix}a_{11}&a_{12}\\a_{21}&a_{22}\end{pmatrix}$，求 T 在基 $\boldsymbol{\beta}$，$\boldsymbol{\alpha}$ 下的矩阵.

解 由题意可得

$$(\boldsymbol{\beta},\boldsymbol{\alpha})=(\boldsymbol{\alpha},\boldsymbol{\beta})\begin{pmatrix}0&1\\1&0\end{pmatrix}，$$

即 $\boldsymbol{P}=\begin{pmatrix}0&1\\1&0\end{pmatrix}$，易知 $\boldsymbol{P}^{-1}=\begin{pmatrix}0&1\\1&0\end{pmatrix}$，于是 T 在基 $\boldsymbol{\beta},\boldsymbol{\alpha}$ 下的矩阵为

$$\boldsymbol{B}=\begin{pmatrix}0&1\\1&0\end{pmatrix}\begin{pmatrix}a_{11}&a_{12}\\a_{21}&a_{22}\end{pmatrix}\begin{pmatrix}0&1\\1&0\end{pmatrix}=\begin{pmatrix}a_{22}&a_{21}\\a_{12}&a_{11}\end{pmatrix}.$$

例 5 设 $\mathbf{R}^3$ 中的线性变换 T 把基 $\boldsymbol{\alpha}_1=(1,0,1)^{\mathrm{T}}$，$\boldsymbol{\alpha}_2=(0,1,0)^{\mathrm{T}}$，$\boldsymbol{\alpha}_3=(0,0,1)^{\mathrm{T}}$ 变成另一组基 $\boldsymbol{\beta}_1=(1,0,2)^{\mathrm{T}}$，$\boldsymbol{\beta}_2=(-1,2,-1)^{\mathrm{T}}$，$\boldsymbol{\beta}_3=(1,0,0)^{\mathrm{T}}$，求 T 在基 $\boldsymbol{\beta}_1,\boldsymbol{\beta}_2,\boldsymbol{\beta}_3$ 下的矩阵.

解 由题意可设

$$T(\boldsymbol{\alpha}_1,\boldsymbol{\alpha}_2,\boldsymbol{\alpha}_3)=(\boldsymbol{\beta}_1,\boldsymbol{\beta}_2,\boldsymbol{\beta}_3)=(\boldsymbol{\alpha}_1,\boldsymbol{\alpha}_2,\boldsymbol{\alpha}_3)\boldsymbol{A}，$$

其中 $\boldsymbol{A}$ 是 T 在 $\boldsymbol{\alpha}_1,\boldsymbol{\alpha}_2,\boldsymbol{\alpha}_3$ 下的矩阵，又是一组基 $\boldsymbol{\alpha}_1,\boldsymbol{\alpha}_2,\boldsymbol{\alpha}_3$ 到另一组基 $\boldsymbol{\beta}_1,\boldsymbol{\beta}_2,\boldsymbol{\beta}_3$ 的过渡矩阵．又由

$$(\boldsymbol{\alpha}_1,\boldsymbol{\alpha}_2,\boldsymbol{\alpha}_3\ \vdots\ \boldsymbol{\beta}_1,\boldsymbol{\beta}_2,\boldsymbol{\beta}_3)=\left(\begin{array}{ccc:ccc}1&0&0&1&-1&1\\0&1&0&0&2&0\\1&0&1&2&-1&0\end{array}\right)\to\left(\begin{array}{ccc:ccc}1&0&0&1&-1&1\\0&1&0&0&2&0\\0&0&1&1&0&-1\end{array}\right),$$

得

$$\boldsymbol{A}=\begin{pmatrix}1&-1&1\\0&2&0\\1&0&-1\end{pmatrix}.$$

设 T 在基 $\boldsymbol{\beta}_1,\boldsymbol{\beta}_2,\boldsymbol{\beta}_3$ 下的矩阵为 $\boldsymbol{B}$，则由定理 7.5.1 可知 $\boldsymbol{B}=\boldsymbol{A}^{-1}\boldsymbol{AA}=\boldsymbol{A}$ 即为所求.

例 6 在线性空间 $\mathbf{R}^3$ 中，已知线性变换 T 在基 $\boldsymbol{\alpha}_1=(0,0,1)^{\mathrm{T}}$，$\boldsymbol{\alpha}_2=(0,1,1)^{\mathrm{T}}$，$\boldsymbol{\alpha}_3=(1,1,1)^{\mathrm{T}}$下的矩阵为 $\begin{pmatrix}1&0&0\\0&1&0\\0&0&0\end{pmatrix}$，求向量 $\boldsymbol{\alpha}=(1,2,3)^{\mathrm{T}}$ 及 $T(\boldsymbol{\alpha})$ 在上述基下的坐标.

解 在 $\mathbf{R}^3$ 中取另一组基

$$\boldsymbol{\varepsilon}_1=(1,0,0)^{\mathrm{T}},\boldsymbol{\varepsilon}_2=(0,1,0)^{\mathrm{T}},\boldsymbol{\varepsilon}_3=(0,0,1)^{\mathrm{T}},$$

则 $\boldsymbol{\alpha}$ 在基 $\boldsymbol{\varepsilon}_1,\boldsymbol{\varepsilon}_2,\boldsymbol{\varepsilon}_3$ 下的坐标为 $(1,2,3)^{\mathrm{T}}$.

由 $(\boldsymbol{\alpha}_1,\boldsymbol{\alpha}_2,\boldsymbol{\alpha}_3)=(\boldsymbol{\varepsilon}_1,\boldsymbol{\varepsilon}_2,\boldsymbol{\varepsilon}_3)\boldsymbol{A}$ 可得

$$\boldsymbol{A}=(\boldsymbol{\alpha}_1,\boldsymbol{\alpha}_2,\boldsymbol{\alpha}_3)=\begin{pmatrix}0&0&1\\0&1&1\\1&1&1\end{pmatrix},$$

所以 $\boldsymbol{\alpha}$ 在基 $\boldsymbol{\alpha}_1,\boldsymbol{\alpha}_2,\boldsymbol{\alpha}_3$ 下的坐标为

$$\begin{pmatrix}x_1\\x_2\\x_3\end{pmatrix}=\boldsymbol{A}^{-1}\begin{pmatrix}1\\2\\3\end{pmatrix}=\begin{pmatrix}0&-1&1\\-1&1&0\\1&0&0\end{pmatrix}\begin{pmatrix}1\\2\\3\end{pmatrix}=\begin{pmatrix}1\\1\\1\end{pmatrix},$$

从而 $T(\boldsymbol{\alpha})$ 在基 $\boldsymbol{\alpha}_1,\boldsymbol{\alpha}_2,\boldsymbol{\alpha}_3$ 下的坐标为

$$\begin{pmatrix}y_1\\y_2\\y_3\end{pmatrix}=\begin{pmatrix}1&0&0\\0&1&0\\0&0&0\end{pmatrix}\begin{pmatrix}1\\1\\1\end{pmatrix}=\begin{pmatrix}1\\1\\0\end{pmatrix}.$$

定义 7.5.2 线性变换 T 的像空间 $T(V_n)$ 的维数，称为**线性变换 T 的秩**.

显然，若 $\boldsymbol{A}$ 是 T 的矩阵，则 T 的秩就是 $r(\boldsymbol{A})$；若 T 的秩为 r，则 T 的核 S_T 的维数为 $n-r$.

小结

一、基本概念

1. 向量，线性空间，解空间，向量 $\boldsymbol{\alpha}$，$\boldsymbol{\beta}$ 所生成的线性空间，子空间，零子空间，平凡子空间.
2. 基，自然基，标准正交基，线性空间的维数，向量的坐标.
3. 过渡矩阵，坐标变换.
4. 映射，线性变换，零变换，恒等变换，基变换公式.
5. 线性变换在给定基下的矩阵表示.

二、基本结论与公式

1. 零子空间和 V 称为 V 的平凡子空间.
2. $\boldsymbol{\varepsilon}_1,\boldsymbol{\varepsilon}_2,\cdots,\boldsymbol{\varepsilon}_n$ 是线性空间 $\mathbf{R}^n$ 的一组标准正交基.
3. 设 $\boldsymbol{\alpha}_1,\boldsymbol{\alpha}_2,\cdots,\boldsymbol{\alpha}_n$ 与 $\boldsymbol{\beta}_1,\boldsymbol{\beta}_2,\cdots,\boldsymbol{\beta}_n$ 是 n 维线性空间 V 的两组基，则有

$$(\boldsymbol{\beta}_1,\boldsymbol{\beta}_2,\cdots,\boldsymbol{\beta}_n)=(\boldsymbol{\alpha}_1,\boldsymbol{\alpha}_2,\cdots,\boldsymbol{\alpha}_n)\boldsymbol{A},$$

其中 $\boldsymbol{A}=(a_{ij})_{n\times n}$ 称为由基 $\boldsymbol{\alpha}_1,\boldsymbol{\alpha}_2,\cdots,\boldsymbol{\alpha}_n$ 到 $\boldsymbol{\beta}_1,\boldsymbol{\beta}_2,\cdots,\boldsymbol{\beta}_n$ 的过渡矩阵，$\boldsymbol{A}$ 的每一列元素分别是基 $\boldsymbol{\beta}_1,\boldsymbol{\beta}_2,\cdots,\boldsymbol{\beta}_n$ 在基 $\boldsymbol{\alpha}_1,\boldsymbol{\alpha}_2,\cdots,\boldsymbol{\alpha}_n$ 下的坐标.

4. 线性变换是保持向量的加法和数乘运算的变换.

三、重点练习内容

1. 线性空间的判定.
2. 向量在基下的坐标的求法.
3. 一组基到另外一组基的过渡矩阵的求法.
4. 线性变换的判定.
5. 线性变换的矩阵表示方法.

习题七

1. 验证以下集合对于所指定的运算是否构成实数域 $\mathbf{R}$ 上的线性空间.

（1）所有的 n 阶对称（反对称，上三角，可逆）矩阵，对于矩阵的加法和数乘；

（2）次数等于 $n(n\geqslant 1)$ 的实系数一元多项式，对于多项式的加法和数与多项式的乘法；

（3）所有 n 维实向量构成的集合 V，加法和数乘运算定义为：$\boldsymbol{\alpha}\oplus\boldsymbol{\beta}=\boldsymbol{\alpha}-\boldsymbol{\beta}, k\circ\boldsymbol{\alpha}=\boldsymbol{\alpha}^{-k}$，其中 $\boldsymbol{\alpha}$，$\boldsymbol{\beta}\in V$，$k\in\mathbf{R}$；

（4）平面上的全体向量对于向量的加法和如下定义的数量乘法：$k\circ\boldsymbol{\alpha}=\boldsymbol{\alpha}$.

2．证明：由 n 维向量的全体构成的空间 $\mathbf{R}^n$ 中零向量是唯一的，任意向量 $\boldsymbol{\alpha}$ 的负向量也是唯一的.

3．已知向量组 $\boldsymbol{\alpha}_1=(1,2,3)^{\mathrm{T}}$，$\boldsymbol{\alpha}_2=(-3,-2,-1)^{\mathrm{T}}$，$\boldsymbol{\alpha}_3=(-1,2,5)^{\mathrm{T}}$，求线性空间 $L(a_1,a_2,a_3)$，并证明 $L(\boldsymbol{\alpha}_1,\boldsymbol{\alpha}_2,\boldsymbol{\alpha}_3)$ 是 $\mathbf{R}^3$ 的一个非平凡子空间.

4．在 $\mathbf{R}^3$ 中求向量 $\boldsymbol{\alpha}=(7,3,1)^{\mathrm{T}}$ 在基 $\boldsymbol{\alpha}_1=(1,3,5)^{\mathrm{T}}$，$\boldsymbol{\alpha}_2=(6,3,2)^{\mathrm{T}}$，$\boldsymbol{\alpha}_3=(3,1,0)^{\mathrm{T}}$ 下的坐标.

5．证明 $1,x-1,x^2+2x,3x^3-2x^2$ 是 $P(x)_4$ 的一组基，并求多项式 $f(x)=12x^3-5x^2+8x-1$ 在此基下的坐标.

6．设 $\boldsymbol{\alpha}_1,\boldsymbol{\alpha}_2,\boldsymbol{\alpha}_3$ 是向量空间 $\mathbf{R}^3$ 的一组基，又 $\mathbf{R}^3$ 中向量 $\boldsymbol{\alpha}$ 在这组基下的坐标为 (a_1,a_2,a_3)，$k\in\mathbf{R},k\neq 0$，求：

（1）$\boldsymbol{\alpha}$ 在基 $\boldsymbol{\alpha}_3,\boldsymbol{\alpha}_1,\boldsymbol{\alpha}_2$ 下的坐标；

（2）$\boldsymbol{\alpha}$ 在基 $\boldsymbol{\alpha}_1,\boldsymbol{\alpha}_2,k\boldsymbol{\alpha}_3$ 下的坐标；

（3）$\boldsymbol{\alpha}$ 在基 $\boldsymbol{\alpha}_1+k\boldsymbol{\alpha}_2,\boldsymbol{\alpha}_2,\boldsymbol{\alpha}_3$ 下的坐标.

7．在 $\mathbf{R}^4$ 中证明

$$\boldsymbol{\alpha}_1=(1,-1,-1,-1)^{\mathrm{T}},\boldsymbol{\alpha}_2=(-1,1,-1,-1)^{\mathrm{T}},$$
$$\boldsymbol{\alpha}_3=(-1,-1,1,-1)^{\mathrm{T}},\boldsymbol{\alpha}_4=(-1,-1,-1,1)^{\mathrm{T}}$$

构成一组基，并求 $\boldsymbol{\beta}=(1,2,1,1)^{\mathrm{T}}$ 在这组基下的坐标.

8．已知 $\boldsymbol{\alpha}_1=(1,1,1)^{\mathrm{T}}$，$\boldsymbol{\alpha}_2=(1,0,-1)^{\mathrm{T}}$，$\boldsymbol{\alpha}_3=(1,0,1)^{\mathrm{T}}$ 是向量空间 $\mathbf{R}^3$ 的一组基，证明 $\boldsymbol{\beta}_1=(1,2,1)^{\mathrm{T}}$，$\boldsymbol{\beta}_2=(2,3,4)^{\mathrm{T}}$，$\boldsymbol{\beta}_3=(3,4,3)^{\mathrm{T}}$ 也是 $\mathbf{R}^3$ 的一组基，并求 $\boldsymbol{\alpha}_1,\boldsymbol{\alpha}_2,\boldsymbol{\alpha}_3$ 到 $\boldsymbol{\beta}_1,\boldsymbol{\beta}_2,\boldsymbol{\beta}_3$ 的过渡矩阵.

9．设 $\boldsymbol{\alpha}_1,\boldsymbol{\alpha}_2,\boldsymbol{\alpha}_3$ 与 $\boldsymbol{\beta}_1,\boldsymbol{\beta}_2,\boldsymbol{\beta}_3$ 是 $\mathbf{R}^3$ 的两组基，由基 $\boldsymbol{\beta}_1,\boldsymbol{\beta}_2,\boldsymbol{\beta}_3$ 到基 $\boldsymbol{\alpha}_1,\boldsymbol{\alpha}_2,\boldsymbol{\alpha}_3$ 的过渡矩阵为 $\boldsymbol{P}=\begin{pmatrix}1&1&1\\1&1&0\\1&0&0\end{pmatrix}$.

（1）如果 $\boldsymbol{\alpha}$ 在基 $\boldsymbol{\beta}_1,\boldsymbol{\beta}_2,\boldsymbol{\beta}_3$ 下的坐标为 $(2,-1,3)$，求 $\boldsymbol{\alpha}$ 在基 $\boldsymbol{\alpha}_1,\boldsymbol{\alpha}_2,\boldsymbol{\alpha}_3$ 下的坐标；

（2）如果 $\boldsymbol{\alpha}_1=(1,1,0)^{\mathrm{T}}$，$\boldsymbol{\alpha}_2=(1,0,-1)^{\mathrm{T}}$，$\boldsymbol{\alpha}_3=(0,-1,1)^{\mathrm{T}}$，求 $\boldsymbol{\beta}_1,\boldsymbol{\beta}_2,\boldsymbol{\beta}_3$；

（3）如果 $\boldsymbol{\beta}_1=(1,1,0)^{\mathrm{T}}$，$\boldsymbol{\beta}_2=(1,0,-1)^{\mathrm{T}}$，$\boldsymbol{\beta}_3=(0,-1,1)^{\mathrm{T}}$，求 $\boldsymbol{\alpha}_1,\boldsymbol{\alpha}_2,\boldsymbol{\alpha}_3$.

10．求齐次线性方程组 $\begin{cases}3x_1+2x_2-5x_3+4x_4=0,\\3x_1-x_2+3x_3-3x_4=0,\\3x_1+5x_2-13x_3+11x_4=0\end{cases}$ 的解空间的维数和一组基.

11．已知向量空间 $\mathbf{R}^3$ 的两组基分别为 $\boldsymbol{\alpha}_1=(1,1,0)^{\mathrm{T}}$，$\boldsymbol{\alpha}_2=(0,-1,1)^{\mathrm{T}}$，$\boldsymbol{\alpha}_3=(1,0,2)^{\mathrm{T}}$ 和 $\boldsymbol{\beta}_1=(3,1,0)^{\mathrm{T}}$，$\boldsymbol{\beta}_2=(0,1,1)^{\mathrm{T}}$，$\boldsymbol{\beta}_3=(1,0,4)^{\mathrm{T}}$.

（1）求 $\boldsymbol{\alpha}_1,\boldsymbol{\alpha}_2,\boldsymbol{\alpha}_3$ 到 $\boldsymbol{\beta}_1,\boldsymbol{\beta}_2,\boldsymbol{\beta}_3$ 的过渡矩阵；

（2）求坐标变换公式；

（3）设 $\boldsymbol{\xi}=(2,1,2)^{\mathrm{T}}$，求 $\boldsymbol{\xi}$ 在这两组基下的坐标.

12．判定下列变换是否为 $\mathbf{R}^3$ 上的线性变换.

（1）$T(a_1,a_2,a_3)^{\mathrm{T}}=(1,a_2,a_3)^{\mathrm{T}}$；

（2）$T(a_1,a_2,a_3)^{\mathrm{T}}=(0,a_3,a_2)^{\mathrm{T}}$；

（3）$T(a_1,a_2,a_3)^{\mathrm{T}}=(2a_1-a_2,a_2+a_3,a_1)^{\mathrm{T}}$；

（4）$T(a_1,a_2,a_3)^{\mathrm{T}}=(a_1,a_2^2,3a_3)^{\mathrm{T}}$.

13．在由所有的二阶实矩阵构成的线性空间 V 中，定义线性变换如下．

（1）$T(\boldsymbol{X})=\begin{pmatrix} a & b \\ c & d \end{pmatrix}\boldsymbol{X}$；

（2）$T(\boldsymbol{X})=\boldsymbol{X}\begin{pmatrix} a & b \\ c & d \end{pmatrix}$.

分别求上述线性变换在基 $\boldsymbol{E}_{11},\boldsymbol{E}_{12},\boldsymbol{E}_{21},\boldsymbol{E}_{22}$ 下的矩阵．

14．已知 $\boldsymbol{\alpha}_1=(1,0,0)^{\mathrm{T}}$，$\boldsymbol{\alpha}_2=(1,1,0)^{\mathrm{T}}$，$\boldsymbol{\alpha}_3=(1,1,1)^{\mathrm{T}}$ 是向量空间 $\mathbf{R}^3$ 的一组基，线性变换 $T(a,b,c)^{\mathrm{T}}=(2a,b+c,a+b+c)^{\mathrm{T}}$，$a,b,c\in\mathbf{R}$，$\mathbf{R}^3$ 中的向量 $\boldsymbol{\eta}$ 在基 $\boldsymbol{\alpha}_1,\boldsymbol{\alpha}_2,\boldsymbol{\alpha}_3$ 下的坐标为 $(2,0,1)^{\mathrm{T}}$，求 T 在基 $\boldsymbol{\alpha}_1,\boldsymbol{\alpha}_2,\boldsymbol{\alpha}_3$ 下的矩阵及 $T\boldsymbol{\eta}$ 在基 $\boldsymbol{\alpha}_1,\boldsymbol{\alpha}_2,\boldsymbol{\alpha}_3$ 下的坐标．

15．已知 $\mathbf{R}^3$ 上的线性变换 T 在基 $\boldsymbol{\alpha}_1=(0,1,2)^{\mathrm{T}}$，$\boldsymbol{\alpha}_2=(1,1,-1)^{\mathrm{T}}$，$\boldsymbol{\alpha}_3=(2,4,0)^{\mathrm{T}}$ 下的矩阵为 $\begin{pmatrix} 1 & 1 & 2 \\ 3 & 0 & 4 \\ 1 & 5 & 6 \end{pmatrix}$，求 T 在基 $\boldsymbol{\varepsilon}_1=(1,0,0)^{\mathrm{T}}$，$\boldsymbol{\varepsilon}_2=(0,1,0)^{\mathrm{T}}$，$\boldsymbol{\varepsilon}_3=(0,0,1)^{\mathrm{T}}$ 下的矩阵．

16．已知 $\boldsymbol{\alpha}_1,\boldsymbol{\alpha}_2,\boldsymbol{\alpha}_3,\boldsymbol{\alpha}_4$ 是线性空间 $\mathbf{R}^4$ 的一组基，线性变换 T 在这组基下的矩阵为 $\begin{pmatrix} 1 & 0 & 2 & 1 \\ -1 & 2 & 1 & 3 \\ 1 & 2 & 5 & 5 \\ 2 & -2 & 1 & -2 \end{pmatrix}$，求 T 在基 $\boldsymbol{\beta}_1=\boldsymbol{\alpha}_1-2\boldsymbol{\alpha}_2+\boldsymbol{\alpha}_4,\boldsymbol{\beta}_2=3\boldsymbol{\alpha}_2-\boldsymbol{\alpha}_3-\boldsymbol{\alpha}_4,\boldsymbol{\beta}_3=\boldsymbol{\alpha}_3+\boldsymbol{\alpha}_4$，$\boldsymbol{\beta}_4=2\boldsymbol{\alpha}_4$ 下的矩阵．

17．已知线性空间 $\mathbf{R}^3$ 中的线性变换 T 在基 $\boldsymbol{\alpha}_1,\boldsymbol{\alpha}_2,\boldsymbol{\alpha}_3$ 下的矩阵是

$$\boldsymbol{A}=\begin{pmatrix} a_{11} & a_{12} & a_{13} \\ a_{21} & a_{22} & a_{23} \\ a_{31} & a_{32} & a_{33} \end{pmatrix}.$$

（1）求线性变换 T 在基 $\boldsymbol{\alpha}_3,\boldsymbol{\alpha}_2,\boldsymbol{\alpha}_1$ 下的矩阵；

（2）求线性变换 T 在基 $\boldsymbol{\alpha}_1,k\boldsymbol{\alpha}_2,\boldsymbol{\alpha}_3$ 下的矩阵，其中 $k\in\mathbf{R},k\neq 0$；

（3）求线性变换 T 在基 $\boldsymbol{\alpha}_1+\boldsymbol{\alpha}_2,\boldsymbol{\alpha}_2,\boldsymbol{\alpha}_3$ 下的矩阵．

18．已知 $\boldsymbol{\alpha}_1=(0,1,1)^{\mathrm{T}}$，$\boldsymbol{\alpha}_2=(1,0,1)^{\mathrm{T}}$，$\boldsymbol{\alpha}_3=(1,1,0)^{\mathrm{T}}$，$V=L(\boldsymbol{\alpha}_1,\boldsymbol{\alpha}_2,\boldsymbol{\alpha}_3)$，证明 $V=\mathbf{R}^3$.

19．已知 $\boldsymbol{\alpha}_1=(1,2,1)^{\mathrm{T}}$，$\boldsymbol{\alpha}_2=(-1,0,1)^{\mathrm{T}}$，$\boldsymbol{\alpha}_3=(0,2,2)^{\mathrm{T}}$，$V_1=L(\boldsymbol{\alpha}_1),\ V_2=L(\boldsymbol{\alpha}_2,\boldsymbol{\alpha}_3)$，求向量空间 V_1+V_2，并证明 V_1+V_2 是 $\mathbf{R}^3$ 的非平凡子空间．

20．已知向量 $\boldsymbol{\alpha}_1=(1,-1,2,4)^{\mathrm{T}}$，$\boldsymbol{\alpha}_2=(0,3,1,2)^{\mathrm{T}}$，$\boldsymbol{\beta}_1=(3,0,7,14)^{\mathrm{T}}$，$\boldsymbol{\beta}_2=(2,1,5,10)^{\mathrm{T}}$，$V_1=L(\boldsymbol{\alpha}_1,\boldsymbol{\alpha}_2)$，$V_2=L(\boldsymbol{\beta}_1,\boldsymbol{\beta}_2)$，证明 $V_1=V_2$.

21．已知 $\boldsymbol{\alpha}_1,\boldsymbol{\alpha}_2,\cdots,\boldsymbol{\alpha}_n$ 是 n 维线性空间 V^n 的一组基，T 是 V^n 的线性变换，证明：T 可逆当且仅当 $T(\boldsymbol{\alpha}_1),T(\boldsymbol{\alpha}_2),\cdots,T(\boldsymbol{\alpha}_n)$ 线性无关．

线性代数在数学建模中的应用 *第8章

生产、生活中的实际问题几乎都不能直接套用现成的数学公式求解，而需要对复杂的实际问题进行分析，发现其中可以用数学语言来描述的关系或规律，把这个实际问题转化为数学问题，这就是数学建模过程. 数学建模可以描述为，对现实世界的一个特定对象，为了一个特定的目的，根据特有的内在规律，做出一些必要的假设，运用适当的教学工具，得到一个数学结构. 大致来说，这个过程可以分为表达、求解、验证几个阶段. 它源于现实，又高于现实，因为它用精确的语言表述了对象的内在特性.

要把数学知识和方法应用到科学技术领域去，就要了解实际问题的工程、物理背景，且需要一种把数学与实际问题相结合的能力. 除了每章（第 7 章除外）最后一节介绍的线性代数相关理论的应用之外，本章将进一步介绍一些利用本书学习的线性代数理论和方法建立数学模型解决实际问题的经典案例，可以从中进一步了解一些实际问题的求解过程，提高用数学的方法分析、解决实际问题的能力.

8.1 生产成本模型

某工厂生产甲、乙、丙三种产品，每个季度的销售量、商品的单位价格、单位利润如表 8.1.1 所示.

表 8.1.1

商品	甲	乙	丙
春季销售量	4000	2000	5800
夏季销售量	4500	2600	6200
秋季销售量	4500	2400	6000
冬季销售量	4000	2200	6000
单位价格/元	150	180	300
单位利润/元	20	30	60

试求各季度的销售额和销售利润及各种产品全年的总销售额和总利润.

解　(1) 设 $\boldsymbol{A}$ 为三种商品的单位价格和单位利润矩阵，$\boldsymbol{B}$ 为各季度的销售量矩阵，则

$$\boldsymbol{A}=\begin{pmatrix}150 & 180 & 300\\ 20 & 30 & 60\end{pmatrix},\boldsymbol{B}=\begin{pmatrix}4000 & 2000 & 5800\\ 4500 & 2600 & 6200\\ 4500 & 2400 & 6000\\ 4000 & 2200 & 6000\end{pmatrix}.$$

各季度的销售额和销售利润（缩小数量级别，单位变为千元）为

$$\boldsymbol{AB}^{\mathrm{T}}=\begin{pmatrix}15 & 18 & 30\\ 2 & 3 & 6\end{pmatrix}\begin{pmatrix}40 & 45 & 45 & 40\\ 20 & 26 & 24 & 22\\ 58 & 62 & 60 & 60\end{pmatrix}$$

$$=\begin{pmatrix}2700 & 3003 & 2907 & 2796\\ 488 & 540 & 522 & 506\end{pmatrix},$$

结果如表 8.1.2 所示.

表 8.1.2

季度	春季	夏季	秋季	冬季
销售额/千元	2700	3003	2907	2796
销售利润/千元	488	540	522	506

（2）各种产品全年的总销售额和总利润（千元）为

$$\boldsymbol{C}=\begin{pmatrix}15 & 18 & 30\\ 2 & 3 & 6\end{pmatrix}\left(\begin{pmatrix}40 & & \\ & 20 & \\ & & 58\end{pmatrix}+\begin{pmatrix}45 & & \\ & 26 & \\ & & 62\end{pmatrix}+\begin{pmatrix}45 & & \\ & 24 & \\ & & 60\end{pmatrix}+\begin{pmatrix}40 & & \\ & 22 & \\ & & 60\end{pmatrix}\right)$$

$$=\begin{pmatrix}2550 & 1656 & 7200\\ 340 & 276 & 1440\end{pmatrix},$$

结果如表 8.1.3 所示.

表 8.1.3

产品	甲	乙	丙
销售额/千元	2550	1656	7200
销售利润/千元	340	276	1440

8.2 商品交换的经济模型

假设一个原始社会的部落中，人们从事三种职业：农业生产、工具和器皿的手工制作、缝制衣物. 最初，假设部落中不存在货币制度，所有的商品和服务均进行实物交换. 我们记从事这三种职业的农民、手工业者和制衣工人分别为 F，M 和 C，并假设图 8.2.1 中的有向图表示实物交易系统.

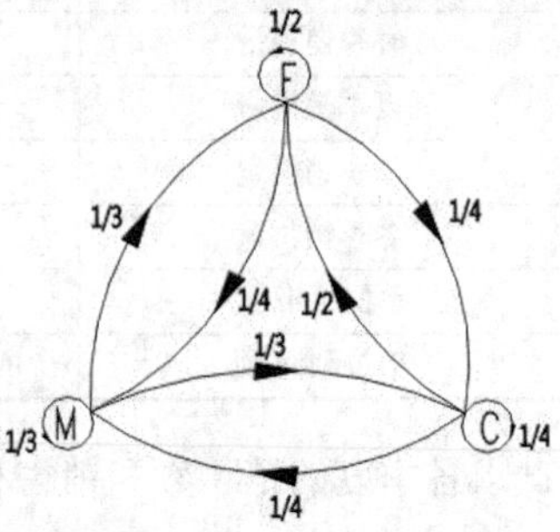

图 8.2.1

图 8.2.1 说明，农民留他们收成的一半给自己，1/4 收成给手工业者，1/4 收成给制衣工人，其他类似.

当部落规模增大时，实物交易系统变得非常复杂，因此，部落决定使用货币系统. 如何给三种产品定价，才可以公平地体现当前的实物交易系统？

解 假设没有资本的积累和债务且每一种产品的价格均反映实物交换系统中产品的价值.

由上面实物交易系统的有向图可得表格 8.2.1.

表 8.2.1

	F	M	C
F	1/2	1/3	1/2
M	1/4	1/3	1/4
C	1/4	1/3	1/4

第一列表示农民生产产品的分配，第二列表示手工业者生产产品的分配，第三列表示制衣工人生产产品的分配.

这个问题可利用诺贝尔奖获得者——经济学家列昂惕夫提出的经济模型转化为线性方程组进行求解.

设所有农产品的价值为 x_1，所有手工业产品的价值为 x_2，所有服装制品的价值为 x_3，如果这个系统是公平的，那么他们获得的产品的价值应等于其生产的产品的总价值，所以我们有线性方程组

$$\begin{cases}\frac{1}{2}x_1+\frac{1}{3}x_2+\frac{1}{2}x_3=x_1,\\ \frac{1}{4}x_1+\frac{1}{3}x_2+\frac{1}{4}x_3=x_2,\\ \frac{1}{4}x_1+\frac{1}{3}x_2+\frac{1}{4}x_3=x_3,\end{cases}$$

可转化为齐次线性方程组

$$\begin{cases}-\frac{1}{2}x_1+\frac{1}{3}x_2+\frac{1}{2}x_3=0,\\ \frac{1}{4}x_1-\frac{2}{3}x_2+\frac{1}{4}x_3=0,\\ \frac{1}{4}x_1+\frac{1}{3}x_2-\frac{3}{4}x_3=0.\end{cases}$$

由高斯消元法可得

$$\boldsymbol{A}=\begin{pmatrix}-1/2 & 1/3 & 1/2\\ 1/4 & -2/3 & 1/4\\ 1/4 & 1/3 & -3/4\end{pmatrix}\to\begin{pmatrix}3 & 0 & -5\\ 0 & 1 & -1\\ 0 & 0 & 0\end{pmatrix},$$

得到同解方程组

$$\begin{cases}3x_1\quad -5x_3=0,\\ \quad x_2-\ x_3=0.\end{cases}$$

选择 x_3 作为自由未知量，得

$$\boldsymbol{X}=\begin{pmatrix}\frac{5}{3}x_3\\ x_3\\ x_3\end{pmatrix},$$

所以变量 x_1,x_2,x_3 应按比列 5∶3∶3 取值，即农产品、手工业产品和服装制品的价值应按比例 5∶3∶3 定价，才能公平地体现当前的食物交易系统.

这个简单的系统是封闭的列昂惕夫生产——消费模型，是理解经济体系的基础. 现代应用则会包含成千上万的工厂并得到一个非常庞大的线性方程组.

8.3 交通流量模型

图 8.3.1 是某个城市的局部交通图，交叉路口由两条单向车道组成，图中给出了在交通高峰时段每小时进入和离开交叉路口的车辆数. 计算在四个交叉路口间车辆的数量，并考虑某一天因故需要控制的街道 B—C 间车流量在每小时 150 辆内的可行性.

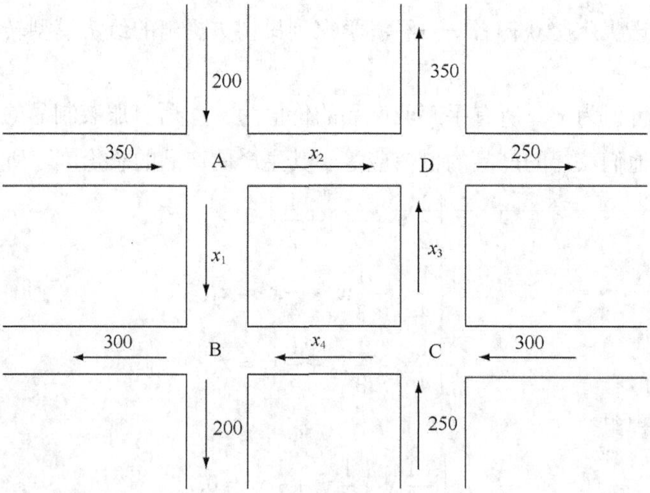

图 8.3.1

解 在每个交叉路口，进入的车辆等于出去的车辆数，因此可得下列方程组

$$\begin{cases} x_1 + x_2 = 550, \\ x_1 + x_4 = 500, \\ x_3 + x_4 = 550, \\ x_2 + x_3 = 600. \end{cases}$$

此方程组的增广矩阵为

$$\widetilde{\boldsymbol{A}} = \begin{pmatrix} 1 & 1 & 0 & 0 & 550 \\ 1 & 0 & 0 & 1 & 500 \\ 0 & 0 & 1 & 1 & 550 \\ 0 & 1 & 1 & 0 & 600 \end{pmatrix},$$

用高斯消元法化为阶梯形矩阵，得

$$\begin{pmatrix} 1 & 0 & 0 & 1 & 500 \\ 0 & 1 & 0 & -1 & 50 \\ 0 & 0 & 1 & 1 & 550 \\ 0 & 0 & 0 & 0 & 0 \end{pmatrix},$$

得到同解方程组

$$\begin{cases} x_1 \qquad + x_4 = 500, \\ \quad x_2 \quad - x_4 = 50, \\ \qquad x_3 + x_4 = 550. \end{cases}$$

选择 x_4 作为自由未知量，解得

$$\boldsymbol{X} = \begin{pmatrix} 500 - x_4 \\ 50 + x_4 \\ 550 - x_4 \\ x_4 \end{pmatrix}.$$

需要控制的街道 B—C 间车流量在每小时 150 辆内，即取 $x_4 = 150$，则 $x_1 = 350$，$x_2 = 200$，$x_3 = 400$，所以要控制 A—B 间车流量在每小时 350 辆内，A—D 间车流量在每小时 200 辆内，C—D 间车流量在每小时 400 辆内.

8.4 人口比例的变化模型

在某个国家里，每年的农村居民依比例 p 向城镇移居，而城镇居民依比例 q 向农村移居. 假设该国的总人口数是一个定值，且人口迁移的规律不变. 记 n 年后农村人口和城镇人口占人口总数的比例依次为 x_n 和 y_n，显然，$x_n + y_n = 1$.

（1）求满足关系式 $\begin{pmatrix} x_{n+1} \\ y_{n+1} \end{pmatrix} = \boldsymbol{A}\begin{pmatrix} x_n \\ y_n \end{pmatrix}$ 中的矩阵 $\boldsymbol{A}$；

（2）假设目前农村人口和城镇人口数量相等，即 $\begin{pmatrix} x_0 \\ y_0 \end{pmatrix} = \begin{pmatrix} 0.5 \\ 0.5 \end{pmatrix}$，当 $p = 0.043,\ q = 0.039$ 时，求 $\begin{pmatrix} x_{10} \\ y_{10} \end{pmatrix}$.

解 设该国的总人口数是个定值 R，第 n 年农村人口和城镇人口分别为 F_n, C_n.

（1）第 $n+1$ 年农村人口和城镇人口分别为

$$F_{n+1} = F_n - pF_n + qC_n,$$
$$C_{n+1} = C_n - qC_n + pF_n,$$

将 $F_n = x_n R, C_n = y_n R$ 代入，有

$$F_{n+1} = x_n R - px_n R + qy_n R,$$
$$C_{n+1} = y_n R - qy_n R + px_n R,$$

即

$$F_{n+1} / R = (1-p)x_n + qy_n,$$
$$C_{n+1} / R = px_n + (1-q)y_n,$$

于是所求的矩阵为

$$\boldsymbol{A} = \begin{pmatrix} 1-p & q \\ p & 1-q \end{pmatrix}.$$

（2）易得

$$\begin{pmatrix} x_{10} \\ y_{10} \end{pmatrix} = \boldsymbol{A}^{10}\begin{pmatrix} 0.5 \\ 0.5 \end{pmatrix}.$$

当 $p = 0.043, q = 0.039$ 时，

$$\boldsymbol{A} = \begin{pmatrix} 1-p & q \\ p & 1-q \end{pmatrix} = \begin{pmatrix} 0.957 & 0.039 \\ 0.043 & 0.961 \end{pmatrix}.$$

易求得 $\boldsymbol{A}$ 的特征值为 $\lambda_1 = 0.918, \lambda_2 = 1.000$，存在相应的特征向量构成的可逆矩阵

$$\boldsymbol{U} = \begin{pmatrix} -0.7071 & -0.6718 \\ 0.7071 & -0.7407 \end{pmatrix},$$

使得

$$\boldsymbol{A} = \boldsymbol{U}\boldsymbol{\Lambda}\boldsymbol{U}^{-1},$$

其中 $\boldsymbol{\Lambda} = \begin{pmatrix} 0.9180 & 0 \\ 0 & 1.0000 \end{pmatrix}$，所以

$$A^{10}=U\Lambda^{10}U^{-1}=\begin{pmatrix}0.6985 & 0.2735\\0.3015 & 0.7265\end{pmatrix}.$$

从而

$$\begin{pmatrix}x_{10}\\y_{10}\end{pmatrix}=A^{10}\begin{pmatrix}x_0\\y_0\end{pmatrix}=\begin{pmatrix}0.6985 & 0.2735\\0.3015 & 0.7265\end{pmatrix}\begin{pmatrix}0.5\\0.5\end{pmatrix}=\begin{pmatrix}0.4860\\0.5140\end{pmatrix}.$$

8.5 线性系统稳定性的判定

线性系统作为一类重要的控制系统模型，在电力、机械、通信、生物、金融、社会等各个领域有着广泛的应用，是重要的研究工具之一.

19 世纪，俄国数学家李亚普诺夫提出了运动系统稳定性的一般理论. 稳定性是指系统在受到各种扰动作用之后，其运动轨迹可以返还原平衡状态，它是所有控制系统都应该满足的一个基本特性. 大范围渐进稳定是一个重要的系统性能.

设系统状态方程为 $\frac{\mathrm{d}X}{\mathrm{d}t}=AX$，其中 A 是 n 阶矩阵，X 是 n 维状态向量. 根据李亚普诺夫稳定性理论，系统在其平衡状态 $X=0$ 处的大范围渐近稳定的充分必要条件是存在正定的实对称矩阵 P，满足 $A^{\mathrm{T}}P+PA=-I$.

例如，取 $A=\begin{pmatrix}-1 & 1\\2 & -3\end{pmatrix}$，判断系统在 $X=0$ 处的大范围渐进稳定性.

解 令矩阵 $P=\begin{pmatrix}x_{11} & x_{12}\\x_{21} & x_{22}\end{pmatrix}$，代入 $A^{\mathrm{T}}P+PA=-I$ 中，得到

$$\begin{pmatrix}-1 & 2\\1 & -3\end{pmatrix}\begin{pmatrix}x_{11} & x_{12}\\x_{21} & x_{22}\end{pmatrix}+\begin{pmatrix}x_{11} & x_{12}\\x_{21} & x_{22}\end{pmatrix}\begin{pmatrix}-1 & 1\\2 & -3\end{pmatrix}=\begin{pmatrix}-1 & 0\\0 & -1\end{pmatrix},$$

解上述矩阵方程，有 $x_{11}=\frac{7}{4},x_{12}=x_{21}=\frac{5}{8},x_{22}=\frac{3}{8}$，即

$$P=\begin{pmatrix}\frac{7}{4} & \frac{5}{8}\\\frac{5}{8} & \frac{3}{8}\end{pmatrix}.$$

进一步，求出 P 的特征值为

$$\lambda_1=1.9916>0,\lambda_2=0.1334>0,$$

由此可知，P 是一个正定矩阵.

因此，系统在 $X=0$ 处的大范围渐进稳定.

8.6 平衡温度分布的数学模型

根据热学中的热传导原理，一块热的物体，如果物体内各点的温度不全一样，处在温度较高点的热量就要向温度较低的点处流动，直到物体内各点处的温度趋于稳定.

现有一块梯形薄板，它的两面是绝热的，如果沿四条板边的温度已知，它们分别为 0°C,0°C, 1°C,2°C，经过一段时间后，板内的温度将趋于稳定，请确定板内各点处的平衡温度分布值. 已知梯形薄板内部的平衡温度完全由边界值确定.

用两族互相垂直的直线，将梯形薄板分割成许多方形网格，如图 8.6.1 所示.

当只取一个内部网格交叉点时，该网格点处的温度为

$$t_0 = \frac{1}{4}(0+0+1+2) = 0.75 .$$

为了得到更多的内部网格交叉点处的温度，我们可以用互相垂直的直线，将梯形板分割成许多方形网格，如细分到内部有 9 个网格交叉点，如图 8.6.2 所示.

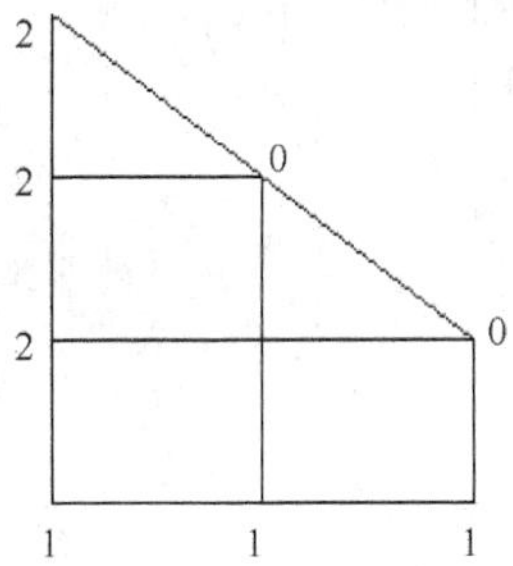

图 8.6.1

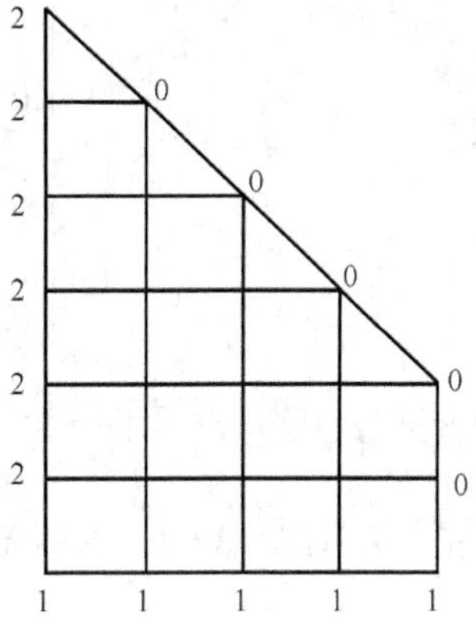

图 8.6.2

将这 9 个网格交叉点处的平衡温度值记作 $t_1, t_2, \cdots, t_9$，得到关于未知量 $t_1, t_2, \cdots, t_9$ 的 9 个方程:

$$t_1 = \frac{1}{4}(t_2 + 2 + 0 + 0) ,$$

$$t_2 = \frac{1}{4}(t_1 + t_3 + t_4 + 2) ,$$

$$t_3 = \frac{1}{4}(t_2 + t_5 + 0 + 0) ,$$

$$t_4 = \frac{1}{4}(t_2 + t_5 + t_7 + 2) ,$$

$$t_5 = \frac{1}{4}(t_3 + t_4 + t_6 + t_8) ,$$

$$t_6 = \frac{1}{4}(t_5 + t_9 + 0 + 0) ,$$

$$t_7 = \frac{1}{4}(t_4 + t_8 + 1 + 2) ,$$

$$t_8 = \frac{1}{4}(t_5 + t_7 + t_9 + 1) ,$$

$$t_9 = \frac{1}{4}(t_6 + t_8 + 1 + 0) ,$$

写成矩阵向量的形式为 $\boldsymbol{T} = \boldsymbol{GT} + \boldsymbol{b}$，其中

$$T=\begin{pmatrix}t_1\\t_2\\t_3\\t_4\\t_5\\t_6\\t_7\\t_8\\t_9\end{pmatrix},G=\begin{pmatrix}0&\frac{1}{4}&0&0&0&0&0&0&0\\\frac{1}{4}&0&\frac{1}{4}&\frac{1}{4}&0&0&0&0&0\\0&\frac{1}{4}&0&0&\frac{1}{4}&0&0&0&0\\0&\frac{1}{4}&0&0&\frac{1}{4}&0&\frac{1}{4}&0&0\\0&0&\frac{1}{4}&\frac{1}{4}&0&\frac{1}{4}&0&\frac{1}{4}&0\\0&0&0&0&\frac{1}{4}&0&0&0&\frac{1}{4}\\0&0&0&\frac{1}{4}&0&0&0&\frac{1}{4}&0\\0&0&0&0&\frac{1}{4}&0&\frac{1}{4}&0&\frac{1}{4}\\0&0&0&0&0&\frac{1}{4}&0&\frac{1}{4}&0\end{pmatrix},b=\begin{pmatrix}\frac{1}{2}\\\frac{1}{2}\\0\\\frac{1}{2}\\0\\0\\\frac{3}{4}\\\frac{1}{4}\\\frac{1}{4}\end{pmatrix}.$$

将 $\boldsymbol{T}=\boldsymbol{G}\boldsymbol{T}+\boldsymbol{b}$ 改写为线性方程组

$$(\boldsymbol{I}-\boldsymbol{G})\boldsymbol{T}=\boldsymbol{b}. \tag{8.6.1}$$

用 $(\boldsymbol{I}-\boldsymbol{G})^{-1}$ 左乘方程组（8.6.1）的两端，得

$$\boldsymbol{T}=\begin{pmatrix}0.7846\\1.1383\\0.4719\\1.2967\\0.7491\\0.3265\\1.2995\\0.9041\\0.5570\end{pmatrix}.$$

可继续加密分割线，用类似的方法，得到关于网格交叉点处 49 个温度值 $t_1,t_2,\cdots,t_{49}$ 的线性方程组，用 Matlab 可以求得 49 个温度值，比较可知，在 $t_1,t_2,\cdots,t_9$ 处的平衡温度值如表 8.6.1 所示.

表 8.6.1　网格点处的平衡温度值

温度	1 个内部网格交叉点	9 个内部网格交叉点	49 个内部网格交叉点
t_1		0.7846	0.8048
t_2		1.1383	1.1533
t_3		0.4719	0.4778
t_4		1.2967	1.3078
t_5	0.7500	0.7491	0.7513
t_6		0.3265	0.3157
t_7		1.2995	1.3042
t_8		0.9041	0.9032
t_9		0.5570	0.5554

当网格间距继续减少时，得到的温度就更加接近实际的平均温度值.

8.7 种群增长模型

为了研究动物种群的年龄分布和数量增长规律，一个经典的模型化方法是将物种的生命周期划分为 n 个阶段（以年为单位）. 假设每个阶段种群的大小仅依赖于雌性的数量，且每一个雌性个体从一年到下一年存活率仅依赖于它在生命周期的阶段，并不依赖于个体的实际年龄. 设第 i 个阶段种群的数量为 x_i，其存活率为 p_i，生育率为 c_i，并构造矩阵

$$\boldsymbol{A}=\begin{pmatrix} c_1 & c_2 & \cdots & c_{n-1} & c_n \\ p_1 & 0 & \cdots & 0 & 0 \\ 0 & p_2 & \cdots & 0 & 0 \\ \vdots & \vdots & & \vdots & \vdots \\ 0 & 0 & \cdots & p_{n-1} & 0 \end{pmatrix},$$

则可以预测以后每个阶段种群的数量

$$\boldsymbol{X}_{i+1}=\boldsymbol{A}\boldsymbol{X}_i .$$

例如，一种老鼠的最大生存年龄为 3 年，分成三个年龄阶段 $[0,1),[1,2),[2,3)$，据统计，每个阶段的存活率为 $p_1=0.3, p_2=0.1$，每个阶段的生育率为

$$c_1=200, c_2=300, c_3=200 .$$

现有三个年龄阶段的老鼠分别为 10，10，10，即

$$\boldsymbol{X}_1=\begin{pmatrix} 10 \\ 10 \\ 10 \end{pmatrix}, \boldsymbol{A}=\begin{pmatrix} 200 & 300 & 200 \\ 0.3 & 0 & 0 \\ 0 & 0.1 & 0 \end{pmatrix},$$

则一年后三个阶段老鼠的数量为

$$\boldsymbol{X}_2=\begin{pmatrix} 200 & 300 & 200 \\ 0.3 & 0 & 0 \\ 0 & 0.1 & 0 \end{pmatrix}\begin{pmatrix} 10 \\ 10 \\ 10 \end{pmatrix}=\begin{pmatrix} 7000 \\ 3 \\ 1 \end{pmatrix};$$

再一年后三个阶段老鼠的数量为

$$\boldsymbol{X}_3=\begin{pmatrix} 200 & 300 & 200 \\ 0.3 & 0 & 0 \\ 0 & 0.1 & 0 \end{pmatrix}\begin{pmatrix} 7000 \\ 3 \\ 1 \end{pmatrix}=\begin{pmatrix} 1401100 \\ 2100 \\ 0.3 \end{pmatrix}.$$

这说明这种老鼠的繁殖能力非常强大，但存活率不高，基本上没有活过两年以上的.

8.8 信息编码模型

在编制密码时，我们可以将 26 个字母和整数建立一一对应关系，如下所示.

$$\begin{matrix} \text{A} & \text{B} & \text{C} & \cdots & \text{Y} & \text{Z} \\ \updownarrow & \updownarrow & \updownarrow & & \updownarrow & \updownarrow \\ 1 & 2 & 3 & \cdots & 25 & 26 \end{matrix}$$

例如，信息“MADE IN USA”转化为整数编码为

13，1，4，5，9，14，21，19，1.

然后传输一串整数，但这样编码很容易被别人破译. 一个较长的信息编码中，人们会根据出现频率最高的数值而猜测出它代表的是哪个字母. 如在上述编码中，出现最多次的数值为 1，人们自然会想到它代表的是字母 A（统计学原理）.

为了防止密码被非法人员破译，我们可以用可逆矩阵作矩阵乘法，对信息进一步伪装，这样就增加了非法用户破译的难度. 设 $\boldsymbol{A}$ 是所有元素都为整数的可逆矩阵，且 $|\boldsymbol{A}|=\pm 1$，这样由 $\boldsymbol{A}^{-1}=\frac{1}{|\boldsymbol{A}|}\boldsymbol{A}^*$ 可知 $\boldsymbol{A}^{-1}$ 的所有元素也为整数. 我们可以利用这样的矩阵 $\boldsymbol{A}$ 来对信息进行加密，加密后的信息很难破译.

不妨设

$$\boldsymbol{A}=\begin{pmatrix}1&1&0\\2&1&1\\3&2&2\end{pmatrix},$$

经计算

$$\boldsymbol{A}^{-1}=\begin{pmatrix}0&2&-1\\1&-2&1\\-1&-1&1\end{pmatrix}.$$

将需要编码的信息放置在三阶矩阵 $\boldsymbol{B}$ 的各列上，则

$$\boldsymbol{B}=\begin{pmatrix}13&5&21\\1&9&19\\4&14&1\end{pmatrix}.$$

作矩阵乘积

$$\boldsymbol{AB}=\begin{pmatrix}1&1&0\\2&1&1\\3&2&2\end{pmatrix}\begin{pmatrix}13&5&21\\1&9&19\\4&14&1\end{pmatrix}=\begin{pmatrix}14&14&40\\31&33&62\\49&61&103\end{pmatrix},$$

则用于传输的编码变为

14，31，49，14，33，61，40，62，103.

接收者可以通过乘以 $\boldsymbol{A}^{-1}$ 进行破译

$$\boldsymbol{A}^{-1}\begin{pmatrix}14&14&40\\31&33&62\\49&61&103\end{pmatrix}=\begin{pmatrix}0&2&-1\\1&-2&1\\-1&-1&1\end{pmatrix}\begin{pmatrix}14&14&40\\31&33&62\\49&61&103\end{pmatrix}$$

$$=\begin{pmatrix}13&5&21\\1&9&19\\4&14&1\end{pmatrix}.$$

这样，就可以得到原信息.

为了构造用于编码的可逆矩阵 $\boldsymbol{A}$，我们可以从单位矩阵 $\boldsymbol{I}$ 开始，有限次地使用第三种初等变换，而且只用某行的整数倍加到另一行上，也可使用第一种初等变换. 结果矩阵 $\boldsymbol{A}$ 将只有整数元素，并且由于 $|\boldsymbol{A}|=\pm 1$，$\boldsymbol{A}^{-1}$ 也将只有整数元素.

例如，$\begin{pmatrix}1&0&0\\0&1&0\\0&0&1\end{pmatrix}\xrightarrow{r_1+2r_2+r_3}\begin{pmatrix}1&2&1\\0&1&0\\0&0&1\end{pmatrix}\xrightarrow{r_2+2r_1+r_3}\begin{pmatrix}1&2&1\\2&5&3\\0&0&1\end{pmatrix}\xrightarrow{r_3+2r_1}\begin{pmatrix}1&2&1\\2&5&3\\2&4&3\end{pmatrix}$，于是可取 $\boldsymbol{A}=\begin{pmatrix}1&2&1\\2&5&3\\2&4&3\end{pmatrix}$，且 $\boldsymbol{A}^{-1}=\begin{pmatrix}3&-2&1\\0&1&-1\\-2&0&1\end{pmatrix}$.

8.9 马尔可夫链

马尔可夫过程是一种特殊的随机过程，马尔可夫链是离散化的马尔可夫过程，最初是由俄国数学家马尔可夫 1986 年提出和研究的，其应用十分广泛，在动态经济模型、时间序列分析、回归分析、网络控制及语音识别等领域有着重要的应用.

定义 8.9.1 如果一个系统每个时刻有 n 个状态，但它每次只能处于一个状态，并且在第 n 个时刻，系统处于某种状态的概率只依赖于前一时刻的状态，这样一个系统称为**马尔可夫链**，或者**马尔可夫过程**.

下面为一个马尔可夫链的例子.

例 设有甲、乙、丙、丁四家企业生产同种商品，共同供应 500 家用户，各用户在企业间自由选购，但不超出这四家企业，也不会有新用户. 经市场调查，80%购买甲企业产品的客户将在下一个月继续购买，10%现在购买乙企业产品的客户将改为购买甲企业的，5%现在购买丙或丁企业的将改为购买甲企业的产品. 这些结果汇总在表 8.9.1 中.

表 8.9.1

后＼前	甲	乙	丙	丁
甲	0.8	0.1	0.05	0.05
乙	0.1	0.8	0.05	0.05
丙	0.05	0.05	0.8	0.1
丁	0.05	0.05	0.1	0.8

假设现在四家企业拥有的客户分别为 200，100，100，100. 令

$$\boldsymbol{A}=\begin{pmatrix}0.8&0.1&0.05&0.05\\0.1&0.8&0.05&0.05\\0.05&0.05&0.8&0.1\\0.05&0.05&0.1&0.8\end{pmatrix},\boldsymbol{X}_0=\begin{pmatrix}200\\100\\100\\100\end{pmatrix},$$

则可预测下个月的各企业拥有的客户数：

$$\boldsymbol{X}_1=\boldsymbol{A}\boldsymbol{X}_0=\begin{pmatrix}0.8&0.1&0.05&0.05\\0.1&0.8&0.05&0.05\\0.05&0.05&0.8&0.1\\0.05&0.05&0.1&0.8\end{pmatrix}\begin{pmatrix}200\\100\\100\\100\end{pmatrix}=\begin{pmatrix}180\\110\\105\\105\end{pmatrix}.$$

类似地，可以预测将来每个月各企业拥有的客户数

$$\boldsymbol{X}_{n+1}=\boldsymbol{A}\boldsymbol{X}_n, n=1,2,\cdots,$$

其中 $\boldsymbol{X}_i$ 称为**状态向量**，状态向量的序列称为**马尔可夫链**，$\boldsymbol{A}$ 称为**转移概率矩阵**. $\boldsymbol{A}$ 的每一列为一个**概率向量**，即元素均为非负的，且元素的和为 1.

令 $\boldsymbol{Y}_0 = \dfrac{1}{500}\boldsymbol{X}_0 = \begin{pmatrix} 0.4 \\ 0.2 \\ 0.2 \\ 0.2 \end{pmatrix}$，得到初始状态概率向量，即初始的各企业该产品的市场占有率，$\boldsymbol{Y}_1$ 为下一个月的市场占有率.

假设该产品用户的流动情况按上述的情况继续变化下去，我们来求四个企业该产品的市场占有的稳定状态概率，这是由转移概率矩阵 $\boldsymbol{A}$ 的特征值和特征向量决定的.

易求得 $\boldsymbol{A}$ 的特征值为 $\lambda_1 = 1, \lambda_2 = 0.8, \lambda_3 = \lambda_4 = 0.7$. $\boldsymbol{A}$ 为实对称矩阵，所以可对角化，可求得 $\boldsymbol{A}$ 的特征向量构成的可逆矩阵

$$\boldsymbol{U} = \begin{pmatrix} 1 & -1 & 0 & 1 \\ 1 & -1 & 0 & -1 \\ 1 & 1 & 1 & 0 \\ 1 & 1 & -1 & 0 \end{pmatrix},$$

则

$$\boldsymbol{A} = \boldsymbol{U}\boldsymbol{\Lambda}\boldsymbol{U}^{-1} = \begin{pmatrix} 1 & -1 & 0 & 1 \\ 1 & -1 & 0 & -1 \\ 1 & 1 & 1 & 0 \\ 1 & 1 & -1 & 0 \end{pmatrix}\begin{pmatrix} 1 & & & \\ & 0.8 & & \\ & & 0.7 & \\ & & & 0.7 \end{pmatrix}\begin{pmatrix} 0.25 & 0.25 & 0.25 & 0.25 \\ -0.25 & -0.25 & 0.25 & 0.25 \\ 0 & 0 & 0.5 & -0.5 \\ 0.5 & -0.5 & 0 & 0 \end{pmatrix}.$$

故

$$\begin{aligned} \boldsymbol{Y}_n &= \boldsymbol{U}\boldsymbol{\Lambda}^n\boldsymbol{U}^{-1}\boldsymbol{Y}_0 \\ &= \boldsymbol{U}\boldsymbol{\Lambda}^n(0.25, -0.05, 0, 0.1)^{\mathrm{T}} \\ &= \boldsymbol{U}(0.25, -0.05(0.8)^n, 0, 0.1(0.7)^n)^{\mathrm{T}} \\ &= 0.25\begin{pmatrix} 1 \\ 1 \\ 1 \\ 1 \end{pmatrix} - 0.05(0.8)^n\begin{pmatrix} -1 \\ -1 \\ 1 \\ 1 \end{pmatrix} + 0.1(0.7)^n\begin{pmatrix} 1 \\ -1 \\ 0 \\ 0 \end{pmatrix}. \end{aligned}$$

当 $n \to \infty$ 时，

$$\boldsymbol{Y}_n \to \boldsymbol{Y} = \begin{pmatrix} 0.25 \\ 0.25 \\ 0.25 \\ 0.25 \end{pmatrix}.$$

经过长时间后，状态向量将不再变化，四个企业生产的该产品的市场占有率将平均分配.

8.10 常染色体遗传模型

在常染色体遗传中，后代从每个亲体的基因对中各自继承一个基因，形成自己的基因对，基因对也称基因型. 如果考虑的遗传特征是由两个基因 A 和 a 控制的，那么就有 3 个基因对，记为 AA,

Aa，aa. 例如，人类眼睛的颜色是由两个遗传基因决定的，基因是 AA 型或 Aa 型的人，眼睛为棕色的；基因是 aa 型的人，眼睛是蓝色的. 这里 AA 和 Aa 都表示了同一外部特征，我们认为基因 A 支配基因 a，也可以认为基因 a 对于 A 是隐性的. 当一个亲体的基因型为 Aa，而另一个亲体的基因型为 aa，那么后代可以从 aa 型中得到基因 a，从 Aa 型中或得到 A，或得到 a，且是等可能地得到. 这样，后代基因型为 aa 或 Aa 的可能性相等.

现农场的植物园中某种植物的基因型为 AA，Aa，aa. 农场计划采用 AA 型植物与每种基因植物相结合的方案培育植物后代. 经过若干年后，这种植物的任一代的三种基因型分布如何？表 8.10.1 给出了双亲体基因型的所有可能的结合，使其后代形成每种基因的概率.

表 8.10.1

后代基因型	父体-母体基因型					
	AA-AA	AA-Aa	AA-aa	Aa-Aa	Aa-aa	aa-aa
AA	1	1/2	0	1/4	0	0
Aa	0	1/2	1	1/2	1/2	0
aa	0	0	0	1/4	1/2	1

解 设 $a_n, b_n, c_n\ (n=0,1,2,\cdots)$ 分别表示第 n 代植物中基因型为 AA，Aa，aa 的植物占总数的比率，且设 $\boldsymbol{X}_n$ 表示第 n 代植物的基因型分布.

当 $n=0$ 时，

$$\boldsymbol{X}_0=\begin{pmatrix}a_0\\b_0\\c_0\end{pmatrix},$$

显然有

$$a_0+b_0+c_0=1.$$

问题转化为求当 $n\to\infty$ 时，$\boldsymbol{X}_n$ 的极限情况.

考虑第 n 代植物中基因型为 AA 的，由表 8.10.1 可知第 $n-1$ 代植物中 AA 基因型与 AA 基因型结合，后代全部是 AA 型；第 $n-1$ 代植物中 Aa 基因型与 AA 基因型结合，后代是 AA 型的可能性为 $\frac{1}{2}$；第 $n-1$ 代植物中 aa 基因型与 AA 基因型结合，后代不可能是 AA 型. 所以有

$$a_n=1\cdot a_{n-1}+\frac{1}{2}b_{n-1}+0\cdot c_{n-1},$$

即

$$a_n=a_{n-1}+\frac{1}{2}b_{n-1}. \tag{8.10.1}$$

类似地，第 n 代植物中 Aa 基因型与 aa 基因型分别为

$$b_n=\frac{1}{2}b_{n-1}+c_{n-1}, \tag{8.10.2}$$

$$c_n=0. \tag{8.10.3}$$

用矩阵表示为

$$\boldsymbol{X}_n=\boldsymbol{A}\boldsymbol{X}_{n-1}\ (n=1,2,\cdots), \tag{8.10.4}$$

其中

$$A=\begin{pmatrix}1 & 1/2 & 0\\ 0 & 1/2 & 1\\ 0 & 0 & 0\end{pmatrix}.$$

由式（8.10.4）可递推得到第 n 代植物基因分布的数学模型

$$X_n=AX_{n-1}=A^2X_{n-2}=\cdots=A^nX_0.$$

又将式（8.10.1）、式（8.10.2）、式（8.10.3）三式相加，得

$$a_n+b_n+c_n=a_{n-1}+b_{n-1}+c_{n-1}.$$

由初始条件得

$$a_n+b_n+c_n=a_0+b_0+c_0=1. \tag{8.10.5}$$

所以，历代基因型分布由初始分布（8.10.5）及矩阵 A 确定.

下面将 A 对角化，易求得 A 的特征值为 $\lambda_1=1,\lambda_2=1/2,\lambda_3=0$. 三个特征值互不相同，所以 A 可对角化，其对应的特征向量构成的可逆矩阵为

$$U=\begin{pmatrix}1 & 1 & 1\\ 0 & -1 & -2\\ 0 & 0 & 1\end{pmatrix},$$

计算得 $U^{-1}=U$. 因此

$$\begin{aligned}X_n&=A^nX_0=U\Lambda^nU^{-1}X_0\\
&=\begin{pmatrix}1 & 1 & 1\\ 0 & -1 & -2\\ 0 & 0 & 1\end{pmatrix}\begin{pmatrix}1 & & \\ & 1/2 & \\ & & 0\end{pmatrix}^n\begin{pmatrix}1 & 1 & 1\\ 0 & -1 & -2\\ 0 & 0 & 1\end{pmatrix}\begin{pmatrix}a_0\\ b_0\\ c_0\end{pmatrix}\\
&=\begin{pmatrix}1 & 1 & 1\\ 0 & -1 & -2\\ 0 & 0 & 1\end{pmatrix}\begin{pmatrix}1 & & \\ & 1/2^n & \\ & & 0\end{pmatrix}\begin{pmatrix}1 & 1 & 1\\ 0 & -1 & -2\\ 0 & 0 & 1\end{pmatrix}\begin{pmatrix}a_0\\ b_0\\ c_0\end{pmatrix}\\
&=\begin{pmatrix}a_0+b_0+c_0-\left(\frac{1}{2}\right)^n b_0-\left(\frac{1}{2}\right)^{n-1} c_0\\ \left(\frac{1}{2}\right)^n b_0+\left(\frac{1}{2}\right)^{n-1} c_0\\ 0\end{pmatrix},\end{aligned}$$

即

$$\begin{cases}a_n=1-\left(\frac{1}{2}\right)^n b_0-\left(\frac{1}{2}\right)^{n-1} c_0,\\ b_n=\left(\frac{1}{2}\right)^n b_0+\left(\frac{1}{2}\right)^{n-1} c_0,\\ c_n=0.\end{cases}$$

当 $n\to\infty$ 时，$a_n\to 1,b_n\to 0,c_n\to 0$.

这说明，经过若干年后，培育的植物都是 AA 型的基因.

部分习题参考答案

习题一

1.（1）$\sigma=3$，奇排列；（2）$\sigma=9$，奇排列；

（3）$\sigma=\dfrac{n(n+1)}{2}$，当 $n=4k,4k-1$ 时，偶排列，当 $n=4k-2,4k-3$ 时，奇排列.

2.（1）$i=6,k=4$；（2）$i=1,k=4$.

3.（1）带负号；（2）带正号；（3）带正号.

4.（1）5；（2）20；（3）$3abc-a^3-b^3-c^3$；

（4）8；（5）14；（6）$(-1)^{n+1}\cdot n!$.

5. $2x^4;-x^3$. 系数分别是 2，−1.

6. 由行列式定义知，该行列式的展开式中有一项是 $(a_{11}-\lambda)(a_{22}-\lambda)\cdots(a_{nn}-\lambda)$，而其他项至多是关于 λ 的 $n-1$ 次多项式，所以该行列式是关于 λ 的 n 次多项式.

7.（1）−10；（2）$2-\lambda$；

（3）8；（4）$(x-a)(a-b)(b-x)(x+a+b)$；

（5）−3；（6）160；

（7）0；（8）5.

9.（1）$ab+cd+ad+abcd+1$；（2）−72；

（3）$1-a+a^2-a^3+a^4-a^5$；（4）$a^n+(-1)^{n+1}b^n$；

（5）$\left(a_0-\sum\limits_{i=1}^{n}\dfrac{1}{a_i}\right)\prod\limits_{i=1}^{n}a_i$；（6）$x^n+x^{n-1}\sum\limits_{i=1}^{n}a_i$；

（7）$(a^2-b^2)^n$；（8）$6(n-3)!$；

（9）a^2b^2；（10）$(-1)^n(n+1)\prod\limits_{i=1}^{n}a_i$.

10.（1）$x_1=3,x_2=-2,x_3=2$；（2）$x_1=2,x_2=-3,x_3=-2$；

（3）$x_1=a,x_2=b,x_3=c$；（4）$x_1=x_2=1,x_3=x_4=-1$.

11.（1）$k\neq 2$；（2）$k\neq 1$.

12.（1）$k=4,-1$；（2）$k=0,-3$.

13. $(a+1)^2=4b$.

14.（1）$x_1=-3,x_2=\sqrt{3},x_3=-\sqrt{3}$；（2）$x_1=a,x_2=b,x_3=c$；

（3）$x=y=z=0$.

15. $f(x)=5x(x-1)$，$x=0$ 或 $x=1$.

16. 24.

习题二

1.（1）$\begin{pmatrix} 14 & 13 & 8 & 7 \\ -2 & 5 & -2 & 5 \\ 2 & 1 & 6 & 5 \end{pmatrix}$；（2）$\begin{pmatrix} 3 & 1 & 1 & -1 \\ -4 & 0 & -4 & 0 \\ -1 & -3 & -3 & -5 \end{pmatrix}$.

2.（1）$O_{3\times3}$；（2）$\begin{pmatrix} 35 \\ 6 \\ 49 \end{pmatrix}$；

（3）$a_{11}x_1^2 + 2a_{12}x_1x_2 + 2a_{13}x_1x_3 + a_{22}x_2^2 + 2a_{23}x_2x_3 + a_{33}x_3^2$；

（4）10；（5）$\begin{pmatrix} 3 & 6 & 9 \\ 2 & 4 & 6 \\ 1 & 2 & 3 \end{pmatrix}$.

3.（1）$\begin{pmatrix} -9 & 0 & 6 \\ -6 & 0 & 0 \\ -6 & 0 & 9 \end{pmatrix}$；（2）$\begin{pmatrix} 0 & 0 & 6 \\ -3 & 0 & 0 \\ -6 & 0 & 0 \end{pmatrix}$.

比较（1）与（2）的结果，可得出$(A+B)(A-B) \neq A^2 - B^2$.

4. $\begin{pmatrix} 5 & 1 & 3 \\ 8 & 0 & 3 \\ -2 & 1 & -2 \end{pmatrix}$.

5. 证 $|A+I_n| = |A+AA^{\mathrm{T}}| = |A(I_n + A^{\mathrm{T}})| = |A||I_n + A^{\mathrm{T}}| = -|I_n + A^{\mathrm{T}}| = -|(I_n + A^{\mathrm{T}})^{\mathrm{T}}| = -|I_n + A|$，则$|A+I_n| = 0$.

6. 证 A, B为n阶对称矩阵，则$A^{\mathrm{T}} = A$，$B^{\mathrm{T}} = B$.

AB是对称矩阵$\Leftrightarrow (AB)^{\mathrm{T}} = AB \Leftrightarrow B^{\mathrm{T}}A^{\mathrm{T}} = AB \Leftrightarrow BA = AB$.

7. $\alpha = (1,-1,1)^{\mathrm{T}}$，$\alpha^{\mathrm{T}}\alpha = 3$.

8. 3^k.

9.（1）$-\dfrac{1}{2}\begin{pmatrix} 4 & -2 \\ -3 & 1 \end{pmatrix}$；（2）$\begin{pmatrix} 3 & -1 & -1 \\ -4 & 2 & 1 \\ -1 & 0 & 1 \end{pmatrix}$；

（3）$\begin{pmatrix} -1 & -1 & -1 \\ 1 & 1 & 0 \\ 1 & 0 & 1 \end{pmatrix}$；（4）$\begin{pmatrix} \dfrac{1}{a_1} & & & \\ & \dfrac{1}{a_2} & & \\ & & \ddots & \\ & & & \dfrac{1}{a_n} \end{pmatrix}$.

10. $\dfrac{16}{125}$.

11．证　由$\boldsymbol{A}^2=\boldsymbol{A}$，两边取行列式，得$|\boldsymbol{A}^2|=|\boldsymbol{A}|\Rightarrow|\boldsymbol{A}|=0$或$|\boldsymbol{A}|=1$．若$|\boldsymbol{A}|=0$，则$\boldsymbol{A}$不可逆；若$|\boldsymbol{A}|=1$，由$\boldsymbol{A}^2=\boldsymbol{A}$，得$\boldsymbol{A}(\boldsymbol{A}-\boldsymbol{I})=\boldsymbol{O}$，两边同时左乘$\boldsymbol{A}^{-1}$得$\boldsymbol{A}^{-1}\boldsymbol{A}(\boldsymbol{A}-\boldsymbol{I})=\boldsymbol{A}^{-1}\boldsymbol{O}$，则$\boldsymbol{A}=\boldsymbol{I}$．

12．证　（1）$(\boldsymbol{A}-3\boldsymbol{I})(\boldsymbol{A}+\boldsymbol{I})=\boldsymbol{I}$，则$\boldsymbol{A}-3\boldsymbol{I}$可逆，且$(\boldsymbol{A}-3\boldsymbol{I})^{-1}=\boldsymbol{A}+\boldsymbol{I}$；

（2）$\boldsymbol{A}\dfrac{\boldsymbol{A}-\boldsymbol{I}}{-2}=\boldsymbol{I}$，则$\boldsymbol{A}$可逆，且$\boldsymbol{A}^{-1}=\dfrac{\boldsymbol{A}-\boldsymbol{I}}{-2}$．

13．$\begin{pmatrix}\frac{1}{6} & 0 & \frac{1}{6}\\ 0 & \frac{1}{3} & \frac{2}{3}\\ 0 & 0 & \frac{1}{2}\end{pmatrix}$

14．52．

15．（1）$\begin{pmatrix}\boldsymbol{O} & \boldsymbol{B}^{-1}\\ \boldsymbol{A}^{-1} & \boldsymbol{O}\end{pmatrix}$；

（2）$\begin{pmatrix}0 & 0 & \cdots & 0 & \frac{1}{a_n}\\ \frac{1}{a_1} & 0 & \cdots & 0 & 0\\ 0 & \frac{1}{a_2} & \cdots & 0 & 0\\ \vdots & \vdots & & \vdots & \vdots\\ 0 & 0 & \cdots & \frac{1}{a_{n-1}} & 0\end{pmatrix}$．

16．$\begin{pmatrix}9 & -3\\ 8 & -2\\ 7 & -3\end{pmatrix}$．

17．$\begin{pmatrix}6 & -5\\ 9 & -16\\ -\frac{7}{2} & \frac{13}{2}\end{pmatrix}$．

18．$\begin{pmatrix}\frac{5}{2} & 1 & -2\\ 3 & -1 & -2\end{pmatrix}$．

19．（1）3；（2）3．

20．$k=-3$．

21．（1）$\begin{cases}x_1=\ \ 4x_3-4x_4,\\ x_2=-3x_3+3x_4;\end{cases}$

（2）无解；

（3）$\begin{cases}x_1=2,\\ x_2=3,\\ x_3=1.\end{cases}$

习题三

1．$\boldsymbol{v}=(30,-10,-20,-16)$．

2．$a=1,b=-1,c=-2$．

3.（1）可以，$\boldsymbol{\beta}=2\boldsymbol{\alpha}_1-\boldsymbol{\alpha}_2-3\boldsymbol{\alpha}_3$；（2）可以，$\boldsymbol{\beta}=-11\boldsymbol{\alpha}_1+14\boldsymbol{\alpha}_2+9\boldsymbol{\alpha}_3$；

（3）不可以；（4）可以，$\boldsymbol{\beta}=\frac{5}{4}\boldsymbol{\alpha}_1+\frac{1}{4}\boldsymbol{\alpha}_2-\frac{1}{4}\boldsymbol{\alpha}_3-\frac{1}{4}\boldsymbol{\alpha}_4$.

4．证明略. $\boldsymbol{\beta}=(b_1-b_2)\boldsymbol{\alpha}_1+(b_2-b_3)\boldsymbol{\alpha}_2+(b_3-b_4)\boldsymbol{\alpha}_3+b_4\boldsymbol{\alpha}_4$.

5.（1）错；（2）错；（3）错 ；（4）错.

6.（1）线性无关；（2）线性相关；（3）线性相关；（4）线性相关；（5）当a,b,c互不相同时，线性无关；当a,b,c中有两个相同时，线性相关.

7．$a=3$.

8.（1）当$a\neq 2$时，$\boldsymbol{\alpha}_1,\boldsymbol{\alpha}_2,\boldsymbol{\alpha}_3,\boldsymbol{\alpha}_4$线性无关；

（2）当$a=2$时，$\boldsymbol{\alpha}_1,\boldsymbol{\alpha}_2,\boldsymbol{\alpha}_3,\boldsymbol{\alpha}_4$线性相关，并且$r(\boldsymbol{\alpha}_1,\boldsymbol{\alpha}_2,\boldsymbol{\alpha}_3,\boldsymbol{\alpha}_4)=3$.

9.（1）线性无关；（2）线性无关；（3）线性相关.

10．不是，是线性相关.

11．**证** 因为在$\mathbf{R}^n$中，$n+1$个向量$\boldsymbol{\alpha}_1,\boldsymbol{\alpha}_2,\cdots,\boldsymbol{\alpha}_n,\boldsymbol{\beta}$必线性相关，又由已知$\boldsymbol{\alpha}_1,\boldsymbol{\alpha}_2,\cdots,\boldsymbol{\alpha}_n$线性无关，则向量$\boldsymbol{\beta}$可以由它线性表示，且表达式唯一.

12．**证** 必要性. 因为$\boldsymbol{\alpha}_1,\boldsymbol{\alpha}_2,\cdots,\boldsymbol{\alpha}_s$线性相关，故存在一组不全为零的数$k_1,k_2,\cdots,k_s$，使

$$k_1\boldsymbol{\alpha}_1+k_2\boldsymbol{\alpha}_2+\cdots+k_s\boldsymbol{\alpha}_s=\mathbf{0}. \tag{1}$$

不妨设$k_i\neq 0$，$k_{i+1}=\cdots=k_s=0$，则式（1）变成$k_1\boldsymbol{\alpha}_1+k_2\boldsymbol{\alpha}_2+\cdots+k_i\boldsymbol{\alpha}_i=\mathbf{0}$，于是得$\boldsymbol{\alpha}_i=\left(-\frac{k_1}{k_i}\right)\boldsymbol{\alpha}_1+\cdots+\left(-\frac{k_{i-1}}{k_i}\boldsymbol{\alpha}_{i-1}\right)$，即$\boldsymbol{\alpha}_i$可由$\boldsymbol{\alpha}_1,\boldsymbol{\alpha}_2,\cdots,\boldsymbol{\alpha}_{i-1}$线性表示，其中$1<i\leqslant s$（若$i=1$，有$k_1\boldsymbol{\alpha}_1=\mathbf{0}$，而$k_1\neq 0$，于是$\boldsymbol{\alpha}_1=\mathbf{0}$，与条件矛盾，故$i>1$）.

充分性. 因为$\boldsymbol{\alpha}_i$可以由$\boldsymbol{\alpha}_1,\boldsymbol{\alpha}_2,\cdots,\boldsymbol{\alpha}_{i-1}$线性表示，即存在$k_1,k_2,\cdots,k_{i-1}$，使$\boldsymbol{\alpha}_i=k_1\boldsymbol{\alpha}_1+k_2\boldsymbol{\alpha}_2+\cdots+k_{i-1}\boldsymbol{\alpha}_{i-1}$，当然也有

$$\boldsymbol{\alpha}_i=k_1\boldsymbol{\alpha}_1+k_2\boldsymbol{\alpha}_2+\cdots+k_{i-1}\boldsymbol{\alpha}_{i-1}+0\boldsymbol{\alpha}_{i+1}+\cdots+0\boldsymbol{\alpha}_s,$$

这表明$\boldsymbol{\alpha}_i$可由其余向量线性表示，可知，$\boldsymbol{\alpha}_1,\boldsymbol{\alpha}_2,\cdots,\boldsymbol{\alpha}_s$线性相关.

13．**证** 设$r(\boldsymbol{\alpha}_1,\boldsymbol{\alpha}_2,\cdots,\boldsymbol{\alpha}_s)=r(\boldsymbol{\alpha}_1,\boldsymbol{\alpha}_2,\cdots,\boldsymbol{\alpha}_s,\boldsymbol{\beta})=r$，不妨设$\boldsymbol{\alpha}_1,\boldsymbol{\alpha}_2,\cdots,\boldsymbol{\alpha}_r$就是向量组$\boldsymbol{\alpha}_1,\boldsymbol{\alpha}_2,\cdots,\boldsymbol{\alpha}_s$的一个极大无关组，则由条件知$\boldsymbol{\alpha}_1,\boldsymbol{\alpha}_2,\cdots,\boldsymbol{\alpha}_r$也应是向量组$\boldsymbol{\alpha}_1,\boldsymbol{\alpha}_2,\cdots,\boldsymbol{\alpha}_s,\boldsymbol{\beta}$的一个极大无关组，于是$\boldsymbol{\beta}$可以由$\boldsymbol{\alpha}_1,\boldsymbol{\alpha}_2,\cdots,\boldsymbol{\alpha}_r$线性表示，当然$\boldsymbol{\beta}$就可以由$\boldsymbol{\alpha}_1,\boldsymbol{\alpha}_2,\cdots,\boldsymbol{\alpha}_s$线性表示.

14．**证** 由已知，n维基本向量组$\boldsymbol{\varepsilon}_1,\boldsymbol{\varepsilon}_2,\cdots,\boldsymbol{\varepsilon}_n$可由$\boldsymbol{\alpha}_1,\boldsymbol{\alpha}_2,\cdots,\boldsymbol{\alpha}_n$线性表示，反之当然有$\boldsymbol{\alpha}_1,\boldsymbol{\alpha}_2,\cdots,\boldsymbol{\alpha}_n$可由$\boldsymbol{\varepsilon}_1,\boldsymbol{\varepsilon}_2,\cdots,\boldsymbol{\varepsilon}_n$线性表示，于是两个向量组等价，等价的向量组有相同的秩，即$r(\boldsymbol{\alpha}_1,\boldsymbol{\alpha}_2,\cdots,\boldsymbol{\alpha}_n)=r(\boldsymbol{\varepsilon}_1,\boldsymbol{\varepsilon}_2,\cdots,\boldsymbol{\varepsilon}_n)=n$，因而$\boldsymbol{\alpha}_1,\boldsymbol{\alpha}_2,\cdots,\boldsymbol{\alpha}_n$线性无关.

15.（1）$r=2$；（2）$r=2$；（3）$r=2$；（4）$r=3$.

16．$t=2$，$\boldsymbol{\alpha}_1,\boldsymbol{\alpha}_2$.

17．$\boldsymbol{k}=(5,7,-4)^{\mathrm{T}}$.

18．$\boldsymbol{k}=\left(a_1,\sum_{i=1}^{2}a_i,\sum_{i=1}^{3}a_i,\cdots,\sum_{i=1}^{n}a_i\right)^{\mathrm{T}}$.

习题四

1.（1）$\boldsymbol{X}=k_1\boldsymbol{\eta}_1+k_2\boldsymbol{\eta}_2$，其中 $\boldsymbol{\eta}_1=\begin{pmatrix}-2\\1\\0\\0\end{pmatrix},\boldsymbol{\eta}_2=\begin{pmatrix}1\\0\\0\\1\end{pmatrix}$；

（2）$\boldsymbol{X}=k_1\boldsymbol{\eta}_1$，其中 $\boldsymbol{\eta}_1=\begin{pmatrix}4\\-9\\4\\3\end{pmatrix}$；

（3）$\boldsymbol{X}=k_1\boldsymbol{\eta}_1+k_2\boldsymbol{\eta}_2+k_3\boldsymbol{\eta}_3$，其中 $\boldsymbol{\eta}_1=\begin{pmatrix}1\\1\\0\\0\\0\end{pmatrix},\boldsymbol{\eta}_2=\begin{pmatrix}-7\\0\\4\\5\\0\end{pmatrix},\boldsymbol{\eta}_3=\begin{pmatrix}4\\0\\7\\0\\5\end{pmatrix}$；

（4）仅有全零解，不存在基础解系.

2．当 $a=-1$ 或 $a=\dfrac{7}{2}$ 时有非零解；

当 $a=-1$ 时，基础解系：$\boldsymbol{\eta}_1=(-1,1,1)^{\mathrm{T}}$，通解为 $\boldsymbol{X}=k_1\boldsymbol{\eta}_1$，其中 $k_1\in\mathbf{R}$；

当 $a=\dfrac{7}{2}$ 时，基础解系：$\boldsymbol{\eta}_2=(10,-19,8)^{\mathrm{T}}$，通解为 $\boldsymbol{X}=k_2\boldsymbol{\eta}_2$，其中 $k_2\in\mathbf{R}$.

3．（1）是；（2）不是.

4．（1）$\boldsymbol{X}=\boldsymbol{\eta}_0+k_1\boldsymbol{\eta}_1+k_2\boldsymbol{\eta}_2$，$\boldsymbol{\eta}_0=\begin{pmatrix}-1\\0\\-1\\0\\0\end{pmatrix},\boldsymbol{\eta}_1=\begin{pmatrix}-2\\4\\4\\1\\0\end{pmatrix},\boldsymbol{\eta}_2=\begin{pmatrix}1\\-2\\-2\\0\\1\end{pmatrix}$；

（2）$\boldsymbol{X}=\boldsymbol{\eta}_0+k_1\boldsymbol{\eta}_1$，$\boldsymbol{\eta}_0=\begin{pmatrix}-2\\3\\0\\2\end{pmatrix},\boldsymbol{\eta}_1=\begin{pmatrix}3\\-3\\1\\-2\end{pmatrix}$；

（3）无解；

（4）$\boldsymbol{X}=\boldsymbol{\eta}_0+k_1\boldsymbol{\eta}_1+k_2\boldsymbol{\eta}_2$，$\boldsymbol{\eta}_0=\begin{pmatrix}-\frac{2}{11}\\\frac{10}{11}\\0\\0\end{pmatrix},\boldsymbol{\eta}_1=\begin{pmatrix}\frac{1}{11}\\-\frac{5}{11}\\1\\0\end{pmatrix},\boldsymbol{\eta}_2=\begin{pmatrix}-\frac{9}{11}\\\frac{1}{11}\\0\\1\end{pmatrix}$.

5．当 $a\neq 1$ 且 $a\neq -2$ 时，方程组有唯一解；

当 $a=1$ 时，方程组有无穷多组解，其通解为

$$\boldsymbol{X}=\begin{pmatrix}1\\0\\0\end{pmatrix}+k_1\begin{pmatrix}-1\\1\\0\end{pmatrix}+k_2\begin{pmatrix}-1\\0\\1\end{pmatrix}(k_1,k_2\in\mathbf{R});$$

当 $a=-2$ 时，方程组无解.

6．当 $\lambda\neq 1$ 且 $\lambda\neq -2$ 时，方程组有唯一解；当 $\lambda=-2$ 时，方程组无解；

当 $\lambda=1$ 时，方程组有无穷多组解，且其通解为

$$\boldsymbol{X}=\begin{pmatrix}-2\\0\\0\end{pmatrix}+k_1\begin{pmatrix}-1\\1\\0\end{pmatrix}+k_2\begin{pmatrix}-1\\0\\1\end{pmatrix}(k_1,k_2\in\mathbf{R}).$$

7．（1）方程组（Ⅰ）：$\boldsymbol{\eta}_1=(-1,1,0,1)^{\mathrm{T}},\boldsymbol{\eta}_2=(0,0,1,0)^{\mathrm{T}}$；

方程组（Ⅱ）：$\boldsymbol{\eta}_1=(1,1,0,-1)^{\mathrm{T}},\boldsymbol{\eta}_2=(-1,0,1,1)^{\mathrm{T}}$；

（2）$\boldsymbol{X}=k(-1,1,2,1)^{\mathrm{T}}\ (k\in\mathbf{R})$.

8．**证法一** 因为任一个 n 维向量都是齐次线性方程组的解，因而基本向量组必是它的一个基础解系，齐次线性方程组的基础解系中解向量的个数为 $n-r(\boldsymbol{A})$，因而有 $n=n-r(\boldsymbol{A})$，得 $r(\boldsymbol{A})=0$，于是 $\boldsymbol{A}=\boldsymbol{O}$，即 $a_{ij}=0(i=1,\cdots,s;j=1,\cdots,n)$.

证法二 因为基本向量组中向量是齐次线性方程组的解，将 $\boldsymbol{\varepsilon}_1=(1,0,\cdots,0)^{\mathrm{T}}$ 代入方程组中每个方程式可得 $a_{i1}=0,i=1,2,\cdots,s$. 同理可得 $a_{ij}=0(i=1,\cdots,s;j=1,\cdots,n)$.

9．**证** 由题中条件 $r<n$ 知，原齐次线性方程组有基础解系. 设 $\boldsymbol{\eta}_1,\boldsymbol{\eta}_2,\cdots,\boldsymbol{\eta}_{n-r}$ 是一个基础解系，而 $\boldsymbol{\alpha}_1,\boldsymbol{\alpha}_2,\cdots,\boldsymbol{\alpha}_t$ 均是齐次线性方程组的解，则每一个解 $\boldsymbol{\alpha}_i$ 都可由 $\boldsymbol{\eta}_1,\boldsymbol{\eta}_2,\cdots,\boldsymbol{\eta}_{n-r}$ 线性表示，于是 $r(\boldsymbol{\alpha}_1,\boldsymbol{\alpha}_2,\cdots,\boldsymbol{\alpha}_t)\leqslant r(\boldsymbol{\eta}_1,\boldsymbol{\eta}_2,\cdots,\boldsymbol{\eta}_{n-r})$，故有 $r(\boldsymbol{\alpha}_1,\boldsymbol{\alpha}_2,\cdots,\boldsymbol{\alpha}_t)\leqslant n-r$.

10．**证** 由条件，有

$$\begin{aligned}k_1\boldsymbol{\alpha}_1+k_2\boldsymbol{\alpha}_2+\cdots+k_t\boldsymbol{\alpha}_t&=(1-k_2-\cdots-k_t)\boldsymbol{\alpha}_1+k_2\boldsymbol{\alpha}_2+\cdots+k_t\boldsymbol{\alpha}_t\\&=\boldsymbol{\alpha}_1+k_2(\boldsymbol{\alpha}_2-\boldsymbol{\alpha}_1)+\cdots+k_t(\boldsymbol{\alpha}_t-\boldsymbol{\alpha}_1).\end{aligned}$$

由于 $\boldsymbol{\alpha}_1$ 是线性方程组的解，而 $\boldsymbol{\alpha}_2-\boldsymbol{\alpha}_1,\cdots,\boldsymbol{\alpha}_t-\boldsymbol{\alpha}_1$ 是它的导出组的解，因而 $k_2(\boldsymbol{\alpha}_2-\boldsymbol{\alpha}_1)+\cdots+k_t(\boldsymbol{\alpha}_t-\boldsymbol{\alpha}_1)$ 也是导出组的解，故 $\boldsymbol{\alpha}_1+k_2(\boldsymbol{\alpha}_2-\boldsymbol{\alpha}_1)+\cdots+k_t(\boldsymbol{\alpha}_t-\boldsymbol{\alpha}_1)$ 必是原线性方程组的解，即 $k_1\boldsymbol{\alpha}_1+k_2\boldsymbol{\alpha}_2+\cdots+k_t\boldsymbol{\alpha}_t$ 必是原线性方程组的解.

11．**证** 若两个齐次线性方程组只有全零解，则 $r(\boldsymbol{A})=n,r(\boldsymbol{B})=n$，于是 $r(\boldsymbol{A})=r(\boldsymbol{B})$. 若两个齐次线性方程组有非零解，则 $r(\boldsymbol{A})<n,r(\boldsymbol{B})<n$，它们必有基础解系，不妨分别设为 $\boldsymbol{\eta}_1,\boldsymbol{\eta}_2,\cdots,\boldsymbol{\eta}_{n-r(\boldsymbol{A})}$ 和 $\xi_1,\xi_2,\cdots,\xi_{n-r(\boldsymbol{B})}$. 由条件知 $\boldsymbol{\eta}_1,\boldsymbol{\eta}_2,\cdots,\boldsymbol{\eta}_{n-r(\boldsymbol{A})}$ 和 $\xi_1,\xi_2,\cdots,\xi_{n-r(\boldsymbol{B})}$ 必等价，等价的向量组有相同的秩，则 $n-r(\boldsymbol{A})=n-r(\boldsymbol{B})$，即 $r(\boldsymbol{A})=r(\boldsymbol{B})$.

12．$\boldsymbol{X}=\boldsymbol{\eta}_1+k\left(\boldsymbol{\eta}_1-\dfrac{1}{2}(\boldsymbol{\eta}_2+\boldsymbol{\eta}_3)\right)=\begin{pmatrix}1\\2\\3\\4\end{pmatrix}+k\begin{pmatrix}0\\4\\2\\4\end{pmatrix}(k\in\mathbf{R})$.

13. $X=k\begin{pmatrix}1\\1\\1\\1\\1\end{pmatrix}+\begin{pmatrix}a_1+a_2+a_3+a_4\\a_2+a_3+a_4\\a_3+a_4\\a_4\\0\end{pmatrix}(k\in\mathbf{R})$.

14. $X=k(1,1,\cdots,1)^{\mathrm{T}}$.

15. $X=k(1,-2,1,0)^{\mathrm{T}}+(1,1,1,1)^{\mathrm{T}}\ (k\in\mathbf{R})$.

16. $a=2,b=-3$；

通解 $X=(2,-3,0,0)^{\mathrm{T}}+k_1(-2,1,1,0)^{\mathrm{T}}+k_2(4,-5,0,1)^{\mathrm{T}}\ (k_1,k_2\in\mathbf{R})$.

习题五

1. （1）$\lambda_1=4,\boldsymbol{\eta}=k\begin{pmatrix}1\\-1\end{pmatrix}(k\neq0)$； $\lambda_2=-6,\boldsymbol{\eta}=k\begin{pmatrix}1\\4\end{pmatrix}(k\neq0)$；

（2）$\lambda_1=1,\boldsymbol{\eta}=k\begin{pmatrix}0\\1\\1\end{pmatrix}(k\neq0)$； $\lambda_2=\lambda_3=2,\boldsymbol{\eta}=k\begin{pmatrix}1\\1\\0\end{pmatrix}(k\neq0)$；

（3）$\lambda_1=\lambda_2=\lambda_3=2,\boldsymbol{\eta}=k_1\begin{pmatrix}1\\1\\0\end{pmatrix}+k_2\begin{pmatrix}-1\\0\\1\end{pmatrix}$ （k_1,k_2 不全为 0）；

（4）$\lambda_1=-2,\boldsymbol{\eta}=k\begin{pmatrix}1\\2\\2\end{pmatrix}(k\neq0)$； $\lambda_2=1,\boldsymbol{\eta}=k\begin{pmatrix}2\\1\\-2\end{pmatrix}(k\neq0)$；

$\lambda_3=4,\boldsymbol{\eta}=k\begin{pmatrix}2\\-2\\1\end{pmatrix}(k\neq0)$；

（5）$\lambda_1=-1,\boldsymbol{\eta}=k\begin{pmatrix}3\\5\\1\end{pmatrix}(k\neq0)$； $\lambda_2=\lambda_3=1,\boldsymbol{\eta}=k_1\begin{pmatrix}2\\1\\0\end{pmatrix}+k_2\begin{pmatrix}-1\\0\\1\end{pmatrix}$ （k_1,k_2 不全为 0）；

（6）$\lambda_1=4,\boldsymbol{\eta}=k\begin{pmatrix}0\\0\\1\\0\end{pmatrix}(k\neq0)$； $\lambda_2=6,\boldsymbol{\eta}=k\begin{pmatrix}0\\0\\0\\1\end{pmatrix}(k\neq0)$；

$\lambda_3=\lambda_4=2,\boldsymbol{\eta}=k\begin{pmatrix}1\\0\\0\\0\end{pmatrix}(k\neq0)$.

2. -3，1，-1；$(\lambda+3)(\lambda-1)(\lambda+1)$；$\frac{2}{3}$, 2, 0；40.

3. 4；$-2,4,-4$；-1，2，0；0.

4. 1.

8.（1）$\boldsymbol{A}$可对角化，$\boldsymbol{U}=\begin{pmatrix}1&0&2\\0&1&2\\-2&-2&1\end{pmatrix}$，使$\boldsymbol{U}^{-1}\boldsymbol{A}\boldsymbol{U}=\begin{pmatrix}1&&\\&1&\\&&10\end{pmatrix}$；

（2）$\boldsymbol{A}$可对角化，$\boldsymbol{U}=\begin{pmatrix}1&2&1\\1&3&3\\1&3&4\end{pmatrix}$，使$\boldsymbol{U}^{-1}\boldsymbol{A}\boldsymbol{U}=\begin{pmatrix}1&&\\&2&\\&&3\end{pmatrix}$；

（3）$\boldsymbol{A}$可对角化，$\boldsymbol{U}=\begin{pmatrix}1&0&0\\0&1&0\\-3&0&1\end{pmatrix}$，使$\boldsymbol{U}^{-1}\boldsymbol{A}\boldsymbol{U}=\begin{pmatrix}0&&\\&0&\\&&1\end{pmatrix}$；

（4）$\boldsymbol{A}$不可对角化；

（5）$\boldsymbol{A}$不可对角化；

（6）$\boldsymbol{A}$可对角化，$\boldsymbol{U}=\begin{pmatrix}1&0&0\\0&1&1\\0&-1&1\end{pmatrix}$，使$\boldsymbol{U}^{-1}\boldsymbol{A}\boldsymbol{U}=\begin{pmatrix}5&&\\&5&\\&&1\end{pmatrix}$.

9.（1）$a=-3, b=0, \lambda_1=-1$；（2）$\boldsymbol{A}$不可对角化.

10.（1）$k=0$；（2）$\boldsymbol{U}=\begin{pmatrix}1&1&0\\1&0&1\\0&0&1\end{pmatrix}$，使$\boldsymbol{U}^{-1}\boldsymbol{A}\boldsymbol{U}=\begin{pmatrix}1&&\\&2&\\&&2\end{pmatrix}$.

11. $\begin{pmatrix}2-2^{10}&-10+10\times2^{10}&-6+6\times2^{10}\\-1+2^{10}&5-4\times2^{10}&3-3\times2^{10}\\2-2\times10^{10}&-10+10\times2^{10}&-6+7\times2^{10}\end{pmatrix}$.

15. $\pm\frac{1}{\sqrt{2}}\begin{pmatrix}1\\0\\-1\end{pmatrix}$.

16. $\boldsymbol{\eta}_1=\frac{1}{\sqrt{3}}(-1,1,0,1,0)^{\mathrm{T}}$，$\boldsymbol{\eta}_2=\frac{1}{\sqrt{15}}(1,-2,0,3,1)^{\mathrm{T}}$.

17. $\boldsymbol{q}_1=\frac{1}{\sqrt{3}}\begin{pmatrix}1\\1\\-1\end{pmatrix}$，$\boldsymbol{q}_2=\frac{1}{\sqrt{6}}\begin{pmatrix}-1\\2\\1\end{pmatrix}$，$\boldsymbol{q}_3=\frac{1}{\sqrt{2}}\begin{pmatrix}1\\0\\1\end{pmatrix}$.

18.（1）是；（2）是；（3）不是.

19.（1）$\boldsymbol{T}=\begin{pmatrix}\frac{2}{3}&\frac{2}{3}&\frac{1}{3}\\\frac{1}{3}&-\frac{2}{3}&\frac{2}{3}\\-\frac{2}{3}&\frac{1}{3}&\frac{2}{3}\end{pmatrix}$，使$\boldsymbol{T}^{-1}\boldsymbol{A}\boldsymbol{T}=\begin{pmatrix}2&&\\&5&\\&&-1\end{pmatrix}$；

（2）$\boldsymbol{T}=\begin{pmatrix}\frac{2}{3} & \frac{1}{\sqrt{5}} & -\frac{4}{3\sqrt{5}}\\ \frac{1}{3} & -\frac{2}{\sqrt{5}} & -\frac{2}{3\sqrt{5}}\\ \frac{2}{3} & 0 & \frac{5}{3\sqrt{5}}\end{pmatrix}$，使$\boldsymbol{T}^{-1}\boldsymbol{A}\boldsymbol{T}=\begin{pmatrix}6 & & \\ & -3 & \\ & & -3\end{pmatrix}$；

（3）$\boldsymbol{T}=\begin{pmatrix}-\frac{1}{3} & -\frac{2}{\sqrt{5}} & \frac{2}{3\sqrt{5}}\\ -\frac{2}{3} & \frac{1}{\sqrt{5}} & \frac{4}{3\sqrt{5}}\\ \frac{2}{3} & 0 & \frac{5}{3\sqrt{5}}\end{pmatrix}$，使$\boldsymbol{T}^{-1}\boldsymbol{A}\boldsymbol{T}=\begin{pmatrix}-8 & & \\ & 1 & \\ & & 1\end{pmatrix}$.

20.（1）$\boldsymbol{\eta}_3=\begin{pmatrix}1\\1\\1\end{pmatrix}$；　　（2）$\boldsymbol{T}=\begin{pmatrix}0 & -\frac{2}{\sqrt{6}} & \frac{1}{\sqrt{3}}\\ \frac{1}{\sqrt{2}} & \frac{1}{\sqrt{6}} & \frac{1}{\sqrt{3}}\\ -\frac{1}{\sqrt{2}} & \frac{1}{\sqrt{6}} & \frac{1}{\sqrt{3}}\end{pmatrix}$，使$\boldsymbol{T}^{-1}\boldsymbol{A}\boldsymbol{T}=\begin{pmatrix}1 & & \\ & 1 & \\ & & -1\end{pmatrix}$；

（3）$\boldsymbol{I}$.

习题六

1.（1）不是；（2）不是.

2.（1）$f=\boldsymbol{X}^{\mathrm{T}}\begin{pmatrix}a^2 & ab & ac\\ ab & b^2 & bc\\ ac & bc & c^2\end{pmatrix}\boldsymbol{X}$；　　（2）$f=\boldsymbol{X}^{\mathrm{T}}\begin{pmatrix}1 & -1 & 0 & 3\\ -1 & 0 & -2 & 0\\ 0 & -2 & 3 & -1\\ 3 & 0 & -1 & 1\end{pmatrix}\boldsymbol{X}$，秩为 4.

3.（1）$\boldsymbol{X}=\begin{pmatrix}\frac{1}{3} & \frac{2}{3} & \frac{2}{3}\\ \frac{2}{3} & \frac{1}{3} & -\frac{2}{3}\\ \frac{2}{3} & -\frac{2}{3} & \frac{1}{3}\end{pmatrix}\boldsymbol{Y}$，标准形$f=-2y_1^2+y_2^2+4y_3^2$，规范形$f=z_1^2+z_2^2-z_3^2$；

（2）$\boldsymbol{X}=\begin{pmatrix}-\frac{1}{3} & -\frac{2}{\sqrt{5}} & \frac{2}{3\sqrt{5}}\\ -\frac{2}{3} & \frac{1}{\sqrt{5}} & \frac{4}{3\sqrt{5}}\\ \frac{2}{3} & 0 & \frac{5}{3\sqrt{5}}\end{pmatrix}\boldsymbol{Y}$，标准形$f=10y_1^2+y_2^2+y_3^2$，规范形$f=z_1^2+z_2^2+z_3^2$；

（3）$X=\begin{pmatrix}\frac{1}{\sqrt{2}} & \frac{1}{\sqrt{6}} & -\frac{1}{\sqrt{3}}\\ \frac{1}{\sqrt{2}} & -\frac{1}{\sqrt{6}} & \frac{1}{\sqrt{3}}\\ 0 & \frac{2}{\sqrt{6}} & \frac{1}{\sqrt{3}}\end{pmatrix}Y$，标准形 $f=y_1^2+y_2^2-2y_3^2$，规范形 $f=z_1^2+z_2^2-z_3^2$.

4.（1）$X=\begin{pmatrix}1 & -\frac{5}{2} & \frac{3}{5}\\ & 1 & -\frac{6}{25}\\ & & 1\end{pmatrix}Y$，标准形 $f=y_1^2-\frac{25}{4}y_2^2+\frac{9}{25}y_3^2$，规范形 $f=z_1^2+z_2^2-z_3^2$；

（2）$X=\begin{pmatrix}1 & -1 & 0\\ 0 & 1 & 1\\ 0 & 0 & 1\end{pmatrix}Y$，标准形 $f=2y_1^2+2y_2^2$，规范形 $f=z_1^2+z_2^2$；

（3）$X=\begin{pmatrix}1 & 1 & -1 & -1\\ 1 & -1 & 0 & 0\\ 0 & 0 & 1 & 1\\ 0 & 0 & 1 & -1\end{pmatrix}Y$，标准形 $f=y_1^2-y_2^2+y_3^2-y_4^2$，规范形 $f=z_1^2+z_2^2-z_3^2-z_4^2$.

5．$z_1^2-z_2^2$；2.

7.（1）正定；（2）不正定；（3）正定；（4）不正定.

8.（1）$-\frac{4}{5}<t<0$；（2）$-\sqrt{2}<t<\sqrt{2}$.

习题七

1.（1）除可逆矩阵外，其余几类矩阵均构成实数域上的线性空间；（2）不是；（3）不是；（4）不是.

3．$L(\boldsymbol{\alpha}_1,\boldsymbol{\alpha}_2,\boldsymbol{\alpha}_3)=\left\{\begin{pmatrix}y_1\\y_2\\y_3\end{pmatrix}\middle|\begin{pmatrix}y_1\\y_2\\y_3\end{pmatrix}=\begin{pmatrix}1 & -3 & -1\\ 2 & -2 & 2\\ 3 & -1 & 5\end{pmatrix}\begin{pmatrix}x_1\\x_2\\x_3\end{pmatrix},\forall\begin{pmatrix}x_1\\x_2\\x_3\end{pmatrix}\in\mathbf{R}^3\right\}$，提示 $(0,0,1)\notin L(\boldsymbol{\alpha}_1,\boldsymbol{\alpha}_2,\boldsymbol{\alpha}_3)$.

4．$(1,-2,6)^{\mathrm{T}}$.　　5．$(1,2,3,4)^{\mathrm{T}}$.

6.（1）(a_3,a_1,a_2)；（2）$\left(a_1,a_2,\frac{1}{k}a_3\right)$；

（3）(a_1,a_2-ka_1,a_3).

8．$P=\begin{pmatrix}2 & 3 & 4\\ 0 & -1 & 0\\ -1 & 0 & -1\end{pmatrix}$.

9.（1）$(3,-4,3)$；（2）$\boldsymbol{\beta}_1=(0,-1,1)^{\mathrm{T}},\boldsymbol{\beta}_2=(1,1,-2)^{\mathrm{T}},\boldsymbol{\beta}_3=(0,1,1)^{\mathrm{T}}$；

（3）$\boldsymbol{\alpha}_1=(2,0,0)^{\mathrm{T}},\boldsymbol{\alpha}_2=(2,1,-1)^{\mathrm{T}},\boldsymbol{\alpha}_3=(1,1,0)^{\mathrm{T}}$.

10．解空间的维数为 2，一组基为$\boldsymbol{\eta}_1=\left(-\frac{1}{9},\frac{8}{3},1,0\right)^{\mathrm{T}}$, $\boldsymbol{\eta}_2=\left(\frac{2}{9},-\frac{7}{3},0,1\right)^{\mathrm{T}}$.

11．（1）$\boldsymbol{P}=\begin{pmatrix}5&-2&-2\\4&-3&-2\\-2&2&3\end{pmatrix}$；　　（2）$\begin{pmatrix}y_1\\y_2\\y_3\end{pmatrix}=\boldsymbol{P}^{-1}\begin{pmatrix}x_1\\x_2\\x_3\end{pmatrix}$；

（3）$\boldsymbol{\xi}$ 在 $\boldsymbol{\alpha}_1,\boldsymbol{\alpha}_2,\boldsymbol{\alpha}_3$ 下的坐标为 $(1,0,1)^{\mathrm{T}}$；在 $\boldsymbol{\beta}_1,\boldsymbol{\beta}_2,\boldsymbol{\beta}_3$ 下的坐标为 $\left(\frac{7}{13},\frac{6}{13},\frac{5}{13}\right)^{\mathrm{T}}$.

12．（1）不是；（2）是；（3）是；（4）不是.

13．（1）$\boldsymbol{A}=\begin{pmatrix}a&0&b&0\\0&a&0&b\\c&0&d&0\\0&c&0&d\end{pmatrix}$；　　（2）$\boldsymbol{A}=\begin{pmatrix}a&c&0&0\\b&d&0&0\\0&0&a&c\\0&0&b&d\end{pmatrix}$.

14．$\begin{pmatrix}2&1&0\\-1&-1&-1\\1&2&3\end{pmatrix}$；$(4,-3,5)^{\mathrm{T}}$.

15．$\begin{pmatrix}26&-9&7\\55&-20&14\\6&-3&1\end{pmatrix}$.　　16．$\frac{1}{3}\begin{pmatrix}6&-9&9&6\\2&-4&10&10\\8&-16&40&40\\0&3&-21&-24\end{pmatrix}$.

17．（1）$\begin{pmatrix}a_{33}&a_{32}&a_{31}\\a_{23}&a_{22}&a_{21}\\a_{13}&a_{12}&a_{11}\end{pmatrix}$；　　（2）$\begin{pmatrix}a_{11}&ka_{12}&a_{13}\\\frac{1}{k}a_{21}&a_{22}&\frac{1}{k}a_{23}\\a_{31}&ka_{32}&a_{33}\end{pmatrix}$；

（3）$\begin{pmatrix}a_{11}+a_{12}&a_{12}&a_{13}\\a_{21}+a_{22}-a_{11}-a_{12}&a_{22}-a_{12}&a_{23}-a_{13}\\a_{31}+a_{32}&a_{32}&a_{33}\end{pmatrix}$.

19．$V_1+V_2=L(\boldsymbol{\alpha}_1,\boldsymbol{\alpha}_2,\boldsymbol{\alpha}_3)$，$(0,0,1)\notin V_1+V_2$.

20．提示：证明向量组等价，从而生成的子空间相同.

参 考 文 献

[1] 卢刚．线性代数[M]．北京：高等教育出版社，2009．

[2] 陆剑虹．线性代数[M]．北京：航空工业出版社，1997．

[3] 同济大学数学系．线性代数[M]．5 版．北京：高等教育出版社，2007．

[4] 刘建亚，吴臻．线性代数[M]．2 版．北京：高等教育出版社，2011．

[5] 北京大学数学系几何与代数教研室代数小组．高等代数[M]．2 版．北京：高等教育出版社，1988．

[6] 蔡剑，孙蕾，等．线性代数[M]．北京：科学出版社，2013．